普通高等教育"十一五"国家级规划教材

21世纪大学计算机基础规划教材

# 大学计算机基础教程

## （第六版）

（**Windows 7 + Office 2010**）

柴 欣　史巧硕　主　编

张红梅　刘洪普　施　岩　付树才　副主编

宋　洁　路　静　包　琳　杨丹子　参　编

U0316846

中国铁道出版社有限公司

CHINA RAILWAY PUBLISHING HOUSE CO., LTD.

## 内 容 简 介

本书为第六版教材，在前五版的基础上将操作系统和 Office 升级为 Windows 7 和 Office 2010。全书共分 10 章，系统介绍了计算机基础知识、计算机系统、操作系统及其应用、文字处理软件 Word 2010、电子表格处理软件 Excel 2010、演示文稿制作软件 PowerPoint 2010、计算机网络基础、因特网技术与应用、多媒体技术的应用、信息安全与计算机病毒的防范等内容。第 4、5、6 章增加了相关知识点微课，读者可以扫描二维码获取相关视频。

本书加强基础知识的介绍，注重实践，在内容讲解上采用循序渐进、逐步深入的方法，突出重点，注意将难点分开讲解，使读者易学易懂。

本书适合作为高校非计算机专业学习"大学计算机基础"课程的教材，也可作为全国计算机等级考试及各类培训班的教材。

**图书在版编目（CIP）数据**

大学计算机基础教程/柴欣，史巧硕主编，—6 版．
—北京：中国铁道出版社，2014.7（2020.8 重印）
普通高等教育"十一五"国家级规划教材，21 世纪
大学计算机基础规划教材

ISBN 978-7-113-18346-2

Ⅰ．①大… Ⅱ．①柴… ②史… Ⅲ．①电子计算机—
高等学校—教材 Ⅳ．①TP3

中国版本图书馆 CIP 数据核字（2014）第 080604 号

书　　名：**大学计算机基础教程**（第六版）
作　　者：柴　欣　史巧硕

策　　划：魏　娜　孟　欣　　　　　读者热线：（010）51873090
责任编辑：孟　欣　王　惠
封面设计：付　巍
封面制作：白　雪
责任校对：王　杰
责任印制：樊启鹏

出版发行：中国铁道出版社有限公司（100054，北京市西城区右安门西街 8 号）
网　　址：http://www.tdpress.com/51eds/
印　　刷：北京铭成印刷有限公司
版　　次：2006 年 8 月第 1 版　2008 年 6 月第 2 版　2009 年 8 月第 3 版　2010 年 8 月第 4 版
　　　　　2011 年 7 月第 5 版　2014 年 7 月第 6 版　2020 年 8 月第 24 次印刷
开　　本：880 mm×1 230 mm　1/16　印张：17　字数：510 千
书　　号：ISBN 978-7-113-18346-2
定　　价：39.00 元

# 第六版 前言 Preface

随着计算机技术和网络技术的飞速发展,计算机已深入到社会的各个领域,并深刻地改变了人们工作、学习和生活方式。信息的获取、分析、处理、发布、应用能力已经成为现代社会人们的必备技能之一。因此,作为大学面向非计算机专业学生的公共必修课程,计算机基础课程就有着非常重要的地位。通过该课程的学习,可以使学生了解计算机的基础知识和基本理论,掌握计算机的基本操作和网络的操作方法,并为后续的计算机课程打下较为扎实的基础。同时,该课程对于激发学生的创新意识、培养自学能力、锻炼动手实践能力也起着极为重要的作用。

本书是普通高等教育"十一五"国家级规划教材,在改版过程中,编者秉承素质为本、能力为重的教育理念,在保持原版教材整体风格的基础上,参照了河北省计算机基础教育研究会制定的最新大纲要求,对全书的体系结构重新进行了梳理,对教学内容进行了精选,在加强基础的同时,更加注重实践,突出应用。新版教材全面提升了软件系统环境版本,同时融入了最新的计算机知识,力求更全面地反映计算机技术和网络技术的最新发展,将前沿信息提供给读者。

本书共分 10 章,第 1 ~ 2 章较为系统地讲述计算机的基础知识,计算机硬件、软件的基本知识,还介绍了计算思维、大数据、云计算等计算机领域最新的发展情况;第 3 章介绍操作系统的基本知识及 Windows 7 操作系统的使用;第 4 ~ 6 章介绍办公自动化软件,包括 Word、Excel 和 PowerPoint 的使用;第 7 ~ 8 章介绍计算机网络的基础知识、因特网的基本技术与应用;第 9 章介绍多媒体技术的应用,包括多媒体技术的基本概念,图像、音频、视频、动画的常用处理工具等;第 10 章介绍计算机与网络安全方面的知识。

为了实现理论联系实际,配合本书我们还编写了《大学计算机基础实验教程(第六版)》,与本书相呼应,各章均安排了相应的上机实践内容,以方便师生有计划、有目的地进行上机实践练习,从而达到事半功倍的教学效果。

为了帮助学生更好地进行上机实践练习,我们还开发了与本书配套的计算机上机练习系统软件,学生上机时可以根据自身情况选择操作模块进行练习,操作结束后由系统给出分数评判。这样使学生在学习、练习、自测及综合测试等各个环节都可以进行有目的的学习,进而达到课程的要求。测试系统方便教师在教学过程中检查学生对各个单元知识的掌握情况,方便教师随时了解教学情况并进行针对性的教学。

本书由柴欣、史巧硕任主编,并负责全书的总体策划与统稿、定稿工作,张红梅、刘洪普、刘亚平、付树才任副主编。各章编写分工如下:第 1 章由柴欣编写,第 2 章由张红梅编写,第 3 章由刘洪普编写,第 4 章由史巧硕编写,第 5 章由宋洁编写,第 6 章由刘亚平编写,第 7 章由付树才编写,第 8 章由包琳编写,第 9 章由路静编写,第 10 章由杨丹子编写。

本书在编写过程中,参考了大量文献资料,在此向这些文献资料的作者深表感谢。由于时间仓促和水平所限,书中难免有不足和疏漏之处,敬请各位专家、读者不吝批评指正。

编　者
2014 年 6 月

# 目录 *Contents*

# 第1章 概　论

　　诞生于20世纪40年代的电子计算机是人类最伟大的发明之一,并且一直以飞快的速度发展着。进入21世纪,计算机已经走入各行各业,并成为各行业必不可少的工具。掌握计算机的基本知识和使用,已成为有效学习和工作所必需的基本技能之一。

　　本章首先介绍了有关信息与信息化社会的基本知识,然后介绍了计算机的发展历程,讲解了计算机的特点、应用及分类,最后介绍了计算机中的数制与编码,使读者对计算机有一个初步的认识。

 **学习目标**

- 了解信息、信息技术及信息化社会的概念。
- 学习信息化社会中应该具备的信息素养。
- 了解计算机的诞生及计算机的发展历程。
- 了解计算机的特点、应用及分类。
- 理解计算机中的数制与编码知识,掌握各类数制间的转换。

## 1.1　信息与信息化

　　今天,人们都非常重视信息。例如,就经营而言,过去认为人、物、钱是经营的3要素,现在认为人、物、钱、信息是经营的要素,并认为信息是主要的要素。在当今社会中,能源、材料和信息是社会发展的3大支柱,人类社会的生存和发展,时刻都离不开信息,信息就像空气一样,时时刻刻在人们身边。了解信息的概念、特征及分类,对于在信息社会中更好地使用信息是十分重要的。

### 1.1.1　信息的概念和特征

**1. 信息**

　　信息一词来源于拉丁文 information,其含义是情报、资料、消息、报道、知识。所以长期以来人们把信息看做是消息的同义语,简单地把信息定义为能够带来新内容、新知识的消息。但是后来发现信息的含义要比消息、情报的含义广泛得多,不仅消息、情报是信息,指令、代码、符号语言、文字等,一切含有内容的信号都是信息。作为日常用语,"信息"经常指音信、消息;作为科学技术用语,"信息"被理解为对预先不知道的事件或事物的报道,或者指在观察中得到的数据、新闻和知识。

　　在信息时代,人们越来越多地接触和使用信息,但是究竟什么是信息,迄今说法不一,信息使用的广泛性使得我们难以给它一个确切的定义。但是,一般来说,信息可以界定为由信息源(如自然界、人类社会等)发出的被使用者接收和理解的各种信号。作为一个社会概念,信息可以理解为人类共享的一切知识,或社会发展趋势,以及从客观现象中提炼出来的各种消息之和。信息并非事物本身,而是表征事物之间联系的消息、情报、指令、数据或信号。一切事物,包括自然界和人类社会,都在发出信息。我们每个人每时每刻都在接收信息。在人类社会中,信息往往以文字、图像、图形、语言、声音等形式出现。一般来讲,信息是人类一切生存活动和自然存在所传达的信号和消息。简单地说,信息就是消息。

科学的发展,时代的进步,必将为信息赋予新的内含。如今"信息"的概念已经与微电子技术、计算机技术、网络通信技术、多媒体技术、信息产业、信息管理等含义紧密地联系在一起。但是,信息的本质是什么?仍然是需要进一步探讨的问题。

**2. 信息分类**

根据不同的依据,信息有多种分类方法。从宏观上讲,人们一般把信息分为宇宙信息、地球自然信息和人类社会信息。

① 宇宙信息:宇宙空间恒星不断发出的各种各样的电磁波信息和行星通过反射发出的信息,形成了直接传播或者反射传播的信息,这些信息称为宇宙信息。

② 地球自然信息:包括地球上的生物为了繁衍生存而表现出来的各种形态、行为以及生物运动的各种信息,另外还包括无生命的信息。

③ 人类社会信息:是指人类从事社会活动,通过五官及媒体、语言、文字、图表、图形等表现出来的、描述客观世界的信息。

另外,根据信息的来源不同,也可以把信息分为以下 4 种类型。

① 源于书本上的信息:这种信息随着时间的推移变化不大,比较稳定。

② 源于广播、电视、报刊、杂志等的信息:这类信息具有很强的时效性,经过一段时间后,这类信息的实用价值会大大降低。

③ 人与人之间各种交流活动产生的信息:这些信息只在很小的范围内流传。

④ 源于具体事物,是具体事物的信息:这类信息是最重要的、也是最难获得的信息,这类信息能增加整个社会的信息量,能给人类带来更多的财富。

**3. 信息的基本特征**

信息具有如下的基本特征:

① 可量度性。信息可采用某种度量单位进行度量,并进行信息编码,如现代计算机使用的二进制。

② 可识别性。信息可采取直观识别、比较识别和间接识别等多种方式来把握。

③ 可转换性。信息可以从一种形态转换为另一种形态。如自然信息可转换为语言、文字和图像等形态,也可转换为电磁波信号或计算机代码。

④ 可存储性。信息可以存储。大脑就是一个天然信息存储器。人类发明的文字、摄影、录音、录像以及计算机存储器等都可以进行信息存储。

⑤ 可处理性。人脑就是最佳的信息处理器。人脑的思维功能可以进行决策、设计、研究、写作、改进、发明、创造等多种信息处理活动。计算机也具有信息处理功能。

⑥ 可传递性。信息的传递是与物质和能量的传递同时进行的。语言、表情、动作、报刊、书籍、广播、电视、电话等是人类常用的信息传递方式。

⑦ 可再生性。信息经过处理后,可以以其他方式再生成信息。输入计算机的各种数据文字等信息,可用显示、打印、绘图等方式再生成信息。

⑧ 可压缩性。信息可以进行压缩,可以用不同的信息量来描述同一事物。人们常常用尽可能少的信息量描述一件事物的主要特征。

⑨ 可利用性。信息具有一定的时效性和可利用性。

⑩ 可共享性。信息具有扩散性,因此可共享。

### 1.1.2　信息技术的概念及其发展历程

信息技术是指对信息进行收集、存储、处理和利用的技术。信息技术能够延长或扩展人的信息功能。信息技术可能是机械的,也可能是激光的;可能是电子的,也可能是生物的。

**1. 信息技术的定义**

到目前为止,对于信息还没有一个统一的公认的定义,所以对信息技术也就不可能有公认的定义了。

由于人们使用信息的目的、层次、环境、范围不同,因而对信息技术的表述也各不一样。

根据"中国公众科技网"上的表述:信息技术是指有关信息的收集、识别、提取、变换、存储、传递、处理、检索、检测、分析和利用等的技术。概括而言,信息技术(information technology)是在信息科学的基本原理和方法的指导下扩展人类信息功能的技术,是人类开发和利用信息资源的所有手段的总和。信息技术既包括有关信息的产生、收集、表示、检测、处理和存储等方面的技术,也包括有关信息的传递、变换、显示、识别、提取、控制和利用等方面的技术。

在现今的信息化社会,一般来说,我们所提及的信息技术,又特指以电子计算机和现代通信为主要手段实现信息的获取、加工、传递和利用等功能的技术总和。信息技术是一门多学科交叉综合的技术,计算机技术、通信技术、多媒体技术和网络技术互相渗透、互相作用、互相融合,将形成以智能多媒体信息服务为特征的大规模信息网。

**2. 信息技术的发展历程**

在人类发展史上,信息技术经历了5个发展阶段,即五次革命:

① 第一次信息技术革命是语言的使用。距今35 000年~50 000年前出现了语言,语言成为人类进行思想交流和信息传播不可缺少的工具。

② 第二次信息技术革命是文字的创造。大约在公元前3500年出现了文字,文字的出现,使人类对信息的保存和传播取得重大突破,较大地超越了时间和地域的局限。

③ 第三次信息技术革命是印刷术的发明和使用。大约在公元1040年,我国开始使用活字印刷技术,欧洲人则在1451年开始使用印刷技术。印刷术的发明和使用,使书籍、报刊成为重要的信息存储和传播的媒体。

④ 第四次信息革命是电报、电话、广播和电视的发明和普及应用,使人类进入利用电磁波传播信息的时代。

⑤ 第五次信息技术革命是电子计算机的普及应用,计算机与现代通信技术的有机结合及网际网络的出现。第五次信息技术革命的时间是从20世纪60年代电子计算机与现代技术相结合开始至今。

我们现在所说的信息技术一般特指的就是第五次信息技术革命,是狭义的信息技术。对于狭义的信息技术而言,从其开始到现在不过几十年的时间。它经历了从计算机技术到网络技术再到计算机技术与现代通信技术结合的过程。目前,以多媒体和网络技术为核心的信息技术掀起了新一轮的信息革命浪潮。多媒体计算机和互联网的广泛应用对社会的发展、科技进步及个人生活和学习产生了深刻的影响。

## 1.1.3 信息化与信息化社会

**1. 信息化的概念**

信息化的概念起源于20世纪60年代的日本,首先是由一位日本学者提出来的,然后被译成英文传播到西方,西方社会普遍使用"信息社会"和"信息化"的概念是20世纪70年代后期才开始的。

关于信息化的表述,中国学术界作过较长时间的研讨。有的认为,信息化就是计算机、通信和网络技术的现代化;有的认为,信息化就是从物质生产占主导地位的社会向信息产业占主导地位的社会转变、发展的过程;有的认为,信息化就是从工业社会向信息社会演进的过程,等等。

1997年召开的首届全国信息化工作会议,将信息化和国家信息化定义为:"信息化是指培育、发展以智能化工具为代表的新的生产力并使之造福于社会的历史过程。国家信息化就是在国家统一规划和组织下,在农业、工业、科学技术、国防及社会生活各个方面应用现代信息技术,深入开发广泛利用信息资源,加速实现国家现代化进程。"

从信息化的定义可以看出:信息化代表了一种信息技术被高度应用,信息资源被高度共享,从而使得人的智能潜力以及社会物质资源潜力被充分发挥,个人行为、组织决策和社会运行趋于合理化的理想状态。同时,信息化也是IT产业发展与IT在社会经济各部门扩散的基础上,不断运用IT改造传统的经济、社会结构从而通往上述理想状态的一个持续的过程。

**2. 信息化社会**

信息社会与工业社会的概念没有原则性的区别。信息社会也称信息化社会,是脱离工业化社会以后,信息将起主要作用的社会。在农业社会和工业社会中,物质和能源是主要资源,所从事的是大规模的物质生产,而在信息社会中,信息成为比物质和能源更为重要的资源,以开发和利用信息资源为目的的信息经济活动迅速扩大,逐渐取代工业生产活动而成为国民经济活动的主要内容。信息经济在国民经济中占据主导地位,并构成社会信息化的物质基础。以计算机、微电子和通信技术为主的信息技术革命是社会信息化的动力源泉。信息技术在生产、科研教育、医疗保健、企业和政府管理及家庭中的广泛应用对经济和社会发展产生了巨大而深刻的影响,从根本上改变了人们的生活方式、行为方式和价值观念。

### 1.1.4　信息素养

信息素养(information literacy)是一个内容丰富的概念。它不仅包括利用信息工具和信息资源的能力,还包括选择、获取、识别信息,加工、处理、传递信息并创造信息的能力。

信息素养的本质是全球信息化需要人们具备的一种基本能力。简单的定义来自 1989 年美国图书馆学会(American Library Association,ALA),它包括能够判断什么时候需要信息,并且懂得如何去获取信息,如何去评价和有效利用所需的信息。

2003 年 1 月,我国《普通高中信息技术课程标准》将信息素养定义为:信息的获取、加工、管理与传递的基本能力;对信息及信息活动的过程、方法、结果进行评价的能力;流畅地发表观点、交流思想、开展合作,勇于创新,并解决学习和生活中的实际问题的能力;遵守道德与法律,形成社会责任感。

可以看出,信息素养是一种基本能力,是一种对信息社会的适应能力,它涉及信息的意识、信息的能力和信息的应用。同时,信息素养也是一种综合能力,它涉及各方面的知识,是一个特殊的、涵盖面很宽的能力,它包含人文的、技术的、经济的、法律的诸多因素,和许多学科有着紧密的联系。

具体来说,信息素养主要包括 4 个方面:

① 信息意识。即人的信息敏感程度,是人们对自然界和社会的各种现象、行为、理论观点等,从信息角度的理解、感受和评价。通俗地讲,面对不懂的东西,能积极主动地去寻找答案,并知道到哪里,用什么方法去寻求答案,这就是信息意识。

② 信息知识。既是信息科学技术的理论基础,又是学习信息技术的基本要求。通过掌握信息技术的知识,才能更好地理解与应用它。它不仅体现着人们所具有的信息知识的丰富程度,而且还制约着他们对信息知识的进一步掌握。

③ 信息能力。它包括信息系统的基本操作能力,信息的采集、传输、加工处理和应用的能力,以及对信息系统与信息进行评价的能力等。这也是信息时代重要的生存能力。

④ 信息道德。培养学生具有正确的信息伦理道德修养,要让学生学会对媒体信息进行判断和选择,自觉地选择对学习、生活有用的内容,自觉抵制不健康的内容,不组织和参与非法活动,不利用计算机网络从事危害他人信息系统和网络安全、侵犯他人合法权益的活动。

信息素养的四个要素共同构成一个不可分割的统一整体。信息意识是先导,信息知识是基础,信息能力是核心,信息道德是保证。

信息素养是信息社会人们发挥各方面能力的基础,犹如科学素养在工业化时代的基础地位一样。可以认为,信息素养是工业化时代文化素养的延伸与发展,但信息素养包含更高的驾驭全局和应对变化的能力,它的独特性是由时代特征决定的。

## 1.2　计算机的发展

在人类文明发展的历史长河中,计算工具经历了从简单到复杂、从低级到高级的发展过程。例如,绳结、算筹、算盘、计算尺、手摇机械计算机、电动机械计算机等。它们在不同的历史时期发挥了各自的作用,同时也孕育了电子计算机的雏形。

### 1.2.1　电子计算机的诞生

1946 年 2 月 15 日,第一台电子计算机 ENIAC(electronic numerical integrator and calculator,电子数字积

分计算机)在美国宾夕法尼亚大学诞生,它的总工程师之一的埃克特(J. Eckert)当时年仅 24 岁。ENIAC 是为计算弹道轨迹和射击表而设计的,主要元件是电子管,每秒能完成 5 000 次加法、300 多次乘法运算,比当时最快的计算工具快 300 倍。ENIAC 有几间房间那么大,占地 170 m$^2$,使用了 1 500 个继电器、18 800 个电子管,重达 30 多吨,功率为 150 kW,耗资 40 万美元,真可谓"庞然大物",如图 1.1 所示。但它使过去借助机械分析机费时 7 ~ 20 h 才能计算出一条弹道的工作时间缩短到 30 s,使科学家们从奴隶般的计算中解放出来。至今,人们仍然公认 ENIAC 的问世标志了计算机时代的到来,它的出现具有划时代的伟大意义。

ENIAC 采用十进制进行计算,它的存储量很小,程序是用线路连接的方式来表示的。由于程序与计算两相分离,程序指令存放在机器的外部电路中,每当需要计算某个题目时,首先必须人工接通数百条线路,往往为了进行几分钟的计算要很多人工作好几天的时间做准备。

针对 ENIAC 的这些缺陷,美籍匈牙利数学家冯·诺依曼(J. von Neumann)提出了将指令和数据一起存储在计算机的存储器中,计算机内部应采用二进制进行运算。

冯·诺依曼指出由程序控制计算机自动执行程序,这就是著名的存储程序原理。"存储程序式"计算机结构为后人普遍接受,此结构又称为冯·诺依曼体系结构,此后的计算机系统基本上都采用了冯·诺依曼体系结构。冯·诺依曼还依据该原理设计出了"存储程序式"计算机 EDVAC,并于 1950 年研制成功,如图 1.2 所示。这台计算机总共采用了 2 300 个电子管,运算速度却比 ENIAC 提高了 10 倍,冯·诺依曼的设想在这台计算机上得到了圆满的体现。

图 1.1 第一台电子计算机 ENIAC

图 1.2 冯·诺依曼设计的计算机 EDVAC

世界上首台"存储程序式"电子计算机是 1949 年 5 月在英国剑桥大学研制成功的 EDSAC(electronic delay storage automatic computer),它是剑桥大学的威尔克斯(Wilkes)教授于 1946 接受了冯·诺依曼的存储程序计算机结构后开始设计研制的。

### 1.2.2 电子计算机的发展历程

从第一台电子计算机诞生到现在,短短的 60 多年中,计算机技术以前所未有的速度迅猛发展,计算机行业成为最具活力的行业,极大地带动了世界经济的发展。依据计算机所采用的电子元件不同,可以将计算机划分为电子管、晶体管、集成电路和大规模超大规模集成电路 4 代。

**1. 第一代计算机**(1946—1954 年)

第一代计算机是电子管计算机,其基本元件是电子管,内存储器采用水银延迟线,外存储器有纸带、卡片、磁带和磁鼓等。受当时电子技术的限制,运算速度仅为每秒几千次到几万次,而且内存储器容量也非常小,仅为 1 000 B ~ 4 000 B。

此时的计算机程序设计语言还处于最低阶段,要用二进制代码表示的机器语言进行编程,工作十分烦琐,直到 20 世纪 50 年代末才出现了稍微方便一点的汇编语言。

第一代计算机体积庞大,造价昂贵,因此基本上局限于军事研究领域的狭小天地里,主要用于数值计算。UNIVAC(universal automatic computer)是第一代计算机的代表,于 1951 年首次交付美国人口统计局使用。它的交付使用标志着计算机从实验室进入了市场,从军事应用领域转入数据处理领域。

**2. 第二代计算机**(1955—1964 年)

晶体三极管的发明标志着一个新的电子时代的到来。1947 年,贝尔实验室的两位科学家布拉顿(W. Brattain)和巴丁(J. Bardeen)发明了点触型晶体管,1950 年科学家肖克利(W. Shockley)又发明了面结型晶体管。比起电子管,晶体管具有体积小、重量轻、寿命长、功耗低、发热少、速度快的特点,使用晶体管的计算机,其电子线路结构变得十分简单,运算速度大幅度提高。

1951 年,美籍华人王安发明了磁心存储器,改变了继电器存储器的工作方式及其与处理器的连接方法,大大缩小了存储器的体积。

第二代计算机是晶体管计算机,以晶体管为主要逻辑元件,内存储器使用磁心,外存储器有磁盘和磁带,运算速度从每秒几万次提高到几十万次,内存储器容量也扩大到了几十万字节。

1955 年,美国贝尔实验室研制出了世界上第一台全晶体管计算机 TRADIC,如图 1.3 所示,它装有 800 只晶体管,功率仅为 100 W。1959 年,IBM 公司推出了晶体管化的 7000 系列计算机,其典型产品 IBM 7090 是第二代计算机的代表,在 1960—1964 年间占据着计算机领域的统治地位。

此时,计算机软件也有了较大的发展,出现了监控程序并发展为后来的操作系统,高级程序设计语言也相继推出。1957 年,IBM 研制出公式语言 FORTRAN;1959 年,美国数据系统语言委员会推出了商用语言 CO-BOL;1964 年,Dartmouth 大学的 J. Kemeny 和 T. Kurtz 提出了 BASIC。高级语言的出现,使得人们不必学习计算机的内部结构就可以编程使用计算机,为计算机的普及提供了可能。

图 1.3  晶体管计算机 TRADIC

第二代计算机与第一代计算机相比,体积小、成本低、重量轻、功耗小、速度快、功能强且可靠性高。使用范围也由单一的科学计算扩展到数据处理和事务管理等其他领域。

**3. 第三代计算机**(1965—1971 年)

1958 年,美国物理学家基尔比(J. Kilby)和诺伊斯(N. Noyce)同时发明了集成电路。集成电路是用特殊的工艺将大量完整的电子线路制作在一个硅片上。与晶体管电路相比,集成电路计算机的体积、重量、功耗都进一步减小,而运算速度、运算功能和可靠性则进一步提高。

第三代计算机的主要元件采用小规模集成(Small Scale Integrated,SSI)电路和中规模集成(Medium Scale Integrated,MSI)电路,主存储器开始采用半导体存储器,外存储器使用磁盘和磁带。

IBM 公司 1964 年研制出的 IBM S/360 系列计算机是第三代计算机的代表产品,它包括六个型号的大、中、小型计算机和 44 种配套设备,从功能较弱的 360/51 小型机,到功能超过它 500 倍的 360/91 大型机。IBM 为此耗时 3 年,投入 50 亿美元的研发费,超过了第二次世界大战时期原子弹的研制费用。此后,IBM 又研制出与 IBM S/360 兼容的 IBM S/370,其中最高档的 370/168 机型的运算速度已达每秒 250 万次。

软件在这个时期形成了产业,操作系统在种类、规模和功能上发展很快,通过分时操作系统,用户可以共享计算机资源。结构化、模块化的程序设计思想被提出,而且出现了结构化的程序设计语言 Pascal。

**4. 第四代计算机**(1971 年至今)

随着集成电路技术的不断发展,单个硅片可容纳电子线路的数目也在迅速增加。20 世纪 70 年代初期出现了可容纳数千个至数万个晶体管的大规模集成(Large Scale Integrated,LSI)电路,20 世纪 70 年代末期又出现了一个芯片上可容纳几万个到几十万个晶体管的超大规模集成(Very Large Scale Integrated,VLSI)电路。利用 VLSI 技术,能把计算机的核心部件甚至整个计算机都做在一个硅片上。

第四代计算机的主要元件采用大规模集成电路和超大规模集成电路。集成度很高的半导体存储器完全代替了磁心存储器,外存磁盘的存取速度和存储容量大幅度上升,计算机的速度可达每秒几百万次至上亿次,而其体积、重量和耗电量却进一步减少,计算机的性能价格比基本上以每 18 个月翻一番的速度上升,此即著名的 More 定律。

美国 ILLIAC － IV 计算机,是第一台全面使用大规模集成电路作为逻辑元件和存储器的计算机,它标志着计算机的发展已到了第四代。1975 年,美国阿姆尔公司研制成 470V/6 型计算机,随后日本富士通公司生产出 M － 190 计算机,是比较有代表性的第四代计算机。英国曼彻斯特大学 1968 年开始研制第四代计算机,1974 年研制成功 DAP 系列计算机。1973 年,德国西门子公司、法国国际信息公司与荷兰飞利浦公司联合成立了统一数据公司,研制出 Unidata 7710 系列计算机。

随着集成度的不断提高,人们可以将计算机的核心部件控制器和运算器集成在一片芯片中,这就是微处理器,以此为核心组成的微型计算机现在被广泛使用。1971 年,Intel 公司发明的微处理器 4004 开创了微型计算机时代。

除了微型计算机,随着用途不同,计算机还分化为通用巨型机、大型机、中型机和小型机。IBM 的 4300 系列、3080 系列、3090 系列和 9000 系列是这一时期的主流产品。自 1980 年起,IBM 又在各个领域努力开发新产品,1981 年,IBM 公司进入个人计算机市场开发了 16 位机,率先进入微型机的高级机时代。在不到两年的时间里,IBM 公司便超过了同行业中的苹果、坦迪等先驱公司,成为个人计算机市场上的冠军。

从 1970 年开始,DEC 公司推出的 PDP － 11 系列小型机有 20 多种产品,并引入了虚拟存储技术,构建了 VAX(virtual address extension)体系。1977 年,DEC 公司推出的 32 位 VAX/780 小型机的逻辑寻址空间高达 40 亿字节,并配有良好的存储管理系统,为程序员提供了良好的操作环境。PDP － 11 和 VAX 系列机确立了 DEC 公司在小型机领域的霸主地位。

这一时期的计算机软件也有了飞速发展,软件工程的概念开始提出,操作系统向虚拟操作系统发展,各种应用软件丰富多彩,在各行业中都有应用,大大扩展了计算机的应用领域。计算机应用从最初的数值计算演变为信息处理,目前,数值计算只占计算机应用的 10% ,过程控制占 5% ,而信息处理占到了 80% 。

我国计算机的发展起步较晚,1956 年国家制定 12 年科学规划时,把发展计算机、半导体等技术学科作为重点,相继筹建了中国科学院计算机研究所、中国科学院半导体研究所等机构。1958 年组装调试成第一台电子管计算机(103 机),1959 年研制成大型通用电子管计算机(104 机),1960 年研制成第一台自己设计的通用电子管计算机(107 机)。其中,104 机运算速度为每秒 10 000 次,主存为 2 048 B(2 KB)。

1964 年,我国开始推出第一批晶体管计算机,如 109 机、108 机及 320 机等,其运算速度为每秒 10 万次 ~20 万次。

1971 年,研制成第三代集成电路计算机,如 150 机。1974 年后,DJS － 130 晶体管计算机形成了小批量生产。1982 年,采用大、中规模集成电路研制成 16 位的 DJS － 150 机。

1983 年,长沙国防科技大学推出向量运算速度达 1 亿次的银河Ⅰ巨型计算机。1992 年,向量运算达到 10 亿次的银河Ⅱ投入运行。1997 年,银河Ⅲ投入运行,速度为每秒 130 亿次,内存容量为 9.15 GB。目前,只有少数国家能生产巨型机。

20 世纪 90 年代以来,我国微型计算机形成大批量、高性能的生产局面,并且发展迅速,出现了许多国内知名品牌,如联想、方正、金长城、宏碁、实达、浪潮、海信、同创、神州等,这些微型计算机厂家无论在生产规模上,还是在质量上已达国际水平。

### 1.2.3　计算机的发展趋势

展望未来,从构成技术上看,计算机将是半导体技术、超导技术、光学技术、仿生技术相互结合的产物;从发展上看,它将向着巨型化和微型化的方向发展;从应用上看,它将向着多媒体化、网络化、智能化的方向发展。

**1. 巨型化**

巨型化指计算机向高速度、高精度、大容量、功能强的方向发展。巨型机主要用于解决如气象、太空、能源、医药等尖端科学研究和战略武器研制中的复杂计算问题。它们安装在国家高级研究机关中,价格昂贵,体现了一个国家的综合科技实力,标志着该国计算机的技术水平。

**2. 微型化**

随着更高集成度的超大规模集成电路技术的出现,计算机一方面向着巨型化方向发展,另一方面则向微型化方向发展。微型化是指计算机功能齐全、使用方便、体积微小、价格低廉。计算机的微型化可以拓展计算机的应用领域,只有计算机微型化,才能使计算机日益贴近日常生活,推动计算机文化的普及。

**3. 网络化**

计算机连接成网络,可以方便、快捷地实现信息交流、资源共享等。通信、电子商务等都离不开计算机网络的支持,"网络就是计算机"不断被验证着。

**4. 多媒体化**

传统计算机处理的信息主要是字符和数字,数字化技术的发展使得现代计算机可以集图形、图像、声音、文字处理为一体,使人们面对有声有色、图文并茂的信息环境,这就是通常所说的多媒体计算机技术。多媒体技术使信息处理的对象和内容发生了深刻变化。

**5. 智能化**

智能是利用计算机来模拟人的思维过程,并利用计算机程序来实现这些过程。人们把用计算机模拟人类脑力劳动的过程,称为人工智能。如利用计算机进行数学定理的证明、逻辑推理、理解自然语言、辅助疾病诊断、实现人机对弈、密码破译等,都可利用人们赋予计算机的智能来完成。计算机高度智能化是人们长期不懈的追求目标。

### 1.2.4 未来计算机

1982 年,日本宣布了第五代计算机计划,其目标是使计算机具有人的某些智能,如能听、说,能识别文字、图形和不同的物体,并且具备一定的学习和推理能力。这一计划到目前虽然并未如期实现,但该计划的出现也引发了关于第五代计算机的讨论,许多国家也纷纷开展对新型计算机的研究。现在,人们已较少使用第五代计算机等称呼,而把各种新型计算机统称为未来型计算机(Future Generation Computer System,FGCS)。

**1. 神经网络计算机**

近十年来,日本、美国、西欧等国家大力投入对人工神经网络(Artificial Neural Network,ANN)的研究,并取得很大进展。人脑是由数千亿个脑细胞(神经元)组成的网络系统,神经网络计算机就是用简单的数据处理单元模拟人脑的神经元,从而模拟人脑活动的一种巨型信息处理系统。它应具有智能特性,能模拟人的逻辑思维、记忆、推理、设计、分析、决策等智能活动,人机之间有自然通信能力。

**2. 生物计算机**

1994 年 11 月,美国首次公布对生物计算机的研究成果。生物计算机使用生物芯片,生物芯片是由生物工程技术产生的蛋白分子为主要原材料的芯片。生物芯片具有巨大的存储能力,且能以波的形式传输信息,其数据处理的速度比当今最快巨型机的速度还要快百万倍以上,而能量的消耗仅为其十亿分之一($10^{-9}$)。由于蛋白质分子具有自我组合的特性,从而可能使生物计算机具有自调节能力、自修复能力和自再生能力,更易于模拟人类大脑的功能。不少科学家预测 21 世纪可能成为生物计算机的时代。

**3. 光子计算机**

利用光子代替现代半导体芯片中的电子,以光互连代替导线互连制成全光子数字计算机。由于以光硬件代替电子硬件、光运算代替电运算,从而运算速度比现代计算机要快千倍以上。

## 1.3 计算机的特点、应用及分类

### 1.3.1 计算机的特点

因为计算机具有其独到的特点,从而使得它能被广泛应用于人类社会生产和生活的各个领域。

**1. 运算速度快**

大型、巨型计算机由 20 世纪 50 年代初的每秒几万次的运算速度,发展到 1976 年每秒 1 亿次及 1985 年前后的每秒 100 亿次;20 世纪 90 年代初达到每秒 1 万亿次;1996 年,美国已推出每秒 2.4 万亿次的巨型计算机。

**2. 计算精度高**

由于计算机采用二进制数进行计算,其计算精度随着表示数字位数的增加而提高,再加上先进的算法,可以达到人们要求的任何计算精度。例如,π 值的计算,发明计算机前的 1 500 多年中经过数代科学家的人工计算,其精度只达到小数点后的几百位,当计算机诞生后,利用计算机计算可达到 2 000 位,目前计算精度可达到上亿位。

**3. 具有记忆和逻辑判断功能**

计算机的存储器能记忆大量的计算机程序和数据。目前,微型计算机的内存储器的容量已达到 4 GB 以上,用若干张光盘甚至可以保存一座图书馆的全部内容。计算机的逻辑判断功能指的是计算机不仅能进行算术运算,还能进行逻辑运算,实现推理和证明。

计算机的记忆功能与算术运算和逻辑判断功能相结合,使之可模仿人的某些智能活动,成为人类脑力活动延伸的重要工具,故人们又把计算机称做电脑。

**4. 高度自动化又支持人机交互**

人们把需要计算机处理的问题编成程序存储在计算机中,当向计算机发出运行命令后,计算机便在该程序的控制下自动执行程序中的指令完成指定的任务,但当人要干预时,计算机又可及时响应,实现人机交互。

**5. 通用性强**

使用计算机时,不需要了解其内部构造和原理,从而适合各界人士使用,并可应用于不同的领域,只需执行相应的程序即可完成不同的工作。

### 1.3.2　计算机的应用

日常接触的各种数据中,无论是数值还是非数值数据,都可以表示成二进制数的编码;无论是复杂的还是简单的问题,都可以分解成基本的算术运算和逻辑运算,并可用算法和程序描述解决问题的步骤。所以,计算机能在许多领域和场合广泛使用。可以说在现代社会中,有信息的地方就需要使用计算机。

以下从科学计算、信息管理、电子商务、过程控制、计算机辅助设计、计算机辅助教学等几个方面介绍计算机的应用。

**1. 科学计算**

计算机是为科学计算的需要而发明的,科学计算是计算机最早、也是最基本的应用领域。科学计算所解决的是科学研究和工程技术中提出的一些复杂的数学问题,计算量大而且精度要求高,只有具有高速运算能力和存储量大的计算机系统才能完成。例如,高能物理方面的原子和粒子结构分析,可控热核反应的研究,反应堆的研究和控制;气象预报、水文预报、大气环境检测分析;宇宙空间探索方面的人造卫星轨道计算、宇宙飞船的研制和制导等。如果没有计算机系统高速而又精确的计算,许多现代科学是难以发展的。

例如,求 π 的值。圆周率 π 是圆周长和直径的比值,π 值的计算至今没有止境。2000 多年前,希腊的阿基米德求得 π 的近似值为 3.14,精确到小数点后两位。公元 5 世纪,我国的数学家祖冲之计算出 π 的值在 3.141 592 6 和 3.141 592 7 之间,精确到第 7 位小数,是当时世界上最伟大的成就。历史上许多数学家、科学家进行了各种努力以提高计算 π 值的精度,但 π 是无穷数,为求得高精度值必须进行无数次的加法运算,人的能力毕竟有限。1947 年,美国的乔治·麦特怀兹等人利用计算机计算出 819 位的 π 值,并在 1949 年达到 2 037 位。随着计算机性能的不断提高,计算 π 值的位数也不断增加。据有关报道,1991 年,π 值计算达到了 21 亿 6 000 万位。

由此可以看出,利用计算机进行科学计算可以完成人工无法完成的计算,可以达到人工计算无法达到的精度。

**2. 信息管理**

信息管理是目前计算机应用最广泛的领域之一。信息管理是指用计算机对各种形式的信息(如文字、数值、图像和声音等)进行收集、存储、加工、展示、分析和传送的过程。当今社会,计算机广泛应用于信息管理,对办公自动化、管理自动化乃至社会信息化都有积极的促进作用。并且,随着信息化进程的推进,信息管理中的信息过滤、分析、进一步支持智能决策这些方面的应用,在商业、管理部门中的作用日益重要,成为衡量社会信息化质量的重要依据。

应该指出的是,办公自动化大大提高了办公效率和管理水平,越来越多地应用到各级政府机关的办公事务中。信息化社会要求各级政府办公人员必须掌握计算机和网络技术的使用。

沃尔玛就是利用信息技术成为零售业霸主的。从 1974 年开始,沃尔玛便在其分销中心和各商店运用计算机进行库存管理。1983 年,沃尔玛的整个连锁商店都用上了条形码扫描系统。1984 年,沃尔玛开发的市场营销管理系统投入使用。1985 年到 1987 年间,沃尔玛开始安装公司专用的卫星通信系统,使得总部、各分销中心和各商店之间可进行双向信息传输,利用这套系统,沃尔玛可以采购到最低价位的商品,并最大限度地减少库存,减少占用的资金,从而能够以最低的成本、最快速的反应、最优质的服务进行全球运作并扩张,成就了其零售业霸主的地位。

### 3. 电子商务

虽然电子商务还没有一个较为全面、具有权威性的、能够为大多数人接受的定义,但它确实已进入了我们生活、工作、学习及消费的各个领域,并由此涉及政府、工商、金融等多方面。加拿大电子商务协会认为,电子商务是通过数字通信进行商品和服务的买卖及资金的转账,它还包括公司间和公司内利用电子邮件(E-mail)、电子数据交换(EDI)、文件传输、传真、电视会议、远程计算机联网所能实现的全部功能(如市场营销、金融结算、销售以及商务谈判)。联合国经济合作和发展组织(OECD)指出,电子商务是发生在开放网络上的包含企业之间(business to business)、企业和消费者之间(business to consumer)的商业交易。

电子商务是 Internet 爆炸式发展的直接产物,是网络技术应用的全新发展方向。Internet 本身所具有的开放性、全球性、低成本、高效率的特点,也成为电子商务的内在特征,并使得电子商务大大超越了作为一种新的贸易形式所具有的价值,它不仅会改变企业本身的生产、经营、管理活动,而且将影响到整个社会的经济运行与结构。

亚马逊书店的奇迹说明了电子商务的出现是对传统商业的一次革命。亚马逊书店有 310 万种图书,比世界上最大的书店 Barnes & Noble 还多 15 倍,如果把这些书放在书店里,需占地几平方英里,需开着汽车才能进行浏览。而亚马逊书店是一家网上书店,无须耗费巨资修建大楼,只有 1 600 名员工,它销售一本书所需成本仅为传统书店的 1/16,而网上书店每平方米的销售量是传统书店的 8 倍。

### 4. 过程控制

过程控制也称实时控制,是指用计算机采集各类生产过程中的实时数据,把得到的数据按照预定的算法进行处理,然后反馈到执行机构去控制相应的后续过程。它是生产自动化的重要技术和手段。过程控制可以提高自动化程度、加快工序流转速度、减轻劳动强度、提高生产效率、节省生产原料、降低生产成本,保证产品质量的稳定。在制造业大发展的中国当今社会中,过程控制具有广泛的市场需求,是计算机应用的重要领域。

### 5. 计算机辅助设计和制造

计算机辅助设计简称为 CAD(Computer Aided Design)。CAD 系统可帮助设计人员实现最佳化设计的判定和处理,能自动将设计方案转变成生产图纸,提高了设计质量和自动化程度,大大缩短了新产品的设计与试制周期,从而成为生产现代化的重要手段。

计算机辅助制造简称 CAM(Computer Aided Manufacturing)。CAM 利用 CAD 的输出信息控制、指挥生产和装配产品。CAD 和 CAM 使产品的设计和制造过程都能在高度自动化的环境中进行。目前,从复杂的飞机到简单的家电产品生产都广泛使用了 CAD 和 CAM 技术。

除了 CAD、CAM 外,还有计算机辅助工程(CAE)、计算机辅助测试(CAT)等。

### 6. 现代教育

计算机作为现代教学手段在教育领域中应用得越来越广泛、深入,还包括以下几个应用:

① 计算机辅助教学(Computer Aided Instruction,CAI):常用的计算机辅助教学模式有练习与测试模式和

交互的授课模式。计算机辅助教学适用于很多课程,更适用于学生个性化、自主化的学习,体现了现代学习的主动性。

② 计算机模拟:计算机模拟是另一种重要的教学辅助手段。飞行模拟器训练飞行员,汽车驾驶模拟器训练汽车驾驶员,都是利用计算机模拟进行教学、训练的例子。

③ 多媒体教室:利用多媒体计算机和相应的配套设备建立的多媒体教室可以演示文字、图形、图像、动画和声音,为教师提供了强有力的现代化教学手段,使学生了解操作的完整流程,使课堂教学变得图文并茂,生动直观。

④ 网络远程教学:利用计算机网络将大学校园内开设的课程实时或批量地传送到校园以外的各个地方,使得更多的人能有机会接受高等教育。

显然,计算机的应用不胜枚举,重要的是怎样把计算机用于自己的学习、工作和研究中。

### 1.3.3 计算机的分类

计算机发展到今天,已是种类繁多,可以从不同的角度对其进行分类。

**1. 按性能分类**

这是最常规的分类方法,所依据的性能指标主要包括:存储容量,即能记忆数据的多少;运算速度,即处理数据的快慢;允许同时使用一台计算机的用户多少和价格等。根据这些性能可以将计算机分为巨型计算机、大型计算机、小型计算机、微型计算机和工作站5类。

① 巨型计算机(supercomputer):巨型机是目前功能最强、速度最快、价格最高的计算机。一般用于如气象、航天、能源、医药等尖端科学研究和战略武器研制中的复杂计算。这种机器价格昂贵,是国家级资源,体现一个国家的综合科技实力。世界上只有少数几个国家能生产这种机器,如IBM公司的深蓝、美国克雷公司生产的Cray-1、Cray-2和Cray-3都是著名的巨型机。我国自主生产的银河Ⅱ型10亿次机、曙光-1000型机亦属于巨型机。

② 大型计算机(mainframe computer):这种计算机也有很高的运算速度和很大的存储量,并允许相当多的用户同时使用。当然在量级上不及巨型计算机,价格也比巨型机便宜。这类计算机通常用于大型企业、商业管理或大型数据库管理系统中,也可用做大型计算机网络中的主机。

③ 小型计算机(minicomputer):这种计算机规模比大型机要小,但仍能支持十几个用户同时使用。这类计算机价格便宜,适合于中小型企事业单位使用。

④ 微型计算机(microcomputer):这种计算机最主要的特点是小巧、灵活、便宜。不过通常在同一时刻只能供一个用户使用,所以微型计算机也叫个人计算机(Personal Computer,PC)。近几年又出现了体积更小的微型计算机,如笔记本式计算机、手持计算机、掌上型计算机等。

⑤ 工作站(workstation):工作站与功能较强的高档微型机之间的差别不十分明显。它通常比微型机有较大的存储容量和较快的运算速度,而且配备大屏幕显示器。工作站主要用于图像处理和计算机辅助设计等领域。

不过,随着计算机技术的发展,各类计算机之间的差别也不再那么明显。例如,现在高档微型机的内存容量比前几年小型机甚至大型机的内存容量还要大得多。

**2. 按处理数据的类型分类**

按处理数据的类型分类,可以分为数字计算机、模拟计算机和混合计算机。

① 数字计算机:数字计算机所处理的数据(以电信号表示)是离散的,称为数字量,如职工人数、工资数据等。处理之后,仍以数字形式输出到打印纸上或显示在屏幕上。目前,常用的计算机大都是数字计算机。

② 模拟计算机:模拟计算机所处理的数据是连续的,称为模拟量。模拟量以电信号的幅值来模拟数值或某物理量的大小,如电压、电流、温度等都是模拟量。能够接收模拟数据,经过处理后,仍以连续的数据输出,这种计算机称为模拟计算机。一般来说,模拟计算机不如数字计算机精确。模拟计算机常以绘图或量表的形式输出。

③ 混合计算机:它集数字计算机与模拟计算机的优点于一身,可以接收模拟量或数字量的运算,最后以

连续的模拟量或离散的数字量为输出结果。

**3. 按使用范围分类**

按使用范围分类，可以分为通用计算机和专用计算机。

① 通用计算机：通用计算机适用于一般科学运算、学术研究、工程设计和数据处理等的计算。通常所说的计算机均指通用计算机。

② 专用计算机：专用计算机是为适应某种特殊应用而设计的计算机，它运行的程序不变，效率较高，速度较快，精度较高，但只能作为专用。如飞机的自动驾驶仪，坦克上的火控系统中所用的计算机，都属专用计算机。

## 1.4　计算机中的数制与编码

计算机可用来处理各种形式的数据，这些数据可以是数字、字符或汉字，它们在计算机内部都是采用二进制数来表示的，本节介绍计算机使用的数制和常用编码。

计算机所使用的数据可分为数值数据和字符数据。数值数据用以表示量的大小、正负，如整数、小数等。字符数据也叫非数值数据，用于表示一些符号、标记，如英文字母 A~Z、a~z，数字 0~9，各种专用字符 +、−、√、[、]、(、) 及标点符号等。汉字、图形、声音数据也属非数值数据。

无论是数值数据还是非数值数据，在计算机内部都是用二进制编码形式表示的，所以本节先介绍数制的基本概念，再介绍二进制、八进制、十六进制以及它们之间的转换。

### 1.4.1　计算机的数制

**1. 数制的基本概念**

人们在生产实践和日常生活中，创造了多种表示数的方法，这些数的表示规则称为数制，其中按照进位方式计数的数制叫进位计数制。例如，人们常用的十进制；钟表计时中使用的 1 小时等于 60 分、1 分等于 60 秒的六十进制；早年我国曾使用过 1 市斤等于 16 两的十六进制；计算机中使用的二进制等。

（1）十进制计数制

从最常用和最熟悉的十进制计数制可以看出，其加法规则是"逢十进一"。任意一个十进制数值都可用 0、1、2、3、4、5、6、7、8、9 共 10 个数字符号组成的字符串来表示，这些数字符号称为数码；数码处于不同的位置（数位）代表不同的数值。例如，819.18 这个数中，第 1 个数 8 处于百位数，代表 800；第 2 个数 1 处于十位数，代表 10；第 3 个数 9 处于个位数，代表 9；第 4 个数 1 处于十分位，代表 0.1；而第 5 个数 8 处于百分位，代表 0.08。也就是说，十进制数 819.18 可以写成：$819.18 = 8 \times 10^2 + 1 \times 10^1 + 9 \times 10^0 + 1 \times 10^{-1} + 8 \times 10^{-2}$。

上式称为数值的按位权展开式，其中 $10^i$（$10^2$ 对应百位，$10^1$ 对应十位，$10^0$ 对应个位，$10^{-1}$ 对应十分位，$10^{-2}$ 对应百分位）称为十进制数位的位权，10 称为基数。

（2）$R$ 进制计数制

从对十进制计数制的分析可以得出，任意 $R$ 进制计数制同样有基数 $R$、位权和按位权展开表达式。其中 $R$ 可以为任意正整数，如二进制的 $R$ 为 2，十六进制的 $R$ 为 16 等。

① 基数：一种计数制所包含的数字符号的个数称为该数制的基数（radix），用 $R$ 表示。

- 十进制（decimal）：任意一个十进制数可用 0、1、2、3、4、5、6、7、8、9 共 10 个数字符号表示，它的基数 $R = 10$。
- 二进制（binary）：任意一个二进制数可用 0、1 两个数字符号表示，其基数 $R = 2$。
- 八进制（octal）：任意一个八进制数可用 0、1、2、3、4、5、6、7 共 8 个数字符号表示，它的基数 $R = 8$。
- 十六进制（hexadecimal）：任意一个十六进制数可用 0、1、2、3、4、5、6、7、8、9、A、B、C、D、E、F 共 16 个数字符号表示，它的基数 $R = 16$。

为区分不同进制的数，约定对于任一 $R$ 进制的数 $N$，记做 $(N)_R$。如 $(1010)_2$、$(703)_8$、$(AE05)_{16}$ 分别表示二进制数 1010、八进制数 703 和十六进制数 AE05。不用括号及下标的数，默认为十进制数，如 256。人们也习惯在一个数的后面加上字母 D(十进制)、B(二进制)、O(八进制)、H(十六进制)来表示其前面的数用的是哪种进位制,如 1010B 表示二进制数 1010,AE05H 表示十六进制数 AE05。

② 位权:任何一个 $R$ 进制的数都是由一串数码表示的,其中每一位数码所表示的实际值的大小,除与数字本身的数值有关外,还与它所处的位置有关。该位置上的基准值就称为位权(或位值)。位权用基数 $R$ 的 $i$ 次幂表示。对于 $R$ 进制数,小数点前第 1 位的位权为 $R^0$,小数点前第 2 位的位权为 $R^1$,小数点后第 1 位的位权为 $R^{-1}$,小数点后第 2 位的位权为 $R^{-2}$,以此类推。

假设一个 $R$ 进制数具有 $n$ 位整数,$m$ 位小数,那么其位权为 $R^i$,其中 $i = -m \sim n-1$。

显然,对于任一 $R$ 进制数,其最右边数码的位权最小,最左边数码的位权最大。

③ 数的按位权展开:类似十进制数值的表示,任一 $R$ 进制数的值都可表示为:各位数码本身的值与其所在位位权的乘积之和。例如:

十进制数 256.16 的按位权展开式为:

$(256.16)_{10} = 2 \times 10^2 + 5 \times 10^1 + 6 \times 10^0 + 1 \times 10^{-1} + 6 \times 10^{-2}$

二进制数 101.01 的按位权展开式为:

$101.01B = 1 \times 2^2 + 0 \times 2^1 + 1 \times 2^0 + 0 \times 2^{-1} + 1 \times 2^{-2}$

八进制数 307.4 的按位权展开式为:

$307.4O = 3 \times 8^2 + 0 \times 8^1 + 7 \times 8^0 + 4 \times 8^{-1}$

十六进制数 F2B 的按位权展开式为:

$F2BH = 15 \times 16^2 + 2 \times 16^1 + 11 \times 16^0$

**2. 常用的进位计数制**

根据上述进位计数制的规律,下面对二、八、十和十六进制数进行具体讲解。

(1)十进制

基数为 10,即"逢十进一"。它含有 10 个数字符号:0、1、2、3、4、5、6、7、8、9。位权为 $10^i$($i = -m \sim n-1$,其中 $m$、$n$ 为自然数)。

---

注意:

下列各种进位计数制中的位权均以十进制数为底的幂表示。

---

(2)二进制

基数为 2,即"逢二进一"。它含有两个数字符号:0、1。位权为 $2^i$($i = -m \sim n-1$,其中 $m$、$n$ 为自然数)。

二进制是计算机中采用的计数方式,因为二进制具有以下特点:

① 简单可行:二进制仅有两个数码"0"和"1",可以用两种不同的稳定状态如高电位和低电位来表示。计算机的各组成部分都由仅有两个稳定状态的电子元件组成,它不仅容易实现,而且稳定可靠。

② 运算规则简单:二进制的运算规则非常简单。以加法为例,二进制加法规则仅有 4 条,即 $0 + 0 = 0$;$1 + 0 = 1$;$0 + 1 = 1$;$1 + 1 = 10$(逢二进一)。如 $11 + 101 = 1000$。

但是,二进制的明显缺点是数字冗长、书写量过大,容易出错、不便阅读。所以,在计算机技术文献中,常用八进制或十六进制数表示。

(3)八进制

基数为 8,即"逢八进一"。它含有 8 个数字符号:0、1,2、3、4、5、6、7。位权为 $8^i$($i = -m \sim n-1$,其中 $m$、$n$ 为自然数)。

(4)十六进制

基数为 16,即"逢十六进一"。它含有 16 个数字符号:0、1、2、3、4、5、6、7、8、9、A、B、C、D、E、F,其中 A、B、C、D、E、F 分别表示十进制数 10、11、12、13、14、15。位权为 $16^i$($i = -m \sim n-1$,其中 $m$、$n$ 为自然数)。

应当指出,二、八、十六和十进制都是计算机中常用的数制,所以在一定数值范围内直接写出它们之间的对应表示,也是经常遇到的。表 1.1 列出了 0～15 这 16 个十进制数与其他三种数制的对应关系。

**表 1.1　各数制之间对应关系**

| 十　进　制 | 二　进　制 | 八　进　制 | 十　六　进　制 |
|:---:|:---:|:---:|:---:|
| 0 | 0000 | 0 | 0 |
| 1 | 0001 | 1 | 1 |
| 2 | 0010 | 2 | 2 |
| 3 | 0011 | 3 | 3 |
| 4 | 0100 | 4 | 4 |
| 5 | 0101 | 5 | 5 |
| 6 | 0110 | 6 | 6 |
| 7 | 0111 | 7 | 7 |
| 8 | 1000 | 10 | 8 |
| 9 | 1001 | 11 | 9 |
| 10 | 1010 | 12 | A |
| 11 | 1011 | 13 | B |
| 12 | 1100 | 14 | C |
| 13 | 1101 | 15 | D |
| 14 | 1110 | 16 | E |
| 15 | 1111 | 17 | F |

### 1.4.2　各类数制间的转换

**1. 非十进制数转换成十进制数**

利用按位权展开的方法,可以把任意数制的一个数转换成十进制数。下面是将二、八、十六进制数转换为十进制数的例子。

【例 1.1】　将二进制数 101.101 转换成十进制数。

【解】　$101.101B = 1 \times 2^2 + 0 \times 2^1 + 1 \times 2^0 + 1 \times 2^{-1} + 0 \times 2^{-2} + 1 \times 2^{-3} = 4 + 0 + 1 + 0.5 + 0 + 0.125 = 5.625D$

【例 1.2】　将二进制数 110101 转换成十进制数。

【解】　$110101B = 1 \times 2^5 + 1 \times 2^4 + 0 \times 2^3 + 1 \times 2^2 + 0 \times 2^1 + 1 \times 2^0 = 32 + 16 + 4 + 1 = 53D$

【例 1.3】　将八进制数 777 转换成十进制数。

【解】　$777O = 7 \times 8^2 + 7 \times 8^1 + 7 \times 8^0 = 448 + 56 + 7 = 511D$

【例 1.4】　将十六进制数 BA 转换成十进制数。

【解】　$BAH = 11 \times 16^1 + 10 \times 16^0 = 176 + 10 = 186D$

由上述例子可见,只要掌握了数制的概念,那么将任意 R 进制数转换成十进制数时,只要将此数按位权展开即可。

**2. 十进制数转换成二进制数**

通常,一个十进制数包含整数和小数两部分,并且将十进制数转换成二进制数时,对整数部分和小数部分处理的方法是不同的。下面分别进行讨论。

(1)将十进制整数转换成二进制整数

其方法是采用"除二取余"法。具体步骤是:把十进制整数除以 2 得一个商数和一个余数;再将所得的商除以 2,又得到一个新的商数和余数;这样不断地用 2 去除所得的商数,直到商等于 0 为止。每次相除所得的余数便是对应的二进制整数的各位数码。第一次得到的余数为最低有效位,最后一次得到的余数为最高有效位。可以总结为:除 2 取余,自下而上。

【例 1.5】　将十进制整数 215 转换成二进制整数。

【解】 按上述方法得：

$$
\begin{array}{r|l}
2 & 215 \\
2 & 107 \\
2 & 53 \\
2 & 26 \\
2 & 13 \\
2 & 6 \\
2 & 3 \\
2 & 1 \\
& 0
\end{array}
$$

最低位 1
1
1
0
1
0
1
最高位 1

所以 215 = 11010111B。

所有的运算都是除2取余，只是本次除法运算的被除数需用上次除法所得的商来取代，这是一个重复过程。

（2）将十进制小数转换成二进制小数

其方法是采用"乘2取整，自上而下"法。具体步骤是：把十进制小数乘以2得整数部分和小数部分；再用2乘所得的小数部分，又得到整数部分和小数部分；这样不断地用2去乘所得的小数部分，直到所得小数部分为0或达到要求的精度为止。每次相乘后所得乘积的整数部分就是相应二进制小数的各位数字，第一次相乘所得的整数部分为最高有效位，最后一次得到的整数部分为最低有效位。

说明：

　　每次乘2后，取得的整数部分是1或0，若0是整数部分，也应取。并且，不是任意一个十进制小数都能完全精确地转换成二进制小数，一般根据精度要求截取到某一位小数即可。这就是说，不能用有限个二进制数字来精确地表示一个十进制小数。所以，将一个十进制小数转换成二进制小数通常只能得到近似表示。

【例1.6】 将十进制小数0.6875转换成二进制小数。

【解】

$$
\begin{array}{c}
0.6875 \\
\times \quad 2 \\
\hline
.3750 \\
\times \quad 2 \\
\hline
.7500 \\
\times \quad 2 \\
\hline
.5000 \\
\times \quad 2 \\
\hline
.0000
\end{array}
$$

最高位 1
0
1
最低位 1

所以 0.6875 = 0.1011B。

【例1.7】 将十进制小数0.2转换成二进制小数（取小数点后5位）。

【解】

$$
\begin{array}{c}
0.2 \\
\times \quad 2 \\
\hline
.4 \\
\times \quad 2 \\
\hline
.8 \\
\times \quad 2 \\
\hline
.6 \\
\times \quad 2 \\
\hline
.2 \\
\times \quad 2 \\
\hline
.4
\end{array}
$$

最高位 0
0
1
1
最低位 0

所以 0.2 = 0.00110B。

综上所述，要将任意一个十进制数转换为二进制数，只需将其整数、小数部分分别转换，然后用小数点连接起来即可。

上述将十进制数转换成二进制数的方法,同样适用于十进制与八进制、十进制与十六进制数之间的转换,只是使用的基数不同。

**3. 二进制数与八进制或十六进制数间的转换**

用二进制数编码,存在这样一个规律:$n$ 位二进制数最多能表示 $2^n$ 种状态,分别对应 $0,1,2,4,\cdots,2^{n-1}$。可见,用 3 位二进制数就可对应表示 1 位八进制数。同样,用 4 位二进制数就可对应表示 1 位十六进制数。其对照关系如表 1.1 所示。

(1)二进制数转换成八进制数

将一个二进制数转换成八进制数的方法很简单,只要从小数点开始分别向左、向右按每 3 位一组划分,不足 3 位的组以"0"补足,然后将每组 3 位二进制数用与其等值的一位八进制数字代替即可。

【例 1.8】 将二进制数 11101010011.10111B 转换成八进制数。

【解】 按上述方法,从小数点开始向左、右方向按每 3 位二进制数一组分隔得:

011　101　010　011.101　110

在所划分的二进制位组中,第一组和最后一组是不足 3 位经补"0"而成的。再以 1 位八进制数字替代每组的 3 位二进制数字得:

3　5　2　3.5　6

故原二进制数转换为 3523.56O。

(2)八进制数转换成二进制数

将八进制数转换成二进制数,其方法与二进制数转换成八进制数相反,即将每一位八进制数字用等值的 3 位二进制数表示即可。

【例 1.9】 将 477.563O 转换成二进制数。

【解】

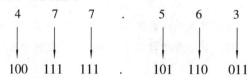

故原八进制数转换为 100111111.101110011B。

(3)二进制数转换成十六进制数

将一个二进制数转换成十六进制数的方法,与将一个二进制数转换成八进制数的方法类似,只要从小数点开始分别向左、向右按每 4 位二进制数一组划分,不足 4 位的组以"0"补足,然后将每组 4 位二进制数代之以 1 位十六进制数字表示即可。

【例 1.10】 将二进制数 1111101011011.10111B 转换成十六进制数。

【解】 按上述方法分组得:

0001　1111　0101　1011.1011　1000

在所划分的二进制位组中,第一组和最后一组是不足 4 位经补"0"而成的。再以 1 位十六进制数字替代每组的 4 位二进制数字得:

1　F　5　B.B　8

故原来二进制数转换为 1F5B.B8H。

(4)十六进制数转换成二进制数

将十六进制数转换成二进制数,其方法与二进制数转换成十六进制数相反,只要将每 1 位十六进制数字用等值的 4 位二进制数表示即可。

【例 1.11】 将 6AF.C5H 转换成二进制数。

【解】

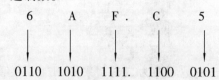

故原十六进制数转换为二进制数 11010101111.11000101B。

所以,十进制与八进制及十六进制之间的转换可以通过"除基(8 或 16)取余"的方法直接进行(其方法同十进制到二进制的转换方法),也可以借助二进制作为桥梁来完成。

### 1.4.3　数值数据的编码

#### 1. 机器数

在计算机中,因为只有"0"和"1"两种形式,所以数的正、负号,也必须以"0"和"1"表示。通常把一个数的最高位定义为符号位,用"0"表示正,"1"表示负,称为数符,其余位表示数值。把在机器内存放的正、负号数码化的数称为机器数;把机器外部由正、负号表示的数称为真值数。例如,真值为 – 00101100B 的机器数为 10101100B,存放在机器中。

要注意的是,机器数表示的范围受到字长和数据类型的限制,字长和数据类型确定了,机器数能表示的数值范围也就确定了。例如,若表示一个整数,字长为 8 位,则最大的正数为 01111111,最高位为符号位,即最大值为 127,若数值超出 127,就要"溢出"。

#### 2. 数的定点和浮点表示

计算机内表示的数,主要有定点小数、定点整数与浮点数三种类型。

(1)定点小数的表示法

定点小数是指小数点准确固定在数据某一个位置上的小数。一般把小数点固定在最高位的左边,小数点前边再设一位符号位。按此规则,任何一个小数都可以写成:

$$N = N_S N_{-1} N_{-2} \cdots N_{-M}$$

其中 $N_S$ 为符号位。如图 1.4 所示,即在计算机中用 $M+1$ 个二进制位表示一个小数,最高(最左)一个二进制位表示符号(通常用"0"表示正号,"1"表示负号),后面的 $M$ 个二进制位表示该小数的数值。小数点不用明确表示出来,因为它总是定在符号位与最高数值位之间。对用 $M+1$ 个二进制位表示的小数来说,其值的范围为 $|N| \leqslant 1 - 2^{-M}$。

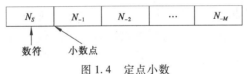

图 1.4　定点小数

(2)整数的表示法

整数所表示的数据的最小单位为 1,可以认为它是小数点定在数值最低位(最右)右边的一种表示法。整数分为带符号整数和无符号整数两类。对于带符号整数,符号位放在最高位。可以表示为:

$$N = N_S N_{M-1} N_{M-2} \cdots N_2 N_1 N_0$$

其中 $N_S$ 为符号位,如图 1.5 所示。

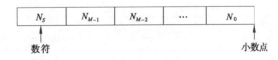

图 1.5　整数

对于用 $M+1$ 位二进制位表示的带符号整数,其值的范围为 $|N| \leqslant 2^M$。

对于无符号整数,所有的 $M+1$ 个二进制位均看成数值,此时数值表示范围为 $0 \leqslant N \leqslant 2^{M+1} - 1$。在计算机中,一般用 8 位、16 位和 32 位等表示数据。一般定点数表示的范围都较小,在数值计算时,大多采用浮点数。

(3)浮点数的表示法

浮点表示法对应于科学(指数)记数法,如 110.011 可表示为

$$N = 110.011 = 1.10011 \times 2^2 = 11001.1 \times 2^{-2} = 0.110011 \times 2^3$$

在计算机中一个浮点数由两部分构成:阶码和尾数。阶码是指数,尾数是纯小数。其存储格式如图 1.6 所示。

| 阶符 | 阶码 | 数符 | 尾数 |
|------|------|------|------|

图 1.6　浮点数存储格式

阶码只能是一个带符号的整数,它用来指示尾数中的小数点应当向左或向右移动的位数,阶码本身的小数点约定在阶码最右面。尾数表示数值的有效数字,其本身的小数点约定在数符和尾数之间。在浮点数表示中,数符和阶符都各占一位,阶码的位数随数值表示的范围而定,尾数的位数则依数的精度要求而定。

> **注意:**
>
> 　　浮点数的正、负是由尾数的数符确定,而阶码的正、负只决定小数点的位置,即决定浮点数的绝对值大小。

另外,在计算机中,带符号数还有其他的表示方法,常用的有原码、反码和补码等。

### 1.4.4　字符的编码

**1. ASCII 码**

如前所述,计算机中的信息都是用二进制编码表示的。用于表示字符的二进制编码称为字符编码。计算机中常用的字符编码有 EBCDIC(Extended Binary Coded Decimal Interchange Code)码和 ASCII(American Standard Code for Information Interchange)码。IBM 系列、大型机采用 EBCDIC 码,微型机采用 ASCII 码。这里主要介绍 ASCII 码。标准 ASCII 码字符集如表 1.2 所示。

ASCII 码是美国标准信息交换码,被国际标准化组织指定为国际标准。ASCII 码有 7 位码和 8 位码两种版本。国际通用的 7 位 ASCII 码是用 7 位二进制数表示一个字符的编码,其编码范围为 0000000B ~ 1111111B,共有 $2^7$(128)个不同的编码,相应可以表示 128 个不同字符的编码。7 位 ASCII 码表如表 1.2 所示,表中对大小写英文字母、阿拉伯数字、标点符号及控制符等特殊符号规定了编码,共 128 个字符。表 1.2 中每个字符都对应一个数值,称为该字符的 ASCII 码值,用于在计算机内部表示该字符。如数字 0 的 ASCII 码值为 48(30H),字母 A 的 ASCII 码值为 65(41H),b 的 ASCII 码值为 98(62H)等。常用的数字字符、大写字母字符、小写字母字符的 ASCII 码值按从小到大的顺序依次为:数字字符、大写字母字符、小写字母字符。从表 1.2 中可以看到,128 个编码中有 34 个控制符的编码(00H ~ 20H 和 7FH)和 94 个字符编码(21H ~ 7EH)。计算机内部用一个字节(8 位二进制位)存放一个 7 位 ASCII 码,最高位置 0。

**表 1.2　标准 ASCII 码字符集**

| 十进制 | 十六进制 | 字符 | 十进制 | 十六进制 | 字符 | 十进制 | 十六进制 | 字符 | 十进制 | 十六进制 | 字符 |
|--------|----------|------|--------|----------|------|--------|----------|------|--------|----------|------|
| 0 | 00 | NUL | 12 | 0C | FF | 24 | 18 | CAN | 36 | 24 | $ |
| 1 | 01 | SOH | 13 | 0D | CR | 25 | 19 | EM | 37 | 25 | % |
| 2 | 02 | STX | 14 | 0E | SO | 26 | 1A | SUB | 38 | 26 | & |
| 3 | 03 | ETX | 15 | 0F | SI | 27 | 1B | ESC | 39 | 27 | ' |
| 4 | 04 | EOT | 16 | 10 | DLE | 28 | 1C | FS | 40 | 28 | ( |
| 5 | 05 | ENQ | 17 | 11 | DC1 | 29 | 1D | GS | 41 | 29 | ) |
| 6 | 06 | ACK | 18 | 12 | DC2 | 30 | 1E | RS | 42 | 2A | * |
| 7 | 07 | BEL | 19 | 13 | DC3 | 31 | 1F | VS | 43 | 2B | + |
| 8 | 08 | BS | 20 | 14 | DC4 | 32 | 20 | SP | 44 | 2C | , |
| 9 | 09 | HT | 21 | 15 | NAK | 33 | 21 | ! | 45 | 2D | – |
| 10 | 0A | LF | 22 | 16 | SYN | 34 | 22 | " | 46 | 2E | . |
| 11 | 0B | VT | 23 | 17 | ETB | 35 | 23 | # | 47 | 2F | / |

续表

| 十进制 | 十六进制 | 字符 | 十进制 | 十六进制 | 字符 | 十进制 | 十六进制 | 字符 | 十进制 | 十六进制 | 字符 |
| --- | --- | --- | --- | --- | --- | --- | --- | --- | --- | --- | --- |
| 48 | 30 | 0 | 68 | 44 | D | 88 | 58 | X | 108 | 6C | l |
| 49 | 31 | 1 | 69 | 45 | E | 89 | 59 | Y | 109 | 6D | m |
| 50 | 32 | 2 | 70 | 46 | F | 90 | 5A | Z | 110 | 6E | n |
| 51 | 33 | 3 | 71 | 47 | G | 91 | 5B | [ | 111 | 6F | o |
| 52 | 34 | 4 | 72 | 48 | H | 92 | 5C | \ | 112 | 70 | p |
| 53 | 35 | 5 | 73 | 49 | I | 93 | 5D | ] | 113 | 71 | q |
| 54 | 36 | 6 | 74 | 4A | J | 94 | 5E | ^ | 114 | 72 | r |
| 55 | 37 | 7 | 75 | 4B | K | 95 | 5F | _ | 115 | 73 | s |
| 56 | 38 | 8 | 76 | 4C | L | 96 | 60 | ` | 116 | 74 | t |
| 57 | 39 | 9 | 77 | 4D | M | 97 | 61 | a | 117 | 75 | u |
| 58 | 3A | : | 78 | 4E | N | 98 | 62 | b | 118 | 76 | v |
| 59 | 3B | ; | 79 | 4F | O | 99 | 63 | c | 119 | 77 | w |
| 60 | 3C | < | 80 | 50 | P | 100 | 64 | d | 120 | 78 | x |
| 61 | 3D | = | 81 | 51 | Q | 101 | 65 | e | 121 | 79 | y |
| 62 | 3E | > | 82 | 52 | R | 102 | 66 | f | 122 | 7A | z |
| 63 | 3F | ? | 83 | 53 | S | 103 | 67 | g | 123 | 7B | { |
| 64 | 40 | @ | 84 | 54 | T | 104 | 68 | h | 124 | 7C | | |
| 65 | 41 | A | 85 | 55 | U | 105 | 69 | i | 125 | 7D | } |
| 66 | 42 | B | 86 | 56 | V | 106 | 6A | j | 126 | 7E | ~ |
| 67 | 43 | C | 87 | 57 | W | 107 | 6B | k | 127 | 7F | DEL |

**2. BCD 码**

BCD(Binary Coded Decimal)码是二进制编码的十进制数,有 4 位 BCD 码、6 位 BCD 码和扩展的 BCD 码三种。

(1)8421 BCD 码

8421 BCD 码是用 4 位二进制数表示一个十进制数字,4 位二进制数从左到右其位权依次为 8、4、2、1,它只能表示十进制数的 0~9 十个字符。为了能对一个多位十进制数进行编码,需要有与十进制数的位数一样多的 4 位组。

(2)扩展 BCD 码

由于 8421 BCD 码只能表示 10 个十进制数,所以在原来 4 位 BCD 码的基础上又产生了 6 位 BCD 码。它能表示 64 个字符,其中包括 10 个十进制数、26 个英文字母和 28 个特殊字符。但在某些场合,还需要区分英文字母的大小写,这就提出了扩展 BCD 码,它是由 8 位组成的,可表示 256 个符号,其名称为 Extended Binary Coded Decimal Interchange Code,缩写为 EBCDIC。EBCDIC 码是常用的编码之一,IBM 及 UNIVAC 计算机均采用这种编码。

**3. Unicode 编码**

扩展的 ASCII 码所提供的 256 个字符,用来表示世界各地的文字编码还显得不够,还需要表示更多的字符和意义,因此又出现了 Unicode 编码。

Unicode 是一种 16 位的编码,能够表示 65 000 多个字符或符号。目前,世界上的各种语言一般所使用的字母或符号都在 3 400 个左右,所以 Unicode 编码可以用于任何一种语言。Unicode 编码与现在流行的 ASCII 码完全兼容,二者的前 256 个符号是一样的。目前,Unicode 编码已经在 Windows NT、OS/2、Office 等软件中使用。

### 1.4.5 汉字的编码

ACSII 码只对英文字母、数字和标点符号进行编码。为了在计算机内表示汉字,用计算机处理汉字,同样也需要对汉字进行编码。计算机对汉字信息的处理过程实际上是各种汉字编码间的转换过程。这些编码主要包括:汉字输入码、汉字内码、汉字字形码、汉字地址码及汉字信息交换码等。下面分别对各种汉字编码进行介绍。

**1. 汉字信息交换码**

汉字信息交换码是用于汉字信息处理系统之间或汉字信息处理系统与通信系统之间进行信息交换的汉字代码,简称交换码,也叫国标码。它是为了使系统、设备之间信息交换时能够采用统一的形式而制定的。

我国 1981 年颁布了国家标准——信息交换用汉字编码字符集(基本集),代号为 GB 2312—1980,即国标码。了解国标码的下列概念,对使用和研究汉字信息处理系统十分有益。

(1)常用汉字及其分级

国标码规定了进行一般汉字信息处理时所用的 7 445 个字符编码,其中 682 个非汉字图形符号(如序号、数字、罗马数字、英文字母、日文假名、俄文字母、汉语注音等)和 6 763 个汉字的代码。汉字代码中又有一级常用字 3 755 个,二级次常用字 3 008 个。一级常用汉字按汉语拼音字母顺序排列,二级次常用字按偏旁部首排列,部首依笔画多少排序。

(2)两个字节存储一个国标码

由于一个字节只能表示 $2^8$(256)种编码,显然用一个字节不可能表示汉字的国标码,所以一个国标码必须用两个字节来表示。

(3)国标码的编码范围

为了中英文兼容,国标 GB 2312—1980 规定,国标码中所有字符(包括符号和汉字)的每个字节的编码范围与 ASCII 码表中的 94 个字符编码相一致,所以其编码范围是 2121H ~ 7E7EH(共可表示 94 × 94 个字符)。

(4)国标码是区位码

类似于 ASCII 码表,国标码也有一张国标码表。简单地说,把 7 445 个国标码放置在一个 94 行 × 94 列的阵列中。阵列的每一行称为一个汉字的"区",用区号表示;每一列称为一个汉字的"位",用位号表示。显然,区号范围是 1 ~ 94,位号范围也是 1 ~ 94。这样,一个汉字在表中的位置可用它所在的区号与位号来确定。一个汉字的区号与位号的组合就是该汉字的"区位码"。区位码的形式是高两位为区号,低两位为位号。如"中"字的区位码是 5448,即 54 区 48 位。区位码与每个汉字之间具有一一对应的关系。国标码在区位码表中的安排是:1 ~ 15 区是非汉字图形符号区;16 ~ 55 区是一级常用汉字区;56 ~ 87 区是二级次常用汉字区;88 ~ 94 区是保留区,可用来存储自造字代码。实际上,区位码也是一种输入法,其最大优点是一字一码的无重码输入法,最大的缺点是难以记忆。

**2. 汉字输入码**

为将汉字输入计算机而编制的代码称为汉字输入码,也叫外码。

目前,汉字主要是经标准键盘输入计算机的,所以汉字输入码都是由键盘上的字符或数字组合而成。例如,用全拼输入法输入"中"字,就要输入字符串 zhong(然后选字)。汉字输入码是根据汉字的发音或字形结构等多种属性及有关规则编制的,目前流行的汉字输入码的编码方案已有许多,如全拼输入法、双拼输入法、自然码输入法、五笔输入法等。可分为音码、形码、音形结合码 3 类。全拼输入法和双拼输入法是根据汉字的发音进行编码的,称为音码;五笔输入法是根据汉字的字形结构进行编码的,称为形码;自然码输入法是以拼音为主,辅以字形字义进行编码的,称为音形结合码。

可以想象,对于同一个汉字,不同的输入法有不同的输入码。例如,"中"字的全拼输入码是 zhong,其双拼输入码是 vs,而五笔输入码是 kh。不管采用何种输入方法,输入的汉字都会转换成对应的机内码并存储在介质中。

**3. 汉字内码**

汉字内码是为在计算机内部对汉字进行存储、处理而设置的汉字编码,它应能满足在计算机内部存储、处理和传输的要求。当一个汉字输入计算机后先转换为内码,然后才能在机器内传输和处理。汉字内码的形式也是多种多样的,目前对应于国标码,一个汉字的内码也用两个字节存储,并把每个字节的最高二进制位置"1"作为汉字内码的标识,以免与单字节的 ASCII 码混淆产生歧义。也就是说,国标码的两个字节每个字节最高位置"1",即转换为内码。

**4. 汉字字形码**

目前,汉字信息处理系统中产生汉字字形的方式,大多以点阵的方式形成汉字,汉字字形码也就是指确定一个汉字字形点阵的编码,也叫字模或汉字输出码。

汉字是方块字,将方块等分成有 $n$ 行 $n$ 列的格子,简称点阵。凡笔画所到的格子点为黑点,用二进制数"1"表示,否则为白点,用二进制数"0"表示。这样,一个汉字的字形就可用一串二进制数表示了。例如,16×16 汉字点阵有 256 个点,需要 256 位二进制位来表示一个汉字的字形码。这样就形成了汉字字形码,亦即汉字点阵的二进制数字化。图 1.7 所示为"中"字的 16×16 点阵字形示意图。

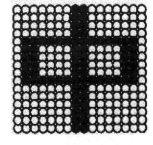

图 1.7　"中"字的 16×16 点阵字形示意图

在计算机中,8 个二进制位组成一个字节,它是对存储空间编地址的基本单位。可见一个 16×16 点阵的字形码需要 16×16/8＝32 B 存储空间;同理,24×24 点阵的字形码需要 24×24/8＝72 B 存储空间;32×32 点阵的字形码需要 32×32/8＝128 B 存储空间。例如,用 16×16 点阵的字形码存储"中国"两个汉字,需占用 2×16×16/8＝64 B 的存储空间。

显然,点阵中行、列数划分越多,字形的质量越好,锯齿现象也就越轻微,但存储汉字字形码所占用的存储空间也就越大。汉字字形通常分为通用型和精密型两类。通用型汉字字形点阵分成 3 种。

① 简易型:16×16 点阵。

② 普通型:24×24 点阵。

③ 提高型:32×32 点阵。

精密型汉字字形用于常规的印刷排版,由于信息量较大(字形点阵一般在 96×96 点阵以上),通常都采用信息压缩存储技术。

汉字的点阵字形在汉字输出时要经常使用,所以要把各个汉字的字形码固定地存储起来。存放各个汉字字形码的实体称为汉字库。为满足不同需要,还出现了各种各样的字库,如宋体字库、仿宋体字库、楷体字库、黑体字库和繁体字库等。

汉字的点阵字形的缺点是放大后会出现锯齿现象,很不美观。中文 Windows 中广泛采用了 TrueType 类型的字形码,它采用了数学方法来描述一个汉字的字形码,可以实现无限放大而不产生锯齿现象。

**5. 汉字地址码**

汉字地址码是指汉字库(这里主要指字形的点阵式字模库)中存储汉字字形信息的逻辑地址码。汉字库中,字形信息都是按一定顺序(大多数按国标码中汉字的排列顺序)连续存放在存储介质中,所以汉字地址码也大多是连续有序的,而且与汉字内码间有着简单的对应关系,以简化汉字内码到汉字地址码的转换。

**6. 各种汉字代码之间的关系**

汉字的输入、处理和输出的过程,实际上是汉字的各种编码之间的转换过程,或者说汉字编码在系统有关部件之间传输的过程。图 1.8 所示为这些代码在汉字信息处理系统中的位置及它们之间的关系。

汉字输入码向内码的转换,是通过使用输入字典(或称索引表,即外码与内码的对照表)实现的。一般的系统具有多种输入方法,每种输入方法都有各自的索引表。

在计算机的内部处理过程中,汉字信息的存储和各种必要的加工以及向磁盘存储汉字信息,都是以汉字内码形式进行的。

汉字通信过程中,处理器将汉字内码转换为适合于通信用的交换码(国标码)以实现通信处理。

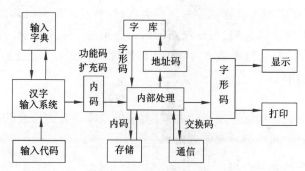

图 1.8　汉字编码在系统有关部件之间传输的过程图

在汉字的显示和打印输出过程中,处理器根据汉字内码计算出汉字地址码,按地址码从字库中取出汉字字形码,实现汉字的显示或打印输出。

# 第2章 计算机系统

计算机系统由硬件(hardware)系统和软件(software)系统两大部分组成。本章分别介绍组成计算机系统的硬件系统和软件系统,以及微型计算机硬件系统,使读者从整体上了解计算机系统的组成和一般工作原理,以及微型计算机硬件系统的各组成部件的有关知识。

 学习目标

- 了解计算机的基本结构及硬件组成,理解计算机的工作原理。
- 掌握计算机软件系统的分类,了解常用的系统软件与应用软件。了解办公软件的知识及办公文档的标准。
- 了解微型计算机硬件系统的各组成部分,包括 CPU 的发展及常用的微型计算机外围设备。

## 2.1 计算机硬件系统

计算机系统由硬件系统和软件系统组成,其示意图如图 2.1 所示。

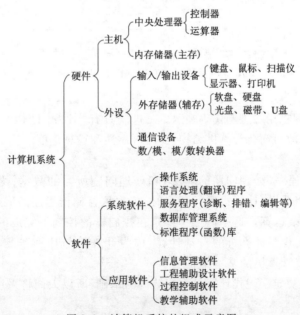

图 2.1 计算机系统的组成示意图

硬件是指肉眼看得见的机器部件,它就像是计算机的"躯体"。通常所看到的计算机会有一个机箱,里边是各式各样的电子元件,机箱外部还有键盘、鼠标、显示器和打印机等,它们是计算机工作的物质基础。不同种类计算机的硬件组成各不相同,但无论什么类型的计算机,都可以将其硬件划分为功能相近的几大部分。

软件则像是计算机的"灵魂",它是程序及相关文档的总称。程序是由一系列指令组成的,每条指令都能指挥机器完成相应的操作。当程序执行时,其中的各条指令就依次发挥作用,指挥机器按指定顺序完成特定的任务,把执行结果按照某种格式输出。

计算机系统是一个整体,既包括硬件也包括软件,两者缺一不可。计算机如果没有软件的支持,也就是在没有装入任何程序之前,被称为"裸机",裸机是无法完成任何处理任务的。反之,若没有硬件设备的支持,单靠软件本身,软件也就失去了其发挥作用的物质基础。计算机系统的软、硬件系统相辅相成,共同完成处理任务。

在本节中将主要介绍冯·诺依曼结构计算机、计算机硬件系统的各组成部分及其功能和计算机的基本工作原理等。

### 2.1.1 冯·诺依曼计算机的基本组成

1944 年 8 月,著名美籍匈牙利数学家冯·诺依曼(J. von Neumann)与美国宾夕法尼亚大学莫尔电气工程学院的莫克利(J. Mauchly)小组合作,在他们研制的 ENIAC 基础上提出了一个全新的存储程序、程序控制的通用电子计算机的方案。冯·诺依曼在方案中总结并提出了以下 3 条思想。

**1. 计算机的基本结构**

计算机硬件由运算器、控制器、存储器、输入设备和输出设备 5 个基本功能部件组成。图 2.2 所示为这5 个部分的相互关系,图中空心的双箭头代表数据信号流向,实心的单线箭头代表控制信号流向。

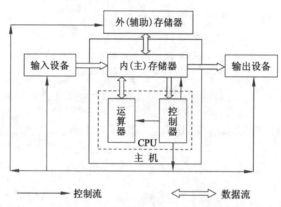

图 2.2　5 个基本功能部件的相互关系

**2. 采用二进制**

在计算机中,程序和数据都用二进制代码表示。二进制只有"0"和"1"两个数码,它既便于硬件的物理实现,而且运算规则又简单,故可简化计算机结构,提高可靠性和运算速度。

**3. 存储程序**

所谓存储程序,就是把程序(处理问题的算法)和处理问题所需的数据,均以二进制的形式按一定顺序预先存放到计算机的存储器里,计算机运行程序时,依次从存储器里逐条取出指令,执行一系列基本操作,完成该指令所规定的复杂运算。这一切工作都是在控制器的控制下完成的,这就是存储程序、程序控制的工作原理。存储程序实现了计算机的自动计算,成为计算机与计算器及其他计算工具的本质区别,同时也确定了冯·诺依曼型计算机的基本结构。

冯·诺依曼的上述思想奠定了现代计算机系统结构的基础,所以人们将采用这种设计思想的计算机称为冯·诺依曼型计算机。

### 2.1.2 计算机硬件的组成

从 1946 年第一台计算机诞生至今,虽然计算机硬件的结构和制造技术都有很大发展,但都没有脱离冯·诺依曼型计算机的基本思想,即计算机硬件由运算器、控制器、存储器、输入设备和输出设备组成。

**1. 运算器**

运算器是进行算术运算和逻辑运算的部件,主要由算术逻辑单元和一组寄存器组成。在控制器的控制下,它对取自内存储器或寄存器组中的数据进行算术或逻辑运算,再将运算的结果送到内存储器或寄存器组中。

算术逻辑单元(Arithmetic and Logic Unit,ALU)是运算器的核心,它以全加器为基础,并辅以移位和控制逻辑组合而成,在控制信号的控制下,可进行加、减、乘、除等算术运算和各种逻辑运算。寄存器组用来存储 ALU 运算中所需的操作数及其运算结果。

**2. 控制器**

控制器的功能是控制计算机各部件协调工作而自动执行程序。计算机的工作就是执行程序,而计算机只能执行存放在内存中的程序,所以执行程序前一定要把执行的程序放入计算机内存。程序是若干指令的有序排列,在执行程序时,控制器首先从存储程序的内存中按顺序取出一条指令,并对指令进行分析,根据指令的功能向相关部件发出控制命令,使它们执行该指令所规定的任务。计算机要自动执行一个程序,就是在控制器的控制下,从第一条指令开始,逐条读取指令、分析指令、执行指令直至执行到程序的最后一条停机指令即完成程序。

控制器和运算器合在一起称为中央处理单元(Central Processing Unit,CPU),它是计算机的核心部件。

**3. 存储器**

计算机系统中的存储器可分为两大类:一类是设在主机中的内存储器,也叫主存储器,简称内存或主存;另一类是属于计算机外围设备的存储器,叫外存储器,也叫辅助存储器,简称外存或辅存。

(1)内存储器

内存储器可以与 CPU 直接进行信息交换,用于存放当前 CPU 要用的数据和程序,存取速度快、价格高、存储容量较小。

① 存储器的有关术语如下:

- 位(bit):用来存放"0"或"1"的一位二进制数位称为位,它是构成存储器的最小单位。

- 字节(B):每相邻 8 个二进制位为一个字节,是存储器最基本的单位。

- 地址(address):实际上,存储器是由许许多多个二进制位的线性排列构成的,为了存取到指定位置的数据,通常将每 8 位二进制位组成一个存储单元称为字节,并给每个字节编上一个号码,称为地址。图 2.3 所示为内存概念模型。

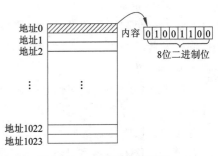

图 2.3　内存概念模型图

- 字长:在计算机中作为一个整体被存取或运算的最小信息单位称为字或单元,每个字中所包含的二进制位数(bit)称为字长。计算机的字长都是字节的整数倍。

- 存储容量:存储器能够存储信息的总字节数,其基本单位是字节(B)。此外,常用的存储容量单位还有 KB(千字节)、MB(兆字节)、GB(吉字节)和 TB(太字节)。它们之间的关系为:

1 B = 8 bit

$1 \text{ KB} = 2^{10} \text{ B} = 1\ 024 \text{ B}$

$1 \text{ MB} = 2^{10} \text{ KB} = 1\ 024 \text{ KB}$

$1 \text{ GB} = 2^{10} \text{ MB} = 1\ 024 \text{ MB}$

$1 \text{ TB} = 2^{10} \text{ GB} = 1\ 024 \text{ GB}$

- 存取周期:存储器的存取时间,即从启动一次存储器操作到完成该操作所经历的时间。一般是从发出读信号开始,到发出通知 CPU 读出数据已经可用的信号为止之间的时间。自然,存取周期越短越好,目前内存的存取时间为几微秒($10^{-6}$s)至几十纳秒($10^{-9}$s)。

- 存取操作:对存储单元进行存入操作时,即将一个数存入或写入一个存储单元时,先删去其原来存储的内容,再写入新数据;从存储单元中读取数据时,其内容保持不变。

② 随机存储器和只读存储器:内存储器分为随机访问存储器(Random Access Memory,RAM)和只读存储器(Read Only Memory,ROM)两类。

● 随机存储器:随机存储器也叫随机读写存储器。目前,所有的计算机大都使用半导体 RAM。半导体存储器是一种集成电路,其中有成千上万的存储元件。依据存储元件结构的不同,RAM 又可分为静态 RAM(Static RAM,SRAM)和动态 RAM(Dynamic RAM,DRAM)。静态 RAM 集成度低、价格高,但存取速度快,常用做高速缓冲存储器(cache)。动态 RAM 集成度高、价格低,但存取速度慢,常做主存使用。

RAM 存储当前 CPU 使用的程序、数据、中间结果和与外存交换的数据,CPU 根据需要可以直接读/写 RAM 中的内容。RAM 有两个主要特点:一是其中的信息随时可以读出或写入;二是加电使用时其中的信息会完好无缺,但是一旦断电(关机或意外掉电),RAM 中存储的数据就会消失,而且无法恢复。由于 RAM 的这一特点,所以也称它为临时存储器。

● 只读存储器:顾名思义,对只读存储器只能进行读出操作而不能进行写入操作。ROM 中的信息是在制造时用专门设备一次写入的。只读存储器常用来存放固定不变、重复执行的程序,如存放汉字库、各种专用设备的控制程序等。ROM 中存储的内容是永久性的,即使关机或掉电也不会消失。随着半导体技术的发展,已经出现了多种形式的只读存储器,如可编程的只读存储器(Programmable ROM,PROM)、可擦除可编程的只读存储器(Erasable Programmable ROM,EPROM)以及掩模型只读存储器(Masked ROM,MROM)等。它们都需要用特殊的手段来改变其中的内容。

(2)外存储器

外存储器用来存放要长期保存的程序和数据,属于永久性存储器,需要时应先调入内存。相对内存而言,外存的容量大、价格低,但存取速度慢。常用的外存储器有硬盘、光盘、磁带和 U 盘等。

**4. 输入设备**

输入是指利用某种设备将数据转换成计算机可以接收的编码的过程,所使用的设备称为输入设备。现在输入设备种类很多,常用的有键盘、鼠标、扫描仪、光笔、触摸屏和光学符号阅读仪等。

**5. 输出设备**

输出设备的任务是将信息传送到中央处理器之外的介质上,以人们或其他机器所能接受的形式输出。常用输出设备有显示器、打印机、投影仪及绘图仪等。

在计算机硬件系统的 5 个组成部件中,CPU 和内存储器构成了计算机的主机,是计算机系统的主体。输入/输出(I/O)设备和外存储器统称为外围设备(简称外设),是沟通人与主机的桥梁。

### 2.1.3　计算机的工作原理

由前述已知,计算机能自动、连续地工作,主要是因为内存中存储了程序。计算机在执行程序时,在控制器的控制下,逐条从内存中取出指令、分析指令、执行指令完成相应的操作。

**1. 指令和程序**

(1)指令

计算机指令(instruction)是控制计算机操作的代码,又称指令码(instruction code)。一条指令就是给计算机下达的一道命令,它告诉计算机要进行什么操作、参与此项操作的数据来自何处、操作结果又将送往哪里。所以,一条指令包括操作码(operation code)和操作数两部分,操作码控制执行何种操作;操作数指出参与操作的数据或数据存放的位置。

计算机指令以二进制编码形式表示,由一串 0 和 1 排列组合而成,能被计算机直接识别和执行,故又称为机器指令或机器码。但机器码既不便于记忆又不便于书写,因此人们通常采用助记符来表示指令。

通常,一种计算机能够完成多种操作,即能执行多条指令,计算机所能执行的所有指令的集合称为该计算机的指令系统(instruction system)。由于每种计算机硬件结构不同,其指令系统也不同。计算机指令系统在很大程度上决定了计算机的处理能力,是计算机性能的一个重要特征。

(2)程序

程序就是为完成某项任务而由指令系统中的若干指令组成的有序集合。编制程序称为程序设计。人们通过编写程序,发挥计算机的作用,从而解决工作中的各种问题。用机器指令编写的程序,计算机可直接识别和执行,称为目标程序。用指令的助记符编写的程序称为汇编语言源程序,计算机不能识别和执行,需经汇编程序汇编生成目标程序才能被计算机执行。用高级语言编写的高级语言源程序由语句构成,一条语句可能翻译为一条计算机指令,也可能翻译成若干条机器指令的集合,只有将高级语言源程序编译成目标程序才能被计算机识别和执行。由此可见,计算机只能执行由机器指令组成的目标程序,那么计算机是怎样执行程序的呢?

**2. 指令和程序在计算机中的执行过程**

要执行程序,首先将程序和程序所操作的数据放入内存。执行程序就是依次执行组成程序的一条条指令。计算机在执行程序中的每条指令时,先将要执行的指令从内存中取出到 CPU 内,然后通过控制器对该指令进行分析译码,判断该指令要完成的操作,最后向相关部件发出完成该指令的控制信号以完成相应的操作。由此可见,计算机执行程序,就是在控制器的控制下,逐条从内存中读取程序中的指令,分析该指令,向相应的部件发出控制信息执行指令,从而实现程序的运行。

## 2.2　计算机软件系统

软件是指为方便使用计算机和提高使用效率而组织的程序和数据,以及用于开发、使用和维护的有关文档的集合。软件系统可分为系统软件和应用软件两大类,如图 2.4 所示。

图 2.4　软件系统分类

### 2.2.1　系统软件

系统软件是控制计算机系统并协调管理软、硬件资源的程序,其主要功能包括:启动计算机,存储、加载和执行应用程序,对文件进行排序和检索,将程序语言翻译成机器语言等。实际上,系统软件可以看做用户与硬件系统的接口,它为应用软件和用户提供了控制、访问硬件的方便手段,使用户和应用软件不必了解具体的硬件细节就能操作计算机或开发程序。这些功能主要由操作系统完成。此外,编译系统和各种工具软件也属此类,它们从另一方面辅助用户使用计算机。下面分别简介它们的功能。

**1. 操作系统**

操作系统(operating system,OS)是对计算机全部软、硬件资源进行控制和管理的大型程序,是直接运行在裸机上的最基本的系统软件,其他软件必须在操作系统的支持下才能运行。它是软件系统的核心。

**2. 语言处理系统**

人类交往需用相互理解的语言沟通,人类与计算机交往也要使用相互理解的语言,以便人把意图告诉计算机,而计算机则把工作结果告诉人。人们把同计算机交流的语言叫程序设计语言。程序设计语言通常分为机器语言、汇编语言和高级语言 3 类。

(1)机器语言

每种型号的计算机都有自己的指令系统,也叫机器语言(machine language)。每条指令都对应一串二进制代码。机器语言是计算机唯一能够识别并直接执行的语言,所以与其他程序设计语言相比,执行速度最快,执行效率最高。

用机器语言编写的程序叫机器语言程序,由于机器语言中每条语句都是一串二进制代码,所以可读性差、不易记忆,编写程序既难又繁,容易出错,程序的调试和修改难度也很大,总之,机器语言不易掌握和使用。此外,因为机器语言直接依赖于机器,所以在某种类型计算机上编写的机器语言不一定能被另一类计算机识别,可移植性差,导致程序成本过高,不易普及。

(2)汇编语言

由于机器语言的缺点,人类试图改进程序设计语言,使之更方便编写和维护。20 世纪 50 年代初,出现了汇编语言(assemble language)。汇编语言用比较容易识别、记忆的助记符号代替相应的二进制代码串,所以汇编语言也叫符号语言。可以看出,汇编语言和机器语言的性质是一样的,只是表示方法上的改进,汇编语言仍然是一种依赖于机器的语言,可移植性差。

用汇编语言编写的程序称为汇编语言源程序,计算机不能直接识别和执行,必须先把汇编语言源程序翻译成机器语言程序(目标程序),然后才能被执行。这个翻译过程是由事先存放在机器里的"汇编程序"完成的,叫做汇编过程。

(3)高级语言

显然,汇编语言比机器语言用起来方便多了,但汇编语言与人类自然语言或数学公式还相差甚远。到了20世纪50年代中期,人们又创造了高级语言。所谓高级语言,是用接近于自然语言的,表达各种意义的"词"和常用的"数学公式",按照一定的"语法规则"编写程序的语言,也称高级程序设计语言或算法语言。这里的"高级",是指这种语言与自然语言和数学式子相当接近,而且不依赖于计算机的型号,通用性好。高级语言的使用,大大提高了编写程序的效率,改善了程序的可读性、可维护性、可移植性。

用高级语言编写的程序称为高级语言源程序。计算机是不能直接识别和执行高级语言源程序的,也要用翻译的方法把高级语言源程序翻译成等价的机器语言程序(目标程序)才能执行。

计算机只能直接识别和执行机器语言,因此要在计算机上运行汇编和高级语言程序,就必须配备程序语言翻译程序(以下简称翻译程序)将汇编和高级语言程序翻译为机器语言程序。翻译程序本身是一组程序,不同的语言都有各自对应的翻译程序。

对于汇编语言来说,必须先用"汇编程序"把汇编语言源程序翻译成机器语言程序(目标程序),然后才能被执行。对于高级语言来说,翻译的方法有两种。

一种称为"解释"。早期的BASIC源程序的执行都采用这种方式,它调用机器配备的BASIC"解释程序",在运行BASIC源程序时,逐条把BASIC的源程序语句进行解释和执行,它不保留目标程序代码,即不产生可执行文件。这种方式速度较慢,每次运行都要经过解释,"解释一句,执行一句"。其过程如图2.5所示。

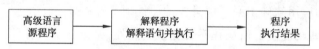

图2.5　高级语言源程序的解释过程

另一种称为"编译",它调用相应语言的编译程序,把源程序变成目标程序(以.obj为扩展名),然后再用连接程序,把目标程序与各类库文件相连接形成可执行文件。尽管编译的过程复杂一些,但它形成的可执行文件(以.exe为扩展名)可反复执行,速度较快。图2.6示意出了编译的过程。运行程序时只要执行可执行程序即可。

对源程序进行解释和编译的程序,分别叫做解释程序和编译程序。如FORTRAN、Pascal和C等高级语言,使用时需有相应的编译程序;BASIC、LISP等高级语言,使用时需用相应的解释程序。

总地来说,上述汇编程序、编译程序和解释程序都属于语言处理系统,或简称翻译程序。

(4)常用计算机程序设计语言

① C语言:C语言是一种结构化程序设计语言。它层次清晰,便于按模块化方式组织程序,易于调试和维护。C语言的表现能力和处理能力极强,它不仅具有丰富的运算符和数据类型,便于实现各类复杂的数据结构,还可以直接访问内存的物理地址,进行位(bit)一级的操作。C语言既可用于系统软件的开发,也适合于应用软件的开发,它还具有效率高、可移植性强等特点。

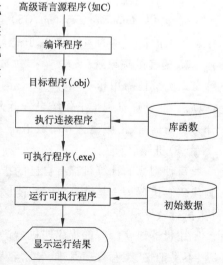

图2.6　高级语言源程序的编译过程

② C++语言:C++语言是一种优秀的面向对象程序设计语言,它是在C语言的基础上发展而来。可以认为C是C++的一个子集,C++包含了C的全部特征、属性和优点,同时增加了对面向对象编程的完

全支持。

③ C#：C#（读做 C sharp），是一种安全的、稳定的、简单的、优雅的、由 C 和 C＋＋衍生出来的面向对象的编程语言。它在继承 C 和 C＋＋强大功能的同时去掉了一些它们的复杂特性。C#综合了 Visual Basic 简单的可视化操作和 C＋＋的高运行效率，是 .NET 开发的首选语言。

④ Visual Basic：Visual Basic 简称 VB，是 Microsoft 公司推出的一种 Windows 应用程序开发工具，是当今世界上使用最广泛的编程语言之一。VB 是在原有的 BASIC 语言的基础上发展起来的，包含了数百条语句、函数及关键词，其中很多和 Windows GUI 有直接关系。专业人员可以用 Visual Basic 实现其他任何 Windows 编程语言的功能，而初学者只要掌握几个关键词就可以建立实用的应用程序。

⑤ Java 语言：Java 语言是一个支持网络计算的面向对象程序设计语言。Java 语言吸收了 Smalltalk 语言和 C＋＋语言的优点，并增加了其他特性，是一种简单的、跨平台的、面向对象的、分布式的、解释的、健壮的、安全的、体系结构中立的、可移植的、性能优异的、多线程的、动态的语言。

⑥ ASP：ASP 是一种类似 HTML（超文本置标语言）、Script（脚本）与 CGI（通用网关接口）的结合体，但是其运行效率却比 CGI 更高，程序编制也比 HTML 更方便且更有灵活性，程序安全及保密性也比 Script 好。ASP 是一种在 Web 服务器端运行的脚本语言，程序代码安全保密性好，它可以轻松地存取各种数据库，还可以将运行结果以 HTML 的格式传送至客户端浏览器，因而可以适用于各种浏览器。

⑦ PHP：PHP 是一种 HTML 内嵌式的语言，PHP 与 ASP 颇有几分相似，都是一种在服务器端执行的嵌入 HTML 文档的脚本语言，语言的风格又类似于 C 语言，现在被很多网站编程人员广泛运用。

⑧ JSP：实际上 JSP 就是 Java，只是它是一个特别的 Java 语言，加入了一个特殊的引擎，这个引擎将 HTTP Servlet 这个类的一些对象自动进行初始化好让用户使用，而用户不用再去操心前面的工作，可以将这个引擎看做一个 JSP 到 Java Servlet 的生成器或是翻译器。

**3. 服务程序**

服务程序能够提供一些常用的服务功能，它们为用户开发程序和使用计算机提供了方便。像微型计算机上经常使用的诊断程序、调试程序均属此类。

① 编辑程序：为用户提供方便的编辑环境，用户使用简单的命令或菜单即可建立、修改和生成程序文件、数据文件等。常用的编辑程序有 DOS 环境下的 EDIT、EDLIN；Windows 环境下的记事本程序及专用的集成环境，如 Visual Basic、Visual C＋＋等。

② 连接装配程序：一个大型软件常由多人分别编写出多个功能模块，分别编译后，必须将各自生成的目标程序通过连接装配程序与函数库等连接在一起，生成一个可执行文件（程序）才能运行。连接程序如 link. exe。

③ 测试、诊断程序：测试程序用来检查程序中的某些错误。诊断程序能自动检测计算机内存、软盘、硬盘以及硬件故障，并可对故障进行定位。常用诊断程序有 QAPlus、PCBench、WinBench 等。

**4. 数据库系统**

在信息社会里，人们的社会和生产活动产生更多的信息，以至于人工管理难以应付，希望借助计算机对信息进行搜集、存储、处理和使用。数据库系统（database system，DBS）就是在这种需求背景下产生和发展的。

数据库（database，DB）是指按照一定数据模型存储的数据集合。如学生的成绩信息、工厂仓库物资的信息、医院的病历、人事部门的档案等都可分别组成数据库。

数据库管理系统（database management system，DBMS）则是能够对数据库进行加工、管理的系统软件。其主要功能是建立、删除、维护数据库及对库中数据进行各种操作，从而得到有用的结果，它们通常自带语言进行数据操作。

数据库系统由数据库、数据库管理系统以及相应的应用程序组成。数据库系统不但能够存放大量的数据，更重要的是能迅速地、自动地对数据进行增删、检索、修改、统计、排序、合并、数据挖掘等操作，为人们提供有用的信息。这一点是传统的文件系统无法做到的。

数据库技术是计算机技术中发展最快、应用最广的一个分支。在信息社会中,计算机应用、开发离不开数据库,因此,了解数据库技术,尤其是微型计算机环境下的数据库应用是非常必要的。

**5. 网络软件**

20 世纪 60 年代出现的网络技术在 20 世纪 90 年代得到了飞速发展和广泛应用。计算机网络是将分布在不同地点的、多个独立的计算机系统用通信线路连接起来,在网络通信协议和网络软件的控制下,实现互联互通、资源共享、分布式处理,提高计算机的可靠性及可用性。计算机网络是计算机技术与通信技术相结合的产物。

计算机网络由网络硬件、网络软件及网络信息构成。其中的网络软件包括网络操作系统、网络协议和各种网络应用软件。

### 2.2.2 应用软件

为解决各类实际问题而设计的程序称为应用软件。根据其服务对象,又可分为通用软件和专用软件两类。

**1. 通用软件**

这类软件通常是为解决某一类问题而设计的,而这类问题是很多人都要遇到和解决的。

① 文字处理软件:用计算机撰写文章、书信、公文并进行编辑、修改、排版和保存的过程称为文字处理。曾经流行一时的 UCDOS 下的 WPS 和目前广泛流行的 Windows 下的 Word 等,都是典型的文字处理软件。关于文字处理软件 Word 的使用将在第 4 章详细介绍。

② 电子表格软件:电子表格可用来记录数值数据,可以很方便地对其进行常规计算。像文字处理软件一样,它也有许多比传统账簿和计算工具先进的功能,如快速计算、自动统计、自动造表等。Windows 下的 Excel 软件就属此类软件的典型代表。关于 Excel 的使用将在后续章节中详细介绍。

③ 绘图软件:在工程设计中,计算机辅助设计(CAD)已逐渐代替人工设计,完成了人工设计无法完成的巨大而烦琐的任务,极大地提高了设计质量和效率。其广泛用于半导体、飞机、汽车、船舶、建筑及其他机械、电子行业。日常通用的绘图软件有 AutoCAD、3ds Max、Protel、Orcad、高华 CAD 软件等。

**2. 专用软件**

上述的通用软件或软件包,在市场上可以买到,但有些有特殊要求的软件是无法买到的。如某个用户希望对其单位保密档案进行管理,另一个用户希望有一个程序能自动控制车间里的车床同时将其与上层事务性工作集成起来统一管理等。因为它们相对于一般用户来说过于特殊,所以只能组织人力到现场调研后开发软件,当然开发出的这种软件也只适用于这种情况。

综上所述,计算机系统由硬件系统和软件系统组成,两者缺一不可。而软件系统又由系统软件和应用软件组成,操作系统是系统软件的核心,在计算机系统中是必不可少的。其他的系统软件,如语言处理系统,可根据不同用户的需要配置不同的程序语言编译系统。根据各用户的应用领域不同,可以配置不同的应用软件。

### 2.2.3 办公软件

办公软件属于应用软件中的通用软件。广义上讲,在日常工作中所使用的应用软件都可以称为办公软件。如文字处理、传真、申请审批、公文管理、会议管理、资料管理、档案管理、客户管理、订货销售、库存管理、生产计划、技术管理、质量管理、成本、财务计算、劳资、人事管理,等等,这些都是办公软件的处理范围。但平时所指的办公软件多为"字处理软件""阅读软件""管理软件"等。典型的办公软件有微软的 Office、金山的 WPS、Adobe 的 Acrobat 阅读器等。

目前,全球用户最多的办公软件当属微软公司的套装软件 Office。微软从 20 世纪 80 年代开始推出自己的文字处理软件 Microsoft Word,经过几十年的发展,经历了 Office 95、Office 97、Office 2000、Offfice 2002、Office 2003、Office 2007、Office 2010,目前最新的版本是 Office 2013。

我国办公软件中最著名的当属 WPS,它是由金山软件公司开发的一套办公软件,最初出现于 1988 年,在微软 Windows 系统出现以前,DOS 系统盛行的年代,WPS 曾是中国最流行的文字处理软件,在 20 世纪 90 年代初期,WPS 在中国很流行,曾占领了中文文字处理 90% 的市场。但是,20 世纪 90 年代,随着 Windows 操作系统的普及,通过各种渠道传播的 Word 6.0 和 Word 97 成功地将大部分 WPS 用户过渡为自己的用户,WPS 的发展进入历史最低点。

随着我国加入世贸组织,我国大力提倡发展自己的软件产业,使用国产的软件。在这样的背景下,金山公司的发展出现了转机,在中央和地方政府的办公软件采购中,金山公司多次击败微软公司,现在我国很多地方的政府机关部门采用 WPS Office 办公软件办公。

随着互联网的不断发展,政府、机构、企业、个人用户都在更加紧密地通过信息网络加强彼此间的联系,计算机用户间也越来越频繁地通过网络来交换数据和信息。办公软件作为能够大幅度提高办公效率的软件,已经成为大多数计算机用户不可缺少的工具。

但是越来越明显的趋势表明,目前封闭的办公软件文档格式逐渐成为阻碍用户信息交流的桎梏,增加了用户的使用成本,提高了用户保存数据的风险,妨碍了办公软件间的良性竞争并导致垄断。为了实现多种中文办公软件之间的互联互通,需要制定办公文档的标准。

(1)ODF 标准

ODF(Open Document Format)格式是基于 XML 的纯文本格式,与传统的二进制格式不同,ODF 格式最大的优势在于其开放性和可继承性,具有跨平台跨时间性,基于 ODF 格式的文档在许多年以后仍然可以为最新版的任意平台、任意一款办公软件打开使用。ODF 作为标准文档格式,由 OASIS 负责制定,向所有用户免费开放,它的目的是改变目前办公软件相互封闭、文档格式互不兼容的糟糕情况。目前,ODF 受到了很多政府机构的青睐。在 2006 年上半年已经通过 ISO 批准,正式成为国际标准。

(2)UOF 标准

"标文通"(Unified Office document Format,UOF)是由国家电子政务总体组所属的中文办公软件基础标准工作组组织制定的《中文办公软件文档格式规范》国家标准。UOF 是基于 XML 的开放文档格式,作为中国国产文档标准,UOF 适合中国国情,它成为摆脱技术标准受制于外国人的关键因素。

(3)OOXML 标准

OOXML 全称是 Office Open XML,是由微软公司为 Office 2007 产品开发的技术规范,现已成为国际文档格式标准。OOXML 兼容国际标准 ODF 和中国文档标准 UOF。

# 2.3　微型计算机及其硬件系统

近年来,由于大规模和超大规模集成电路技术的发展,微型计算机的性能大幅提高,价格不断降低,使个人计算机(personal computer,PC)全面普及,从实验室来到了家庭,成为计算机市场的主流。PC 大体上可分为固定式和便携式两种。固定式 PC 主要为台式(桌上式)机,便携式 PC 又可分为膝上型、笔记本型、掌上型和笔输入型等。

## 2.3.1　微型计算机概述

### 1. 微型计算机的发展历程

1969 年,日本的 Busicom 公司委托 Intel 公司研制一种用于新型计算器的芯片。1971 年,世界上第一个通用微处理器芯片 Intel 4004 问世。4004 微处理器包含 2 300 个晶体管,支持 46 条指令,频率为 108 kHz,与当年的 ENIAC 性能相当。Intel 公司看到了微处理器的巨大应用前景,又花费 6 万美元从 Busicom 公司买回了 4004 的知识产权,并由此开创了其微处理器领域的霸主地位。

由 4004 构成的 MCS-4 微型计算机,标志着微型计算机时代的来临。微型计算机体积轻巧,使用方便,性能价格比适当,能满足社会大众的普遍要求。微型计算机的出现,使计算机从实验室和大型计算中心走向普通大众,为计算机的普及做出了巨大贡献。

由于微处理器决定了微型计算机的性能,根据微处理器的位数和功能,可将微型机的发展划分为 4 个阶段。

（1）4 位微处理器

4 位微处理器的代表产品是 Intel 4004 及由它构成的 MCS - 4 微型计算机。其时钟频率为 0.5 ~ 0.8 MHz，数据线和地址线均为 4 ~ 8 位，使用机器语言和简单汇编语言编程，主要应用于家用电器、计算器和简单的控制等。

（2）8 位微处理器

1974 年，Intel 公司推出了 8 位微处理器 8080，这是第一个真正实用的微处理器，它的代表产品是 Intel 8080、8085。同时期还有 Motorola 公司的 MC 6800 系列，Zilog 公司的 Z80，MOS Technology 公司的 6502 微处理器。

较著名的 8 位微型计算机有以 6502 为中央处理器的 Apple II微型机，以 Z80 为中央处理器的 System - 3。这一代微型机的时钟频率为 1 ~ 2.5 MHz，数据总线为 8 位，地址总线为 16 位，配有操作系统，可使用 FORTRAN、BASIC 等多种高级语言编程，主要应用于教学实验、工业控制和智能仪表中。

（3）16 位微处理器

1978 年，Intel 公司推出了 16 位微处理器 Intel 8086 及其派生产品 Intel 8088。它采用 16 位寄存器、16 位地址总线和 29 000 个 3μm 技术的晶体管，可寻址 1 MB 的内存储器，频率为 4.77 MHz。同时代的 16 位微处理器还有 Motorola 公司的 MC 68000 系列。

以 8086 或 8088 为中央处理器的 IBM PC 系列微型机最为著名。这一代微型机的时钟频率为 5 ~ 10 MHz，数据总线为 8 位或 16 位，地址总线为 20 ~ 24 位。这一阶段微型机软件日益成熟，操作系统方便灵活，应用也扩展到实时控制、实时数据处理和企业信息管理等方面。

（4）32 位微处理器及以上

32 位微处理器的代表产品是 Intel 80386、80486、80586 及初期的 Pentium 系列。由它们组成的 32 位微型计算机，时钟频率达到 16 ~ 100 MHz，数据总线 32 位，地址总线 24 ~ 32 位。这类微型机亦称超级微型计算机，其应用扩展到计算机辅助设计、工程设计、排版印刷等方面。

**2. 微型计算机的硬件结构**

微型机的硬件结构亦遵循冯·诺依曼型计算机的基本思想。一般微型机都采用图 2.7 所示的典型结构。它们由中央处理器（CPU）、存储器、输入/输出接口和系统总线等组成，各部分之间通过总线连接而实现信息交换。

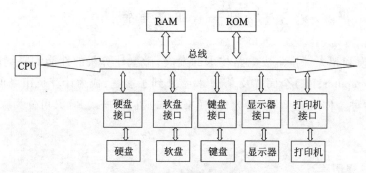

图 2.7　微型机典型结构图

所谓总线就是一组公共信息传输线路，由 3 部分组成：数据总线（Data Bus，DB）、地址总线（Address Bus，AB）、控制总线（Control Bus，CB）。三者在物理上集成在一起，工作时各司其职。总线可以单向传输数据，也可以双向传输数据，并能在多个设备之间选择出唯一的源地址和目的地址。早期的微型计算机采用单总线结构，当前较先进的微型计算机采用面向 CPU 的或面向主存的双总线结构。

**2.3.2　微型计算机的主机**

随着集成电路制作工艺的不断进步，出现了大规模集成电路和超大规模集成电路，就可以把计算机的核心部件运算器和控制器集成在一块集成电路芯片内，称为微处理器（Micro Processor Unit，MPU），也称中央处理器，简称 CPU。CPU、内存、总线、输入/输出接口和主板构成了微型计算机的主机，被封装在主机箱内。

**1. 中央处理器**

中央处理器主要包括运算器和控制器两大部件,是计算机的核心部件。CPU 是一个体积不大而元件集成度非常高、功能强大的芯片。

(1)CPU 性能指标

计算机内所有操作都受 CPU 控制,CPU 的性能指标直接决定了由它构成的微型计算机系统的性能指标。CPU 的性能指标主要有字长和时钟主频。字长表示 CPU 一次处理数据的能力;时钟主频以 MHz(兆赫兹)为单位来度量,通常,时钟主频越高,其处理数据的速度相对也就越快。

(2)CPU 的发展过程

① CPU 的诞生:1971 年,当时还处在发展阶段的 Intel 公司推出了世界上第一台真正的微处理器 4004。这不但是第一个用于计算器的 4 位微处理器,也是第一款个人有能力买得起的处理器。4004 含有 2 300 个晶体管,功能相当有限,而且速度还很慢,被当时的"蓝色巨人"IBM 以及大部分商业用户不屑一顾,但是它毕竟是划时代的产品,从此以后,Intel 公司便与微处理器结下了不解之缘。可以这么说,CPU 的历史发展历程其实也就是 Intel 公司 x86 系列 CPU 的发展历程,就通过它来展开的"CPU 历史之旅"。

② 起步的角逐。1978 年,Intel 公司首次生产出 16 位的微处理器,并命名为 i8086,同时还生产出与之相配合的数学协处理器 i8087,这两种芯片使用相互兼容的指令集,但在 i8087 指令集中增加了一些专门用于对数、指数和三角函数等数学计算的指令。由于这些指令集应用于 i8086 和 i8087,所以人们也把这些指令集中统一称之为 x86 指令集。虽然以后 Intel 公司又陆续生产出第二代、第三代等更先进和更快的新型 CPU,但都仍然兼容原来的 x86 指令,而且 Intel 公司在后续 CPU 的命名上沿用了原先的 x86 序列,直到后来因商标注册问题,才放弃了继续用阿拉伯数字命名。至于后来发展壮大的其他公司,例如 AMD 和 Cyrix 等,在 486 以前(包括 486)的 CPU 都是按 Intel 的命名方式为自己的 x86 系列 CPU 命名,但到了 586 时代,市场竞争越来越厉害了,由于商标注册问题,它们已经无法继续使用与 Intel 的 x86 系列相同或相似的命名,只好另外为自己的 586、686 兼容 CPU 命名了。

③ 微机时代的来临。1981 年,8088 芯片首次用于 IBM 的 PC 中,开创了全新的微机时代。1982 年,Intel 公司推出了划时代的最新产品 80286 芯片,该芯片比 8086 和 8088 有了飞跃的发展,从 80286 开始,CPU 的工作方式也演变出两种:实模式和保护模式。1985 年,Intel 公司推出了 80386 芯片,它是 80x86 系列中的第一款 32 位微处理器,而且制造工艺也有了很大的进步。与 80286 相比,80386 内部内含 27.5 万个晶体管,时钟频率为 12.5 MHz,后提高到 20 MHz、25 MHz、33 MHz。80386 的内部和外部数据总线都是 32 位,地址总线也是 32 位,可寻址高达 4 GB 内存。它除具有实模式和保护模式外,还增加了一种叫虚拟 86 的工作方式,可以通过同时模拟多个 8086 处理器来提供多任务能力。除了标准的 80386 芯片外,出于不同的市场和应用考虑,Intel 又陆续推出了一些其他类型的 80386 芯片:80386SX、80386SL、80386DL 等。

④ 高速 CPU 时代的腾飞。1989 年,大家耳熟能详的 80486 芯片由 Intel 公司推出,这种芯片的伟大之处就在于它突破了 100 万个晶体管的界限,集成了 120 万个晶体管。80486 的时钟频率从 25 MHz 逐步提高到了 33 MHz、50 MHz。80486 是将 80386 和数学协处理器 80387 以及一个 8 KB 的高速缓存集成在一个芯片内,并且在 80x86 系列中首次采用了 RISC(精简指令集)技术,可以在一个时钟周期内执行一条指令。它还采用了突发总线方式,大大提高了与内存的数据交换速度。由于这些改进,80486 的性能比带有 80387 数学协处理器的 80386DX 提高了 4 倍。80486 和 80386 一样,也陆续出现了几种类型。

⑤ 奔腾时代。1993 年 3 月,Intel 公司推出 80586 处理器。由于无法阻止其他公司把自己的兼容产品也叫做 x86,所以把产品取名为 Pentium,并且进行了商标注册,同时期用了中文名称"奔腾"。1995 年 11 月,Intel 公司推出代号为 P6 的新一代 Pentium Pro 处理器,中文名称为"高能奔腾"。1997 年 5 月,Intel 公司又向市场推出了 Pentium Ⅱ 芯片,中文名称为"奔腾Ⅱ代"。1999 年,Intel 公司推出了集成 950 万个晶体管、主频为 450～500 MHz、外频为 100 MHz 的 Pentium Ⅲ 处理器。2000 年 11 月,Intel 公司发布了采用 NetBurst 微架构的 Pentium 4 处理器。

⑥ 酷睿时代。超高的流水线让 Pentium 4 处理器具备了前所未有的频率提升能力,NetBurst 也在推出之

初取得了一定成绩,然而 Intel 的发展却遇到了瓶颈。时钟频率的进一步提升,令其功耗过高、散热困难的问题暴露无遗,而且最致命的是性能提升幅度并不理想。与此同时,Intel 的竞争对手 AMD 推出的 K8 处理器却在性能和功耗两方面都表现良好。正是这些原因迫使 Intel 不得不放弃原本想继续坚持很久的 NetBurst 架构转而研发同时具有高性能和低功耗的新架构,就是在这样的背景下,Core 微架构诞生了。Core 是领先节能的新型微架构,其设计的出发点是提供卓越出众的性能和能效,提高每瓦特性能,也就是所谓的能效比。2006 年 7 月 27 日,Intel 全球同步正式发布了代号为 Conroe 和 Merom 的新一代台式机处理器和笔记本式计算机处理器,包括 Core 2 Duo 和 Core 2 Extreme 两个品牌,处理器中文名为"酷睿 2 双核"和"酷睿 2 至尊版"。"酷睿 2"采用 65 nm 制造工艺,全线产品均为双核心,L2 缓存容量提升到 4 MB,晶体管数量达到 2.91 亿个,性能提升了 40% ,但能耗却降低了 40% ,主流产品的平均能耗为 65 W,顶级的 X6800 也仅为 75 W。目前的酷睿 2 包括 Duo 双核和 Quad 四核,在不久的将来还会推出八核。

从第一块微处理器诞生至今,处理器技术发展出不少新的体系结构。从微处理器的指令系统来看,有两种分支走向,一种是 CISC,另一种是 RISC。CISC 即复杂指令系统。从 PC 诞生以来,人们一直沿用 CISC 指令集方式。它的指令不等长,指令的条数比较多,编程和设计处理器时都较为麻烦。在 CISC 之后,人们发明了 RISC,即精简指令系统。这种指令系统采用等长的指令,且指令数较少,通过简化指令可以让计算机的结构更为简单,进而提高运算速度。

Intel 的 80x86 系列处理器看起来属于 CISC 体系,但实际上,从 Pentium 处理器开始,都已不是单纯的 CISC 体系了。因为它们引入了很多 RISC 体系里的先进技术来大幅度提高性能。但是为了兼容已有的软件,80x86 系列处理器也不得不背上沉重的历史包袱。例如 CPU 的位长还是停留在 32 位;在寄存器、运行模式与内存管理模式等方面还是继承了早期的 80386 模式;80386 以后的处理器虽然增加了不少新指令,但大多用于多媒体扩展,其中很少有和操作系统密切相关的指令。所以如果不涉及 3D 及密集运算方面的运算,仅从操作系统的角度看,这些处理器只能算是一个快速的 80386 处理器而已。

(3)高速缓冲存储器(cache)

CPU 的速度在不断提高,已大大超过了内存的速度,使得 CPU 在进行数据存取时需要进行等待,从而降低了整个计算机系统的运行速度,为解决这一问题引入了 cache 技术。

cache 就是一个容量小、速度快的特殊存储器。系统按照一定的方式对 CPU 访问的内存数据进行统计,将内存中被 CPU 频繁存取的数据存入 cache,当 CPU 要读取这些数据时,则直接从 cache 中读取,加快了 CPU 访问这些数据的速度,从而提高了整体运行速度。

cache 分为一级、二级和三级 cache,每级 cache 比前一级 cache 速度慢、容量大。cache 最重要的技术指标是命中率,是指 CPU 在 cache 中找到有用的数据占数据总量的比率。

**2. 内存储器**

内存储器是直接与 CPU 进行数据传送的存储设备,用来存放当前正在执行的程序及其使用的数据。微机的内存储器由只读存储器(ROM)和随机存储器(RAM)组成。

(1)内存中的 ROM 和 RAM

由于只读存储器中存储的程序和数据在断电后仍然存在,微机中将 BIOS 存放到只读存储器中,并安装在主板上。

利用随机存储器的可读/写特性,将 RAM 作为微机的工作存储区,这就是通常所说的微机的内存。只有将要执行的程序和数据放入 RAM 中,才能被 CPU 执行。由于 RAM 中存储的程序和数据在断电后会丢失,不能长期存储,通常将程序和数据存储在外存储器中(如硬盘),当要执行该程序时,再将其从硬盘中读入到 RAM 中,然后才能运行。例如 Windows 操作系统和 Word 等软件都存储在硬盘上,启动该程序时再将其读入到内存后被运行。

(2)内存条

当前微机中的 RAM 基本上是以内存条的形式进行组装的,图 2.8 所示

图 2.8　内存条

就是一个内存条。由于内存条可随意拆装,使得内存的维修和扩展十分方便,如果用户需要增加内存,只需购买相应的内存条,然后将其插在主板上的内存插槽中即可。

根据内存条的接口形式,可把内存条分为单列直插式(SIMM)和双列直插式(DIMM)两种。相同容量的 SIMM 内存条必须成对使用,有 30 线和 72 线引脚两种。DIMM 内存条可单条使用,不同容量的内存条可混合使用,引脚增加到 168 线以上。

目前微机中常用的内存条为 DDR3 SDRAM。DDR SDRAM(Double Data Rate SDRAM)简称 DDR,是"双倍速率 SDRAM"的意思。DDR 在时钟信号上升沿与下降沿各传输一次数据,这使得 DDR 的数据传输速度为传统 SDRAM 的两倍。DDR 内存是作为一种在性能与成本之间折中的解决方案,它的发展经历了 DDR、DDR2、DDR3 以及将要到来的 DDR4。

DDR3 与之前的 DDR2 相比具有更低的工作电压(从 DDR2 的 1.8 V 降落到 1.5 V),性能更好且更为省电。DDR3 已经从 DDR2 的 4 bit 预读升级为 8 bit 预读,其最高能够达到 2 000 MHz 的速度。

内存厂商预计在 DDR3 之后,DDR4 时代即将开启。DDR4 的工作电压将降至 1.2 V,而频率会提升至 2 133 MHz,之后会进一步将电压降至 1.0 V,频率则实现 2 667 MHz。

**3. 总线**

我们已经知道计算机各个部件的基本功能,而将这些部件连接在一起才能构成一个整体。通常采用总线连接的方法将这些部件连接在一起。所谓总线(bus)就是系统部件之间传送信息的公共通道,各个部件由总线连接并经过它相互通信。就像汽车在高速公路上运动一样,信息位在总线上传输。在总线上一次能并行传输的二进制位数定义为总线的宽度,例如,32 位总线一次能传送 32 位,64 位总线一次传送 64 位。从图 2.7 中可见总线的这些作用。

根据所连接部件的不同,总线可分为内部总线、系统总线和扩展总线。

① 内部总线,也叫片总线,是同一部件(如 CPU)内部连接各寄存器及运算部件的总线。

② 系统总线,是同一台计算机各部件(如 CPU、内存、I/O 接口)之间相互连接的总线。系统总线又分为数据总线、地址总线和控制总线,分别传递数据、地址和控制信号。

③ 扩展总线,负责 CPU 与外围设备之间的通信。

总线连接的方式使机器各部件之间的联系比较规整,减少了连线,也使部件的增减方便易行。目前使用的微型计算机,都是采用总线连接,所以当需要增加一些部件时,只要这些部件发送与接收信息的方式能够满足总线规定的要求就可以与总线直接挂接。这给计算机各类外设的生产及应用都带来了极大的方便,拓展了计算机的应用领域。总线在发展过程中也形成了许多标准,如 ISA、PCI、AGP 等。

USB 是 Universal Serial Bus 的英文缩写,中文名称为"通用串行总线",也称通用串联接口。随着计算机硬件技术的飞速发展,外围设备日益增多,除了人们早已熟悉的键盘、鼠标、调制解调器、打印机、扫描仪之外,数码摄影(像)机、MP3 随身听、移动硬盘等新型设备也接踵而至,可是计算机的接口毕竟有限,如何使外围设备与计算机之间的数据交换变得更方便、快捷就成了专家们致力解决的问题。USB 就是基于此产生的,它是一个使计算机外接设备连接标准化、单一化的接口。一个 USB 接口可以支持多种计算机外围设备,它还有一个显著特点就是支持热插拔,即使在开机的情况下也可以安全地连接或断开 USB 设备,达到真正的即插即用。

**4. 输入/输出接口**

输入/输出接口(I/O 接口)是 CPU 与外围设备之间交换信息的连接电路,它们是通过总线与 CPU 相连的。I/O 接口也称适配器或设备控制器。由于主机中的 CPU 和内存都是由大规模集成电路组成的,而 I/O 设备是由机电装置组合而成,它们之间在速度、时序、信息格式和信息类型等方面存在着不匹配。I/O 接口的功能就是解决这些不匹配的问题,使主机与外围设备能协调地工作。由于这些 I/O 接口一般制作成电路板的形式,所以常把它们称为适配器,简称××卡,如声卡、显示卡、网卡等。

为了将外围设备的适配器连接到微型计算机主机中,系统主板上有一系列的扩展插槽供适配器使用。这些扩展槽与主板上的系统总线相连。适配器插入扩展槽后,就通过系统总线与 CPU 连接,进行数据的传送。PC 这种开放的体系结构允许用户按照自己的需求选择不同的外围设备装配微机。

**5. 主板**

主板,又叫主机板(mainboard)、系统板(systemboard)或母板(motherboard)。它安装在机箱内,是微机最基本的也是最重要的部件之一。主板一般为矩形电路板,上面安装了组成计算机的主要电路系统,一般有BIOS芯片、I/O控制芯片、键盘和面板控制开关接口、指示灯插接件、扩充插槽、主板及插卡的直流电源供电接插件等元件,如图2.9所示。

图2.9 主板

主板采用了开放式结构。主板上大都有6~15个扩展插槽,供PC外围设备的控制卡(适配器)插接。通过更换这些插卡,可以对微机的相应子系统进行局部升级,使厂家和用户在配置机型方面有更大的灵活性。总之,主板在整个微机系统中扮演着举足轻重的角色。可以说,主板的类型和档次决定着整个微机系统的类型和档次,主板的性能影响着整个微机系统的性能。

(1)主板结构

所谓主板结构就是根据主板上各元器件的布局排列方式、尺寸大小、形状、所使用的电源规格等制定出的通用标准,所有主板厂商都必须遵循。

主板结构分为AT、Baby-AT、ATX、Micro ATX、LPX、NLX、Flex ATX、EATX、WATX等。其中,AT和Baby-AT是多年前的老主板结构,已经淘汰;而LPX、NLX、Flex ATX则是ATX的变种,多见于国外的品牌机,国内尚不多见;EATX和WATX则多用于服务器/工作站主板;ATX是市场上最常见的主板结构,扩展插槽较多,PCI插槽数量在4~6个,大多数主板都采用此结构;Micro ATX又称Mini ATX,是ATX结构的简化版,扩展插槽较少,PCI插槽数量在3个或3个以下,多用于品牌机并配备小型机箱。

(2)芯片组

芯片组(chipset)是主板的核心组成部分,它决定了主板的功能,并影响到整个计算机系统性能的发挥。按照在主板上的排列位置的不同,通常分为北桥芯片和南桥芯片。北桥芯片提供对CPU的类型和主频、内存的类型和最大容量、ISA/PCI/AGP插槽、ECC纠错等支持。南桥芯片则提供对KBC(键盘控制器)、RTC(实时时钟控制器)、USB(通用串行总线)、Ultra DMA/33(66)EIDE数据传输方式和ACPI(高级能源管理)等的支持。其中北桥芯片起着主导性的作用,也称为主桥(host bridge)。

(3)扩展槽

扩展槽是主板上用于固定扩展卡并将其连接到系统总线上的插槽,扩展槽是一种添加或增强计算机特性及功能的方法。扩展插槽的种类和数量的多少是决定一块主板好坏的重要指标。有多种类型和足够数量的扩展槽就意味着今后有足够的可升级性和设备扩展性,反之则会在今后的升级和设备扩展方面碰到巨大的障碍。

(4)主要接口

硬盘接口:硬盘接口可分为IDE接口和SATA接口。目前主流的新型主板上,IDE接口大多缩减甚至没有,代之以SATA接口。

USB接口:USB接口是如今最为流行的接口,最多可以支持127个外设,并且可以独立供电,其应用非常广泛。USB 接口支持热拔插,真正做到了即插即用。一个 USB 接口可同时支持高速和低速 USB 外设的访问,高速外设的传输速率为 12Mbit/s,低速外设的传输速率为 1.5Mbit/s。USB2.0 标准最高传输速率可达 480Mbit/s。USB3.0 已经出现在主板中,并已开始普及。

SATA 接口:SATA 的全称是 Serial Advanced Technology Attachment(串行高级技术附件,一种基于行业标准的串行硬件驱动器接口),是由 Intel、IBM、Dell、APT、Maxtor 和 Seagate 公司共同提出的硬盘接口规范。SATA 规范将硬盘的外部传输速率理论值提高到了 150MB/s,比 PATA 标准 ATA/100 高出 50%,比 ATA/133 也要高出约 13%,而且随着未来后续版本的发展,SATA 接口的速率还可扩展到 300MB/s 和 600MB/s。

(5)主板平面

主板的平面是一块 PCB(印制电路板),一般采用四层板或六层板。相对而言,为节省成本,低档主板多为四层板:主信号层、接地层、电源层、次信号层,而六层板则增加了辅助电源层和中信号层,因此,六层 PCB 的主板抗电磁干扰能力更强,主板也更加稳定。

### 2.3.3　微型计算机的外存储器

在计算机发展过程中曾出现过许多种外存,目前微型计算机中最常用的外存有磁盘、磁带、光盘和移动存储设备等。与内存相比,这类存储器的特点是存储容量大、价格较低,而且在断电的情况下也可以长期保存信息,所以又称为永久性存储器。

**1. 磁盘存储器**

磁盘是在金属或塑料片上涂一层磁性材料制成的,二进制信息就记录在这层材料的表面,这样的存储器叫做磁表面存储器。磁盘存储器包括磁盘驱动器、磁盘控制器和磁盘 3 部分,这里只讨论磁盘。

磁盘分为软磁盘和硬磁盘两大类,分别简称软盘和硬盘。软盘过去曾扮演着重要角色,不过现在已经被淘汰,这里只介绍硬盘。

硬盘(hard disk)由一组盘片组成。目前最常用的是温切斯特(winchester)硬盘,简称温盘。它的主要特点是将盘片、磁头、电机驱动部件乃至读/写电路等做成一个不可随意拆卸的整体,并密封起来,所以防尘性能好,可靠性高,对环境要求不高。

硬盘可用来作为大型机、小型机和微型机的外存储器。它有很大的容量,目前高档微机所配置的硬盘容量大都达到几百吉字节。与软盘相比,硬盘旋转速度快,存取速度快。但是,硬盘多固定在机箱内部,不便携带。

**2. 光盘**

光盘是利用激光原理进行读、写的设备,是近代发展起来不同于完全磁性载体的光学存储介质。光盘凭借大容量得以广泛使用,它可以存放各种文字、声音、图形、图像和动画等多媒体数字信息,如图 2.10 所示。光盘需要有光盘驱动器配合使用,如图 2.11 所示。

图 2.10　光盘

图 2.11　光盘驱动器

光盘是一个统称,它分成两类,一类是只读型光盘,其中包括 CD-Audio、CD-Video、CD-ROM、DVD-Audio、DVD-Video、DVD-ROM 等;另一类是可记录型光盘,它包括 CD-R、CD-RW、DVD-R、DVD+R、DVD+RW、DVD-RAM、Double layer DVD+R 等各种类型。

根据光盘结构,光盘主要分为 CD、DVD、BD 等几种类型。这几种类型的光盘在结构上有所区别,但主要结构原理是一致的。而只读的 CD 和可记录的 CD 在结构上没有区别,它们主要区别于材料的应用和某些制造工序的不同,DVD 方面也是同样的道理。

BD(Blu-ray Disc,又称蓝光光盘)是继 DVD 之后的下一代光盘格式之一,用于存储高品质的影音及高容量的数据。"蓝光光盘"这一称谓并非官方正式中文名称,它只是人们为了易记而起的中文名称。蓝光光盘是由SONY及松下电器等企业组成的"蓝光光盘联盟"策划的次世代光盘规格,并以SONY为首于2006年开始全面推动相关产品。

一般CD的最大容量大约700 MB;DVD盘片单面4.7 GB,最多能刻录约4.59 GB的数据(因为DVD的1 GB = 1 000 MB,而硬盘的1 GB = 1 024 MB),双面为8.5 GB,最多约能刻8.3 GB的数据;BD的单面单层为25 GB,双面为50 GB,三层达到75 GB,四层更达到100 GB。

**3. 移动存储器**

常见的计算机存储设备常常安装在主机箱内,如内存、硬盘等。随着信息技术在人类社会生活各个方面的逐渐普及,不少个人和集体都采用数字化手段来管理数据信息,灵活便捷的信息交换就成了现代社会发展的迫切需求,移动存储设备在这种社会需求中应运而生。目前人们比较熟悉的移动存储器主要有移动硬盘和闪存盘(U盘)。

(1)移动硬盘

移动硬盘(见图2.12)通过相关设备将IDE转换成USB或Firewire接口连接到计算机,从而完成读/写数据的操作。

(2)闪存盘

闪存盘是近些年来发展比较迅速的小型便携式存储器,又称U盘,如图2.13所示。它具有体积小、使用方便、数据安全、可靠性高等优点,正被越来越多的用户所青睐。随着存储技术的不断成熟,制造成本的不断降低,它已经取代人们使用多年的软盘而成为计算机的一种常用移动存储设备。

图2.12　移动硬盘　　　　　　　　　　　图2.13　闪存盘

### 2.3.4　微型计算机的输入设备

键盘和鼠标器是计算机最常用的输入设备,其他输入设备还有扫描仪、磁卡读入机等,这里重点介绍键盘和鼠标器。

**1. 键盘**

键盘是计算机最常用的一种输入设备,它是组装在一起的一组按键矩阵。当按下一个键时就产生与该键对应的二进制代码,并通过接口送入计算机,同时将按键字符显示在屏幕上。按各类按键的功能和位置将键盘划分为4个部分:主键盘区、数字小键盘区、功能键区及编辑和光标控制键区。键盘分区如图2.14所示。

图2.14　键盘分区图

除标准键盘外,还有各类专用键盘,它们是专门为某种特殊应用而设计的。例如,银行计算机管理系统中供储户使用的键盘,按键数不多,只是为了输入储户标识码、口令和选择操作之用。专用键盘的主要优点是简单,即使没有受过训练的人也能使用。

**2. 鼠标器**

鼠标是计算机的一种输入设备,它是计算机显示系统纵横坐标定位的指示器,因形似老鼠而得名。鼠标的使用代替了键盘烦琐指令的输入,使计算机的操作更加简便。

鼠标按其工作原理及其内部结构的不同,可以分为机械式鼠标和光电式鼠标。

机械式鼠标下面有一个可以滚动的小球,当鼠标在桌面上移动时,小球与桌面摩擦转动,带动鼠标内的两个光盘转动,产生脉冲,测出 X－Y 方向的相对位移量,从而反映出屏幕上鼠标的位置。由于采用纯机械结构,导致定位精度难如人意,加上使用过程中磨损得较为厉害,直接影响了机械式鼠标的使用寿命。目前机械式鼠标已经基本被淘汰。

光电式鼠标的底部有一个小型感光头,面对感光头的是一个发射红外线的发光管,发光管每秒向外发射 1 500 次,感光头就将这 1 500 次的反射回馈给鼠标的定位系统,以此来实现准确的定位。所以,这种鼠标可在任何地方无限制地移动。目前大多数鼠标属于光电式,如图 2.15 所示。

鼠标按接口类型可分为串行鼠标、PS/2 鼠标、总线鼠标、USB 鼠标(多为光电鼠标)4 种。其中 USB 鼠标通过 USB 接口,直接插在计算机的 USB 接口上。目前的鼠标基本都是 USB 接口的鼠标。

鼠标按使用形式分有线鼠标和无线鼠标两种。

有线鼠标通过线缆将鼠标插在主板的 USB 接口上。由于直接用线与计算机连接,受外界干扰非常小,因此在稳定性方面有着巨大的优势,比较适合对鼠标操作要求较高的游戏与设计使用。

无线鼠标采用无线技术与计算机通信,从而避免了线缆的束缚。其通常采用的无线通信方式包括蓝牙、Wi－Fi(IEEE 802.11)、Infrared(IrDA)、ZigBee(IEEE 802.15.4)等多个无线技术标准,但当前主流无线鼠标仅有 27 MHz、2.4 GHz 和蓝牙 3 类。无线鼠标由于没有线缆的束缚,可以实现较远地方的计算机操作,比较适合家庭用户及追求极致的无线体验用户。无线鼠标的另外一个优点是携带方便,并且可以保证计算机桌面的简洁,省却了线路连接的杂乱。无线鼠标如图 2.16 所示。

图 2.15　光电鼠标

图 2.16　无线鼠标

### 3. 其他输入设备

除了键盘和鼠标,还有一些常用的输入设备,下面简要说明这些输入设备的功能和基本原理。

图 2.17　扫描仪

① 图形扫描仪:一种图形、图像输入设备(见图 2.17),它可以直接将图形、图像、照片或文本输入计算机中,例如可以把照片、图片经扫描仪输入到计算机中。随着多媒体技术的发展,扫描仪的应用将会更为广泛。

② 条形码阅读器:是一种能够识别条形码的扫描装置,连接在计算机上使用。当阅读器从左向右扫描条形码时,就把不同宽窄的黑白条纹翻译成相应的编码供计算机使用。许多自选商场和图书馆里都用它管理商品和图书。

③ 光学字符阅读器(OCR):一种快速字符阅读装置,用许许多多的光电管排成一个矩阵,当光源照射被扫描的一页文件时,文件中的空白部分会反射光线,使光电管产生一定的电压;而有字的黑色部分则把光线吸收掉,光电管不产生电压。这些有、无电压的信息组合形成一个图案,并与 OCR 系统中预先存储的模板匹配,若匹配成功就可确认该图案是何字符。有些机器一次可阅读一整页的文件,称为读页机,有的则一次只能读一行。

④ 汉字语音输入设备和手写输入设备:可以直接将人的声音或手写的文字输入到计算机中,使文字输入变得更为方便、容易,但语音或手写输入设备的识别率和输入速度还有待提高。

### 2.3.5　微型计算机的输出设备

显示器和打印机是计算机最基本的输出设备,其他常用输出设备还有绘图仪等。

**1. 显示器**

显示器是一类重要的输出设备,也是人机交互必不可少的设备。显示器用于微型计算机或终端,可显示多种不同的信息。

(1)显示器的分类

① 按显示器件:有阴极射线管(CRT)显示器、液晶显示器(LCD)和等离子显示器。前者多用于普通台式微型计算机或终端;液晶和等离子显示器为平板式,体积小、重量轻、功耗小,目前广泛用于各种类型的计算机,已基本取代阴极射线管显示器。

② 按显示颜色:分为单色显示器(只能显示黑、白或琥珀色)和彩色显示器(可以显示多种颜色),现在基本上都是彩色显示器。

(2)显示器的显示方式

显示器的显示方式分为字符显示方式和图形显示方式。

① 字符显示方式:该方式是先把要显示字符的代码(ASCII 码或汉字)送入主存储器中的显示缓冲区,再由该缓冲区送往字符发生器(由 ROM 构成),将字符代码转换成字符的点阵图形,最后通过视频控制电路送往屏幕显示。这种显示方式只需较小的显示缓冲区,且控制电路简单,显示速度快。

② 图形显示方式:该方式是直接将显示字符或图像的点阵(非字符代码)送往显示缓冲区,再由缓冲区通过视频控制电路送屏幕显示。该显示方式要求显示缓冲区很大,但可以直接对屏幕上的"点"进行操作。

(3)显示器的主要技术参数

① 屏幕尺寸:用矩形屏幕的对角线长度表示显示屏幕的大小,以英寸为单位。有 14 in、15 in、17 in、19 in 和 21 in 等几种规格。

② 显示分辨率:屏幕上图像的分辨率或者说清晰度取决于能在屏幕上独立显示的点的直径,这种独立显示的点称为像素(pixel)。目前,微型计算机上广泛使用的显示器的像素直径为 0.25 mm。一般来讲,像素的直径越小,相同的显示面积中像素越多,分辨率也就越高,性能越好。

整个屏幕上像素的数目(列×行)也间接反映了分辨率。

● 低分辨率:300 ×200 左右。

● 中分辨率:600 ×350 左右。

● 高分辨率:1 024 ×768、1 280 ×1 024、1 440 ×900 或更高。

③ 灰度和颜色:灰度指像素亮度的差别。灰度用二进制数进行编码,位数越多,级数越多。增加颜色种类和灰度等级主要受到显示存储器容量的限制,即光点亮度的深浅变化层次,可以用颜色表示。灰度和分辨率决定了显示图像的质量。

④ 刷新频率:刷新频率是指为了防止图像闪烁的视频屏幕回扫频率。大多数液晶显示器的整个图像区域每秒刷新大约 60 次。刷新频率越高,图像越稳定,使用的系统资源也就越多。

(4)显卡

显示器是通过显示器接口(简称显卡)与主机连接的,所以显示器必须与显卡匹配。显卡标准有 MDA、CGA、EGA、VGA、AVGA、DVI、HDMI 等,目前常用的是 VGA 标准。

显卡作为独立的计算机板卡,由下面几部分构成:显示主芯片、显存、显卡 BIOS、数字/模拟转换(RAMDAC)部分、总线接口。

① 显示主芯片:是显卡的核心,其性能高低直接决定着显卡性能的高低。

② 显存:其大小与好坏也直接关系着显卡的性能高低。屏幕上的图像、数据都存放在显存中,显存的容量决定显示器可以达到的最大分辨率和最多的色彩数量。不同类型的显卡采用的显存也不尽相同。

③ 数字模拟转换器(RAMDAC):作用是把二进制的数字转换成显示器需要的模拟信号。快速的 RAMDAC 为显卡提供更高的带宽,可以满足更高的刷新频率和分辨率的要求,是显卡发展的趋势。

④ 显卡 BIOS:显卡的 BIOS 和主板上的 BIOS 的作用基本上是一样的,专门用于存放系统所需要执行的基本指令信息,一旦被破坏,系统将无法启动。

⑤ 总线接口:最早的显卡采用的是 VISA 接口,其传输速度以及带宽非常低,随后便出现了 ISA 接口的显卡,如今主流显卡主要是以 PCI 以及 AGP 标准作为接口的。

**2. 打印机**

打印机是计算机目前最常用的输出设备之一,也是品种、型号最多的输出设备之一。

按打印机印字过程所采用的方式,可将打印机分为击打式打印机和非击打式打印机两种。击打式打印机利用机械动作将印刷活字压向打印纸和色带进行印字。由于击打式打印机依靠机械动作实现印字,因此工作速度不高,并且工作时噪声较大。非击打式打印机种类繁多,有静电式打印机、热敏式打印机、喷墨式打印机和激光打印机等,印字过程无机械击打动作,速度快,噪声小。这类打印机将会被越来越广泛地使用。

按字符形成的过程,可将打印机分为全字符式打印机和点阵式打印机。全字符式打印机的一个字符通过一次击打成形。点阵式打印机的字符以点阵形式出现,所以点阵式打印机可以打印特殊字符(如汉字)和图形。击打式打印机有全字符打印机和点阵式打印机之分,但非击打式打印机一般皆为点阵式打印机,印字质量的高低取决于组成字符的点数。

按工作方式,打印机又可分为串行打印机和行式打印机。所谓串行打印机是逐字打印成行的。行式打印机则是一次输出一行,故比串行打印机要快。此外,还有具有彩色印刷效果的彩色打印机。

(1)点阵打印机

点阵打印机(见图 2.18)主要由打印头、运载打印头的装置、色带装置、输纸装置和控制电路等几部分组成。打印头是点阵式打印机的核心部分,对打印速度、印字质量等性能有决定性影响。常用的有 9 针和 24 针点阵打印机,其中 24 针打印机可以打印出质量较高的汉字,是目前使用较多的点阵打印机。

(2)喷墨打印机

喷墨打印机属非击打式打印机,近年来发展较快。工作时,喷嘴朝着打印纸不断喷出带电的墨水雾点,当它们穿过两个带电的偏转板时接受控制,然后落在打印纸的指定位置上,形成正确的字符。喷墨打印机可打印高质量的文本和图形,还能进行彩色打印,而且噪声很小。但喷墨打印机常要更换墨盒,增加了日常消费。

(3)激光打印机

激光打印机(见图 2.19)也属非击打式打印机,工作原理与复印机相似,涉及光学、电磁学、化学等原理。简单说来,它将来自计算机的数据转换成光,射向一个充有正电的旋转的鼓上。鼓上被照射的部分便带上负电,并能吸引带色粉末。鼓与纸接触再把粉末印在纸上,接着在一定压力和温度的作用下熔结在纸的表面。激光打印机是一种新型高档打印机,打印速度快,印字质量高,常用来打印正式公文及图表。当然,价格比前两种打印机要高。三者相比,打印质量最高,但打印成本也最高。

图 2.18　点阵打印机

图 2.19　激光打印机

**3. 数据投影设备**

现在已经有不少设备能够把计算机屏幕的信息同步地投影到更大的屏幕上,以便更多的人可以看到屏幕上的信息。有一种叫做投影板的设备,体积较小,价格较低,采用 LCD 技术,设计成可以放在普通投影仪上的形状。另一种同类设备是投影仪,体积较大,价格较高,它采用类似大屏幕投影电视设备的技术,将红、绿、蓝 3 种颜色聚焦在屏幕上,可供更多人观看,常用于教学、会议和展览等场合。

# 第 3 章 操作系统及其应用

　　操作系统是协调和控制计算机各部分进行和谐工作的一个系统软件,是计算机所有软、硬件资源的管理者和组织者。人们借助于操作系统才能方便灵活地使用计算机,而 Windows 则是 Microsoft 公司开发的基于图形用户界面的操作系统,也是目前最流行的微机操作系统。

　　本章首先介绍操作系统的基本知识和概念,然后重点讲解 Windows 7 的使用与操作。

 **学习目标**

- 理解操作系统的基本概念,了解操作系统的功能与种类。
- 了解 Windows 的文件管理,熟练掌握 Windows 的文件操作。
- 了解 Windows 程序管理,掌握常用程序的操作。
- 了解 Windows 对工作环境的自定义方法。
- 了解 Windows 的计算机管理功能。

## 3.1　操作系统概述

### 3.1.1　操作系统的概念

　　操作系统是管理、控制和监督计算机软、硬件资源协调运行的软件系统,由一系列具有不同控制和管理功能的程序组成,它是系统软件的核心,是计算机软件系统的核心。操作系统是计算机发展中的产物,引入操作系统的主要目的有两个:一是方便用户使用计算机,例如,用户输入一条简单的命令就能自动完成复杂的功能,这就是操作系统启动相应程序、调度恰当资源执行的结果;二是统一管理计算机系统的软、硬件资源,合理组织计算机工作流程,以便充分、合理地发挥计算机的效率。

　　操作系统是用户和计算机之间的接口,为用户和应用程序提供进入硬件的界面。图 3.1 是计算机硬件、操作系统、其他系统软件、应用软件以及用户之间的层次关系图。

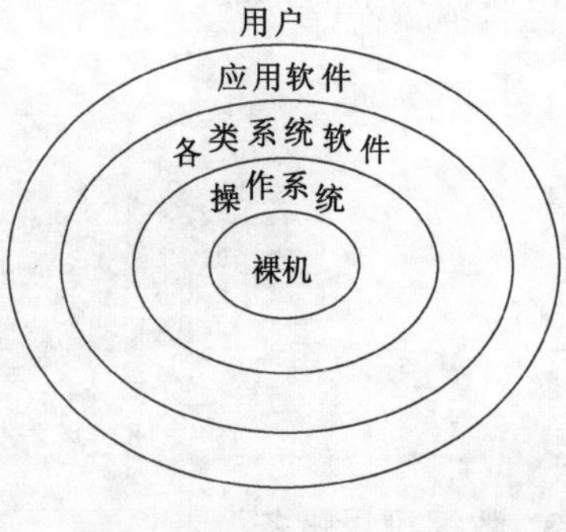

图 3.1　操作系统、软/硬件、用户间的关系

### 3.1.2　操作系统的功能

　　操作系统的主要功能是管理计算机资源,所以其大部分程序都属于资源管理程序。计算机系统中的资源可以分为 4 类,即处理器、主存储器、外围设备和信息(程序和数据)。管理上述资源的操作系统也包含 4 个模块,即处理器管理、存储器管理、设备管理和文件管理。操作系统的其他功能是合理地组织工作流程和方便用户。操作系统提供的作业管理模块,对作业进行控制和管理,成为用户和操作系统之间的接口。由此可以看出,操作系统应包括五大基本功能模块。

**1. 作业管理**

作业是用户程序及所需的数据和命令的集合,任何一种操作系统都要用到作业这一概念。作业管理就是对作业的执行情况进行系统管理的程序集合。主要包括作业的组织、作业控制、作业的状况管理及作业的调度等功能。

**2. 进程管理**

进程是可与其他程序共同执行的程序的一次执行过程,它是系统进行资源分配和调度的一个独立单位。程序和进程不同,程序是指令的集合,是静态的概念;进程则是指令的执行,是一个动态的过程。

进程管理是操作系统中最主要又最复杂的管理,它描述和管理程序的动态执行过程。尤其是多个程序分时执行,机器各部件并行工作及系统资源共享等特点,使进程管理更为复杂和重要。它主要包括进程的组织、进程的状态、进程的控制、进程的调度和进程的通信等控制管理功能。

**3. 存储管理**

存储管理是操作系统中用户与主存储器之间的接口,其目的是合理利用主存储器空间并且方便用户。存储管理主要包括如何分配存储空间,如何扩充存储空间以及如何实现虚拟操作,如何实现共享、保护和重定位等功能。

**4. 设备管理**

设备管理是操作系统中用户和外围设备之间的接口,其目的是合理地使用外围设备并且方便用户。设备管理主要包括如何管理设备的缓冲区、进行 I/O 调度,实现中断处理及虚拟设备等功能。

**5. 文件管理**

文件是指一个具有符号名的一组关联元素的有序序列,计算机是以文件的形式来存放程序和数据的。文件管理是操作系统中用户与存储设备之间的接口,它负责管理和存取文件信息。不同的用户共同使用同一个文件,即文件共享,以及文件本身需要防止其他用户有意或无意的破坏,即文件的保护等,也是文件管理要考虑的。

### 3.1.3　操作系统的分类

按照操作系统的发展过程通常可以将操作系统进行如下分类:

① 单任务操作系统:计算机系统在同一时刻只能支持运行一个用户程序。这类系统管理起来比较简单,但最大缺点是计算机系统的资源不能得到充分利用。

② 批处理操作系统:20 世纪 70 年代运行于大、中型计算机上的操作系统,它使多个程序或多个作业同时存在和运行,能充分使用各类硬件资源,故也称为多任务操作系统。

③ 分时操作系统:分时操作系统是支持多用户同时使用计算机的操作系统。分时操作系统将 CPU 时间资源划分成极短的时间片,轮流分给每个终端用户使用,当一个用户的时间片用完后,CPU 就转给另一个用户使用。由于轮换的时间很快,虽然各用户使用的是同一台计算机,但却能给用户一种"独占计算机"的感觉。分时操作系统是多用户多任务操作系统,UNIX 是国际上最流行的分时操作系统,也是操作系统的标准。

④ 实时操作系统:在某些应用领域,要求计算机对数据能进行迅速处理。例如,在自动驾驶仪控制下飞行的飞机、导弹的自动控制系统中,计算机必须对传感系统测得的数据及时、快速地进行处理和反应。这种有响应时间要求的计算机操作系统就是实时操作系统。

⑤ 网络操作系统:计算机网络是通过通信线路将地理上分散且独立的计算机连接起来实现资源共享的一种系统。能进行计算机网络管理、提供网络通信和网络资源共享功能的操作系统称为网络操作系统。

### 3.1.4　常用的操作系统

**1. DOS 操作系统**

DOS 是 Microsoft 公司开发的操作系统,自 1981 年问世以来,历经十几年的发展,是 20 世纪 90 年代最流行的微机操作系统,在当时几乎垄断了 PC 操作系统市场。DOS 是单用户单任务操作系统,对 PC 硬件要求低,通常操作是利用键盘输入程序或命令。由于 DOS 命令均由若干字符构成,枯燥难记,到 20 世纪 90 年代后期,随着 Windows 的完善,DOS 被 Windows 所取代。

**2. Windows 操作系统**

Windows 是由 Microsoft 公司开发的基于图形用户界面(Graphic User Interface,GUI)的单用户多任务操作系统。20 世纪 90 年代初 Windows 一出现,即成为最流行的微型计算机操作系统,并逐渐取代 DOS 成为微机的主流操作系统。之后历经 Windows 95、Windows 98、Windows 2000、Windows XP,直至今天的 Windows 7 和 Windows 8。

Windows 支持多线程、多任务与多处理,它的即插即用特性使得安装各种支持即插即用的设备变得非常容易,它还具有出色的多媒体和图像处理功能以及方便安全的网络管理功能。Windows 是目前最流行的微机操作系统。

**3. UNIX 操作系统**

UNIX 是一个多任务多用户的分时操作系统,一般用于大型机、小型机等较大规模的计算机中,它是 20 世纪 60 年代末由美国电话电报公司(AT&T)贝尔实验室研制的。

UNIX 提供有可编程的命令语言,具有输入/输出缓冲技术,还提供了许多程序包。UNIX 系统中有一系列通信工具和协议,因此网络通信功能强、可移植性强。因特网的 TCP/IP 就是在 UNIX 下开发的。

**4. Linux 操作系统**

Linux 来源于 UNIX 的精简版本 Minix。1991 年芬兰赫尔辛基大学学生 Linus Torvalds 修改完善了 Minix,开发出了 Linux 的第一个版本。其源代码在 Internet 上公开后,世界各地的编程爱好者不断地对其进行完善,正因为这个特点,Linux 被认为是一个开放代码的操作系统。同时,由于它是在网络环境下开发完善的,因此它有着与生俱来的强大的网络功能。Linux 的这种高性能及开发的低开支,也让人们对它寄予厚望,期望能够替换其他昂贵的操作系统软件。目前 Linux 主要流行的版本有 Red Hat Linux、Turbo Linux,我国自行开发的有红旗 Linux、蓝点 Linux 等。

**5. 嵌入式操作系统**

嵌入式操作系统(Embedded Operating System,EOS)是指用于嵌入式系统的操作系统。嵌入式操作系统是一种用途广泛的系统软件,通常包括与硬件相关的底层驱动软件、系统内核、设备驱动接口、通信协议、图形界面、标准化浏览器等。嵌入式操作系统负责嵌入式系统的全部软、硬件资源的分配,任务调度,控制、协调并发活动。它必须体现其所在系统的特征,能够通过装卸某些模块来达到系统所要求的功能。嵌入式操作系统通常具有系统内核小、专用性强、系统精简、高实时性、多任务的操作系统及需要开发工具和环境等特点。目前在嵌入式领域广泛使用的操作系统有:嵌入式 Linux、Windows Embedded、VxWorks 等,以及应用在智能手机和平板电脑的 Android、iOS 等。

**6. 平板计算机操作系统**

2010 年,苹果 iPad 在全世界掀起了平板式计算机热潮,自第一代 iPad 上市以来,平板式计算机以惊人的速度发展起来,其对传统 PC 产业,甚至是整个 3C 产业都带来了革命性的影响。随着平板式计算机的快速发展,平板式计算机在 PC 产业的地位将愈发重要,其在 PC 产业的占比也必将得到大幅提升。目前市场上所有的平板式计算机基本使用 3 种操作系统,分别是 iOS、Android、Windows 8。

iOS 是由苹果公司开发的手持设备操作系统。iOS 最初是设计给 iPhone 使用的,后来陆续套用到 iPod touch、iPad 以及 Apple TV 等苹果产品上。苹果的 iOS 系统是封闭的,并不开放,所以使用 iOS 的平板式计算机,也只有苹果的 iPad 系列。

Android 是 Google 公司推出的基于 Linux 核心的软件平台和操作系统,主要用于移动设备。Android 系统最初都是应用于手机的,由于 Google 以免费开源许可证的授权方式发布了 Android 的源代码,并允许智能手机生产商搭载 Android 系统,也正因为这样,Android 系统很快占有了市场份额。Android 系统后来更逐渐拓展到平板计算机及其他领域,目前 Android 已成为 iOS 最强劲的竞争对手之一。Android 是国内平板式计算机最主要的操作系统。

在苹果推出 iPad 平板式计算机以后,微软并没有意识到平板式计算机会发展得如此迅猛,因此也没有推出任何平板系统。直到微软发现错过了这一大商机,马上在推出了 PC 用的 Windows 8 系统以后,又推出了用于自己开发的平板式计算机的 Windows 8 系统。Windows 8 系统支持来自 Intel、AMD 和 ARM 的芯片架构,其宗旨是让人们的日常计算机操作更加简单和快捷,为人们提供高效易行的工作环境。目前 Windows 8 系统的平板式计算机价格还比较贵,因此与 iPad 和 Android 相比竞争力没有优势。

由于 Windows 8 可以兼容之前 Windows 版本系列的软件,这意味着使用 Windows 8 的平板式计算机不仅可以游戏,同时也可以处理一些办公文件,而这点恰恰是 iPad 和 Android 的短板,因为 iPad 和 Android 更多的还是娱乐,这也会大大提升 Windows 8 的竞争力。可以预见,随着 Windows 8 系统平板式计算机价格的下降,Windows 8、iPad、Android 系统之间的竞争会更激烈。

## 3.2　Windows 7 概述

Windows 7 是微软公司推出的一款图形用户界面操作系统,于 2009 年 10 月正式发布。为了满足不同用户群体的需求,Windows 7 提供了 5 个不同的版本:家庭普通版(HomeBasic 版)、家庭高级版(HomePreminu 版)、商用版(Business 版)、企业版(Enterprise 版)和旗舰版(Ultimate 版)。

### 3.2.1　Windows 7 的启动与退出

**1. Windows 7 的启动**

开启计算机电源之后,Windows 7 被载入计算机内存,并开始检测、控制和管理计算机的各种设备,这一过程叫做系统启动。启动成功后,将进入 Windows 7 的工作界面。

**2. Windows 7 的退出**

在计算机数据处理工作完成以后,需要退出 Windows 7,才能切断计算机的电源。直接切断计算机电源的做法,对计算机及 Windows 7 系统都有损害。

(1)关闭计算机

在关闭计算机之前,首先要保存正在做的工作并关闭所有打开的应用程序,然后单击"开始"按钮,弹出"开始"菜单,如图 3.2(a)所示。在其中单击"关机"按钮(见图 3.2(b)),此时,系统首先会关闭所有运行中的程序,然后关闭后台服务,接着系统向主板和电源发出信号,切断对所有设备的供电,即关闭了计算机。

(a)"开始"菜单　　　　　　　　　　　　　　(b)"关机"按钮

图 3.2　关闭计算机

注意：

在单击"关机"按钮关闭计算机后,不要再去按主机上的电源按钮,因为此时计算机主机已经关闭,再按电源按钮相当于又开启了计算机。

（2）其他关机项

如果在"开始"菜单中单击"关机"按钮右侧的箭头,则在弹出的菜单中会列出其他关机项,如图3.2(b)所示,用户可以选择其中的某一项,进行与关机有关的操作。

① 重新启动:通过软件重新启动计算机,按正常程序关闭计算机,重新开启计算机的过程。通常在计算机出现系统故障或出现死机现象时,可以考虑重新启动计算机,以解决所出现的问题,这样会尽量避免对计算机的软、硬件造成的损坏。

② 锁定:一旦选择了"锁定",系统将自动向电源发出信号,切断除内存以外的所有设备的供电。由于内存没有断电,系统中运行着的所有数据将依然被保存在内存中,当从锁定态转为正常状态时,系统将根据内存中保存的上一次的"状态"继续运行。由于锁定过程中仅向内存供电,所以耗电量十分小,对于笔记本式计算机,电池甚至支持计算机接近一周的"锁定"状态。所以,如果需要经常使用计算机,推荐不要关机,锁定计算机就可以了,这样可以大大节省再次使用所需的时间,而且也不会对计算机产生不利影响(除内存外其他设备都断电了)。

③ 睡眠:当执行"睡眠"时,内存数据将被保存到硬盘上,然后切断除内存以外的所有设备的供电,如果内存一直未被断电,那么下次启动计算机时就和"锁定"后启动一样了,速度很快,但如果下次启动前内存不幸断电了,则在下次启动时需要将硬盘中保存的内存数据载入内存,速度也自然较慢了。所以,可以将"睡眠"看做是"锁定"的保险模式。

④ 注销:Windows 允许多个用户登录计算机,注销就是向系统发出请求,退出现在登录的用户,以便其他用户登录系统。注销不可以替代重新启动,只可以清空当前用户的缓存空间和注册表信息。

⑤ 切换用户:和注销类似,也是允许另一个用户登录计算机,但前一个用户的操作依然被保留在计算机中,其请求并不会被清除,一旦计算机又切换到前一个用户,那么他仍能继续操作,这样即可保证多个用户互不干扰地使用计算机。

### 3.2.2 Windows 7 的桌面

桌面是指 Windows 7 的主界面,在正常启动 Windows 后,首先看到的就是 Windows 7 的桌面,如图 3.3 所示。

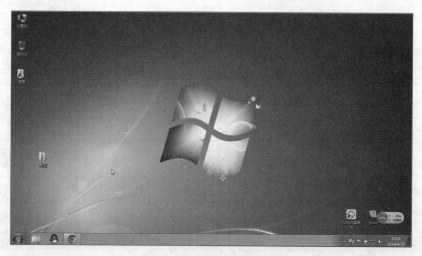

图 3.3 Windows 7 的桌面

**1. Windows 7 的图标**

桌面上显示了一系列常用项目的程序图标,包括"计算机""网络""控制面板""回收站"和"Internet Explorer"等。

在 Windows 系统中,图标扮演着极为重要的角色,它可以代表一个文档、一段程序、一张网页或是一个命令,当双击一个图标时,就可以执行图标所对应的程序或打开对应的文档。

左下角带有弧形箭头的图标称为快捷方式。快捷方式是一种特殊的文件类型,它提供了对系统中一些资源对象的快速简便访问。快捷方式图标是原对象的"替身"图标,它是快速访问经常使用的应用程序和文档最主要的方法。

**2. Windows 7 的任务栏**

任务栏(taskbar)是指位于桌面最下方的细长条,如图 3.4 所示。任务栏的左端是"开始"按钮,之后依次有程序按钮区、语言栏和通知区等,任务栏的右端是"显示桌面"按钮。

图 3.4　Windows 7 的任务栏

(1)任务栏的组成部分

①"开始"按钮:"开始"按钮是 Windows 7 操作的一个关键元件,单击"开始"按钮会打开"开始"菜单,Windows 7 的所有功能设置项,都可以从"开始"菜单内找到。

②程序按钮区:可以将最常用程序的快捷方式放置到该区域中,执行时只要用鼠标单击即可。如果需要将该区域中的程序快捷方式移除,只要用鼠标右击程序按钮,在弹出的快捷菜单中选择"将此程序从任务栏解锁"命令即可。

Windows 7 中正在运行的程序按钮会出现在任务栏的程序按钮区。默认情况下任务栏采用大图标显示这些正在运行的程序,单击任务栏中的程序按钮可以方便预览各个程序窗口内容,并进行窗口切换。如果需要将某个程序放置到程序按钮区,右击该程序图标,在弹出的快捷菜单中选择"将此程序锁定到任务栏"命令即可。

①语言栏:单击此处可以在英文及各种中文输入法之间进行切换。

②通知区:在通知区通过各种小图标形象地显示计算机软、硬件的重要信息及杀毒软件动态,通知区右侧显示系统日期和时间。

③"显示桌面"按钮:将鼠标停留在该按钮上时,所有打开的窗口都会透明化,这样可以快捷地浏览桌面,单击该按钮则会切换到桌面。

(2)定制任务栏

任务栏在默认情况下总是位于 Windows 7 工作桌面的底部,而且不被其他窗口覆盖,其高度只能容纳一行的按钮。但也可以对任务栏的状况进行调整或改变,称之为定制任务栏。

右击任务栏,在弹出的快捷菜单中选择"属性"命令,打开"任务栏和「开始」菜单属性"对话框,"任务栏"选项卡中列出了任务栏的若干属性,如图 3.5 所示。

"任务栏外观"选项组中包含如下设置选项:

①锁定任务栏:选中该复选框,将锁定任务栏,此时不能通过鼠标拖动的方式改变任务栏的大小或移动任务栏的位置。如果取

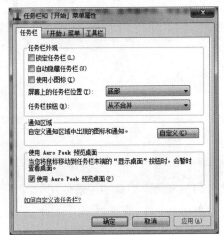

图 3.5　"任务栏和「开始」菜单属性"对话框

消了锁定,可以用鼠标拖动任务栏的边框线,改变任务栏的大小;也可以用鼠标拖动任务栏到桌面的四个边上,即移动任务栏的位置。

② 自动隐藏任务栏:选中该复选框,系统将把任务栏隐藏起来。如果想看到任务栏,只要将鼠标指针移到任务栏的位置,任务栏就会显示出来。移走鼠标后,任务栏又会重新隐藏起来。隐藏起任务栏后可以为其他窗口腾出更多的空间。

③ 使用小图标:该属性使任务栏上的程序图标以小图标的样式显示。

④ 屏幕上的任务栏位置:默认是底部,单击下拉按钮,选择顶部、左侧或右侧,可以将任务栏放置在桌面的上方、左侧或右侧。

⑤ 任务栏按钮:通过下拉列表的选取,可以将同一应用程序的多个窗口进行组合管理。

在"通知区域"选项组中可以单击"自定义"按钮,在打开的窗口中自定义通知区域中出现的图标和通知。

在"使用 Aero Peek 预览桌面"选项组中,可以选择是否使用 Aero Peek 预览桌面。当选择"使用 Aero Peek 预览桌面"时,将鼠标移动到任务栏右端"显示桌面"按钮上时,所有打开的窗口都会透明化,即可暂时查看桌面。

**3. Windows 7 的"开始"菜单**

单击任务栏左端的"开始"按钮会弹出"开始"菜单,如图 3.6 所示。"开始"菜单集成了 Windows 7 中大部分的应用程序和系统设置工具,是启动应用程序最直接的工具,Windows 7 的几乎所有功能设置项,都可以从"开始"菜单内找到。

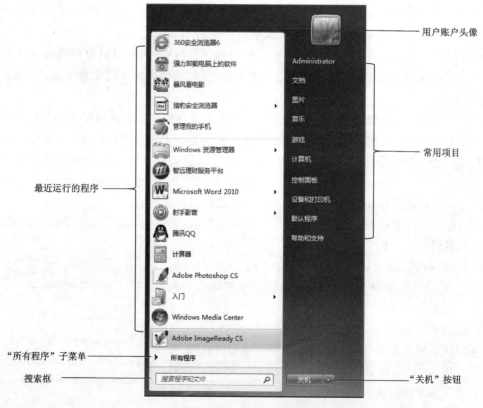

图 3.6　Windows 7"开始"菜单

(1)"开始"菜单的一般使用

单击"开始"按钮,弹出"开始"菜单,可以看到在菜单中列出了最近运行的程序,菜单下方有"所有程序"子菜单和搜索框;菜单的右侧列出了 Windows 7 系统管理和应用的一些常用项目,如"计算机""控制面板""文档""图片"等;菜单右下角是"关机"按钮。

在使用的过程中,系统会自动按使用频次在"开始"菜单中列出最近经常访问的应用程序,将鼠标移动到程序上,还可在右侧显示使用该程序最近打开的文档列表,单击其中的项目即运行该程序或打开相应文档。而更进一步地,当将鼠标指向某个文件时,可以看到其右侧会有一个图钉按钮,单击该按钮即可将该文件"附加到列表",也就是固定在列表的顶端。

在"开始"菜单中,最近运行的程序列表是会变化的,如果有一些经常使用的程序,也可以将其固定在"开始"菜单上。在需要固定的程序上右击,在弹出的快捷菜单中选择"附到开始菜单"命令,此时这个程序的图标就会显示在开始菜单的顶端区域。

虽然 Windows 7 自动列出最近运行的应用程序给我们带来了方便,但是对于一些偶尔运行一次的程序,人们并不一定希望它留在"开始"菜单的列表中,此时可以在不想保留的应用程序名称上右击,在弹出的快捷菜单中选择"从列表中删除"命令,这样就可以将该应用程序从"开始"菜单的列表中删除了。

在"开始"菜单中单击"所有程序"子菜单,会列出一个按字母排序的程序列表,在程序列表的下方还有文件夹列表,单击某个文件夹列表项,会展开文件夹下的程序项目,在展开文件夹的状态下再单击该文件夹则会关闭文件夹。单击程序列表或文件夹中的某个程序,即可以运行该应用程序。

在显示所有程序的状态下,"开始"菜单下方会显示"返回"按钮,单击"返回"按钮,则"开始"菜单又恢复为初始的状态,即显示为最近运行程序的状态。

"开始"菜单下方的搜索框提供了快速查找程序或文件的功能。在搜索框中输入要查找的内容,随着文字的输入,搜索框上方就会即时出现查找结果,显示出相关的程序、控制面板项以及文件。

(2)定制"开始"菜单

Windows 7 的"开始"菜单也可以进行一些自定义的设置,通过对"开始"菜单的定制,可以更方便、灵活地使用 Windows 7。

定制"开始"菜单需要通过"任务栏和「开始」菜单属性"对话框来完成。在"开始"菜单的空白处右击,在弹出的快捷菜单中选择"属性"命令,或右击任务栏,在弹出的快捷菜单中选择"属性"命令,都可以打开"任务栏和「开始」菜单属性"对话框,在对话框中选择"「开始」菜单"选项卡,就可以进行"开始"菜单的设置,如图 3.7 所示。

如果用户不希望在"开始"菜单中显示最近运行的程序和文件列表以保护自己的隐私,就可以在"隐私"选项组中取消"存储并显示最近在「开始」菜单中打开的程序"和"存储并显示最近在「开始」菜单和任务栏中打开的项目"这两个选项。

在"「开始」菜单"选项卡中单击"自定义"按钮,弹出"自定义「开始」菜单"对话框,如图 3.8 所示,在该对话框中可以对"开始"菜单做进一步的设置。

"「开始」菜单大小"选项组可以设置"开始"菜单中能显示的最近打开过的程序个数和跳转列表中的项目个数。例如在图 3.8 所示的设置中,程序个数和项目个数均为 10 个。

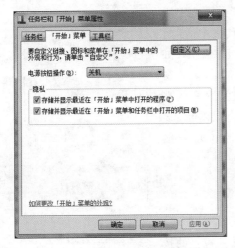

图 3.7 "「开始」菜单"选项卡

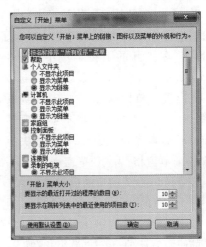

图 3.8 "自定义「开始」菜单"对话框

在"自定义「开始」菜单"对话框的列表中列出了若干项目，那些选中的项目会出现在"开始"菜单的"常用项目"中。例如在图 3.8 所示的设置中，选中的"帮助""计算机""控制面板"等选项，就出现在了"开始"菜单的"常用项目"中。据此，用户可以选取自己需要的项目，显示在"常用项目"中，方便用户的使用。

### 3.2.3 Windows 7 的窗口

运行一个程序或打开一个文档，Windows 7 系统就会在桌面上开辟一块矩形区域用来查看相应的程序或文档，这个矩形区域内集成了诸多元素，而这些元素则根据各自的功能又被赋予不同名字，这个集成诸多元素的矩形区域就叫做窗口。窗口具有通用性，大多数窗口的基本元素都是相同的。窗口可以打开、关闭、移动和缩放。

**1. Windows 7 窗口的组成**

图 3.9 所示为一个典型的 Windows 7 窗口，它由边框、标题栏、菜单栏、工具栏、工作区、导航窗格、细节窗格、预览窗格、状态栏等部分组成。

图 3.9　Windows 7 窗口

在 Windows 之前的版本中，菜单栏曾经是非常重要的窗口元素之一，但是随着 Windows 7 的出现，菜单栏开始逐渐消失了（如在 Word 2010、Excel 2010 等 Office 2010 的程序窗口中已经取消了菜单栏）。在 Windows 7 中，工具栏可以视作新形式的菜单，其标准配置包括"组织"等诸多选项，其中"组织"选项用来进行相应的设置与操作，其他选项则根据文件夹具体位置不同，工具栏中还会出现其他工具项。

Windows 7 虽然逐渐的放弃了菜单栏的使用，但是为了兼容之前版本的用户习惯，Windows 7 还继续保留了菜单栏。单击工具栏中的"组织"按钮，在打开的下拉菜单中选择"布局"菜单，打开级联菜单，如图 3.10 所示。在"布局"级联菜单中选取"菜单栏"命令，则 Windows 7 窗口中将出现菜单栏；如果在"布局"级联菜单中取消"菜单栏"命令的选择，则 Windows 7 窗口中将不会出现菜单栏。从图 3.10 可以看出，通过"布局"级联菜单的设置，还可以决定 Windows 7 窗口是否出现"导航窗格""细节窗格"和"预览窗格"。

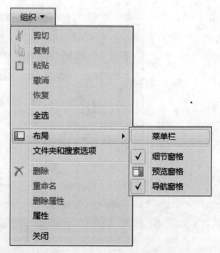

**2. Windows 7 窗口的操作**

（1）窗口的"最大化/还原""最小化""关闭"操作

单击"最大化"按钮，使窗口充满桌面，此时按钮变成"还原"按钮，单击之可使窗口还原；单击"最小化"按钮，将使窗口缩小为任务栏上的按钮；单击"关闭"按钮，将使窗口关闭，即关闭了窗口对应的应用程序。

图 3.10　窗口"布局"级联菜单

（2）改变窗口的大小

用鼠标拖动窗口的边框，即可改变窗口的大小。

（3）移动窗口

用鼠标直接拖动窗口的标题栏即可将窗口移动到指定的位置。

（4）窗口之间切换

当多个窗口同时打开时，单击要切换到的窗口中的某一点，或单击要切换到的窗口中的标题栏，可以切换到该窗口；在任务栏上单击某窗口对应的按钮，也可切换到该按钮对应的窗口。利用【Alt + Tab】和【Alt + Esc】组合键也可以在不同窗口间切换。

根据窗口的状态，还可以将窗口分为活动窗口和非活动窗口。当多个应用程序窗口同时打开时，处于最顶层的那个窗口拥有焦点，即该窗口可以和用户进行信息交流，这个窗口称为活动窗口（或前台程序）。其他的所有窗口都是非活动窗口（后台程序）。在任务栏中，活动窗口所对应的按钮是按下状态。

（5）在桌面上排列窗口

当同时打开多个窗口时，如何在桌面上排列窗口就显得尤为重要，好的排列方式有利于提高工作效率，减少工作量。Windows 7 提供了排列窗口的命令，可使窗口在桌面上有序排列。

在任务栏空白处右击，在弹出的菜单中会出现"层叠窗口""堆叠显示窗口"和"并排显示窗口"三个与排列窗口有关的命令。

① 层叠窗口：将窗口按照一个叠一个的方式，一层一层地叠放，每个窗口的标题栏均可见，但只有最上面窗口的内容可见。

② 堆叠显示窗口：将窗口按照横向两个，纵向平均分布的方式堆叠排列起来。

③ 并排显示窗口：将窗口按照纵向两个，横向平均分布的方式并排排列起来。

堆叠和并排的方式可以使每个打开的窗口均可见且均匀地分布在桌面上。

### 3. Windows 7 的对话框

在 Windows 菜单命令中，选择带有省略号的命令后会在屏幕上弹出一个特殊的窗口，该窗口中列出了该命令所需的各种参数、项目名称、提示信息及参数的可选项，这种窗口叫对话框，如图 3.11 所示。

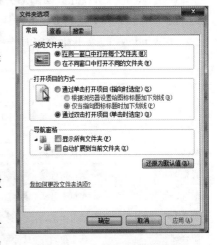

图 3.11　"文件夹选项"对话框

对话框是一种特殊的窗口，它没有控制菜单图标、"最大/最小化"按钮，对话框的大小不能改变，但可以移动或关闭它。

Windows 对话框中通常有以下几种控件：

① 文本框（输入框）：接收用户输入信息的区域。

② 列表框：列表框中列出可供用户选择的各种选项，这些选项叫做条目，用户单击某个条目，即可选中它。

③ 下拉列表框：与文本框相似，右端带有一个指向下的按钮，单击该下拉按钮会展开一个列表，在列表选中某一条目，会使文本框中的内容发生变化。

④ 单选按钮：是一组相关的选项，在这组选项中，必须选中一个且只能选中一个选项。

⑤ 复选框：在复选框选项中，给出了一些具有开关状态的设置项，可选定其中一个或多个，也可一个不选。

⑥ 微调框（数值框）：一般用来接收数字，可以直接输入数字，也可以单击微调按钮来增大数字或减小数字。

⑦ 命令按钮：当在对话框中选择了各种参数，进行了各种设置之后，用鼠标单击命令按钮，即可执行相应命令或取消命令执行。

### 3.2.4　Windows 7 的菜单

在 Windows 7 中，菜单是一种用结构化方式组织的操作命令的集合，通过菜单的层次布局，复杂的系统功能才能有条不紊地为用户接受，如图 3.12 所示。

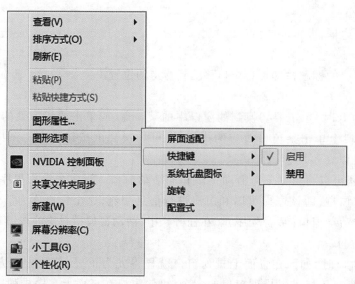

图 3.12　Windows 7 的菜单

在 Windows 7 中,共有如下几种形式的菜单:

① 控制菜单:包含了对窗口本身的控制与操作。

② 菜单栏或工具栏级联菜单:包含了应用程序本身提供的各种操作命令。

③ "开始"菜单:包含了可使用的大部分程序和最近用过的文档。

④ 右键快捷菜单:包含了对某一对象的操作命令。

在 Windows 7 中,由于逐渐放弃了菜单栏的使用,所以,除了"开始"菜单,很大一部分的菜单操作都是右键快捷菜单的操作,即通过右击待操作的对象而弹出的快捷菜单的操作。

在 Windows 的菜单命令中有一些约定的标记,表 3.1 给出了这些标记的含义。

表 3.1　菜单项的附加标记及含义

| 表 示 方 法 | 含　　义 |
| --- | --- |
| 快捷键 | 可以直接按键执行的命令,可以是单个的按键,如【F4】键,也可以是组合键,如【Ctrl + C】组合键、【Alt + F4】组合键 |
| 暗淡(或不可见) | 当前不能使用的菜单项 |
| 后带"…" | 选择这样的命令会打开对话框,输入进一步的信息,才能执行命令 |
| 前有"✓" | 类似于开关,具有打开或关闭程序的功能,称之为选中标记,是控制某些功能的开关,再选择一次表示取消选中 |
| 前有"●" | 选项标记,用于切换选择程序的不同状态。若选择其他状态,则取消此前选择的状态 |
| 组合键 | 在菜单命令的后面有带有括号的单个字母,打开菜单后按该 Shift + 该键可以执行此命令 |
| 后有"▶" | 下级菜单箭头,表示该菜单项有级联菜单 |

## 3.2.5　Windows 7 中文输入

Windows 7 提供有多种中文输入方法,如微软拼音输入法、智能 ABC 输入法、郑码输入法等。除了 Windows 自带的输入法外,还有许多第三方开发的中文输入法,这些输入法通常词库量大,组词准确并兼容各种输入习惯,因此得到广泛的应用,比较著名的有搜狗拼音输入法、QQ 拼音输入法、谷歌拼音输入法等。一般这类第三方的中文输入法软件可以通过免费软件的方式得到,使用前需要安装。

无论使用何种输入法,当需要输入中文时,都要先调出一种自己熟悉的中文输入法,然后按照该中文输入法的规则输入汉字。在输入汉字时,只要输入相应的英文字符或数字,即可调出并输入对应的汉字,把输入汉字时输入的英文字符或数字称为汉字的外码。学习汉字输入方法的关键,就是掌握汉字输入法的调用方法、汉字的编码规则及输入汉字的操作步骤。

**1. 汉字输入法的调用及切换**

当需要输入中文时,可利用键盘或鼠标随时调用任意一种中文输入法进行中文输入,并可以在不同的输入法之间切换。

① 利用键盘:使用【Ctrl + Space】组合键,可以启动或关闭中文输入法。

② 利用组合键:使用【Alt + Shift】或【Ctrl + Shift】组合键,可以在英文及各种中文输入法之间切换。

③ 利用鼠标:单击任务栏中的输入法指示器,屏幕上会弹出选择输入法菜单,如图 3.13 所示。选择输入法菜单中列出了当前系统已安装的所有中文输入法。选择某种要使用的中文输入法,即可切换到该中文输入法状态下,任务栏上输入法指示器的图标将随输入法的不同而发生相应变化。

**2. 中文输入法界面**

选用了一种中文输入法后,屏幕上将出现输入法界面,图 3.14 所示是搜狗拼音输入法的界面。

图 3.13　选择输入法菜单

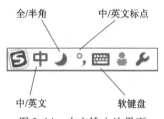

图 3.14　中文输入法界面

① 中/英文切换按钮:单击中/英文切换按钮,或直接按【Shift】键,可以实现中英文输入方法的切换。当按钮标识为"英"时,为英文输入状态。当然,也可以简单地使用【Ctrl + Space】组合键打开/关闭中文输入来切换。

② 全/半角切换按钮:单击全/半角切换按钮,可以进行中文输入的全/半角切换。按钮标识为"●"时,为全角状态。

③ 中/英文标点切换按钮:单击中/英文标点切换按钮,可在中文标点与英文标点之间切换。当按钮上的标点较大时,输入的标点符号将是中文标点符号。相反,按钮上的标点较小时,输入的标点符号将是英文标点符号。

④ 软键盘按钮:单击软键盘按钮,可以打开或关闭软键盘。搜狗拼音输入法向用户提供了 13 种软键盘布局,利用这些软键盘,可以输入各种符号。右击软键盘按钮,将弹出软键盘菜单,如图 3.15 所示。在软键盘菜单中选择一种软键盘格式后,相应的软键盘会显示在屏幕上。图 3.16 所示为选择"9 数字序号"后出现的"数字序号"软键盘。

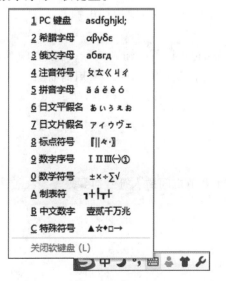

图 3.15　软键盘菜单

图 3.16　"数字序号"软键盘

**3. 中文输入**

下面以搜狗拼音输入法为例,介绍中文输入的方法。在搜狗拼音输入法中,可按全拼音、简拼音和混合拼音方式输入汉字,并且既能输入单个汉字,也可以输入由多个汉字组成的词组。搜狗拼音输入法还可以根据输入汉字的频次,将使用频率高的汉字提到前面,方便汉字的输入。

(1)全拼音输入汉字

搜狗拼音输入法全拼音的外码取自汉字读音的拼音字母,用英文小写字母代替汉语拼音中除 ü 以外的所有字母,用英文字母 v 代替汉语拼音的韵母 ü。例如,需要输入"长"字,可依次输入 chang;输入"女"字,依次输入 nv。

由于汉语中音同字不同的现象十分普遍,所以一个汉字的全拼音外码对应若干个汉字,这些汉字称为重码汉字。例如,上述全拼音外码 chang 对应的汉字有"长""唱""常""场"等,这些汉字均为外码 chang 的重码汉字。

为了输入汉字"长",需输入全拼音外码 chang。在输入拼音时,会弹出拼音输入框,并随着拼音输入的过程,在文字选择窗中显示出对应的重码汉字,如图 3.17 所示。当输完外码 chang 后,文字选择窗中列出了与全拼音外码 chang 对应的重码汉字。

图 3.17　拼音输入框与文字选择窗

如果待输入的汉字已在文字选择窗中,则按一下汉字对应的数字键即可实现汉字的输入(若待输入汉字处在第 1 的位置,则直接按一下【Space】键即可输入该汉字);如果待输入汉字没有出现在文字选择窗中,可以按【＋】键向后翻页查找所需汉字(按【－】键向前翻页),也可单击文字选择窗右侧的按钮进行翻页操作,以实现在不同显示页之间的切换。

利用全拼音输入,也可以输入两个或多个汉字组成的词组。由两个或两个以上汉字组成的词组的外码,是词组中每个汉字外码英文小写字母的顺序组合。

例如:输入词组　　　　　应输入的拼音字符

　　长城　　　　　　　changcheng

　　汉字　　　　　　　hanzi

为了防止词组两个音节之间的拼音字符的混淆,在两个音节的拼音字符之间可以加入间隔号"1"或"–"。

例如:输入词组　　　　　应输入的拼音字符

　　西南　　　　　　　xi1nan 或 xi–nan

　　心安　　　　　　　xin1an 或 xin–an

使用双字或多字词组输入,可大大降低重码率,因此建议输入汉字时尽量使用词组输入。

(2)简拼音输入汉字

使用搜狗拼音输入法输入汉字或词组时,可以只输入每个音节的声母,不必输入韵母;对于省略了韵母的复合声母,可以输入复合声母的全部字母,也可以只输入复合声母的第一个字母。采用简拼音方法输入汉字,可以减少输入汉字外码的次数。

例如:输入词组　　　　　应输入的拼音字符

　　长城　　　　　　　chch 或 chc 或 cch 或 cc

　　汉字　　　　　　　hz

在简拼音方法中分隔两个易混汉字音节的方法,仍然是在两个音节之间插入符号"1"或"–"。

例如:输入词组　　　　　全拼字符　　　　　　简拼字符

　　长　　　　　　　chang　　　　　　　　ch

　　窗户　　　　　　chuanghu　　　　　　c–h

　　西南　　　　　　xinan　　　　　　　　x1n

　　心安　　　　　　xinan　　　　　　　　x1a

（3）混合拼音规则

使用搜狗拼音输入法也可以采用所谓混合拼音规则，即允许在同一个词组内有的音节的汉字使用全拼音方法，有的音节的汉字使用简化拼音方法。

例如：输入词组　　　　应输入的混合拼音字符

长城　　　　　　changch 或 chcheng

汉字　　　　　　hzi 或 hanz

西南　　　　　　xiln 或 xi-n

心安　　　　　　xinla 或 xin-a

### 3.2.6 Windows 7 的帮助系统

在使用 Windows 7 操作系统的过程中，经常会遇到一些计算机故障或疑难问题，Windows 7 具有一个方便简洁、信息量大的帮助系统，使用 Windows 7 系统内置的"Windows 帮助和支持"，用户可以从中方便快捷地查找到有关软件的使用方法及疑难问题的解决方法，借助于该帮助系统，可以帮助用户解决所遇到的计算机问题。

图 3.18 "Windows 帮助和支持"窗口

在"开始"菜单的右侧选择"帮助和支持"命令，或者直接按【F1】键，可以打开"Windows 帮助和支持"窗口，如图 3.18 所示。在窗口的最上方依次显示"后退""前进""帮助和支持主页""打印""浏览帮助"和"询问"按钮，以及"选项"下拉菜单，它们的下方是"搜索帮助"搜索框。下面对各项功能进行介绍。

① "后退"按钮：单击按钮返回到该窗口的上一个页面。

② "前进"按钮：单击按钮转到该窗口的下一个页面。

③ "帮助和支持主页"按钮：单击该按钮返回"Windows 帮助和支持"的主页。

④ "打印"按钮：单击该按钮可以打印当前页面中的帮助内容。

⑤ "浏览"按钮：单击该按钮将以目录的形式显示帮助的内容。

⑥ "询问"按钮：单击该按钮可以了解其他支持选项的信息，例如通过互联网获取朋友、Microsoft 客服或技术支持的帮助。

⑦ "选项"下拉菜单：单击"选项"按钮旁边的下拉按钮会弹出一个下拉菜单，可以通过菜单中的"文本大小"命令，设置"Windows 帮助和支持"窗口中的文字大小；还可以通过"查找（在本页）"命令，在当前页面查找指定的文本内容。

⑧ "搜索帮助"搜索框：在搜索框中输入要查找的问题，然后单击右侧的"搜索"按钮或直接按【Enter】键，系统将会检索出有关若干信息供用户选择使用。找到需要的解决方法，然后单击相应的链接，就可以查看解决方案的详细内容了。

## 3.3　Windows 7 的文件管理

文件管理是操作系统中的一项重要功能，Windows 7 具有很强的文件组织与管理功能，借助于 Windows 7，用户可以方便地对文件进行管理和控制。

### 3.3.1 文件管理的基本概念

#### 1. 文件

文件是计算机中一个非常重要的概念，它是操作系统用来存储和管理信息的基本单位。在文件中可以保存各种信息，它是具有名字的一组相关信息的集合。编制的程序、编辑的文档以及用计算机处理的图像、声音信息等，都要以文件的形式存放在磁盘中。

每个文件都必须有一个确定的名字,这样才能做到对文件进行按名存取的操作。通常文件名称由文件名和扩展名两部分组成,文件名和扩展名之间用"."分隔。在 Windows 7 中,文件的扩展名由 1~4 个合法字符组成,而文件名称(包括扩展名)可由最多达 255 个的字符组成。

**2. 文件的类型**

计算机中所有的信息都是以文件的形式进行存储的,如程序、文档、图像、声音信息等。由于不同类型的信息有不同的存储格式与要求,相应的就会有多种不同的文件类型,这些不同的文件类型一般通过扩展名来标明。表 3.2 列出了常见的扩展名及其含义。

表 3.2　常见文件扩展名及其含义

| 扩 展 名 | 含　　　义 | 扩 展 名 | 含　　　义 |
| --- | --- | --- | --- |
| .com | 系统命令文件 | .exe | 可执行文件 |
| .sys | 系统文件 | .rtf | 带格式的文本文件 |
| .doc、.docx | Word 文档 | .obj | 目标文件 |
| .txt | 文本文件 | .swf | Flash 动画发布文件 |
| .bas | BASIC 源程序 | .zip | ZIP 格式的压缩文件 |
| .c | C 语言源程序 | .rar | RAR 格式的压缩文件 |
| .html | 网页文件 | .cpp | C++语言源程序 |
| .bak | 备份文件 | .java | Java 语言源程序 |

**3. 文件属性**

文件属性是用于反映该文件的一些特征的信息。常见的文件属性一般分为以下几类:

(1)时间属性

① 文件的创建时间:该属性记录了文件被创建的时间。

② 文件的修改时间:文件可能经常被修改,文件修改时间属性记录了文件最近一次被修改的时间。

③ 文件的访问时间:文件会经常被访问,文件访问时间属性则记录了文件最近一次被访问的时间。

(2)空间属性

① 文件的位置:文件所在位置,一般包含盘符、文件夹。

② 文件的大小:文件实际的大小。

③ 文件所占的磁盘空间:文件实际所占的磁盘空间。由于文件存储是以磁盘簇为单位,因此文件的实际大小与文件所占磁盘空间很多情况下是不同的。

(3)操作属性

① 文件的只读属性:为防止文件被意外修改,可以将文件设为只读属性,只读属性的文件可以被打开,但除非将文件另存为新的文件,否则不能将修改的内容保存下来。

② 文件的隐藏属性:对重要文件可以将其设为隐藏属性,一般情况下隐藏属性的文件是不显示的,这样可以防止文件误删除、被破坏等。

③ 文件的存档属性:当建立一个新文件或修改旧文件时,系统会把存档属性赋予这个文件,当备份程序备份文件时,会取消存档属性,这时,如果又修改了这个文件,则它又获得了存档属性。所以备份程序可以通过文件的存档属性,识别出来该文件是否备份过或做过了修改,需要时可以对该文件再进行备份。

**4. 文件目录/文件夹**

为了便于对文件的管理,Windows 操作系统采用类似图书馆管理图书的方法,即按照一定的层次目录结构,对文件进行管理,称为树形目录结构。

所谓的树形目录结构,就像一棵倒挂的树,树根在顶层,称为根目录,根目录下可有若干个(第一级)子目录或文件,在子目录下还可以有若干个子目录或文件,一直可嵌套若干级。

在 Windows 7 中,这些子目录称为文件夹,文件夹用于存放文件和子文件夹。可以根据需要,把文件分成不同的组并存放在不同的文件夹中。实际上,在 Windows 7 的文件夹中,不仅能存放文件和子文件夹,还可以存放其他内容,如某一程序的快捷方式等。

在对文件夹中的文件进行操作时,作为系统应该知道这个文件的位置,即它在哪个磁盘的哪个文件夹中。对文件位置的描述称为路径,如“D:\chai\练习\student. docx”就指示了 student. docx 文件的位置在 D 盘的 chai 文件夹下的“练习”文件夹中。

**5. 文件通配符**

在文件操作中,有时需要一次处理多个文件,当需要成批处理文件时,有两个特殊的符号非常有用,它们就是文件的通配符“＊”和“?”。

① ＊:在文件操作中使用它代表任意多个 ASCII 码字符。

② ?:在文件操作中使用它代表任意一个字符。

例如,＊. docx 表示所有扩展名为. docx 的文件;lx＊. bas 表示文件名的前两个字符是 lx,扩展名是. bas 的所有文件;a?e?x.＊表示文件名由 5 个字符组成,其中第 1、3、5 个字符是 a、e、x;第 2 和第 4 个为任意字符,扩展名为任意符号的一批文件;而 a?e?x＊.＊则表示了文件名的前 5 个字符中,第 1、3、5 个字符是 a、e、x,第 2 和第 4 个为任意字符,扩展名为任意符号的一批文件(文件名不一定是 5 个字符)。当需要对所有文件进行操作时,可以使用＊.＊。

在文件搜索等操作中,通过灵活使用通配符,可以很快匹配出含有某些特征的多个文件。

### 3.3.2　Windows 7 的文件管理和操作

在 Windows 7 中通过“Windows 资源管理器”来对文件进行管理和操作。“Windows 资源管理器”是一个用于查看和管理系统中的所有资源的管理工具,它在一个窗口之中集成了系统的所有资源,利用它可以很方便地在不同的资源(文件夹)之间进行切换并实施操作。使用 Windows 资源管理器管理文件非常方便。

**1. 打开 Windows 资源管理器窗口**

打开“Windows 资源管理器”窗口可以采用以下 3 种方法:

① 单击“开始”按钮,选择“所有程序”菜单中的“附件”命令,在弹出的级联菜单中选择“Windows 资源管理器”命令。

② 双击“计算机”图标或“网络”图标,也可以启动 Windows 资源管理器。

③ 右击“开始”按钮,在弹出的快捷菜单中选择“打开 Windows 资源管理器”命令。

图 3. 19 所示为 Windows 资源管理器窗口。

**2. 在 Windows 资源管理器窗口查看文件夹和文件**

Windows 资源管理器窗口左侧的导航窗格中以树的形式列出了系统中的所有资源,包括“收藏夹”“库”“家庭组”“计算机”和“网络”,其中“计算机”用来管理所有磁盘及文件夹和文件。在导航窗格中选中“计算机”图标,主窗口中会显示出所有硬盘和移动盘的图标。

(1)进入不同的文件夹

在 Windows 资源管理器中对文件进行管理和操作,最常见的操作就是逐层的打开文件夹,直至找到需要操作的文件。通常的操作方法:在导航窗格中选中“计算机”图标,然后在主窗口中双击需要操作的盘符(如 D 盘),此时主窗口中会显示出 D 盘中所有的文件夹和文件;继续找到需要操作的文件夹双击,此时主窗口中会显示该文件夹之下的所有子文件夹和文件,然后以此类推,直至找到需要操作的文件。

(2)导航窗格项目的展开和折叠

从图 3. 19 中可以看出,Windows 资源管理器左侧的导航窗格中,有些项目图标前带有标记▷(如 D 盘、E 盘、“河北 2014 制作”文件夹等),该标记说明在这些项目(磁盘或文件夹)之下,还有其他子项目(子文件夹)。单击该▷标记(或双击项目图标)可以将其展开(如 G 盘、"2014 基础教材"文件夹即为展开的项目),展开其下级项目后,该项目之前的标记变为了◢。如果不再关注某个项目(文件夹),可将其折叠起来,以节省显示空间,此时单击该项目(文件夹)之前的标记◢即可。

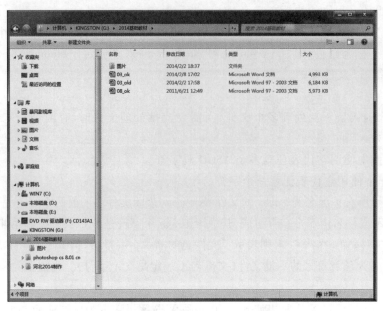

图 3.19  "Windows 资源管理器"窗口

在进行文件夹操作时,也可以在导航窗格中逐层打开盘区、文件夹、子文件夹……,此时文件夹会按照层次关系依次展开。用户可以根据需要,在导航窗格中展开需要的文件夹,折叠目前不需要的文件夹,然后根据需要在不同的文件夹之间方便地进行切换,达到对文件夹和文件操作的目的。

(3)通过地址栏方便的切换文件夹

通过 Windows 7 资源管理器的地址栏也可以方便地在不同文件夹之间进行切换。Windows 7 资源管理器的地址栏与 IE 浏览器很相像,有"后退""前进"按钮,单击"后退"或"前进"按钮,可以回退或返回到之前的某步操作。在"前进"按钮的旁边还有一个"历史记录"的下拉按钮,用鼠标单击该按钮,会弹出一个下拉菜单,其中列出了最近操作过的文件夹,选中其中一个便可切换到该文件夹。

当在 Windows 资源管理器中查看一个文件夹时,在地址栏处会显示出当前文件夹的目录层次(如图 3.19 地址栏中显示的是"计算机"、G 盘、"2014 基础教材"文件夹),在目录层次的每一级中间还有向右的小箭头,当用户单击其中某个小箭头时,该箭头会变为向下,显示该目录下所有文件夹名称。此时单击其中任一文件夹,即可快速切换至该文件夹访问页面,非常方便用户快速切换目录。

如果用户想要查看和复制当前的文件路径,只要在地址栏空白处单击鼠标,即可让地址栏以传统的方式显示文件路径(例如在图 3.19 地址栏中单击,显示的是"G:\2014 基础教材")。

(4)通过"预览窗格"预览文件内容

Windows 资源管理器的预览窗格可以在不打开文件的情况下直接预览文件内容,这个功能对预览和查找文本、图片和视频等文件特别有用。

在 Windows 资源管理器的工具栏右侧单击"显示预览窗格"按钮,在资源管理器右侧即可显示预览窗格;再次单击"显示预览窗格"按钮,又可关闭预览窗格。当"预览窗格"处于显示的状态时,在 Windows 7 资源管理器中选中文件,预览窗格中会显示选中文件的内容,如图 3.20 所示。

(5)通过"细节窗格"显示选中对象的详细信息

通过选择"组织"→"布局"级联菜单中的命令设置,可以在 Windows 资源管理器窗口中显示"细节窗格"。当"细节窗格"处于显示的状态下时,在 Windows 资源管理器中选中文件、文件夹或某个对象时,该选中对象的详细信息就会显示在"细节窗格"中,如图 3.20 所示。

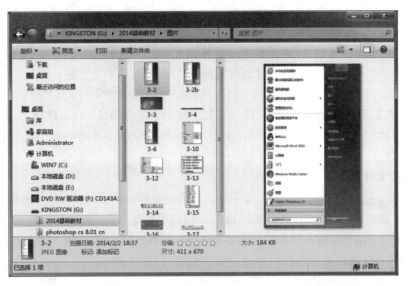

图 3.20　Windows 7 资源管理器"预览窗格"和"细节窗格"

**3. 设置文件夹或文件的显示选项**

Windows 资源管理器提供了多种方式来显示文件或文件夹的内容，此外，还可以通过设置，排序显示文件或文件夹的内容。

（1）文件夹内容的几种显示方式

Windows 资源管理器提供了非常丰富的视图模式，在工具栏右侧有"更改您的视图"图标，单击旁边的下拉菜单，即可打开视图模式菜单，如图 3.21 所示。Windows 资源管理器提供了 8 个视图模式来显示文件或文件夹的图标。用户可以从视图模式菜单中选择自己需要的显示模式，也可以多次单击"更改您的视图"按钮，在 8 个视图模式间不断地轮流切换。

（2）文件夹内容的排序方式

在 Windows 资源管理器中，可以按照文件的名称、类型、大小和修改时间，对文件进行排序显示，以方便对文件的管理。在资源管理器窗口中右击，在弹出的快捷菜单中选择"排序方式"级联菜单，然后在四种排序方式中选择一种方式来排序显示文件和文件夹，如图 3.22 所示。其中，4 种排序方式的含义如下：

① 按名称排列：按照文件和文件夹名称的英文字母排列。

② 按类型排列：按照文件的扩展名将同类型的文件放在一起显示。

图 3.21　视图模式菜单

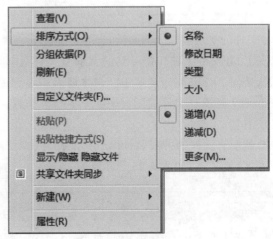

图 3.22　排序方式级联菜单

③ 按大小排列：根据各文件的字节大小进行排列。

④ 按修改日期排列：根据建立或修改文件或文件夹的时间进行排列。

> **注意:**
>
> 　这4种排序方式是四选一的,即当选择某一排序方式后,以前的排序方式自动取消。如果当前资源管理器窗口处在详细信息的视图模式,也可以直接单击表头对窗口中内容进行排列。

Windows 7还可以依据上述的排列方式,进一步按组排列。在图3.22所示快捷菜单中选择"分组依据"级联菜单,然后在"名称""修改日期""类型"和"大小"四个分组依据中选择一种,系统就会根据选择的分组依据,进行分组排列显示,使排列效果更加明显。

**4. 设置文件夹或文件的显示方式**

(1)显示所有文件

在文件夹窗口下看到的可能并不是全部的内容,有些内容当前可能没有显示出来,这是因为 Windows 7 在默认情况下,会将某些文件(如隐藏文件等)隐藏起来不让它们显示。为了能够显示所有文件,可进行设置。具体操作步骤如下:

① 在工具栏中选择"组织"→"文件夹和搜索选项"命令,打开"文件夹选项"对话框。

② 选择"查看"选项卡。

③ 在"隐藏文件和文件夹"中选中"显示隐藏的文件、文件夹和驱动器"单选按钮,如图3.23所示。

如果在上述操作中选中"不显示隐藏的文件、文件夹和驱动器"单选按钮,则隐藏文件又被隐藏了起来,不再显示。另外,通过下述方法还可以在显示或不显示隐藏文件之间进行快速切换。

在资源管理器窗口中右击,在弹出的快捷菜单中有"显示/隐藏 隐藏文件"命令,如图3.22所示。反复执行该命令,可以在显示或不显示隐藏文件之间进行切换。

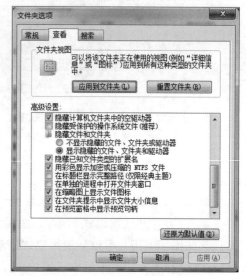

图3.23　"文件夹选项"对话框

> **注意:**
>
> 　上述设置是对整个系统而言的,即在任何一个文件夹窗口中进行了上述设置后,在其他所有文件夹窗口下都能看到所有文件。

(2)显示文件的扩展名

通常情况下,在文件夹窗口中看到的大部分文件只显示了文件名的信息,而其扩展名并没有显示。这是因为在默认情况下,Windows 7 对于已在注册表中登记的文件,只显示文件名信息,而不显示扩展名。也就是说,Windows 7 是通过文件的图标来区分不同类型的文件的,只有那些未被登记的文件才能在文件夹窗口中显示其扩展名。

如果想看到所有文件的扩展名,可以在"文件夹选项"对话框的"查看"选项卡中,取消选中"隐藏已知文件类型的扩展名"复选框,如图3.23所示。

> **注意:**
>
> 　该项设置也是对整个系统而言的,而不是仅仅对当前文件夹窗口。

### 3.3.3　文件和文件夹操作

文件和文件夹操作包括文件和文件夹的选定、复制、移动和删除等,是日常工作中最经常进行的操作。

**1. 选定文件和文件夹**

在 Windows 中进行操作,通常都遵循这样一个原则,先选定对象,再对选定的对象进行操作。因此进行文件和文件夹操作之前,首先要选定欲操作的对象。下面介绍选定对象的操作。

(1)选定单个文件对象的操作

① 单击文件或文件夹图标,则选定被单击的对象。

② 依次输入要选定文件的前几个字母,此时,具有这一特征的某个文件被选定,继续按【↓】键直至找到欲选定的文件。

(2)同时选定多个文件对象的操作

① 按住【Ctrl】键后,依次单击要选定的文件图标,则这些文件均被选定。

② 用鼠标左键拖动形成矩形区域,区域内文件或文件夹均被选定。

③ 如要选定的文件连续排列,先单击第一个文件,然后按住【Shift】键的同时单击最后一个文件,则从第一个文件到最后一个文件之间的所有文件均被选定。

④ 选择"组织"→"全选"命令或按【Ctrl + A】组合键,则将当前窗口中的文件全部选定。

**2. 创建文件夹**

在工具栏上直接单击"新建文件夹"按钮;或右击想要创建文件夹的窗口或桌面,在弹出的快捷菜单中选择"新建"命令,在出现的级联菜单中选择"文件夹"命令,此时弹出文件夹图标并允许为新文件夹命名(系统默认文件名为"新建文件夹")。

**3. 移动或复制文件和文件夹**

有多种方法可以完成移动或复制文件和文件夹的操作:鼠标右键或左键拖动以及利用 Windows 的剪贴板。

(1)鼠标右键操作

首先选定要移动或复制的文件夹或文件,然后用鼠标右键拖动至目的地,释放按键后,会弹出菜单提问:复制到当前位置、移动到当前位置、在当前位置创建快捷方式,根据要做的操作,选择其一即可。

(2)鼠标左键操作

首先选定要移动或复制的文件夹或文件,然后用鼠标左键直接拖动至目的地即可。左键拖动不会出现菜单,但根据不同的情况,所做的操作可能是移动或复制。

① 如果在同一盘区拖动(如从 D 盘的一个文件夹拖到 D 盘的另一个文件夹),则为移动;如果在不同盘区拖动(如从 D 盘的一个文件夹拖到 C 盘的一个文件夹),则为复制。在拖动过程中,会出现"移动到×××文件夹"或"复制到×××文件夹"的提示。

② 在拖动的同时按住【Ctrl】键,则一定为复制,此时拖动过程中会出现"复制到×××文件夹"的提示。在拖动的同时按住【Shift】键,则一定为移动,此时拖动过程中会出现"移动到×××文件夹"的提示。

(3)利用 Windows 剪贴板操作

为了在应用程序之间交换信息,Windows 提供了剪贴板的机制。剪贴板是内存中一个临时数据存储区,在进行剪贴板的操作时,总是通过"复制"或"剪切"命令将选定的对象放入剪贴板,然后在需要接收信息的窗口内通过"粘贴"命令从剪贴板中取出信息。

虽然"复制"和"剪切"命令都是将选定的对象放入剪贴板,但这两个命令是有区别的。"复制"命令是将选定的对象复制到剪贴板,因此执行完"复制"命令后,原来的信息仍然保留,同时剪贴板中也具有了该信息;"剪切"命令是将选定的对象移动到剪贴板,执行完"剪切"命令后,剪贴板中具有了信息,而原来的信息就被删除了。

如果进行多次的"复制"或"剪切"操作,剪贴板总是保留最后一次操作时送入的内容。但是,一旦向剪贴板中送入了信息之后,在下一次"复制"或"剪切"操作之前,剪贴板中的内容将保持不变。这也意味着可以反复使用"粘贴"命令,将剪贴板中的信息送至不同的程序或同一程序的不同地方。

由剪贴板的上述特性,可以得出利用剪贴板进行文件移动或复制的常规操作步骤如下:

① 首先选定要移动或复制的文件和文件夹。

② 如果是复制,按快捷键【Ctrl + C】,或选择"组织"→"复制"命令;如果是移动,按快捷键【Ctrl + X】,或选择"组织"→"剪切"命令。

③ 选定接收文件的位置,即打开目标位置的文件夹。

④ 按快捷键【Ctrl + V】,或选择"组织"→"粘贴"命令。

**4. 为文件或文件夹重命名**

在进行文件或文件夹的操作时,有时需要更改文件或文件夹的名字,这时可以按照下述方法之一进行操作:

① 选定要重命名的对象,然后单击对象的名字。

② 选定要重命名的对象,然后按【F2】键。

③ 右击要重命名的对象,在弹出的快捷菜单中选择"重命名"命令。

④ 选定要重命名的对象,然后选择"组织"→"重命名"命令。

> **注意:**
>
> 如果当前的显示状态为不显示文件扩展名,在为文件重命名时,不要输入扩展名。如对于文件 boy. docx,改为"男孩 . docx"时,只要输入"男孩"即可,如果输入了"男孩 . docx",由于当前的扩展名不显示,所以实际的文件名字就成为"男孩 . docx. docx"了,显然这是不对的。

**5. 撤销刚刚做过的操作**

在执行了如移动、复制、重命名等操作后,如果又改变了主意,可以选择撤销操作。在刚刚进行了某项操作后,右击窗口,在弹出的快捷菜单中会出现"撤销 × ×"命令(其中,× ×就是刚才的操作名称),选择该命令即可撤销刚刚的操作。还可以选择"组织"→"撤销"命令,或直接按快捷键【Ctrl + Z】,进行撤销操作。

**6. 删除文件或文件夹**

删除文件最快的方法就是用【Delete】键。先选定要删除的对象,然后按该键即可。此外,还可以用其他方法删除。

① 右击要删除的对象,在弹出的快捷菜单中选择"删除"命令。

② 选定要删除的对象,然后选择"组织"→"删除"命令。

不论采用哪种方法,在进行删除前,系统会给出提示信息让用户确认,确认后,系统才将文件删除。需要说明的是,在一般情况下,Windows 并不真正删除文件,而是将被删除的项目暂时放在一个称为回收站的地方。实际上回收站是硬盘上的一块区域,被删除的文件会被暂时存放在这里,如果发现删除有误,可以通过回收站恢复。

在删除文件时,如果是按住【Shift】键的同时,按【Delete】键删除,则被删除的文件不进入回收站,而是真从物理上被删除了,做这个操作时一定要慎重。

**7. 恢复删除的文件夹、文件和快捷方式**

如果删除后立即改变了主意,可执行"撤销"命令来恢复删除。但是对于已经删除一段时间的文件或文件夹,需要到回收站查找并进行恢复。

(1)回收站的操作

双击"回收站"图标,打开"回收站"窗口,如图 3.24 所示。"回收站"窗口中会显示最近删除的项目的名称、原位置、删除日期、大小、项目类型等信息。选定需恢复的对象,此时窗口工具栏中会出现"还原此项目"按钮(如选定多个项目,出现的是"还原选定项目";未选定项目,按钮为"还原所有项目"),单击该按钮,即可将文件恢复至原来的位置。如果在恢复过程中,原来的文件夹已不存在,Windows 7 会要求重新创建文件夹。

需要说明的是,从移动磁盘或网络服务器删除的项目不保存在回收站中。此外,当回收站的内容过多时,最先进入回收站的项目将被真正地从硬盘删除,因此,回收站中只能保存最近删除的项目。

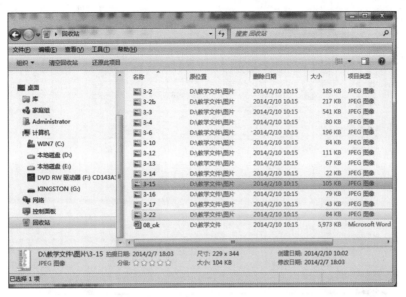

图 3.24　"回收站"窗口

（2）清空回收站

如果回收站中的文件过多，也会占用磁盘空间，因此，如果文件确实不需要了，应该将其从回收站清除（真正删除），这样可以释放一些磁盘空间。

在"回收站"窗口中选定需要删除的文件，按【Delete】键，在回答了确认信息后，文件被真正删除。

如果要清空回收站，单击工具栏中的"清空回收站"按钮即可。

**8. 设置文件或文件夹的属性**

具体操作步骤如下：

① 选定要设置属性的对象。

② 右击对象，在弹出的快捷菜单中选择"属性"命令，打开文件属性对话框，如图 3.25 所示。

③ 在属性对话框中选择需要设置的属性即可。

从图 3.25 可以看出，属性对话框中还显示了文件夹或文件许多重要的统计信息，如文件的大小、创建或修改的时间、位置、类型等。

图 3.25　文件属性对话框

### 3.3.4　文件的搜索

在实际操作中，经常需要找到所需的文件，但文件夹可能要嵌套很多层，尤其是当不太清楚文件在什么位置或不太清楚文件的准确名称时，找到一个文件可能会很麻烦。此时，就需要对文件进行搜索，以便很快找到所需文件。

在 Windows 7 资源管理器的右上方有搜索栏，借助于搜索栏可以快速搜索当前地址栏所指定的地址（文件夹）中的文档、图片、程序、Windows 帮助甚至网络等信息。Windows 7 系统的搜索是动态的，当用户在搜索栏中输入第一个字符的时刻，Windows 7 的搜索就已经开始工作，随着用户不断输入搜索的文字，Windows 7 会不断缩小搜索范围，直至搜索到用户所需的结果，由此大大提高了搜索效率。

在搜索栏中输入待搜索的文件时，可以使用通配符"＊"和"？"，借助于通配符，用户可以很快找到符合指定特征的文件。

除了搜索速度快之外，Windows 7 的资源管理器搜索栏还为用户提供了大量的搜索筛选器，使用户可以设置条件限定搜索的范围。单击搜索栏，可以看到出现一个下拉列表，列表中列出了用户之前的搜索记录和搜索筛选器，如图 3.26 所示。

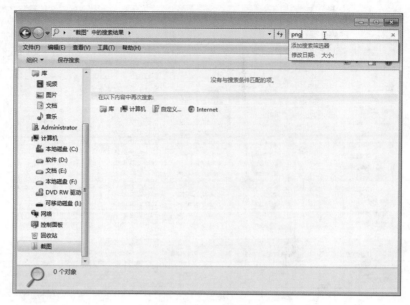

图 3.26　搜索筛选器

在"添加搜索筛选器"文字下方可以看到蓝色的文字"修改日期""大小"等。Windows 7 搜索的筛选条件很丰富,包括"作者""类型""修改日期""大小""名称""文件夹路径""标记""唱片集""艺术家""拍摄日期""分组"等。对于不同的搜索范围,筛选条件各不相同。在图 3.26 中,搜索范围是计算机中的磁盘和文件夹,这时可以看到的筛选条件为"修改日期"和"大小"两项。对于 Windows 7 库中的文档、视频、图片等类型,筛选的条件会丰富得多,用户在使用的时候可以自行选择。

Windows 7 搜索筛选器的使用方法非常简单,单击搜索栏之后,再单击蓝色的筛选类型文字,接下来选择已有的搜索条件或者直接输入需要的搜索条件就可以了。例如在图 3.26 所示搜索筛选器中单击"大小",在列表中会出现"空""微小""小""中""大""特大""巨大"等不同范围文件大小的选项(见图 3.27(a)),直接选择就可以对指定大小的文件进行快速搜索。如果觉得列表中给出的条件不符合自己的需要,还可以在冒号后面自己手动输入条件,例如直接输入"大小:>600MB",系统就会按照新的条件搜索大于 600 MB 的文件。

当用户希望根据文件的修改日期来搜索文件时,可以在图 3.26 所示筛选器中选择"修改日期"选项,列表中就会出现与修改日期有关的选项,如图 3.27(b)所示。选择其中的某一项,可以按照给定的日期范围搜索文件,用户也可以通过日历,自己确定待搜索文件的修改日期或日期范围。

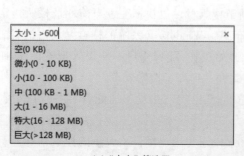

(a)"大小"筛选器

(b)"修改日期"筛选器

图 3.27　搜索筛选器

在实际应用中,可能经常需要进行某一个指定条件的搜索,这时可以将该搜索条件保存起来。在一个搜索完成之后,工具栏上会出现"保存搜索"按钮,单击"保存搜索"按钮,在打开的"另存为"对话框中,为该搜索条件起一个名字,并指定保存的位置(通常可以将其保存到"收藏夹"下)。

在保存搜索之后,下一次需要同样条件的搜索时,只要在保存位置(收藏夹)下单击之前保存好的搜索,Windows 7 系统即按指定条件进行新的搜索。

### 3.3.5 Windows 7 中的收藏夹和库

#### 1. 收藏夹

在 Windows 7 系统中提供了一个类似于 IE 浏览器的收藏夹功能。在 Windows 资源管理器的导航窗格的顶部显示有"收藏夹"图标,用户可以将经常访问的文件夹保存在"收藏夹"中,这样以后使用起来就可以很方便地找到这个文件夹,而不用怕目标文件夹被一层套一层地隐藏在很深的目录里了。

默认情况下,Windows 7 收藏夹里仅有"下载""桌面"和"最近访问的位置"3 个文件夹,通过这 3 个文件夹可以查看最近下载的信息、桌面图标信息及最近访问过的位置信息,其中"最近访问的位置"最为常用。"最近访问的位置"中记录了最近访问过的文件夹,这可以帮助用户轻松跳转到最近访问的文件夹,进而找到相应文件。

如果要把经常访问的文件夹添加到 Windows 7 的"收藏夹"中,可以先在 Windows 资源管理器中打开需要添加到"收藏夹"的文件夹,然后右击"收藏夹"图标,在弹出的快捷菜单中选择"将当前位置添加到收藏夹"命令即可。用户也可以先找到需要添加到"收藏夹"中的文件夹,然后用鼠标将其直接拖拽至"收藏夹"区域,即可将其添加到"收藏夹"中。

如果用户不想用收藏夹中的文件夹了,则可以在收藏夹中选中该文件夹,然后直接按【Delete】键将其删除。用户删除"收藏夹"中的文件夹不用担心真的删掉了对应的文件夹,因为添加到"收藏夹"里文件夹只是实际文件夹的"快捷方式"。

在"收藏夹"里的"最近访问的位置"文件夹中保存有最近访问过的文件夹,在实际使用中有时会出现最近访问的位置被误删的情况,如果出现这样的情况,只需右击"收藏夹"图标,然后在弹出的快捷菜单中选择"还原收藏夹链接"命令,即可恢复最近访问的位置了。

#### 2. 库

库用于管理文档、音乐、图片和其他文件的位置,它可以用与在文件夹中浏览文件相同的方式浏览文件,也可以查看按属性(如日期、类型和作者)排列的文件。

在某些方面,库类似于文件夹。例如,打开库时将看到一个或多个文件。但与文件夹不同的是,库可以收集存储在多个位置中的文件。库实际上不存储项目,它只是监视包含项目的文件夹,并允许以不同的方式访问和排列这些项目。例如,如果在硬盘和外部驱动器上的文件夹中有音乐文件,则可以使用音乐库同时访问所有音乐文件。

从某个角度来讲,库跟文件夹确实有很多相似的地方,在库中也可以包含各种各样的子库与文件等,但是其本质上跟文件夹有很大的不同。在文件夹中保存的文件或者子文件夹,都是存储在同一个地方的,而在库中存储的文件则可以来自不同的地方,如可以来自用户计算机上的关联文件或者来自于移动磁盘上的文件。这个差异虽然比较细小,却是传统文件夹与库之间最本质的差异。

库的管理方式更加接近于快捷方式,用户可以不用关心文件或者文件夹的具体存储位置,只要用户事先把这些文件或者文件夹加入到库中,在库中就可以看到用户所需要了解的全部文件。如用户有一些工作文档主要存储在自己计算机的 D 盘和移动硬盘中,为了以后工作的方便,用户可以将 D 盘与移动硬盘中的文件都放置到库中,在需要使用的时候,只要直接打开库即可(前提是移动硬盘已经连接到用户主机上了),而不需要再去定位到移动硬盘上。

库是个虚拟的概念,把文件和文件夹加入到库中并不是将这些文件和文件夹真正复制到库这个位置,而是在库这个功能中登记了这些文件和文件夹的位置由 Windows 管理而已。就是说库中并不真正存储文件,库中的对象只是各种文件和文件夹的一个指向。因此,收入到库中的内容除了它们各自占用的磁盘空间之外,几乎不会再额外占用磁盘空间,并且删除库及其内容时,也并不会影响到那些真实的文件和文件夹,这点与快捷方式非常相像。

Windows 7 自带有 4 个默认的库:"文档""音乐""图片"和"视频"库,此外,用户还可以根据自己的需要随意创建新库,操作方法是:在 Windows 资源管理器中右击"库"图标,在弹出的快捷菜单中选择"新建"命令,在级联菜单中选择"库"命令。此时系统就新建了一个库,默认名称为"新建库",用户根据需要为这个库起个名字,这样就可以在 Windows 7 的库中建立自己的一个库了。

在建立好自己的库之后,用户可以随意把常用的文件都拖放到自己建立的库中,这样工作中找到自己的文件夹就变得简单容易,而且这是在非系统盘符下生成的快捷链接,既保证了高效的文件夹管理,也不占用系统盘的空间影响 Windows 7 运行速度。当用户不再需要某个库时,只要在 Windows 资源管理器中选中这个库,然后按【Delete】键,即可将其删除,且不会影响库中的文件和文件夹。

# 3.4　Windows 7 中程序的运行

每一个应用程序都是以文件的形式存放在磁盘上的。所谓运行程序,实际上就是将对应的文件调入内存并执行。在 Windows 7 中,提供了多种方法来运行程序或打开文档。

### 3.4.1　从"开始"菜单运行程序

**1. 使用"开始"菜单的"所有程序"级联菜单运行程序**

这是运行程序最直接也是最基本的方法,因为在"开始"菜单的"所有程序"级联菜单中,包含了 Windows 所设置的大部分程序项目,从这里可以启动 Windows 中几乎所有的应用程序。

单击"开始"按钮打开"开始"菜单,选择"所有程序"命令,"所有程序"级联菜单即出现在菜单上,如图 3.28 所示。在"所有程序"级联菜单中,包含一些安装在 Windows 中的程序名,如 Adobe Photoshop CS,还包含有若干级联菜单选项,如"附件"、Microsoft Office 级联菜单选项。每个级联菜单都是程序目录,单击这些级联菜单选项,即可打开级联菜单,显示出该级联菜单下的程序项目。找到需要运行的程序并单击,即可运行该程序(即打开相应程序窗口)。

图 3.28　"所有程序"级联菜单

通常情况下,"所有程序"级联菜单的内容是由 Windows 7 设置好的,但也可以根据需要定制"开始"菜单,即在"所有程序"级联菜单中添加或取消一些程序项目。

**2. 使用"运行"命令来运行程序**

选择"开始"→"所有程序"→"附件"→"运行"命令,打开"运行"对话框,如图 3.29 所示。在"打开"文本框中输入要运行的程序或文档的完整路径及文件名,单击"确定"按钮后即可运行程序或打开文档。

在有些情况下,使用"运行"命令会非常方便。例如,在打开

图 3.29　"运行"对话框

"运行"对话框时,"打开"文本框中总是默认有上次操作时指定过的程序或文档,因此,重新运行或重新打开一个最近使用过的程序或文档时,直接执行即可。另外,"打开"文本框有一个下拉列表,其中有多个最近使用过的程序,可从中选择运行,也非常方便。

### 3.4.2　在资源管理器中直接运行程序或打开文档

**1. 通过双击文件图标或名称来运行程序或打开文档**

在 Windows 资源管理器中按照文件路径依次打开文件夹,找到需要运行的程序或文档,双击文件图标

或直接双击文件名,将运行相应程序或打开文档。这也是运行程序或打开文档的一种常见的方式。所谓打开文档,就是运行应用程序并在该程序中调入文档文件。可见,打开文档的本质仍然是运行程序。

**2. 关于 Windows 注册表及相关内容的介绍**

当在 Windows 资源管理器窗口中双击一个文档图标时,将运行相应的应用程序并调入该文档。系统之所以知道该文档与哪个应用程序相对应,Windows 注册表起到了重要的作用。

Windows 注册表是由 Windows 7 维护着的一份系统信息存储表,该表中除了包括许多重要信息外,还包括了当前系统中安装的应用程序列表及每个应用程序所对应的文档类型的有关信息。在 Windows 中,文档类型是通过文档的扩展名来加以区分的,当在 Windows 中安装一个应用程序时,该应用程序即在注册表中进行登记,并告知该应用程序所对应的文档使用的默认的扩展名。正是有了这些信息,当在 Windows 资源管理器窗口中双击一个文档图标时,Windows 才能够启动相应的应用程序并调入该文档。

**3. 为文档建立关联**

在 Windows 中,这种某一类文档与一个应用程序之间的对应关系称为关联。例如,以 .docx 为扩展名的文档与 Word 相关联;以 .xlsx 为扩展名的文档与 Excel 相关联。实际上在 Windows 中,大多数文档都与某些应用程序相关联。但是,也有些用户会用自己定义的扩展名来命名文件,这样的文件由于没有在注册表中与某个应用程序相对应,即没有与某个应用程序建立关联,当双击这些文档时,系统将不知道应该运行什么应用程序。为此,需要将这样的文件与某个应用程序建立关联。

例如,双击"动画演示. swf"文件时,由于系统中未安装对应的应用程序,Windows 不知道用哪个程序打开该文件,因此系统弹出"Windows 无法打开此文件"提示对话框,如图 3.30(a)所示。此时需要从 Windows 安装的应用程序中找到一个相应程序来打开该文件,即自己建立该文件与某个应用程序之间的关联。为此,在图 3.30(a)所示对话框中选中"从已安装程序列表中选择程序"单选按钮,然后单击"确定"按钮,打开如图 3.30(b)所示的"打开方式"对话框。

（a）Windows提示无法打开文件　　　　（b）"打开方式"对话框

图 3.30　文件关联

在"打开方式"对话框中,系统会给出一个推荐的程序来打开文件,用户也可以单击"其他程序"旁的下拉图标,列出已在注册表中登记的所有应用程序,从中指定一个应用程序并单击"确定"按钮,则指定的应用程序与选定的文档建立了关联,同时,系统运行该应用程序并调入文档。

需要说明的是,所谓关联是指一个应用程序与某类文档之间的关联。虽然上述操作是通过双击一个文档与指定的应用程序建立了关联,但经过上述操作后,与这个文档同类的文档(具有相同扩展名)均与指定的应用程序建立了关联。此外,在为文档建立关联时,如果没有选中"打开方式"对话框下端的"始终使用选择的程序打开这种文件"复选框,则只是在这个文档和指定的应用程序之间创建了一次性关联,即只在当前启动应用程序并调入文档。操作完成后,文档与应用程序之间仍没有关联关系。

### 3.4.3　创建和使用快捷方式

快捷方式是一种特殊类型的文件,它仅包含了与程序、文档或文件夹相链接的位置信息,而并不包含这些对象本身的信息。因此,快捷方式是指向对象的指针,当双击快捷方式(图标)时,相当于双击了快捷方式所指向的对象(程序、文档、文件夹等)并执行之。

由于快捷方式是指向对象的指针,而非对象本身,这意味着创建或删除快捷方式并不影响相应的对象。可以将某个经常使用的程序以快捷方式的形式,置于桌面上或某个文件夹中,这样每次执行时会很方便。当不需要该快捷方式时,将其删除,也不会影响到程序本身。

创建快捷方式可以利用 Windows 提供的向导或通过鼠标拖动的方法,还可以通过剪贴板来粘贴快捷方式。

**1. 通过鼠标右键拖动的方法建立快捷方式**

在找到需要建立快捷方式的程序文件后,用鼠标右键拖动至目标位置(桌面或某个文件夹中),将弹出一个菜单,如图 3.31 所示,在菜单中选择"在当前位置创建快捷方式"命令,则在目标位置建立了以文件名为名称的快捷方式。

图 3.31　右键建立快捷方式

**2. 利用向导建立快捷方式**

具体操作步骤如下:

① 在需要建立快捷方式的位置(桌面或某个文件夹中)右击,在弹出的快捷菜单中选择"新建"→"快捷方式"命令,打开"创建快捷方式"向导,如图 3.32(a)所示。

② 在"请键入对象的位置"文本框中输入对应的程序文件名(包括文件的完整路径),如果不太清楚程序文件准确的文件名或程序文件所在的文件夹,可以单击"浏览"按钮,在打开的浏览窗口中找到相应文件并返回后,该文件的完整路径名及文件名就会出现在文本框中。

③ 单击"下一步"按钮,创建快捷方式向导将进一步提示用户输入快捷方式的名称,如图 3.32(b)所示。输入一个适当的名称后,单击"完成"按钮,即完成了快捷方式的建立。

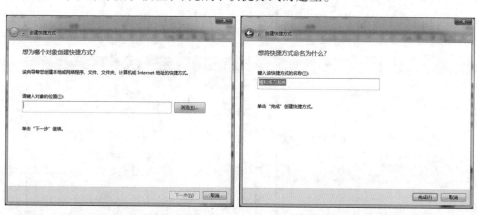

　　　(a)"创建快捷方式"向导之一　　　　　　　(b)"创建快捷方式"向导之二

图 3.32　"创建快捷方式"向导

**3. 利用剪贴板粘贴快捷方式**

首先选定要建立快捷方式的文件,然后选择"组织"→"复制"命令,或直接按【Ctrl + C】组合键,将其复制到剪贴板中;在需要建立快捷方式的位置(桌面或某个文件夹中)右击,在弹出的快捷菜单中选择"粘贴快捷方式"命令,则在该处建立了以文件名为名称的快捷方式。

### 3.4.4　Windows 7 提供的若干附件程序

Windows 7 提供了若干实用的小程序,这些实用程序都在"附件"中,通常简称为附件程序,如使用"画图"工具可以创建和编辑图画,以及显示和编辑扫描获得的图片;使用"计算器"来进行基本的算术运算;使用"写字板"进行文本文档的创建和编辑工作。进行以上工作虽然也可以使用专门的应用软件,但是运行程序要占用大量的系统资源,而附件中的工具都是非常小的程序,运行速度比较快,这样用户可以节省很多的时间和系统资源,有效地提高工作效率。

**1. 画图**

画图是一个简单的图像绘画程序,是微软 Windows 操作系统的预装软件之一。"画图"程序是一个位图编辑器,可以对各种位图格式的图画进行编辑,用户可以自己绘制图画,也可以对扫描的图片进行编辑修改,在编辑完成后,可以以 BMP、JPG、GIF 等格式存档,用户还可以发送到桌面或其他文档中。

选择"开始"→"所有程序"→"附件"→"画图"命令,打开"画图"窗口,如图 3.33 所示。

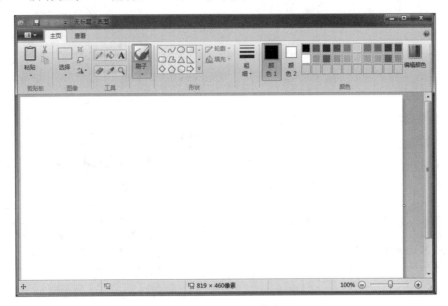

图 3.33　"画图"程序窗口

在窗口的正中是绘图区,这里是用户绘制图形或编辑图片的主要区域。在绘图区的上方有功能区,这也是画图工具的主体。功能区包含"画图"按钮和两个选项卡:主页和查看。

单击"画图"按钮,利用出现的菜单命令可以进行文件的新建、保存、打开、打印等操作。

选择"主页"选项卡,其中包括剪贴板、图像、工具、形状、粗细和颜色功能组,提供给用户对图片进行编辑和绘制的功能。

"查看"选项卡中有缩放、显示或隐藏及显示 3 个功能组,用户可以根据绘图要求,选择合适的视图效果,对图像进行精确的绘制。

**2. 计算器**

计算器是 Windows 内置的一款应用程序,它既可以进行简单的四则运算,也可以完成函数计算、编程计算、统计计算等高级计算功能,还能进行各种专业换算、日期计算、工作表计算等工作,是一款非常有用的小程序工具。

选择"开始"→"所有程序"→"附件"→"计算器"命令,即可以打开"计算器"窗口。默认情况下打开的计算器是"标准型",如图 3.34(a)所示。"标准型"计算器相当于日常生活中所用的普通计算器,它能完成十进制数的加、减、乘、除及倒数、平方根等基本运算功能。

通过在"查看"菜单选择"标准型""科学型""程序员"和"统计信息"命令,可以实现不同功能计算器之间的切换,图 3.34(b)所示为"科学型"计算器的界面。

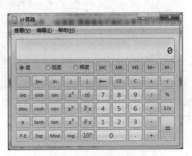

（a）"标准型"计算器　　　　　　（b）"科学型"计算器

图 3.34　"计算器"窗口

"查看"菜单中还有以下特殊功能：

① 单位换算：实现角度、功率、面积、能量、时间等的常用单位换算。

② 日期计算：计算两个日期之间的月数、天数及一个日期加减某个天数后得到的另一个日期。

③ 工作表：可以计算抵押、汽车租赁、油耗等。

**3. 记事本**

记事本是 Windows 自带的一款文本编辑程序,用于创建并编辑纯文本文档(扩展名为 .txt)。由于 .txt 的纯文本文件格式简单,可以被很多程序调用。Windows 记事本虽然功能不是很强大,仅仅适用于编写一些篇幅短小的文本文件,但由于它使用方便、快捷,因此在实际中应用也是比较多的,比如一些程序的 ReadMe 文件通常是以记事本的形式提供的。

选择"开始"→"所有程序"→"附件"→"记事本"命令,即可启动记事本。

在记事本中选择格式→"字体"命令,在打开的"字体"对话框中设置记事本中文字的字体、字形和字号。

---

**注意：**

在记事本中只能对所有文本进行格式设置,而不能对选中的部分文本进行设置。

---

为了适应不同用户的阅读习惯,在记事本中可以改变文字的阅读顺序,在工作区域右击,在弹出的快捷菜单中选择"从右到左的阅读顺序"命令,则全文的内容都移到了工作区的右侧。

在记事本中用户可以用不同的编码格式打开或保存文件,如 ANSI,Unicode,big-endian Unicode 或 UTF-8 等类型。当用户使用不同的字符集工作时,程序将默认保存为标准的 ANSI(美国国家标准化组织)格式。

**4. 命令提示符**

为了方便熟悉 DOS 命令的用户通过 DOS 命令使用计算机,Windows 7 中通过"命令提示符"窗口保留了 DOS 的使用方法。

选择"开始"→"所有程序"→"附件"→"命令提示符"命令,打开"命令提示符"窗口。或者在"开始"菜单的"搜索框"中输入 cmd 命令,或在"运行"对话框中输入 cmd 命令,也可以打开"命令提示符"窗口,如图 3.35 所示。

在"命令提示符"窗口中输入 DOS 命令,窗口中会出现命令对应的结果(见图 3.35 中的 dir 命令的结果)。

图 3.35 "命令提示符"窗口

**5. 便签**

在日常工作和生活中,人们经常会需要临时记下某些重要的信息,如地址、电话、备忘信息等,如果这时正在使用计算机,就可以利用便签了。便签是一个非常方便实用的小程序,它可以让用户随意地创建便签来记录要提醒的事情,并把它放在桌面上,以便用户可以随时注意到。

选择"开始"→"所有程序"→"附件"→"便签"命令,即可将便签添加到桌面上,如图3.36所示。

便签可以进行如下操作:

① 单击便签,可以添加文字、时间等信息,也可以对便签中的文字进行编辑。单击便签左上角的" ",可以在桌面上增加一个新的便签;单击右上角的" ",可以删除当前的便签。

② 拖动便签的标题栏,可以移动便签的位置。

③ 右击便签,弹出快捷菜单,可以实现对便签中文字的剪切、复制、粘贴等操作,也可以实现对便签颜色的设置。

④ 拖动便签的边框,可以改变便签的大小。

图3.36 "便签"窗口

## 3.5 磁盘管理

磁盘是计算机的重要组成部分,计算机中的所有文件以及所安装的操作系统、应用程序都保存在磁盘上。

### 3.5.1 有关磁盘的基本概念

#### 1. 磁盘格式化

用于存储数据的硬盘可以看做是由多个坚硬的磁片构成的,它们围绕同一个轴旋转。格式化磁盘就是在磁盘上建立可以存放文件或数据信息的磁道和扇区,执行格式化操作后,每个磁片被格式化为多个同心圆,称为磁道(track)。磁道进一步分成扇区(sector),扇区是磁盘存储的最小单元。

> 注意:
>
> 这些只是虚拟的概念,并不会真正在软盘或硬盘上划出一道道痕迹。

一个新的没有格式化的磁盘,操作系统和应用程序将无法向其中写入文件或数据信息。一般的,新磁盘在出厂之前已经进行过格式化。若要对使用过的磁盘进行重新格式化一定要谨慎,因为格式化操作将清除磁盘上一切原有的信息。

#### 2. 硬盘分区

在对新硬盘做格式化操作时,都会碰到一个对硬盘分区的操作。所谓硬盘分区是指将硬盘的整体存储空间划分成多个独立的区域,分别用来安装操作系统、安装应用程序以及存储数据文件等。在实际应用中,硬盘分区并非必须和强制进行的工作,但是为了在实际应用时更加方便,通常情况下人们还是要对硬盘进行分区操作,这一般是出于如下的两点考虑:

① 安装多操作系统的需要:出于对文件安全和存取速度等方面的考虑,不同的操作系统一般采用或支持不同的文件系统,但是对于分区而言,同一个分区只能采用一种文件系统。所以,如果用户希望在同一个硬盘中安装多个支持不同文件系统的操作系统时,就需要对硬盘进行分区。

② 作为不同存储用途的需要:通常,从文件存放和管理的便利性出发,将硬盘分为多个区,用以分别放置操作系统、应用程序以及数据文件等,如在C盘上安装操作系统,在D盘上安装应用程序,在E盘上存放数据文件,F盘则用来备份数据和程序。

#### 3. 文件系统

文件系统是指在硬盘上存储信息的格式。它规定了计算机对文件和文件夹进行操作处理的各种标准和机制,所有对文件和文件夹的操作都是通过文件系统来完成的。不同的操作系统一般使用不同的文件系统,不同的操作系统能够支持的文件系统不一定相同。Windows 7支持的文件系统有FAT16、FAT32和NTFS。

① FAT16(File Allocation Table)文件系统是从MS-DOS发展过来的一种文件系统,最大只能管理2 GB的硬盘空间。其优点是一种标准文件系统,只要将分区划分为FAT16文件系统,几乎所有的操作系统都可

读/写用这种格式存储的文件,包括 Linux 和 UNIX。

② FAT32 文件系统可管理的硬盘空间达到了 2 048 GB,与 FAT16 比较而言,提高了存储空间的使用效率。FAT32 文件系统是对早期 DOS 的 FAT16 文件系统的增强,由于文件系统的核心—文件分配表 FAT 由 16 位扩充为 32 位,所以称为 FAT32 文件系统。

③ NTFS(New Technology File System)文件系统是一种从 Windows NT 开始引入的文件系统、它是 Windows NT 以及之后的 Windows 2000、Windows XP、Windows Server 2003、Windows Server 2008、Windows Vista、Windows 7 和 Windows 8/8.1 的标准文件系统。NTFS 取代了文件分配表(FAT)文件系统,为 Microsoft 的 Windows 系列操作系统提供文件系统。NTFS 对 FAT 和 HPFS(高性能文件系统)作了若干改进,以便于改善性能、可靠性和磁盘空间利用率,并提供了若干附加扩展功能。

### 3.5.2 磁盘的基本操作

**1. 查看磁盘容量**

查看磁盘剩余空间的具体操作步骤如下:

① 在桌面上双击"计算机"图标,打开资源管理器窗口。

② 单击需要查看的硬盘驱动器图标,窗口底部细节窗格中就会显示出当前磁盘的总容量和可用的剩余空间信息。在"详细信息""平铺"和"内容"显示模式下,每个硬盘驱动器图标旁也会显示磁盘的总容量和可用的剩余空间信息。此外,在 Windows 资源管理器窗口中右击需要查看的磁盘驱动器图标,在弹出的快捷菜单中选择"属性"命令,打开该磁盘的属性对话框,如图 3.37 所示,在其中就可了解磁盘空间占用情况等信息。

**2. 格式化磁盘**

格式化操作是分区管理中最重要的工作之一,用户可以在资源管理器中对选定的磁盘驱动器进行格式化操作。下面以格式化 E 盘为例,介绍具体的操作步骤。

在 Windows 资源管理器窗口中右击 E 盘图标,在弹出的快捷菜单中选择"格式化"命令,打开格式化对话框,对话框标题栏中出现"格式化 本地磁盘(E:)",如图 3.38 所示。

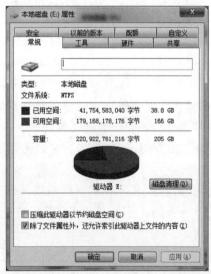

图 3.37  磁盘属性对话框

图 3.38  格式化磁盘对话框

在对话框中可做以下选择:

① 指定格式化分区采用的文件系统格式,系统默认是 NTFS。

② 指定逻辑驱动器的分配单元的大小。分配单元是存储文件的最小空间,分配单元越小,越能高效地使用磁盘空间,减少空间浪费。如果格式化时不指定分配单元的大小,系统将根据驱动器的容量大小使用默认配置大小,默认配置能够减少磁盘空间浪费、减少磁盘碎片的数目。

③ 为驱动器设置卷标名。

④ 如果选中"快速格式化"复选框,能够快速完成格式化工作,但这种格式化不检查磁盘的损坏情况,其实际功能相当于删除文件。

单击"开始"按钮进行格式化,此时对话框底部的格式化状态栏会显示格式化的进程。

---

注意:

格式化将删除磁盘上的全部数据,操作时一定小心,确认磁盘上无有用数据后,才能进行格式化操作。

---

### 3.5.3　磁盘的高级操作

#### 1. 磁盘备份

在实际的工作中,有可能会遇到磁盘驱动器损坏、病毒感染、供电中断等各种意外的事故,这些意外事故的发生都会造成数据的丢失和损坏。为了避免意外事故发生所带来的数据错误或数据丢失等损失,需要对磁盘数据进行备份,在需要时可以还原。在 Windows 7 中,利用磁盘备份向导可以方便快捷地完成磁盘备份工作。

在 Windows 资源管理器窗口中右击某个磁盘,在弹出的快捷菜单中选择"属性"命令,打开磁盘属性对话框,选择"工具"选项卡,如图 3.39 所示。单击"开始备份"按钮,系统会提示备份或还原操作,用户可以根据需要选择一种操作,然后再根据提示进行操作。在备份操作时,可选择整个磁盘进行备份,也可以选择其中的某个文件夹进行备份。在进行还原时,必须是对已经存在的备份文件进行还原,否则无法进行还原操作。

#### 2. 磁盘清理

用户在使用计算机的过程中会进行大量的读/写、安装、下载、删除等操作,这些操作会在磁盘上留存许多临时文件和已经没有用的文件,这些临时文件和没用的文件不但会占用磁盘空间,还会降低系统的处理速度,降低系统的整体性能。因此,计算机要定期进行磁盘清理,以便释放磁盘空间。

选择"开始"→"所有程序"→"附件"→"系统工具"→"磁盘清理"命令,打开"磁盘清理:驱动器选择"对话框,从中选择一个磁盘驱动器后单击"确定"按钮,此时系统会对指定磁盘进行扫描和计算工作,在完成扫描和计算工作之后,系统会打开"磁盘清理"对话框,并在其中按分类列出指定磁盘上所有可删除文件的大小(字节数),如图 3.40 所示。

图 3.39　磁盘属性对话框"工具"选项卡

图 3.40　磁盘清理对话框

在 Windows 资源管理器窗口中右击某个磁盘,在弹出的快捷菜单中选择"属性"命令,打开磁盘属性对话框,单击"常规"选项卡中的"磁盘清理"按钮,系统也会在对指定磁盘进行扫描和计算工作之后,打开"磁盘清理"对话框。

此时,用户根据需要,在"要删除的文件"列表框中选择需要删除的某一类文件,单击"确定"按钮,即可完成磁盘清理工作。用户还可以选择"其他选项"选项卡,通过进一步的操作来清理更多的文件以提高系统的性能。

### 3. 磁盘碎片整理

在使用磁盘的过程中,由于不断地删除、添加文件,经过一段时间后,就会形成一些物理位置不连续的文件,这就是磁盘碎片。

磁盘是如何产生碎片的呢? 当在一个刚刚格式化过的磁盘上存储文件时,Windows 会把每个文件的数据写在一组相邻的磁盘簇中。例如,一个文件 A 可能占用了 5 ~ 22 的簇,下一个文件 B 可能顺序占用 23 ~ 31 的簇,再下一个文件 C 存储在 32 ~ 36 簇等,以此类推。但是,一旦删除文件,这种顺序简洁的模式就有可能被破坏。例如,删除文件 B,然后又创建了一个长 17 个簇的文件 D,保存文件时,Windows 就会把该文件的前 9 个簇存储在 23 ~ 31 的簇中,然后将剩下的 8 个簇存储在别的地方。这个新文件就占据了两个不连续的簇块,成了"碎片"。随着时间的推移,增加和删除的文件越来越多,使得更多的文件变得零碎的概率就越大。虽然碎片不影响数据的完整性,却降低了磁盘的访问效率。对"零碎"的文件进行读/写的时间要比"完整"的文件长很多。

Windows 7 的"磁盘碎片整理程序"可以清除磁盘上的碎片,重新整理文件,将每个文件存储在连续的簇块中,并且将最常用的程序移到访问时间最短的磁盘位置,以加快程序的启动速度。此外,Windows 7"磁盘碎片整理程序"还具有强大的分析能力,用户可使用分析功能判断进行磁盘碎片整理是否能改善计算机性能,并给出是否要进行磁盘碎片整理的建议。

选择"开始"→"所有程序"→"附件"→"系统工具"→"磁盘碎片整理程序"命令,打开"磁盘碎片整理程序"窗口,如图 3.41 所示。

图 3.41 "磁盘碎片整理程序"窗口

进行磁盘碎片分析及整理的操作如下:

① 在图 3.41 所示的"磁盘碎片整理程序"窗口中,选定具体的磁盘驱动器,然后单击"分析磁盘"按钮,对选定的磁盘进行分析。

② 在对驱动器进行碎片分析后,系统自动激活查看报告,单击该按钮,打开"分析报告"对话框,系统给出了驱动器碎片分布情况及该卷的信息。

③ 单击"磁盘碎片整理"按钮,系统自动完成整理工作,同时显示进度条。

由于磁盘碎片整理是一个耗时较长的工作,当不需要进行磁盘碎片整理时,根据分析报告操作,可以避免浪费时间。

# 3.6 Windows 7 控制面板

在 Windows 7 系统中有许多软、硬件资源,如系统、网络、显示、声音、打印机、键盘、鼠标、字体、日期和时间、卸载程序等,用户可以根据实际的需要,通过控制面板对这些软、硬件资源的参数进行调整和配置,以便更有效地使用它们。

在 Windows 7 中有多种启动控制面板的方法,可以使用户在不同操作状态下方便使用,通常启动 Windows 7 的控制面板可以采用以下 3 种方法:

① 在资源管理器窗口的导航窗格中选择"控制面板"选项,可以打开"控制面板"窗口。

② 选择"开始"→"控制面板"命令,可以打开"控制面板"窗口。

③ 在 Windows 资源管理器窗口的工具栏中,很多情况下会出现"控制面板"按钮,单击该按钮即可打开"控制面板"窗口。

在"控制面板"窗口中,包括两种视图效果:类别视图和经典视图。在类别视图方式中,控制面板有 8 个大项目,如图 3.42(a)所示。单击控制面板窗口中"查看"方式的下拉按钮,选择"大图标"或"小图标"显示,可将"控制面板"窗口切换为控制面板经典视图,如图 3.42(b)所示。在经典视图的"控制面板"窗口中集成了若干个小项目的设置工具,这些工具的功能几乎涵盖了 Windows 系统的所有方面。

控制面板包含的内容非常丰富,由于篇幅限制,在此只讲解部分的功能,其余功能读者可以查阅有关书籍进行学习。

（a）控制面板的类别视图

（b）控制面板的经典视图

图 3.42 Windows 7"控制面板"窗口

## 3.6.1 系统和安全

Windows 系统的系统和安全主要实现对计算机状态的查看、计算机备份以及查找和解决问题的功能,包括防火墙设置,系统信息查询、系统更新、计算机备份等一系列系统安全的配置。

### 1. Windows 防火墙

Windows 7 防火墙能够检测来自 Internet 或网络的信息,然后根据防火墙设置来阻止或允许这些信息通过计算机。防火墙可以防止黑客攻击系统或防止恶意软件、病毒、木马程序通过网络访问计算机,而且有助于提高计算机的性能。Windows 7 防火墙的设置方法如下:

① 在"控制面板"窗口中选择"系统和安全"选项,打开"系统和安全"窗口。

② 单击"Windows 防火墙"选项,打开"Windows 防火墙"窗口,如图 3.43 所示。

③ 单击窗口左侧"打开或关闭防火墙"链接,打开"Windows 防火墙设置"对话框,可以打开或关闭防火墙。

④ 单击窗口左侧"允许程序或功能通过 Windows 防火墙"链接,打开"允许程序通过 Windows 防火墙通信"窗口。在"允许的程序和功能"列表中,选择信任的程序,单击"确定"按钮即可完成配置。如果要手动添加程序,单击"允许运行另一程序"按钮,在打开的对话框中单击"浏览"按钮,找到安装到系统的应用程序,单击"打开"按钮,即可添加到程序列表中。选择要添加的应用程序,单击"添加"按钮,即可将应用程序手动添加到信任列表中,单击"确定"按钮即可完成操作。

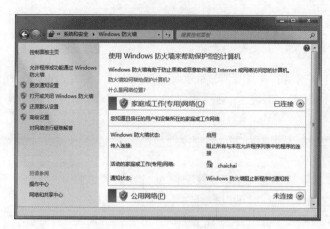

图 3.43 "Windows 防火墙"窗口

### 2. Windows 操作中心

Windows 操作中心通过检查各个与计算机安全相关的项目来检查计算机是否处于优化状态,当被监视的项目发生改变时,操作中心会在任务栏的右侧发布一条信息来通知用户,收到监视的项目状态颜色也会相应改变以反映该消息的严重性,并且还会建议用户采取相应的措施。

打开"操作中心"的方法如下:

① 在"控制面板"窗口中选择"系统和安全"选项,打开"系统和安全"窗口。

② 选择"操作中心"选项,打开"操作中心"窗口,如图 3.44 所示。

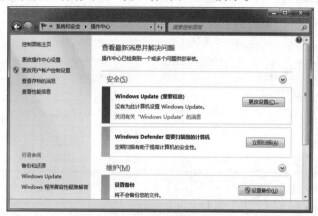

图 3.44 "操作中心"窗口

③ 单击窗口左侧的"更改操作中心设置"链接,即可打开"更改操作中心设置"对话框。选中某个复选框可使操作中心检查相应项是否存在更改或问题,取消对某个复选框的选择可以停止检查该项。

### 3. Windows Update

一个新的操作系统诞生之初,往往是不完善的,这就需要不断地更新系统并为系统打上补丁来提高系统的稳定性和安全性。Windows Update 就是为系统更新和补丁而设置的,启用 Windows Update,用户不必手动联机更新,Windows 会自动检测适用于计算机的最新更新,并根据用户所进行的设置自动安装更新,或者只通知用户有新的更新可用。

① 在"控制面板"窗口中选择"系统和安全"选项,打开"系统和安全"窗口。

② 选择 Windows Update 选项,打开 Windows Update 窗口。

③ 单击窗口左侧的"更改设置"链接,即可打开"更改设置"对话框,如图 3.45 所示,用户可以在这里更改更新设置。

图 3.45 Windows Update"更改设置"对话框

## 3.6.2 外观和个性化

Windows 系统的外观和个性化包括对桌面、窗口、按钮、菜单等一系列系统组件的显示设置,系统外观是计算机用户接触最多的部分。

在"控制面板"窗口中选择"外观和个性化"选项,打开"外观和个性化"窗口,如图3.46所示。该窗口中包含"个性化""显示""桌面小工具""任务栏和「开始」菜单""轻松访问中心""文件夹选项"和"字体"7个选项。

图 3.46　外观和个性化窗口

### 1. 个性化

在"外观和个性化"窗口中选择"个性化"选项,会出现"个性化"设置窗口,如图3.47所示。在该窗口中可以实现更改主题、更改桌面背景、更改窗口颜色和外观、更改声音效果及更改屏幕保护程序的设置。

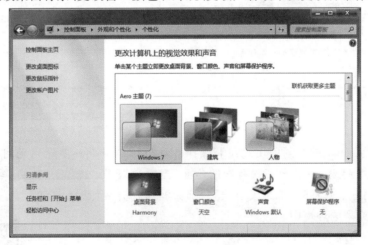

图 3.47　"个性化"设置窗口

（1）更改主题

所谓桌面主题是背景加一组声音、图标以及只需要单击即可个性化设置计算机的元素。通俗来说,桌面主题就是不同风格的桌面背景、操作窗口、系统按钮,以及活动窗口和自定义颜色、字体等的组合体。桌面主题可以是系统自带的,也可以通过第三方软件来实现,第三方主题需要安装对应主题软件。

图3.47所示"个性化"窗口中列出了Windows 7系统提供的主题图标,单击某个主题图标,系统即可将该主题对应的桌面背景、操作窗口、系统按钮,活动窗口和自定义颜色、字体等设置到当前环境中。

（2）更改桌面背景

在默认情况下,桌面背景是一片蓝色中间带有微软的logo,Windows 7允许用户选择墙纸图案来美化桌面。在图3.47所示"个性化"窗口中选择"桌面背景"选项,在打开的"桌面背景"窗口中可以设置墙纸图案。

操作方法如下：

① 在"个性化"窗口中选择"桌面背景"选项，打开"桌面背景"窗口，如图 3.48 所示。

② 在"图片位置"下拉列表框中选择某一项图片位置，然后在下面的图片列表框中选择一个图片，可以快速配置桌面背景。也可以单击"浏览"按钮，在打开的对话框中选择指定的图像文件取代预设桌面背景。

③ 在"图片位置"下拉列表框中可以选择图片的显示方式，如果选择"居中"，则桌面上的墙纸以原文件尺寸显示在屏幕中央；如果选择"平铺"，墙纸以原文件尺寸铺满屏幕；如果选择"拉伸"，则墙纸拉伸至充满整个屏幕。

（3）更改窗口颜色和外观

窗口的外观由组成窗口的多个元素（项目）组成，Windows 7 向用户提供了一个窗口外观的方案库。默认情况下，Windows 7 采用"Windows 标准"外观方案。在 Windows 7 中，可以在"窗口颜色和外观"窗口中选择一个方案，以改变窗口的颜色和外观。

① 在"个性化"窗口中选择"窗口颜色"选项，打开"窗口颜色和外观"窗口，如图 3.49 所示。

② 在"更改窗口边框、「开始」菜单和任务栏颜色"列表中选择一种配色方案进行快速配置。

③ 单击"高级外观设置"链接，在打开的对话框中对"桌面""菜单""窗口""图标""工具栏"等项目逐一进行手动配置。

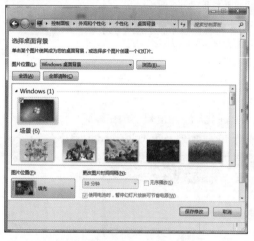

图 3.48 "桌面背景"窗口

图 3.49 "窗口颜色和外观"窗口

（4）更改屏幕保护程序

所谓屏幕保护是指在一定的时间内用户没有操作计算机时，Windows 7 会自动启动屏幕保护程序。此时，工作屏幕内容被隐藏起来，而显示一些有趣的画面，当用户按了键盘上的任意键或移动一下鼠标时，如果没有设置密码，屏幕就会恢复到以前的图像，回到原来的环境中。

设置屏幕保护的原因通常是用户需要休息一会，或因为某些原因离开计算机一段时间。在离开期间，可能不希望屏幕上的工作内容被别人看见或不希望其他人使用自己的计算机。这时，除了关机外，还可以选择使用屏幕保护程序。

① 在"个性化"窗口中选择"屏幕保护程序"选项，打开"屏幕保护程序设置"对话框，如图 3.50 所示。

② 在"屏幕保护程序"下拉列表框中选择一种方案。

③ 在"等待"微调框中设置等待时间，即如果在该时间内用户没有操作计算机，将启动屏幕保护程序。

④ 如果选中"在恢复时显示登录屏幕"复选框，那么从屏幕保护程序回到 Windows 7 时，将弹出登录界面，并可能要求输入系统的登

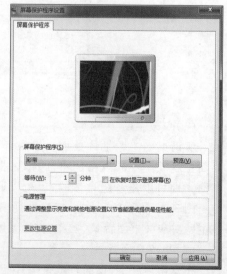

图 3.50 "屏幕保护程序设置"对话框

录密码,这样可以保证未经许可的用户不能进入系统。

⑤ 如需要进行电源管理,可单击"更改电源设置"链接,在打开的"电源选项"对话框中可以设置关闭显示器时间、设置电源按钮的功能、唤醒时需要的密码等。

**2. 显示**

在"外观和个性化"窗口中单击"显示"链接,打开"显示"窗口,如图 3.51 所示。在该窗口中可以进行调整分辨率、调整亮度、更改显示器设置等操作。屏幕分辨率是显示器的一项重要指标,其中常见的分辨率包括 800 ×600 像素、1 024 ×768 像素、1 280 ×600 像素、1 280 ×720 像素、1 280 ×768 像素、1 360 ×768 像素及 1 366 ×768 像素等。显示器可用的分辨率范围取决于计算机的显示硬件,分辨率越高,屏幕中的像素点就越多,可显示的内容就越多,所显示的对象就可以越小。

① 在"显示"窗口中单击"调整分辨率"链接,打开"屏幕分辨率"窗口,如图 3.52 所示。

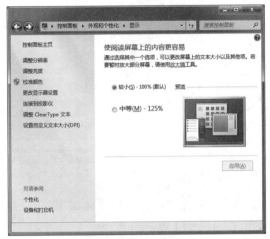
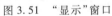

图 3.51　"显示"窗口　　　　　　　　图 3.52　"屏幕分辨率"窗口

② 在"显示器"下拉列表框中可以选择显示器的类型。

③ 在"分辨率"下拉列表框中可以设置分辨率的大小。

④ 在"方向"下拉列表框中可以设置显示器的显示方向。

⑤ 单击"放大或缩小文本和其他项目"链接,可以设置屏幕上的文本大小及其他项目大小。

**3. 任务栏和开始菜单**

在"外观和个性化"窗口中选择"任务栏和「开始」菜单"选项,将打开"任务栏和「开始」菜单属性"对话框。在该对话框中可以自定义"开始"菜单、自定义任务栏上的图标和更改「开始」菜单上的图标。

① 在"外观和个性化"窗口中选择"任务栏和「开始」菜单"选项,打开"任务栏和「开始」菜单属性"对话框。

② 在"任务栏"选项卡中,可以设置任务栏外观和通知区域。

③ 在"「开始」菜单"选项卡中,可以自定义链接、图标和菜单在"开始"菜单中的外观和行为,还可以设置电源按钮的操作等。

④ 在"工具栏"选项卡中可以选择需要添加到任务栏的工具栏选项,如添加地址工具栏、链接工具栏等。

**4. 字体**

字体是屏幕上看到的、文档中使用的、发送给打印机的各种字符的样式。在 Windows 系统的"C:\Windows\Fonts"文件夹中安装有多种字体文件,用户可以添加和删除字体。字体文件的操作方式和其他文件操作方式相同,用户可以在"C:\Windows\Fonts"文件夹中移动、复制或删除字体文件。系统中使用最多的字体主要有宋体、楷体、黑体、仿宋等。

① 在"外观和个性化"窗口中单击"选择"选项,可以打开"字体"窗口,对话框中显示系统中所有的字体文件。

② 选中某一字体,单击工具栏中的"预览"按钮,可以显示该字体的样子。

③ 选中某一字体,单击"删除"按钮,可以删除该字体文件。

### 3.6.3 时钟、语言和区域设置

在"控制面板"窗口中选择"时钟、语言和区域"选项,打开"时钟、语言和区域"窗口,如图3.53所示。用户可以在该窗口设置计算机的日期和时间、所在位置,也可以更改日期、时间或数字的格式,更改显示的语言及键盘或其他输入法等。

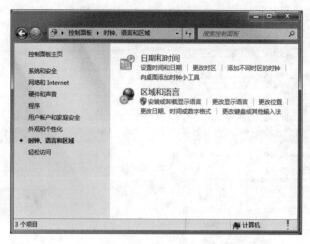

图3.53 "时钟、语言和区域"窗口

**1. 日期和时间**

Windows 7默认的日期和时间格式是按照美国习惯设置的,用户可以根据自己国家的习惯来设置。

① 在"时钟、语言和区域"窗口中选择"日期和时间"选项,打开"日期和时间"对话框,如图3.54所示。

② 在"日期和时间"选项卡中可以更改日期和时间,也可以更改时区。

③ 在"附加时钟"选项卡中可以设置显示其他时区的时钟。

④ 在"Internet时间"选项卡中可以设置使计算机与Internet时间服务器同步。

**2. 区域和语言**

Windows 7默认的区域和语言格式同样是按照美国习惯设置的,用户也要设置成自己国家的习惯。

图3.54 "日期和时间"对话框

① 在"时钟、语言和区域"窗口中选择"区域和语言"选项,打开"区域和语言"对话框,如图3.55所示。

② 在"格式"选项卡中可以设置日期和时间格式、数字格式等。

③ 在"位置"选项卡中可以设置当前位置。

④ 在"键盘和语言"选项卡中可以设置输入法及安装/卸载语言。

⑤ 在"管理"选项卡中可以进行复制设置和更改系统区域设置。

### 3.6.4 程序

在Windows系统中,大部分应用程序需要安装到Windows系统中才能使用。在应用程序的安装过程中会进行诸如程序解压缩、复制文件、在注册表中注册必要信息以及设置程序自动运行、注册系统服务等诸多工作。但是,作为一般用户并不关注这一过程,对一般用户来说,在Windows系统中安装应用程序很方便,只要直接运行应用程序的安装文件,即可将该应用程序安装到系统中。

与安装相反的一个操作就是卸载,所谓卸载就是将不需要的应

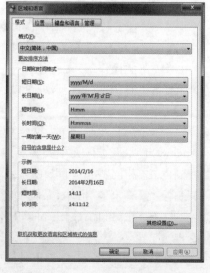

图3.55 "区域和语言"对话框

用程序从系统中去除。由于应用程序的安装会涉及复制文件、注册信息等诸多工作,因此不能简单地删除应用程序文件来达到卸载的目的,必须借助控制面板中"程序和功能"工具来实现程序的卸载操作。

① 在"控制面板"窗口中选择"程序"选项,在打开的"程序"窗口中选择"程序和功能"选项,打开"程序和功能"窗口,窗口中列出了系统中安装的所有程序,如图 3.56 所示。

图 3.56 "程序和功能"窗口

② 在列表中选中某个程序项目图标,如果此时工具栏中出现"卸载/更改"按钮,用户可以利用"更改"按钮重新启动安装程序,然后对安装配置进行修改;也可以利用"卸载"按钮卸载程序。若此时只显示"卸载"按钮,则只能对该程序进行卸载操作。

③ 在"程序和功能"窗口左侧单击"打开或关闭 Windows 功能"链接,打开"Windows 功能"对话框。该对话框的"Windows 功能"列表框中显示了可用的 Windows 功能,当鼠标移到某一功能上时,会显示该功能的具体描述。选择某项功能,单击"确定"按钮即进行添加;如果取消组件的复选框,单击"确定"按钮,会将此组件从操作系统中删除。

### 3.6.5 硬件和声音

在"控制面板"窗口中选择"硬件和声音"选项,打开图 3.57 所示的"硬件和声音"窗口。在此窗口中可实现对设备和打印机、自动播放、声音、电源选项、显示和 Windows 移动中心的操作。

图 3.57 "硬件和声音"窗口

**1. 打印机的设置**

在 Windows 7 中,通过"添加打印机"向导,可以方便而迅速地安装新的打印机。在开始安装打印机之前,要先确认打印机是否与计算机正确连接,同时还要了解打印机的生产厂商和型号。如果要通过网络、无线或蓝牙使用共享打印机,应确保计算机已联网及无线或蓝牙打印已启用。

① 在"硬件和声音"窗口中选择"添加打印机"选项,打开"添加打印机"向导。

② 选择"添加本地打印机",根据系统提示一步步操作,直至完成添加。

③ 选择"添加网络、无线或 Bluetooth 打印机",根据系统提示一步步操作,直至完成添加。

**2. 鼠标**

在"硬件和声音"窗口中选择"鼠标"选项,打开"鼠标属性"对话框。在该对话框中可以对鼠标键、鼠标指针等进行设置。

① 在"鼠标键"选项卡中可以设置鼠标的左右手使用、鼠标的双击速度等。

② 在"指针"选项卡中可以选择某种指针方案。

③ 在"指针选项"选项卡中可以设置鼠标移动速度等。

④ 在"滑轮"选项卡中可以设置鼠标滑轮垂直滚动和水平滚动的参量。

**3. 键盘**

在经典视图的"控制面板"窗口中选择"键盘"选项,打开"键盘属性"对话框。在该对话框中可以对键盘的字符重复、光标闪烁速度等进行设置。

① 在"字符重复"区域调整"重复延迟"的长短、及"重复速度"的快慢。

② 在"光标闪烁速度"区域调整光标闪烁速度的快慢。

> **说明:**
>
> "重复延迟"和"重复速度"分别表示按住某键后,计算机第一次重复这个按键之前的等待时间及之后重复该键的速度。"光标闪烁速度"可以改变文本窗口中出现的光标的闪烁速度。

### 3.6.6 用户账户和家庭安全

在"控制面板"窗口中选择"用户账户和家庭安全"选项,打开图 3.58 所示的"用户账户和家庭安全"窗口。在此窗口中可实现对用户账户、家长控制等的操作。

图 3.58 "用户账户和家庭安全"窗口

**1. 用户账户**

Windows 7 系统作为一个多用户操作系统,它允许多个用户共同使用一台计算机,当多个用户共同使用一台计算机时,为了使每个用户可以保存自己的文件夹及系统设置,系统就为每个用户开设一个账号。账号就是用户进入系统的出入证,用户账号一方面为每个用户设置相应的密码、隶属的组,保存个人文件夹及系统设置,另一方面将每个用户的程序、数据等相互隔离,这样用户在不关闭计算机的情况下,不同的用户可以相互访问资源。另外,如果自己的系统设置、程序和文件夹不想让别人看到和修改,只要为其他的用户创建一个受限制的账号就可以了,而且你还可以使用管理员账号来控制别的用户。

① 在"用户账户和家庭安全"窗口中选择"用户账户"选项,打开"用户账户"窗口。

② 在"用户账户"窗口中可以创建或更改用户密码;更改当前用户的图片。

③ 在"用户账户"窗口中还可以添加或删除用户账户。

**2. 家长控制**

Windows 7 的家长控制功能的目的是使家长可以对孩子玩游戏情况、网页浏览情况和整体计算机使用情况进行必要的限制。通过家长控制功能,可以帮助家长确定他们的孩子能玩哪些游戏,能使用哪些程序,能访问哪些网站以及何时执行这些操作。家长控制是用户账户和家庭安全控制小程序的一部分,它将 Windows 7 家长控制的所有关键设置集中到一处,且只需在这一个位置进行操作,就可以配置对应计算机和应用程序的家长控制,让家长轻松放心地管理孩子的计算机操作。

① 在"用户账户和家庭安全"窗口中选择"家长控制"选项,打开"家长控制"窗口。

② 在"家长控制"窗口中选择某个账户,打开对应窗口。

③ 在窗口中选定需要限制的程序,限制其使用。

## 3.7 Windows 任务管理器

Windows 任务管理器是一种专门管理任务进程的程序,是微软为了应对系统问题而专为用户设计的应用程序,其操作简单、容易,在实际应用中非常有效。

### 3.7.1 Windows 任务管理器概述

Windows 任务管理器提供了有关计算机性能的信息,并显示了计算机上所运行的程序和进程的详细信息。它可以显示最常用的度量进程性能的单位,如果连接到网络,还可以查看网络状态并迅速了解网络是如何工作的。启动任务管理器有 3 种方法:

①直接按【Ctrl + Shift + Esc】组合键,即可打开"Windows 任务管理器"窗口。

② 右击任务栏,在弹出的快捷菜单中选择"启动任务管理器"命令。

③ 按【Ctrl + Alt + Delete】组合键,进入计算机锁定界面,然后选择"启动任务管理器"选项。

任务管理器对应的程序文件是 Taskmgr. exe,一般可以在 \WIN-DOWS\System32 文件夹下找到。可以在桌面上为该程序建立一个快捷方式,这样启动任务管理器就很方便了。"Windows 任务管理器"窗口如图 3.59 所示。

Windows 任务管理器的用户界面提供了文件、选项、查看、窗口、帮助等菜单项,其下还有应用程序、进程、服务、性能、联网、用户 6 个选项卡,窗口底部是状态栏,在这里可以查看当前系统的进程

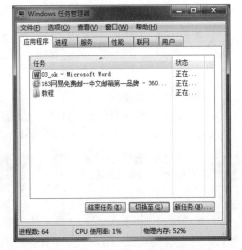

图 3.59 "Windows 任务管理器"窗口

数、CPU 使用率、物理内存的使用情况等数据。默认设置下系统每隔 1 秒对状态栏的数据进行 1 次自动更新,也可以在"查看"→"更新速度"菜单中重新设置自动更新的间隔时间。

### 3.7.2 Windows 任务管理器功能介绍

任务管理器可以对应用程序、进程、服务进行管理,可以对计算机的性能等信息进行显示,还可以显示联网及用户的信息。这些内容被分别安排在 6 个选项卡中。

### 1."应用程序"选项卡

该选项卡显示了所有当前正在运行的应用程序,不过它只显示当前已打开窗口的应用程序,如资源管理器窗口、浏览器窗口或其他应用程序窗口,而 QQ、MSN 等最小化至系统托盘区的应用程序则并不会显示出来。在这里可以选定某个应用程序,然后单击"结束任务"按钮直接关闭该应用程序。如果需要同时结束多个任务,可以按住【Ctrl】键复选。单击"新任务"按钮,会打开"创建新任务"对话框,在其中可以直接打开相应的程序、文件夹、文档或 Internet 资源。如果不知道程序的名称,可以单击"浏览"按钮进行搜索,"新任务"按钮的功能有些类似于"运行"命令。

在 Windows 中运行某个应用程序时,有时会遇到该应用程序毫无反应,从应用程序窗口中也无法关闭程序的情况,此时,在"应用程序"选项卡中,该应用程序的名称后会有"未响应"字样,这时就可以利用上述关闭任务的操作,强行关闭该应用程序。

### 2."进程"选项卡

首先解释一下进程的概念。进程是程序在计算机上的一次执行活动。当运行一个程序时,就启动了一个进程。显然,程序是死的(静态的),进程是活的(动态的)。进程可以分为系统进程和用户进程。凡是用于完成操作系统各种功能的进程就是系统进程,它们就是处于运行状态下的操作系统本身;用户进程就是所有由用户启动的进程。进程是操作系统进行资源分配的单位。在 Windows 下,进程又被细化为线程,也就是一个进程下有多个能独立运行的更小的单位。

"进程"选项卡中显示了所有当前正在运行的进程,包括用户打开的应用程序及执行操作系统各种功能的后台服务等。通常对于一般用户来说,不一定清楚地了解进程与对应服务的关系。

如果需要结束某个进程,则首先选定该进程名并右击,在弹出的快捷菜单中选择"结束进程"命令,即可强行终止。不过这种方式将丢失未保存的数据,而且如果结束的是系统服务,则系统的某些功能可能无法正常使用。

### 3."服务"选项卡

服务是系统中不可或缺的一项重要内容,很多内核程序、驱动程序需要通过服务项来加载。每个服务就是个程序,旨在执行某种功能,不用用户干预,就可以被其他程序调用。

"服务"选项卡实际上是一种精简版的服务管理控制台,"服务"选项卡列出了服务名称、PID(进程号)、对服务性质或功能的描述、服务的当前状态及工作组。单击"服务"选项卡底部的"服务"按钮,在打开的"服务"窗口中列出了系统中的所有服务项目,用户可以从中访问某个服务。如果用户感觉哪个服务有问题,可以禁止启动它,或者改成只能人工启动,这样就能确认关闭这个服务是否可以解决问题。

### 4."性能"选项卡

任务管理器的"性能"选项卡中动态地列出了该计算机的性能,如 CPU 的使用情况、使用记录及各种内存的使用情况。用户可以通过该选项卡了解当前计算机的使用状况。

### 5."联网"选项卡

任务管理器的"联网"选项卡中动态地列出了该计算机当前的联网状态,包括适配器名称、网络应用状况、链接速度、当前状态等。

### 6."用户"选项卡

任务管理器的"用户"选项卡中列出了在该计算机中建立的各用户的状况,包括用户名、用户标识、用户状态、客户端名、会话等。在"用户"选项卡中还可以进行用户的切换或注销,在此窗口中选定一个用户,单击"断开"按钮,则可以切换用户;而单击"注销"按钮,可以将该用户注销。

# 第 4 章　文字处理软件 Word 2010

　　人们在日常生活、学习、工作中经常要处理各种类型的文档、表格、数据等,而随着计算机应用的推广,越来越多的人选择使用办公软件来帮助自己处理这些信息。Microsoft Office 办公套件是目前应用比较广泛的一类软件,其中包括文档处理、表格处理、幻灯片制作、网页制作及数据库等实用工具软件,几乎能够满足人们实现办公自动化所需要的所有功能。

　　本章主要介绍文字处理软件 Word 的使用与操作,使用它帮助人们进行文档的编辑与处理。

## 学习目标

- 了解 Word 的基本知识,包括 Word 的启动、工作环境、功能区等。
- 掌握 Word 文档的基本操作,包括文档的创建与录入、文本的查找与替换、公式编辑器的操作。
- 掌握 Word 文档版面设计操作,包括字符、段落、页面格式的设置,文档页面修饰等。
- 掌握 Word 表格的制作和处理操作。
- 掌握 Word 图文处理的操作,包括图片操作、文本框操作及图文混排。

## 4.1　Word 2010 的基本知识

　　启动 Word 后就可以打开 Word 2010 文档窗口,如图 4.1 所示。作为 Windows 的应用程序,Word 窗口也包括标题栏、工具栏、状态栏、标尺、工作区及滚动条等窗口元素,Windows 中对窗口操作的各种方法同样适用于 Word 窗口。下面对 Word 的窗口元素进行介绍。

　　(1)标题栏

　　标题栏是位于窗口最上方的长条区域,用于显示应用程序名和当前正在编辑的文档名等信息。在左侧显示控制图标和快速访问工具栏,在右端提供“最小化”“最大化/还原”和“关闭”按钮来管理界面。

　　(2)快速访问工具栏

　　快速访问工具栏中包含一些常用的命令按钮,单击某个按钮,可快速执行这个命令。默认情况下,只显示“保存”“撤销”和“恢复”按钮。单击右侧的“自定义快速访问工具栏”按钮█,在弹出的下拉菜单中可根据需要进行添加和更改,例如可以选择“新建”“打开”等命令,此时这些按钮即添加到快速访问工具栏中。

　　(3)“文件”选项卡

　　单击“文件”选项卡,可打开其下拉菜单,该菜单中包含了对文件的一些基本操作,例如“保存”“另存为”“打开”“关闭”“新建”“打印”“帮助”“退出”等命令。除此之外,还包含“选项”命令,利用该命令可对在使用 Word 时的一些常规选项进行设置。再次单击“文件”选项卡或其他选项卡,即可关闭其下拉菜单。

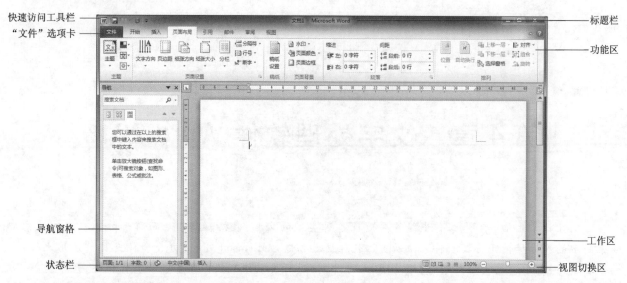

图 4.1　Word 2010 窗口的组成

（4）功能区

Word 的功能区由选项卡、选项组和一些命令按钮组成，包含用于文档操作的命令集，几乎涵盖了所有的按钮和对话框。选项卡标签位于功能区的顶部，默认显示的选项卡有"开始""插入""页面布局""引用""邮件""审阅"和"视图"，另外还有一些隐藏的选项卡，如"图片工具"的"格式"选项卡，只有当选中图片时该选项卡才会显示。

根据功能的不同，每个选项卡又包括若干选项组，单击某个选项卡，即可看到其包含的各个选项组，默认选中的是"开始"选项卡，它包含"剪贴板""字体""段落""样式""编辑"等选项组。各个选项组中又包含一些命令按钮和下拉列表框等，用于完成对文档的各种操作。

（5）工作区

工作区就是功能区下方的白色区域，用于显示当前正在编辑的文档内容。文档的各种操作都是在工作区中完成的。

（6）视图切换按钮

视图指文档的显示方式，视图切换按钮位于工作区的右下角。Word 提供了 5 种视图方式，包括页面视图、阅读版式视图、Web 版式视图、大纲视图、草稿。通过单击这 5 个按钮可以方便地切换到相应的视图中，还可以拖动缩放滑块调整文档的缩放比例。

（7）导航窗格

导航窗格显示在工作区的左侧，其上方为搜索框，用于搜索文档中的内容。在下方的列表框上方，通过单击 、 、 按钮，可以分别浏览文档中的标题、页面和搜索结果。

（8）状态栏

状态栏位于工作区的左下方，显示当前编辑文档的状态，如页码、字数统计、输入法状态、插入/改写状态等信息。

## 4.2　Word 2010 的基本操作

### 4.2.1　文档的创建、录入及保存

**1. 文档的创建**

在创建 Word 文档时，既可以创建空白的新文档，也可以根据需要创建模板文档。

（1）创建空白文档

Word 每次启动时都会自动创建一个新的空白文档，并暂时命名为"文档 1"；如果用户需要在 Word 已启

动的情况下创建一个新文档,可选择"文件"→"新建"命令,在打开的"可用模板"栏中选择"空白文档"选项,然后单击"创建"按钮,如图 4.2 所示。

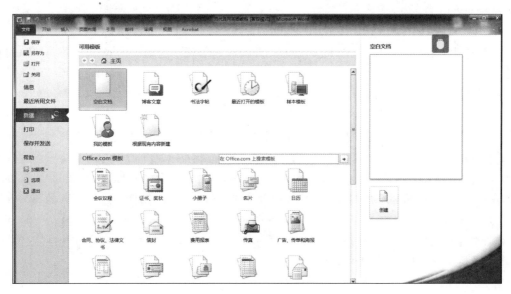

图 4.2 "新建"任务窗格

按【Ctrl + N】组合键,或单击快速访问工具栏上的"新建"按钮都可创建一个新的空白文档。新建文档的命名是由系统按顺序自动完成的。

(2)根据现有内容创建新文档

Word 允许根据已有的文档创建新文档,此时,新文档的内容与选择的已有文档的内容完全相同。创建步骤为:选择"文件"→"新建"命令,在打开的"可用模板"栏中选择"根据现有内容创建"选项,此时打开"根据现有文档新建"对话框,如图 4.3 所示。选择需要的文档后,单击"打开"按钮,即可创建一个内容与所选文档相同的新文档,文件名为"文档 1"。

图 4.3 "根据现有文档新建"对话框

(3)创建模板文档

使用模板可以快速生成文档的基本结构,Word 中内置了多种文档模板,如博客文章、书法字帖等。使用模板创建的文档,系统已经将其模式预设好,用户在使用的过程中,只需在指定的位置填写相关的文字即可。选择"文件"→"新建"命令,在打开的"可用模板"栏中选择"博客文章"或"书法字帖"选项,然后单击"创建"按钮,就可以完成模板文档的创建。

除了系统自带的模板外,Office.com 的模板网站还提供了许多精美的专业联机模板,如贺卡、信封、日历等。用户只需选择"文件"→"新建"命令,在打开的"可用模板"栏中的"Office.com 模板"下选择所需的模板类型进行下载即可。

**2. 特殊符号的输入**

编辑文字过程中,经常要使用一些从键盘上无法直接输入的特殊符号,如"☆""℃""ā"等,可使用以下方法进行输入。

(1)使用"符号"对话框输入

单击"插入"选项卡"符号"选项组中的"符号"按钮,在打开的下拉列表中列出了一些最常用的符号,单击所需要的符号即可将其插入到文档中。若该列表中没有所需符号,可选择"其他符号"命令,打开"符号"对话框,如图 4.4 所示。

可插入符号的类型与字体有关,在"符号"对话框的"字体"下拉列表框中选择所需的字体,在字符列表框中可选择要插入的符号,然后单击"插入"按钮,即可将该符号插入到文档中,已经插入的符号保存在该对话框"近期使用过的符号"列表中,当再次需要插入这些符号时,可直接单击相应的符号。另外,还可以为符号指定快捷键,这样以后可以直接通过快捷键进行插入。插入符号后,"符号"对话框中的"取消"按钮则变为"关闭",单击"关闭"按钮即可关闭该对话框。

(2)使用输入法的软键盘输入

打开输入法,单击输入法提示条中的软键盘按钮(见图 4.5),在弹出的菜单中选择一种符号的类别,如"特殊符号";在弹出的软键盘中单击所需的符号按钮,则该符号就会出现在当前光标所在位置;完成符号的插入后,再单击输入法提示条上的软键盘按钮,在弹出的菜单中选择"关闭软键盘"命令即可关闭软键盘。

图 4.4  "符号"对话框

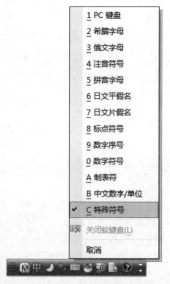

图 4.5  软键盘菜单

**3. 插入日期**

Word 文档中的日期可以直接输入,也可以使用"插入"功能插入日期和时间。具体步骤如下:

① 将插入点移动到要插入日期或时间的位置。

② 单击"插入"选项卡"文本"选项组中的"日期和时间"按钮,打开"日期和时间"对话框,如图 4.6 所示。

③ 在"可用格式"列表框中选择所需格式,即可插入日期或时间。如果选中"自动更新"复选框,则插入的日期和时间会随着打开该文档的时间不同而自动更新。

图 4.6  "日期和时间"对话框

**4. 插入其他文件的内容**

Word 允许在当前编辑的文档中插入其他文件的内容,利用该功能可以将几个文档合并成一个文档。具体步骤如下:

① 将插入点设置在当前文档的合适位置,单击"插入"选项卡"文本"选项组中"对象"按钮右侧的下拉按钮,在弹出的下拉菜单中选择"文件中的文字"命令,打开"插入文件"对话框,如图 4.7 所示。

② 在"插入文件"对话框中选择需要插入的文件名。

③ 单击对话框中的"插入"按钮,完成被选文档内容的插入操作。

◎基本编辑操作/
插入文件

图 4.7  "插入文件"对话框

**5. 文档的保存**

文档编辑完成后要及时保存,以避免由于误操作或计算机故障造成数据丢失。根据文档的格式、有无确定的文档名等情况,可用多种方法保存。

(1)保存未命名的 Word 文档

第一次保存文档时,要输入一个确定的文档名。文档的默认保存位置是"文档"文件夹,如果要改变文档的存放位置,可选择"文件"→"保存"命令或"另存为"命令,也可通过单击快速访问工具栏中的"保存"按钮 来完成。此时,将打开图 4.8 所示的"另存为"对话框,首先选择文件的保存位置,然后在"文件名"下拉列表框中输入要保存的文件名,在"保存类型"下拉列表框中选择所需的文件类型,如果没有进行该项选择,系统默认的类型是 Word 文档,扩展名为 .docx。

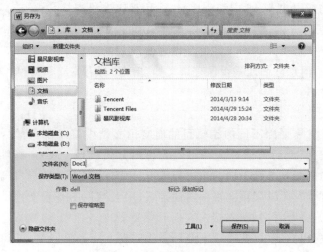

图 4.8  "另存为"对话框

（2）保存已命名的 Word 文档

对于一个已存在的 Word 文档，当对其进行再次编辑后，若不需修改文件名或文件的保存位置，可选择"文件"→"保存"命令，或单击快速访问工具栏中的"保存"按钮，或按【Ctrl + S】组合键，完成原名存盘操作。如果要修改文件保存位置或不想用原文件名或文件类型保存，可打开"另存为"对话框，重新选择保存位置，在"文件名"下拉列表框中输入新的文件名，在"保存类型"下拉列表框中选择一种新类型，单击"保存"按钮完成已有文件的另存操作。

（3）保存为其他格式的文档

Word 默认的文档格式类型是 . docx，该类文件不能被其他软件所使用。为了便于不同软件之间传递文档，Word 允许用户以其他格式保存文档，常用的有 RTF 和 HTML 格式文件。RTF 是多种软件之间通用的文本格式，而 HTML（超文本置标语言）格式是用于制作 Web 页的格式。通过"保存类型"下拉列表框可实现文档不同格式的保存。

（4）修改文档自动保存的时间间隔

Word 允许用"自动恢复"功能定期保存文档的临时副本，以保护所做的工作。选择"文件"→"选项"命令，打开"Word 选项"对话框，在该对话框的左侧选择"保存"选项，如图 4.9 所示。在右侧选中"保存自动恢复信息时间间隔"复选框，在"分钟"微调框中输入时间间隔，以决定 Word 保存文档的频繁程度。Word 保存文档越频繁，在打开 Word 文档时出现断电或类似问题的情况下，能够恢复的信息就越多。

图 4.9 "Word 选项"对话框

（5）在关闭文档时保存

当关闭一个 Word 文档或退出 Word 应用程序时，应用程序先检查该文件是否已经保存，如果打开的文件已经保存并且未变更文件内容，就会直接关闭该文件。如果要关闭的文件曾经做过修改却尚未保存，便会打开图 4.10 所示的消息框询问是否保存该文档，单击"保存"按钮，就会保存修改过的文档。

图 4.10 关闭 Word 文档时的提示信息

### 4.2.2 文档的视图方式

在文档编辑过程中，常常需要因不同的编辑目的而突出文档中某一部分的内容，以便能更有效地编辑文档，此时可通过选择不同的视图方式实现。Word 提供了 5 种文档视图方式，这些视图有自己不同的作用和优点，用户可以用最适合自己的视图方式来显示文档。例如，可以用页面视图实现排版，用大纲视图查看文档结构等。不管选用什么视图方式查看文档，文档内容是不会变化的。

若要选择不同的文档视图方式，可使用以下两种方法实现。一是单击 Word 窗口右下方的视图切换区中的不同视图按钮；二是单击"视图"选项卡"文档视图"选

◎基础知识/视图方式

项组中的按钮选择所需的视图方式。

**1. 页面视图**

页面视图是一种常用的文档视图，在进行文本输入和编辑时常常采用该视图方式，它按照文档的打印效果显示文档，可以更好地显示排版格式，适用于总览整个文章的总体效果，查看文档的打印外观，并可以显示出页面大小、布局，编辑页眉和页脚，查看、调整页边距，处理分栏及图形对象。

在页面视图下，页与页之间使用空白区域区分上下页，以便于文档的编辑。为方便阅读，可将页与页之间的空白区域隐藏起来。具体方法为：将鼠标指针移动到页与页之间的空白区域，双击即可将空白区域隐藏起来；同理，若要将空白区域显示出来，也可将鼠标指针移动到页与页的连接部分，双击，空白区域可再次显示。

**2. 阅读版式视图**

该视图方式最适合阅读长篇文章，阅读版式将原来的文档编辑区缩小，而文字大小保持不变。如果文章较长，它会自动分成多屏。在阅读版式视图下，Word 会将"文件"选项卡和功能区等窗口元素隐藏起来，以便扩大显示区域，方便用户进行审阅和批注。在阅读版式视图中，单击"关闭"按钮或按【Esc】键即可关闭阅读版式视图方式，返回文档之前所处的视图方式。

**3. Web 版式视图**

Web 版式视图可以预览具有网页效果的文本。在该视图下，编辑窗口将显示得更大，并自动换行以适应窗口。该视图比较适合发送电子邮件和浏览与制作网页。此外，在这种视图下，文本的显示方式与浏览器的效果保持一致，便于用户进行进一步的调整。

**4. 大纲视图**

在大纲视图中能查看、修改或创建文档的大纲，突出文档的框架结构。在该视图中，可以通过拖动标题来移动、复制和重新组织文本，因此特别适合编辑含有大量章节的长文档。在查看时可以通过折叠文档来隐藏正文内容，而只显示文档中的各级标题和章节目录等，或者展开文档以查看所有的正文。在大纲视图中不显示页边距、页眉和页脚、图片和背景。

**5. 草稿**

草稿主要用于查看草稿形式的文档，便于快速编辑文本。在草稿视图中可以输入、编辑和设置文本格式，但不显示页边距、页眉和页脚、背景、图形对象以及没有设置为"嵌入型"环绕方式的图片。该视图功能简单，适合编辑内容、格式简单的文档。在草稿视图下，上下页面的空白区域转换为虚线。

**6. 打印预览**

在打印之前，可以使用"打印预览"功能对文档的实际打印效果进行预览，避免打印完成后才发现错误。在这种视图方式下，可以设置显示方式，调整显示比例。使用打印预览功能查看文档的具体操作步骤为：选择"文件"→"打印"命令，此时出现的最右侧窗格即为预览区，拖动滚动条即可预览其他页面。再次单击"文件"选项卡，或单击其他选项卡即可退出打印预览方式。

**7. 拆分**

在编辑文档时，有时需要在文档的不同部分进行操作，若使用拖动滚动条的方法会很麻烦，这时可以使用 Word 提供的拆分窗口的方法。拆分窗口就是将文档窗口一分为二变成两个窗格，两个窗格中显示的是同一个文档中的不同内容部分。这样就可以很方便地对同一个文档中的前后内容进行编辑操作了。具体步骤为：单击"视图"选项卡"窗口"选项组中的"拆分"按钮，此时鼠标指针变成一条横线，移动鼠标，确定窗口拆分的位置，然后单击即可将当前的文档窗口拆分为两个窗格。若要取消拆分状态，只需要单击"窗口"选项组中的"取消拆分"按钮即可。

**8. 并排查看**

在同时打开两个 Word 文档后，通过单击"视图"选项卡"窗口"选项组中的"并排查看"按钮，可以让两个文档窗口左右并排打开，尤其方便的是，这两个并排窗口可以同步上下滚动，非常适合文档的比较和编辑。

### 4.2.3　文本的选定及操作

**1. 插入点的移动**

在开始编辑文本之前，应首先找到要编辑的文本位置，这就需要移动插入点。插入点的位置指示着将要插入文字或图形的位置,以及各种编辑修改命令生效的位置。移动插入点指将光标指针移动到插入点位置后单击,出现闪烁的"I"光标,然后从此位置可以进行编辑。

**2. 文本的选定**

(1)在文本区选定

在文本区进行选定操作有多种方法:

① 按住鼠标左键不放,在文本区进行拖动,可以直观、自由地选定文本区中的文字。另外,Word 还提供了一种当鼠标指针指向工作区上下边缘时自动滚动文档的功能,这使拖动鼠标选定文本的范围更大。

② 在文本区的某个位置单击,选定一个起始点,然后拖动滚动条,再按住【Shift】键并单击另一位置,位于两位置点之间的文字即被选定。

③ Word 2010 支持多个不连续文本的选定。首先选中一个文本区,然后按住【Ctrl】键的同时再选中另外一块文本区,即可实现不连续文本的选定。

④ 先按住【Alt】键,再用鼠标拖动到所选文本的末端,可以选定一个列块(矩形区域)。

(2)在选定栏选定

选定栏位于行前页边距外,鼠标指针呈反箭头 ⇗ 形状时进行拖动,可以选定任意多行文本;也可以在选定栏处双击,选定一个段落,或三击选定整个文档。

(3)利用命令选定

单击"开始"选项卡"编辑"选项组中的"选择"按钮,在打开的下拉菜单中选择"全选"命令,或按【Ctrl + A】组合键均可选定所有文本内容。

**3. 删除和剪切文本**

(1)删除文本

选定要删除的内容,然后按【Delete】键即可删除所选内容。

(2)剪切文本

选定文本后,可用以下 3 种方法完成剪切操作:

① 单击"开始"选项卡"剪贴板"选项组中的"剪切"按钮。

② 右击被选定文本,在弹出的快捷菜单中选择"剪切"命令。

③ 按【Ctrl + X】组合键。

---

注意:

　　删除文本和剪切文本从表面上看产生的效果是一样的,都清除了选定的内容。但实际上两者有实质性区别,删除文本是把文本内容彻底删除掉,而剪切文本是把选定内容移动到剪贴板中。

---

**4. 复制文本**

要复制文本,首先应选中文本,然后使用下列方法进行复制:

① 单击"开始"选项卡"剪贴板"选项组中的"复制"按钮。

② 右击选定的文本,在弹出的快捷菜单中选择"复制"命令。

③ 按【Ctrl + C】组合键。

使用上述任何一种方法,都能将选中的文本内容复制到剪贴板中。

**5. 粘贴文本**

粘贴文本的操作实质上是将剪贴板中的内容插入到光标所在的位置,这就要求剪贴板中必须有要粘贴的内容。因此,剪切、复制和粘贴操作常组合在一起使用。

粘贴的内容出现在光标所在的位置,而原先光标后面的内容自动后移。将光标移动到要粘贴的位置,用下列方法之一进行粘贴:

① 单击"开始"选项卡"剪贴板"选项组中的"粘贴"按钮。

② 按【Ctrl + V】组合键。

③ 右击选定的文本,在弹出的快捷菜单中选择"粘贴选项"下的 3 个不同选项。其中,"保留源格式"表示粘贴后的内容保留原始内容的格式;"合并格式"表示粘贴后的内容保留原始内容的格式,并合并目标位置的格式;"只保留文本"表示粘贴后的内容不具有任何格式设置,只保留文本内容。

#### 6. Office 2010 剪贴板

Windows 剪贴板只能保留最近一次剪切或复制的信息,而 Office 2010 提供的剪贴板在 Word 中以任务窗格的形式出现,它具有可视性,允许用户存放 24 个复制或剪切的内容,当复制第 25 项内容时,原来第一项的内容将被清除出剪贴板;而且在 Office 系列软件中,剪贴板信息是共用的,可以在 Office 文档内或其他程序之间进行更复杂的复制和移动操作,例如可以从"画图"程序中选择图形的一部分进行复制,然后粘贴到 Word 文档中。

单击"开始"选项卡"剪贴板"选项组右下角的按钮 ,打开"剪贴板"任务窗格,如图 4.11 所示。单击"全部粘贴"按钮,剪贴板中的内容将从下至上全部粘贴到当前光标所在位置处。单击"全部清空"按钮,可以将剪贴板中的内容全部清空。若要粘贴其中的某一项内容,可以在"单击要粘贴的项目"列表框中找到要粘贴的内容,直接单击该项目或单击右侧的下拉按钮,在菜单中选择"粘贴"命令。若要清除一个项目,可单击项目右侧的下拉按钮,在菜单中选择"删除"命令。

#### 7. 移动文本

在文本编辑过程中,常需要移动文本的位置。移动文本可以使用鼠标拖动、功能区按钮和菜单命令 3 种方法。

(1)使用鼠标拖动

鼠标拖动是短距离内移动选定文本的最简洁方法。选定要移动的文本内容,当鼠标指向选定的文本内容后按住鼠标左键进行拖动,当虚线插入点拖动到新位置时,释放鼠标左键,选定的文本内容移动到新位置。

◎基本编辑操作/
段落交换

图 4.11 　"剪贴板"任务窗格

(2)使用功能区按钮

首先选定要移动的文本内容,单击"开始"选项卡"剪贴板"选项组中的"剪切"按钮,然后将插入点设置在新位置上,单击"剪贴板"选项组中的"粘贴"按钮。

(3)使用快捷菜单

选定要移动的文本内容,右击选定的文字并在弹出的快捷菜单中选择"剪切"命令;将插入点设置在新位置并右击,在弹出的快捷菜单中选择"粘贴选项"下的相应选项。

如果要长距离移动选定的文本,使用"剪切"和"粘贴"命令更为方便。

### 4.2.4　文本的查找与替换

Word 2010 的查找和替换功能非常强大,它既可以查找和替换普通文本,也可以查找或替换带有固定格式的文本,还可以查找或替换字符格式、段落标记等特定对象;尤其值得提出的是,它也支持使用通配符(如"Word ＊"或"张?")进行查找。

#### 1. 查找文本

查找是指从当前文档中查找指定的内容,如果查找前没有选取查找范围,Word 认为在整个文档中进行搜索;若要在某一部分文本范围内查找,则必须选定文本范围。

单击"开始"选项卡"编辑"选项组中的"查找"按钮,或按【Ctrl + F】组合键,则在窗口左侧打开"导航"任务窗格,在搜索框中输入需要查找的内容,文档中查找到的内容将突出显示。

也可以使用"高级查找"功能进行查找。查找步骤如下:

① 单击"开始"选项卡"编辑"选项组中的"查找"按钮右侧的下拉按钮,在打开的下拉菜单中选择"高级查找"命令,则打开"查找和替换"对话框,默认显示的是"查找"选项卡,如图 4.12 所示。

② 在"查找内容"文本框中输入要查找的内容,或单击下拉列表框的下拉按钮,选择查找内容。

③ 单击"查找下一处"按钮,完成第一次查找,被查找到的内容突出显示。如果还要继续查找,可单击"查找下一处"按钮继续向下查找。

◎查找替换/
批量删除

### 2. 替换文本

替换文本的步骤如下:

① 按【Ctrl + H】组合键或单击"开始"选项卡"编辑"选项组中的"替换"按钮,则打开图 4.13 所示的"替换"选项卡。

② 在"查找内容"文本框中输入被替换的内容,在"替换为"文本框中输入用来替换的新内容。如果未输入新内容,被替换的内容将被删除。

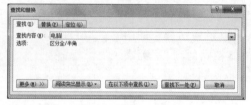

图 4.12 "查找"选项卡

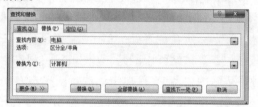

图 4.13 "替换"选项卡

### 3. 设定替换方法

替换方法分为有选择替换和全部替换两种:

① 在"替换"选项卡中,每单击一次"查找下一处"按钮,可找到被替换内容,若想替换则单击"替换"按钮;若不想替换则单击"查找下一处"按钮。利用该方法可以进行有选择的替换。

② 单击"替换"选项卡中的"全部替换"按钮,则将查找到的文本内容全部替换成新文本内容,并弹出消息框显示。

◎查找替换/
部分替换

◎查找替换/
全部替换

### 4. 设置替换选项

若要根据某些条件进行替换,可单击"更多"按钮,打开扩展对话框,显示"搜索选项"选项组,该组中有 10 个复选框,用来限制查找内容的形式,如图 4.14 所示。在该对话框中设置所需的选项。例如,选中"区分大小写"复选框,就会只替换那些大小写与查找内容相符的情况。注意,此时,"更多"按钮被替换为"更少"按钮,单击"更少"按钮可隐藏"搜索选项"选项组。

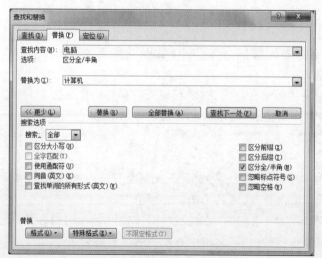

图 4.14 扩展"替换"选项卡

◎查找替换/　　　◎查找替换/　　　◎查找替换/　　　◎查找替换/　　　◎查找替换/
全角半角替换　　　通配符查找替换　　特殊符号　　　　特殊格式查找替换　带格式的查找替换

　　另外，Word 不仅能替换文本内容，还能替换文本格式或某些特殊字符。如将文档中的字体为黑体的"计算机"全部替换为隶书的"计算机"；将"手动换行符"替换为"段落标记"等，这些操作都可以通过图 4.14 中的"格式"按钮和"特殊格式"按钮来完成。

### 4.2.5　公式操作

　　Word 提供了很多内置的公式，用户可以直接选择所需公式将其快速插入到文档中；还提供了"公式工具"选项卡，用户可以根据实际需要输入一些特定的公式并对其进行编辑。

#### 1. 插入公式

　　如果要插入 Word 中内置的公式，可以单击"插入"选项卡"符号"选项组中的"公式"按钮，这时在展开的下拉列表中就列出了 Word 内置的一些公式，如图 4.15 所示，从中选择所需的公式并单击，即可将该公式插入到文档中。

　　若需要输入一个特定的公式，可单击"符号"选项组中"公式"旁的下拉按钮或选择图 4.15 底部的"插入新公式"命令，此时在文档的插入点处将创建一个供用户输入公式的编辑框，且功能区中增加了"公式工具"的"设计"选项卡，如图 4.16 所示，此时即可通过"符号"选项组和"结构"选项组输入公式的内容。

　　"结构"选项组中有许多按钮，每个按钮代表一种类型的公式模板。要输入哪一类公式，只需单击相应类别的模板。例如，要输入同时带有上、下标的公式，则单击▓按钮，在展开的模板中选择合适的样式，这时公式编辑框中就会出现用虚线框起来的对象，用户只需在虚线框中输入内容即可。

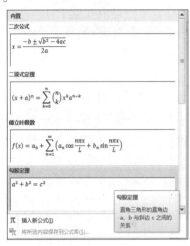

图 4.15　内置公式

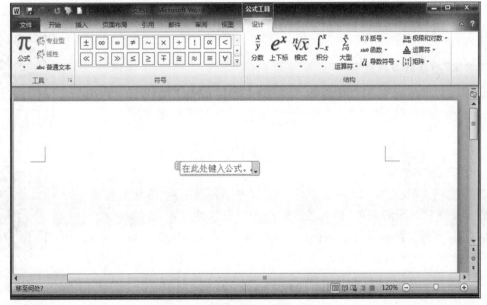

图 4.16　"公式工具"的"设计"选项卡

**2. 编辑公式**

要修改现有的公式,可单击公式,此时插入点定位在公式中,Word 窗口中显示"公式工具"的"设计"选项卡,即可修改公式内容。

如果要修改公式中的字号或对齐方式等选项,可在选中公式后,选择"开始"选项卡"字体"选项组或"段落"选项组中的相应命令可进行修改。

# 4.3 文档的排版

完成文本的基本编辑后就可以对文档进行排版了,即对文档进行外观的设置。在 Word 中对文档的排版包括字符格式的设置、段落格式的设置及页面格式的设置 3 方面。

### 4.3.1 设置字符格式

字符是指作为文本输入的文字、标点符号、数字及各种符号。字符格式设置是指用户对字符的屏幕显示和打印输出形式的设定,包括字符的字体、字号和字形,字符的颜色、下画线、着重号、上下标、删除线、字符间距等。在创建新文档时,Word 按系统默认格式显示,中文字体为宋体、五号字,英文字体为 Times New Roman。用户可根据需要对字符的格式进行重新设置。

**1. 使用"开始"选项卡"字体"选项组中的按钮进行设置**

首先选中需要进行格式设置的文本,然后单击"开始"选项卡,在"字体"组使用相应的命令按钮进行格式的设置。

(1)设置字体、字号和字形

单击"字体"下拉列表框的下拉按钮,在打开的下拉列表中可选择所需字体。单击"字号"下拉列表框的下拉按钮,在打开的下拉列表中可选择所需的字号。

分别单击"加粗"按钮 **B**、"倾斜"按钮 *I* 和"下画线"按钮 **U**,可对选定字符设置加粗、倾斜、增加下画线等字形格式,还可单击"下画线"按钮旁的下拉按钮,在打开的下拉列表中选择下画线线型。

◎字体格式/
字体·字号·字形

(2)设置字符的修饰效果

① 单击"字体颜色"按钮 **A** 旁的下拉按钮,在打开的下拉列表中可以设置选定字符的颜色。

② 单击"字符边框"按钮 **A**、"字符底纹" **A** 按钮,可设置或撤销字符的边框、底纹格式。

③ 利用"文本效果"按钮 **A** 可以设定字符的外观效果,如发光、阴影或映像等。

④ 为突出显示文本,可将字符设置为看上去像用荧光笔标记过一样。单击"以不同颜色突出显示文本"按钮 旁的下拉按钮,在打开的下拉列表中可选择一种突出显示的颜色。

**2. 使用"字体"对话框进行设置**

选中需要设置字符格式的文本并右击,在弹出的快捷菜单中选择"字体"命令,或选中文本后单击"开始"选项卡"字体"选项组中右下角的按钮 ,都可以打开"字体"对话框。

单击"字体"选项卡(见图 4.17(a)),可设置字符的字体、字号、字形、颜色,以及"删除线""上标""下标"等修饰效果。

◎字体格式/
字符间距

单击"高级"选项卡(见图 4.17(b)),从中可以设置字符的间距、缩放或位置。字符间距是指两个字符之间的距离,缩放是指缩小或扩大字符的宽、高的比例,当缩放值为 100% 时,字的宽高为系统默认值(字体不同,字的宽高比也不同);当缩放值大于 100% 时为扁形字;当缩放值小于 100% 时为长形字。在"开始"选项卡"段落"选项组中单击"中文版式"按钮 ,在其下拉菜单中选择"字符缩放"命令,也可对字符进行缩放设置。

◎字体格式/
颜色和底纹

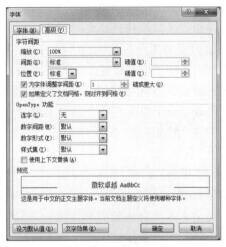

（a）"字体"选项卡　　　　　　　　　　　　　（b）"高级"选项卡

图 4.17　"字体"对话框

单击"字体"对话框下面的"文字效果"按钮还可以设置文字的动态效果。

### 4.3.2　设置段落格式

Word 中的段落是由一个或几个自然段构成的。在输入一段文字后按【Shift + Enter】组合键,产生一个"↓"符号,称为"手动换行符",此时形成的是一个自然段。如果输入一段文字后按【Enter】键,产生一个↵符号,那么这段文字就形成一个段落,该符号称为段落标记。段落标记不仅标识一个段落的结束,还存储了该段落的格式信息。

段落格式设置通常包括:对齐方式、行距和段间距、缩进方式、边框和底纹等的设置。

段落格式的设置方法主要有如下 3 种:

① 使用标尺进行粗略设置。通过这种方法可以设置段落的缩进和制表位。

② 利用"开始"选项卡中的"段落"组进行设置,可以设置水平对齐方式(包括左对齐▤、居中▤、右对齐▤、两端对齐▤、分散对齐▤)、缩进(包括减少缩进量▤、增加缩进量▤)、编号▤ ▾、项目符号▤ ▾和多级列表▤ ▾等。

③ 对于段落格式的精确设置,需要单击"开始"选项卡"段落"选项组右下角的按钮▣,在打开的"段落"对话框(见图 4.18)中完成。

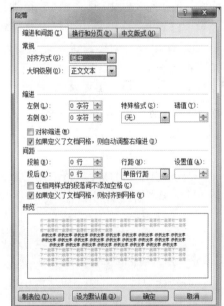

图 4.18　"段落"对话框

**1. 设置水平对齐方式**

Word 提供了 5 种段落水平对齐方式:左对齐、居中、右对齐、两端对齐和分散对齐。默认情况下是两端对齐。

① 左对齐:使正文沿页面的左边对齐,采用这种对齐方式 Word 不调整一行内文字的间距,所以右边界处的文字可能产生锯齿。

② 两端对齐:使正文沿页的左、右边界对齐,Word 会自动调整每一行内文字的间距,使其均匀分布在左右边界之间,但最后一行是靠左边界对齐。

③ 居中:段落中的每一行文字都居中显示,常用于标题或表格内容的设置。

④ 右对齐:使正文的每行文字沿右边界对齐,包括最后一行。

⑤ 分散对齐:正文沿页面的左、右边界在一行中均匀分布,最后一行也分散充满一行。

◎段落格式/
对齐方式

单击"段落"对话框的"缩进和间距"选项卡,在"对齐方式"下拉列表框中可以选择不同的对齐方式。

**2. 设置垂直对齐方式**

垂直对齐方式决定了段落相对于上或下页边界的位置,一个段落在垂直方向上的对齐方式为顶端对齐、居中、两端对齐和底端对齐 4 种方式。要改变一个段落在垂直方向上的对齐方式,可以单击"页面布局"选项卡"页面设置"选项组右下角的按钮 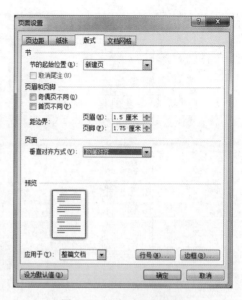 ,打开"页面设置"对话框,在"版式"选项卡的"垂直对齐方式"下拉列表框中进行选择,如图 4.19 所示。

图 4.19 "版式"选项卡

**3. 设置段落缩进**

所谓缩进就是文本与页面边界的距离。段落有以下几种缩进方式:首行缩进、悬挂缩进和左、右缩进。所谓首行缩进是指段落的第一行相对于段落的左边界缩进,如最常见的文本段落格式就是首行缩进两个汉字的宽度;悬挂缩进是指段落的第一行不缩进,而其他行则相对缩进。左右缩进是指段落的左右边界相对于左右页边距进行缩进。

设置段落缩进的具体方法为:

① 打开"段落"对话框,选择"缩进和间距"选项卡可设置缩进方式。其中,"缩进"选项组中的"左侧"和"右侧"微调框用于设置整个段落的左、右缩进值。在"特殊格式"下拉列表框中,可选择"首行缩进"或"悬挂缩进"选项,在"磅值"微调框中可精确设置缩进量。

② 使用标尺调整缩进。要调整段落的首行缩进值,可在标尺上拖动"首行缩进"标记;要调整整个段落的左缩进值,可以在标尺上拖动"左缩进"标记;要调整整个段落的右缩进值,可以在标尺上拖动"右缩进"标记。在拖动有关标记时,如果按住【Alt】键则可以看到精确的标尺读数。

◎段落格式/
特殊格式

◎段落格式/
缩进

**4. 设置段落间距**

段落间距是指两个段落之间的距离。要调整段落间距,首先选择要调整间距的段落,然后在"段落"对话框中选择"缩进和间距"选项卡,在"段前"和"段后"微调框中分别设置段前和段后间距。

**5. 设置行距**

所谓行距是指段落内部行与行之间的距离。要调整行间距,首先选择要调整行间距的段落,然后单击"段落"对话框中的"缩进和间距"选项卡(见图 4.18),在"行距"下拉列表框中选择一种行间距。

需要注意的是,行距中的"最小值"是系统给定的一个值,用户不能改变。要想随意设置行间距,应使用"固定值",并在"设置值"微调框中输入行距值。

◎段落格式/
段前段后间距

◎段落格式/
行距

**注意：**

在设置好字符或段落的格式后，可以使用格式刷将设置好的格式快速复制到其他字符或段落中，需要注意格式刷复制的不是文本的内容而是字符或段落的格式。使用格式刷的操作步骤如下：

① 选定要复制格式的文本，或把光标定位在要复制格式的段落中。

② 单击"开始"选项卡"剪贴板"选项组中的"格式刷"按钮，此时鼠标指针变成刷子状。

③ 用格式刷选定需要应用格式的文本，被刷子刷过的文本格式替换为复制的格式。

采用上述方法只能将格式复制一次，双击"格式刷"按钮则可以多次应用格式刷，如果要结束使用格式刷可再次单击"格式刷"按钮。

### 4.3.3　设置页面格式

页面设置的内容包括设置纸张大小，页面的上下左右边距、装订线，文字排列方向，每页行数和每行字符数，页码、页眉页脚等内容。这些设置是打印文档之前必须要做的工作，可以使用默认的页面设置，也可以根据需要重新设置或随时进行修改。设置页面既可以在文档的输入之前，也可以在输入的过程中或文档输入之后进行。

**1. 设置纸张**

默认情况下，Word 创建的文档是纵向排列的，用户可以根据需要调整纸张的大小和方向。

单击"页面布局"选项卡"页面设置"选项组中的"纸张方向"按钮，可在打开的下拉列表中选择"纵向"或"横向"。

单击"纸张大小"下拉按钮，其下拉列表中列出了系统自带的标准的纸张尺寸，可从中选择打印纸型，如 A4 纸。另外，用户还可以对标准纸型进行微调，具体方法为：在"纸张大小"下拉列表中选择"其他页面大小"命令，或单击"页面设置"选项组右下角的按钮，均可弹出"页面设置"对话框，在"纸张"选项卡中选择一种纸张尺寸，"宽度"和"高度"微调框中即显示出纸张的尺寸，单击"宽度"和"高度"微调框右侧的按钮可进行调整，如图 4.20 所示。

**2. 设置页边距**

在"页面设置"对话框中选择"页边距"选项卡（见图 4.21），在"页边距"选项组的"上""下""左""右"微调框中分别输入页边距的值；在"纸张方向"选项组中选择"纵向"或"横向"以确定文档页面的方向；如果打印后需要装订，则在"装订线"微调框中输入装订线的宽度，在"装订线位置"下拉列表框中选择装订线的位置。单击"确定"按钮完成页边距的设置。

◎ 页面设置/
标准纸张大小

◎ 页面设置/
自定义纸张大小

◎ 页面设置/
页边距·装订线·
纸张方向

图 4.20　"纸张"选项卡

图 4.21　"页边距"选项卡

**3. 设置页版式**

在"页面设置"对话框中选择"版式"选项卡(见图 4.19),在该选项卡中可以对包括节、页眉与页脚的位置等进行设置。

① 文档版式的作用单位是"节",每一节中的文档具有相同的页边距、页面格式、页眉/页脚等版式设置。在"节的起始位置"下拉列表框中选择当前节的起始位置。

② 在"页眉和页脚"选项组中选中"奇偶页不同"复选框,则可在奇数页和偶数页上设置不同的页眉/页脚。选中"首页不同"复选框,可以使节或文档首页的页眉或页脚与其他页的页眉或页脚不同。可以在"页眉"或"页脚"微调框中输入页眉距纸张边界的距离或页脚距纸张边界的距离。

**4. 设置文档网格**

在"页面设置"对话框中选择"文档网格"选项卡(见图 4.22),可设置文字排列的方向、分栏数、每页行数和每行字符数。

在"网格"选项组中选择一种网格。各选项的含义如下:

① 只指定行网格:用于设定每页中的行数。在"每页"微调框中输入行数,或者在"跨度"微调框中输入跨度的值。

② 指定行和字符网格:同时设定每页的行数及每行的字符数。

③ 文字对齐字符网格:输入每页的行数和每行的字符数后,Word 严格按照输入的数值设置页面。

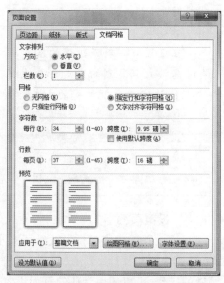

图 4.22 "文档网格"选项卡

**4.3.4 文档页面修饰**

**1. 分节与分栏**

**(1)分节**

默认情况下,文档中每个页面的版式或格式都是相同的,若要改变文档中一个或多个页面的版式或格式,则可以使用分节符来实现。使用分节符可以将整篇文档分为若干节,每一节可以单独设置版式,例如页眉、页脚、页边距等,从而使文档的编辑排版更加灵活。

单击"页面布局"选项卡"页面设置"选项组中的"分隔符"按钮,打开图 4.23 所示的"分隔符"下拉列表。"分节符"列表中有 4 种分节符选项,选择一种分节符类型,即可完成插入分节符的操作。

◎ 页面设置/
文档网格

◎ 段落格式/
分栏

分节符定义了文档中格式发生更改的位置。若要查看插入的分节符,可选择"草稿"视图,此时可看到在原插入点位置插入了一条双虚线分节符。若要删除某分节符,可在草稿视图下选择要删除的分节符,按【Delete】键。删除该分节符将会同时删除该分节符之前的文本的格式。

**(2)分栏**

如果要使文档具有类似于报纸的分栏效果,就要用到 Word 的分栏功能。每一栏就是一节,可以对每一栏单独进行格式化和版面设计。在分栏的文档中,文字是逐栏排列的,填满一栏后才转到下一栏。

要把文档分栏,必须切换到页面视图方式。在页面视图方式下选定要分栏的文本,单击"页面布局"选项卡"页面设置"选项组的"分栏"按钮,在其下拉列表中列出了各种分栏的形式,如"两栏""三栏"等,选择"更多分栏"命令可打开"分栏"对话框,如图 4.24(a)所示,在该对话框中可选择分栏形式,也可以在"栏数"微调框内直接指定栏数,最多 11 栏,最后单击"确定"按钮,两栏分栏的

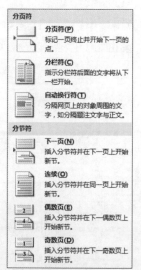

图 4.23 "分隔符"下拉列表

效果如图 4.24(b)所示。

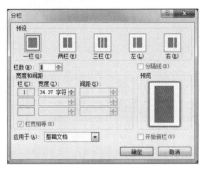

（a）"分栏"对话框　　　　　　　　　　　　　　（b）分栏效果

图 4.24　分栏

### 2. 页眉与页脚

页眉和页脚通常用于显示文档的附加信息,例如日期、时间、发文的文件号、章节名、文件的总页数及当前为第几页等。其中,页眉被打印在页面的顶部,而页脚被打印在页面的底部。页眉和页脚属于版式的范畴,文档的每个节可以单独设计页眉和页脚。只有页面视图方式下才能看到页眉和页脚的效果。

（1）添加页眉和页脚

在"插入"选项卡的"页眉和页脚"选项组中单击"页眉"或"页脚"按钮,在其下拉列表中列出了 Word 内置的页眉或页脚模板,用户可在其中选择合适的页眉或页脚样式,也可以选择"编辑页眉"或"编辑页脚"命令,根据需要进行编辑。此时,页面的顶部和底部将各出现一条虚线,其中,顶部的虚线处为页眉区域,底部为页脚区域,与此同时将打开"页眉和页脚工具"的"设计"选项卡,如图 4.25 所示。用户可在页眉或页脚区域输入相应内容,也可通过"插入"选项组中的各个命令按钮插入相应的内容,例如日期和时间、图片等。

◎ 页眉页脚/插入页眉页脚及格式设置

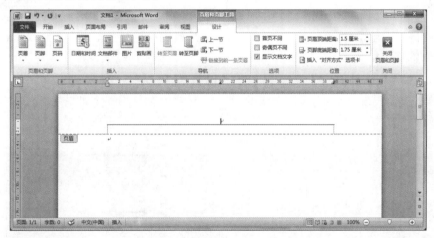

图 4.25　"页眉和页脚工具"的"设计"选项卡

单击"设计"选项卡"导航"选项组中的"转至页脚"或"转至页眉"按钮,可在页眉与页脚之间进行切换。编辑完成后,双击正文中的任意位置或单击"关闭"组中的"关闭页眉和页脚"按钮即可返回文档正文。

（2）页眉和页脚格式的设置

① 设置对齐方式。默认情况下,在页眉或页脚中输入的文本或图形总是左对齐的,如果要使文本或图形居中或者居右,可在"页眉和页脚工具"的"设计"选项卡中,单击"位置"选项组中的"插入'对齐方式'选项卡"按钮,此时,将打开"对齐制表位"对话框,在"对齐方式"选项组中进行选择即可,如图 4.26 所示。

◎页眉页脚/页眉页脚的
编辑及版式设置

图 4.26　"对齐制表位"对话框

② 为文档设置多个不同的页眉和页脚。一般情况下，Word 中的每一页都显示相同的页眉和页脚。但是，有时用户需要对不同的页面使用不同的页眉和页脚，例如首页需要设置一种页眉和页脚，其他页使用另外的页眉和页脚；或在奇数页和偶数页上分别使用不同的页眉和页脚；或在不同节中使用不同的页眉和页脚。具体操作步骤如下：

a. 打开文档，在"插入"选项卡"页眉和页脚"选项组中单击"页眉"按钮，并在打开的下拉列表中选择"编辑页眉"命令。

b. 在"页眉和页脚工具"的"设计"选项卡"选项"选项组中可按需要选中"首页不同"或"奇偶页不同"复选框。

c. 此时文档的首页将出现"首页页眉""首页页脚"编辑区，相应的，奇数页和偶数页上也出现了"奇数页页眉""奇数页页脚""偶数页页眉""偶数页页脚"等编辑区域，单击该区域，即可创建不同的页眉或页脚。

d. 单击"关闭"选项组中的"关闭页眉和页脚"按钮，即可返回文档编辑状态。

**3. 页码**

当文档中包含多个页面时，往往需要插入页码。具体操作步骤如下：单击"插入"选项卡"页眉和页脚"选项组中的"页码"按钮，将打开图 4.27 所示的下拉菜单，在该菜单中指定页码出现的位置，并在其右侧显示的浏览库中选择所需的页码样式，即可插入页码。

◎页眉页脚/
插入页码

若要对页码的格式进行设置，例如指定起始页码的编号或编号的格式等，可选择图 4.27 中的"设置页码格式"命令，此时将打开"页码格式"对话框，如图 4.28 所示。通常，页码的编号为阿拉伯数字，若要修改编号的格式，可以在"编号格式"下拉列表框中选择一种数字格式，如 a,b,c,…、Ⅰ,Ⅱ,Ⅲ,…等。默认情况下，文档的页码都从 1 开始编号的，用户可以通过"起始页码"微调框指定所需的页码编号。

若要删除页码，选择图 4.27 中的"删除页码"命令即可。

图 4.27　"页码"下拉菜单

图 4.28　"页码格式"对话框

**4. 首字下沉和悬挂**

首字下沉就是将文章开头的第一个字符放大数倍，并以下沉或悬挂的方式显示，其实质是将段落的第一个字符转换为图形。设置首字下沉和悬挂的操作步骤如下：

① 将插入点置于需要首字下沉或悬挂的段落中,该段落必须包含文字。

② 单击"插入"选项卡"文本"选项组中的"首字下沉"按钮。

③ 在打开的下拉列表中选择下沉方式,如"无""下沉""悬挂",选择"首字下沉选项"命令,可打开"首字下沉"对话框,如图 4.29 所示。在该对话框中可设置下沉字的字体、下沉的行数和下沉字距正文的间距,单击"确定"按钮即可完成首字下沉的设置。

◎段落格式/
首字下沉

图 4.29 "首字下沉"对话框

### 5. 项目符号与编号

项目符号是指在文档中的并列内容前添加的统一符号,而编号是指为具有层次区分的段落添加的号码,通常编号是连续的号码。在各段落之前添加项目符号或编号,可以使文档的条理更加清晰,层次更加分明。

为了使文本更易修改,建议段落前的编号或项目符号不应作为文本输入,而应使用 Word 自动设置项目符号和段落编号的功能。这样,在已编号的列表中添加、删除或重排列表项目时,Word 会自动更新编号。

(1)为已有文本添加项目符号或编号

首先选定需要添加项目符号或编号的段落,然后在"开始"选项卡"段落"选项组中单击"项目符号"按钮 ≡ 或"编号"按钮 ≡ 右侧的下拉按钮,可在打开的下拉列表中选择不同的项目符号或编号样式,即可看到所选段落前都添加了所选的项目符号或编号。

(2)自定义项目符号和编号

除了使用系统自动提供的项目符号和编号样式外,还可以对项目符号和编号的样式进行自定义。具体操作步骤:在"开始"选项卡"段落"选项组中单击"项目符号"按钮 ≡ ▼ 或"编号"按钮 ≡ ▼ 右侧的下拉按钮,在打开的下拉列表中选择"定义新项目符号"或"定义新编号格式"命令,将分别弹出"定义新项目符号"对话框或"定义新编号格式"对话框,如图 4.30 和图 4.31 所示。

图 4.30 "定义新项目符号"对话框

图 4.31 "定义新编号格式"对话框

在图 4.30 中可单击"符号"或"图片"按钮,选择适合的自定义项目符号,单击"确定"按钮,即可将所选图片或字符作为项目符号添加到所选段落之前。

在图 4.31 中的"编号样式"下拉列表框中选择一种编号样式,然后在"编号格式"文本框中进行修改,修改完成后单击"确定"按钮,即可将新的编号样式添加到所选段落之前。

### 4.3.5　样式和模板的使用

样式和模板是 Word 中最重要的排版工具。应用样式可以直接将文字和段落设置成事先定义好的格式;应用模板可以轻松制作出精美的传真、信函、会议等文件。

**1. 样式**

样式是一组命名的特定格式的集合,它规定了正文和段落等的格式。段落样式可应用于整个文档,包括字体、行间距、缩进方式、对齐方式、边框、编号等。字符样式可应用于任何文字,包括字体、字号、字形和修饰效果等。

（1）新建样式

样式是由多个格式排版命令组合而成的。新建样式的操作步骤如下:

① 选中要建立样式的文本,单击"开始"选项卡中"样式"选项组右下角的按钮 ,打开"样式"任务窗格,如图 4.32 所示。

② 单击"新样式"按钮 ,打开"根据格式设置创建新样式"对话框,如图 4.33 所示。在"属性"选项组中进行样式属性设置;在"格式"选项组中设置该样式的文字格式。

③ 单击"格式"按钮,在打开的下拉菜单中选择任一命令均可打开一个对话框。如选择"段落"命令,打开"段落"对话框,在对话框中可进行对齐方式、行间距等格式的设置,完成设置后单击"确定"按钮,样式的设置结果将显示在预览框中,单击"确定"按钮即可完成新样式的创建。

图 4.32　"样式"任务窗格

④ 选中文本按照新建样式的要求显示在文档中,而且新建样式名也会自动添加到"样式"选项组和"样式"任务窗格的列表框中。

（2）应用样式

样式创建好后,即可将其应用于文档中的其他段落或字符。操作步骤:首先选中需要应用样式的段落或字符,然后在"开始"选项卡"样式"选项组中单击新建的样式名,或者打开"样式"任务窗格,在样式列表框中单击新建的样式名。此时被选定的段落或字符就会自动按照样式中定义的属性进行格式化。

（3）编辑样式

样式创建好后,可根据需要对不符合要求的样式进行修改。修改样式的操作步骤如下:

① 单击"开始"选项卡中"样式"选项组右下角的按钮 ,打开"样式"任务窗格。

② 在样式列表框中,将鼠标指针置于需要修改的样式上,单击其右侧的下拉按钮▼,在打开的下拉菜单中选择"修改"命令,打开"修改样式"对话框,如图 4.34 所示。

图 4.33　"根据格式设置创建新样式"对话框

图 4.34　"修改样式"对话框

③ 在"修改样式"对话框中修改样式,完成后单击"确定"按钮即可。

（4）删除样式

对于不再需要的自定义样式,可进行删除。单击"开始"选项卡"样式"选项组右下角的按钮,打开"样式"任务窗格。右击需要删除的样式名,在弹出的快捷菜单中选择"删除"命令,在打开的提示框中单击"是"按钮,即可将该样式删除。

**2. 模板**

模板实际上是某种文档的模型,是一类特殊的文档。每个文档都是基于模板建立的,用户在打开 Word 时就启动了模板,该模板是 Word 自动提供的普通模板,即 Normal 模板。模板文件的扩展名为 .dotx。除了可以使用系统内置的模板外,用户也可根据需要创建自己的模板。

（1）创建模板

完成样式创建后,即可利用文档创建模板,具体操作步骤如下:

① 打开作为模板的文档,选择"文件"→"另存为"命令,打开"另存为"对话框。

② 在"保存类型"下拉列表框中选择"Word 模板"选项,在"文件名"下拉列表框中输入模板的名字,在"保存位置"下拉列表框中选择保存位置。

③ 单击"保存"按钮,即可完成模板的创建。

（2）使用模板

模板创建好后,即可创建基于该模板的文档。操作步骤如下:

① 选择"文件"→"选项"命令,打开"Word 选项"对话框,如图 4.35 所示。

图 4.35　"Word 选项"对话框

② 选择左侧列表中的"加载项"选项,在右侧"管理"下拉列表框中选择"模板"选项,单击"转到"按钮,打开"模板和加载项"对话框,如图 4.36 所示。

③ 单击"选用"按钮,打开"选用模板"对话框,如图 4.37 所示。选中要应用的模板文件,单击"打开"按钮,返回到"模板和加载项"对话框。此时,在"文档模板"文本框中将显示添加的模板文件名和路径。

图 4.36　"模板和加载项"对话框

图 4.37　"选用模板"对话框

④ 选中"自动更新文档样式"复选框,单击"确定"按钮,即可将此模板的样式应用于文档。

# 4.4 表格处理

制表是文字处理软件的主要功能之一。利用 Word 提供的制表功能,可以创建、编辑、格式化复杂表格,也可以对表格内数据进行排序、统计等操作,还可以将表格转换成各类统计图表。

## 4.4.1 表格的创建

Word 中不论表格的形式如何,都是以行和列排列信息,行、列交叉处称为单元格,是输入信息的地方。在文档中要创建一个表格有以下 4 种方法。

◎ 表格/
插入表格

### 1. 使用"插入表格"命令创建表格

操作步骤如下:

① 将插入点置于要插入表格的位置。

② 在"插入"选项卡的"表格"选项组中,单击"表格"按钮,打开图 4.38 所示的"表格"下拉菜单,选择"插入表格"命令,打开图 4.39 所示的"插入表格"对话框。

图 4.38 "表格"下拉菜单

图 4.39 "插入表格"对话框

③ 在"表格尺寸"选项组的"列数"和"行数"微调框中指定表格的列数和行数。在"'自动调整'操作"选项组中,可对表格的尺寸进行调整,选中"固定列宽"单选按钮,则可由用户指定每列的列宽;若选中"根据内容调整表格"单选按钮,表示列宽自动适应内容的宽度;选中"根据窗口调整表格"单选按钮,则表示表格宽度总是与页面的宽度相同,列宽等于页面宽度除以列数。

④ 单击"确定"按钮,则创建了一个指定行列数的表格。图 4.40 所示为创建的 7 列 5 行的表格。

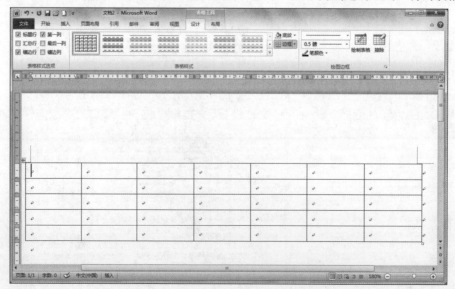

图 4.40 利用"插入表格"命令创建的表格

**2. 使用快速表格模板插入表格**

操作步骤如下：

① 把插入点置于文档中要插入表格的位置。

② 在"插入"选项卡的"表格"选项组中，单击"表格"按钮，打开如图 4.38 所示的"表格"下拉菜单。

③ 将鼠标指向第一个网格，然后向右下方移动鼠标，鼠标掠过的网格被全部选中，并在网格顶部显示被选中的行数和列数，如图 4.41 所示，同时在文档中的插入点处可预览到所插入的表格，单击即可完成表格的插入。

**3. 使用"快速表格"命令创建表格**

Word 提供了预先设置好格式的表格模板库，可从中选择一种表格样式进行创建。操作步骤如下：

① 将插入点置于要插入表格的位置。

② 在图 4.38 所示的"表格"下拉菜单中选择"快速表格"命令，在打开的内置表格样式列表中选择需要的模板（见图 4.42），可在当前文档中插入表格，该表格中包含示例数据和特定的样式。

③ 将表格中的数据替换为所需数据。

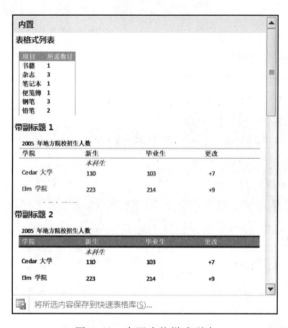

图 4.41　快速创建表格　　　　　图 4.42　内置表格样式列表

**4. 使用"绘制表格"命令建立表格**

通常，若需要制作不规则的表格，往往是先创建一个规则的表格，再对其进行单元格的拆分或合并等操作。除此之外，还可以利用 Word 提供的"绘制表格"命令，像用铅笔作图一样随意地绘制复杂的表格。具体操作步骤如下：

① 将插入点置于要插入表格的位置。

② 在图 4.38 所示的下拉菜单中选择"绘制表格"命令，鼠标指针变为铅笔状 ✐。

③ 按住鼠标左键拖动，就可以在文档中任意绘制表格线，例如要表示表格的外围框线，可用鼠标拖动绘制出一个矩形；在需要绘制行的位置按住鼠标左键横向拖动，即可绘制出表格的行，纵向拖动鼠标可绘制表格的列。

④ 若要删除某条框线，可使用"擦除"命令。选择"表格工具"的"设计"选项卡，在"绘图边框"选项组中单击"擦除"钮，鼠标指针变为橡皮状。将鼠标指针移动到要擦除的框线上单击，即可删除该框线。图 4.43 所示为使用"绘制表格"命令制作的不规则表格。

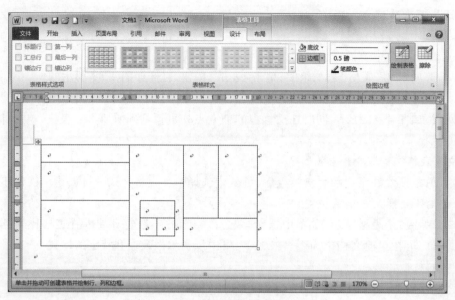

图 4.43　不规则表格

### 4.4.2　表格的调整

通常不可能一次就创建出符合要求的表格,此时需要对表格的结构进行适当调整。表格调整包括单元格、行、列的选定,行、列的插入与删除,行高与列宽的设置,单元格的合并与拆分,表格的合并与拆分等。

**1. 单元格、行或列的选择**

要对表格进行操作,首先要选定操作的单元格、行或列。可使用鼠标快速选中,也可利用"表格工具"的"布局"选项卡中的命令实现。

(1)利用鼠标进行选择

① 选择单元格。每个单元格左侧都有选定栏,当把光标移动到该选定栏时鼠标指针将变为指向右上方的黑色粗箭头 ,此时单击即可将该单元格选中。

② 选择行。把鼠标移动到该行的左侧选定栏时,鼠标指针变为空心箭头,此时单击即可将该行选中,若拖动鼠标则可选中多行。

③ 选择列。将鼠标指向该列的顶端边界线上时,鼠标指针将变为向下的黑色粗箭头 ,此时单击即可选中该列,若拖动鼠标则可选中多列。

④ 选定多个不连续的单元格、行或列。首先选中所需的第一个单元格、行或列,按住【Ctrl】键,再单击其他单元格、行或列即可。

⑤ 选择整个表格。当鼠标指针停留在表格上时,单击表格左上角的表格移动图柄 ,即可将该表格选中。

(2)使用"表格工具"的"布局"选项卡

将鼠标指针移动到表格中的某一个单元格,选择"表格工具"的"布局"选项卡,单击"表"组中的"选择"按钮,打开图 4.44 所示的下拉菜单,从中可分别选择相应的命令完成单元格、行、列或表格的选定。

图 4.44　"选择"下拉菜单

**2. 单元格、行或列的插入与删除**

(1)单元格、行或列的插入

首先在表格中需要添加单元格、行或列的位置处设置插入点,然后选择"表格工具"的"布局"选项卡,单击"行和列"选项组右下角的按钮 ,打开"插入单元格"对话框,如图 4.45 所示。从中选择一个选项,确定插入的为行、列或单元格,单击"确定"按钮。注意,新插入的行位于当前行的上方,新插入的列位于当前列的左侧。

◎表格/

插入、删除行和列

另外,还可以利用"行和列"选项组中的"在上方插入"、"在下方插入"确定插入的新行的位置,利用"在左方插入"、"在右方插入"确定插入的新列的位置。

若要在表格的最后插入一行,还可单击表格的最后一行的最后一个单元格,然后按【Tab】键,或将插入点移到最后一行的回车符后,按【Enter】键。

（2）单元格、行或列的删除

① 选定要删除的单元格、行或列。

② 在"表格工具"的"布局"选项卡中,单击"行和列"选项组中的"删除"按钮,打开图 4.46 所示的下拉菜单,从中选择"删除行"或"删除列"命令即可将选中的行或列删除。

③ 若删除的是单元格,操作与删除行或列有所不同。若选择"删除单元格"命令,将打开"删除单元格"对话框,如图 4.47 所示。"右侧单元格左移"表示选中的单元格将会被删除,同时该行剩余的单元格向左移;"下方单元格上移"表示该列剩余的单元格向上移动。选择相应选项后单击"确定"按钮即可。

图 4.45　"插入单元格"对话框　　　　图 4.46　"删除"下拉菜单　　　　图 4.47　"删除单元格"对话框

（3）表格的删除

将插入点置于要删除的表格中,在图 4.46 中选择"删除表格"命令,即可将表格删除。或选中表格,按【Backspace】键也可将表格删除。需注意的是,若按【Delete】键则将表格中的内容清除,而并不删除表格本身。

**3. 行高和列宽的调整**

创建表格时,若用户没有指定行高和列宽,则均使用默认值,用户可根据需要进行调整,具体操作步骤如下:

（1）用鼠标拖动调整行高与列宽

如果要调整行高,可将鼠标指针停留在要更改其高度的行边线上,当指针变为 ⬍ 形状时,按住鼠标左键拖动边框到所需行高,释放鼠标即可。

◎ 表格/
设置行高列宽

如果要调整列宽,可将鼠标指针停留在要更改其列宽的列边线上,当指针变为 ↔ 形状时,按住鼠标左键拖动边框到所需列宽,释放鼠标即可。

对于调整列宽,不同的操作会产生不同的结果:

① 直接拖动:只改变拖动列边界相邻两列的宽度,其余的列宽不变,表的总宽度不变。

② 按住【Ctrl】键拖动:只改变拖动边界左边的列宽,其余各列列宽不变,表的总宽度不变。

③ 按住【Shift】键拖动:表的总宽度不变,拖动边界时,右面各列自动调整列宽。

④ 按住【Ctrl + Shift】组合键拖动:表的总宽度不变,右面各列均等宽。

（2）使用对话框设置具体的行高与列宽

操作步骤如下:

① 选中要改变行高的行或要改变列宽的列。

② 在"表格工具"的"布局"选项卡中,单击"表"选项组中的"属性"按钮,或单击"单元格大小"组右下角的按钮 ▣ ,均可打开"表格属性"对话框。

③ 单击"行"选项卡,设置行的高度,如图 4.48(a)所示。在"指定高度"微调框中输入所需值,在"行高值是"下拉列表框中选择"固定值"选项。若需要设置其他行的高度,可单击"下一行"命令按钮。

④ 单击"列"选项卡,调整列的宽度。在"指定宽度"微调框中输入所需值,如图 4.48(b)所示。设置完成后,可单击"后一列"按钮继续设置其他列的列宽,完成后单击"确定"按钮。

（a）"行"选项卡

（b）"列"选项卡

图 4.48　"表格属性"对话框

（3）自动调整表格尺寸

选择"表格工具"的"布局"选项卡,单击"单元格大小"选项组中的"自动调整"按钮,打开图 4.49 所示的下拉菜单,从中可选择"根据内容自动调整表格"和"根据窗口自动调整表格"命令来实现表格的自动调整。单击"单元格大小"组中的"分布行""分布列"按钮可实现平均分配各行、各列。

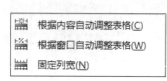
图 4.49　"自动调整"下拉菜单

**4. 表格的合并与拆分**

要将一个表格一分为二,首先需要选中要成为第二个表格首行的那一行,然后选择"表格工具"的"布局"选项卡,单击"合并"选项组中的"拆分表格"按钮,原表格则被拆分为两个表格,两表格之间有一个空行相隔。

若要将两个表格合并为一个表格,只要将两个表格之间的空行删除即可。

**5. 单元格的拆分与合并**

若要拆分单元格,首先选中要拆分的一个或多个单元格,然后选择"表格工具"的"布局"选项卡,单击"合并"选项组中的"拆分单元格"按钮,打开"拆分单元格"对话框(见图 4.50),从中选择要拆分的行数及列数,单击"确定"按钮完成单元格的拆分。

若要合并单元格,首先需选择希望合并的单元格(至少有两个),然后选择"表格工具"下的"布局"选项卡,单击"合并"选项组中的"合并单元格"按钮,所选的几个单元格将合并成为一个单元格。

◎ 表格/
　合并拆分单元格

**4.4.3 表格的编辑**

表格制作完成后,即可在表格的单元格中输入数据,如文本、图形或其他表格等。

图 4.50　"拆分单元格"对话框

**1. 数据的输入**

表格中的每个单元格都相当于一个小文档,因此在单元格中输入数据的方法与之前介绍的在文档中的操作方法类似。

在输入之前,应先定位插入点,即将鼠标置于表格中需要输入数据的位置。移动插入点的方法有:

（1）直接在需要输入数据的单元格内单击。

（2）按【Tab】键可将插入点从当前单元格移动到后一个单元格;按【Shift + Tab】组合键将插入点从当前单元格移动到前一个单元格。

**2. 文本的移动、复制和删除**

如果要移动表格中的内容,首先选定要移动的内容,然后在选定区域按住鼠标左键拖动到新位置后释放鼠标即可;如果要复制选定内容,可在按住【Ctrl】键的同时将选定内容拖动到新位置。另外,还可以利用剪切、复制和粘贴命令进行移动和复制,其操作方法与在文档中的操作相同。

若要删除表格中的内容,可先选中要删除的内容,然后按【Delete】键即可。

**3. 设置文本格式**

可对选定的单元格、行或列中的文本进行格式化,如字体、字号、字形的设置等,其设置方法与一般的字符格式化方法类似。表格中文本的对齐方式包括水平对齐方式和垂直对齐方式两种。默认情况下,表格文本的对齐方式为靠上两端对齐。水平对齐方式的设置与段落的对齐方式相同,垂直对齐方式的设置方法如下:

◎表格/单元格与表格的对齐方式

首先选中需要设置对齐方式的单元格、行或列,然后选择"表格工具"的"布局"选项卡,单击"表"选项组中的"属性"按钮,在打开的"表格属性"对话框中选择"单元格"选项卡,从中可设置垂直对齐方式。

除此之外,还可利用"表格工具"的"布局"选项卡进行设置,"对齐方式"选项组中列出了相应的对齐方式按钮,如"水平居中",表示文字在单元格内水平和垂直方向均居中。

选中需要设置对齐方式的单元格、行或列并右击,在弹出的快捷菜单中选择"单元格对齐方式"命令,在其级联菜单中也可设置文本的对齐方式。

### 4.4.4　表格的格式化

**1. 表格套用样式**

Word 提供了表格样式库,可将一些预定义的外观格式应用到表格中,从而使表格的排版变得方便、轻松。将光标置于表格中任意位置,选择"表格工具"的"设计"选项卡,单击"表格样式"选项组的下拉按钮,在打开的下拉列表的"内置"区域显示了各种的表格样式供用户挑选,从中选择一种即可套用表格样式。

◎表格/表格样式

**2. 表格的边框和底纹**

(1)边框

默认情况下,表格的边框(包括每个单元格的边框)为黑色、0.5 磅、细实线。如果是 Web 网页,表格默认是没有边框的。

例如,要将表格的外边框线设置为红色、0.75 磅双实线,内部框线不变,添加边框的操作步骤如下:

① 选择整个表格。

② 右击表格,在弹出的快捷菜单中选择"边框和底纹"命令,打开"边框和底纹"对话框。或选择"表格工具"的"设计"选项卡,单击"绘图边框"组右下角的按钮 ,也可打开"边框和底纹"对话框。

◎表格/
表格线的设置

③ 选择"边框"选项卡,在"设置"选项组中,单击"自定义"按钮,在"样式"列表框中选择线型为双实线,在"颜色"下拉列表框中为线条颜色选择红色,在"宽度"下拉列表框中设置线条宽度为 0.75 磅,在"预览"选项组中分别双击 、 、 、 4 个按钮,即只将外边框线设置为所选线条的样式、颜色和宽度,如图 4.51 所示。

④ 单击"确定"按钮。

如果要取消边框,可在图 4.51 中单击"设置"选项组中的"无"按钮,表格或单元格的边框将被取消。

此外,还可以利用"表格工具"的"设计"选项卡添加边框。方法为:选中表格或需要添加边框的单元格,然后选择"表格工具"的"设计"选项卡,在"绘图边框"选项组中设置绘图笔的样式、宽度和颜色,单击"表格样式"选项组中的"边框"下拉按钮,在打开的下拉列表中可对不同位置的框线分别进行设置。

（2）底纹

所谓底纹,实际上就是用指定的图案和颜色去填充表格或单元格的背景。例如,要为表格的第一行添加底纹颜色为"白色,背景1,深色15%",添加图案样式为"浅色下斜线"、红色,设置方法为:

① 选中第一行。

② 右击选中的行,在弹出的快捷菜单中选择"边框和底纹"命令,打开"边框和底纹"对话框。或选择"表格工具"的"设计"选项卡,单击"绘图边框"选项组右下角的按钮,也可打开"边框和底纹"对话框。

◎ 表格/底纹设置

③ 选择"底纹"选项卡,在"填充"下拉列表框中选择填充的颜色为"白色,背景1,深色15%";在"图案"选项组中的"样式"下拉列表框中选择"浅色下斜线",在"颜色"下拉列表框中选择标准色红色,如图4.52所示。

图 4.51　"边框"选项卡

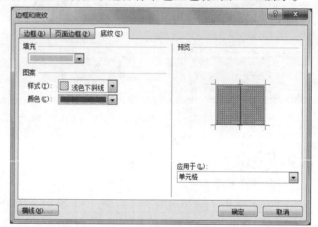

图 4.52　"底纹"选项卡

④ 单击"确定"按钮。添加完边框和底纹的表格效果如图4.53所示。

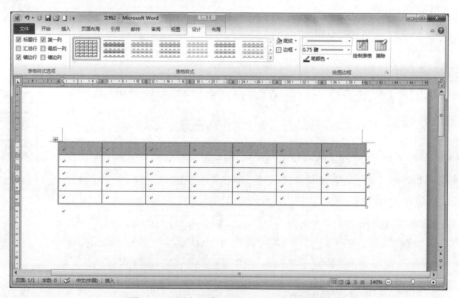

图 4.53　添加边框和底纹后的表格效果

### 3. 设置表格的对齐方式和环绕方式

通过设置表格的对齐方式和环绕方式,可将表格放置于文档中的适当位置。具体操作步骤如下:

① 将插入点移动到表格中的任意单元格。

② 选择"表格工具"的"布局"选项卡,单击"表"选项组中的"属性"按钮,弹出"表格属性"对话框。

③ 选择"表格"选项卡,在该选项卡中可对表格的对齐方式和文字环绕方式进行设置。如果是左对齐,

还可以在"左缩进"微调框中输入缩进量。

④ 单击"定位"按钮,打开"表格定位"对话框,如图4.54所示,在该对话框中可对表格的具体位置进行设置。

⑤ 单击"确定"按钮完成表格的定位设置,返回"表格属性"对话框,再次单击"确定"按钮完成表格的对齐和环绕方式的设置。

**4. 设置斜线表头**

首先将插入点置于要绘制斜线表头的单元格内,选择"表格工具"的"设计"选项卡,在"表格样式"选项组中单击"边框"下拉按钮,在打开的下拉菜单中选择"斜下框线"命令,即可在该单元格内显示斜线,然后在单元格中输入文本,并对文本进行格式设置,使其成为斜线表头中的行标题和列标题。

**5. 设置表格内的文字方向**

图 4.54　"表格定位"对话框

默认情况下,表格中的文字都是沿水平方向显示的。要改变文字方向,可选中需要改变方向的单元格并右击,在打开的快捷菜单中选择"文字方向"命令,打开"文字方向-表格单元格"对话框,如图4.55所示。在"方向"选项组中选择一种文字方向,单击"确定"按钮。

除此之外,选择"表格工具"的"布局"选项卡,单击"对齐方式"选项组中的"文字方向"按钮,也可更改所选单元格内文字的方向,多次单击该按钮可切换各个可用的方向。

**6. 重复表格标题**

当表格很长时,可能会跨越几页,若希望每一页的续表中包含前一页表中的标题行,可按以下步骤操作:

① 选中表格中需要重复的标题行(可为一行或多行,应包含第一行)。

② 选择"表格工具"的"布局"选项卡,单击"数据"选项组中的"重复标题行"按钮即可。

若要取消重复的标题行,可再次单击"数据"选项组中的"重复标题行"按钮。

图 4.55　"文字方向-表格单元格"对话框

### 4.4.5　表格和文本的互换

表格转换在文本编辑中经常使用。有时需要将文本转换成表格,以便说明一些问题;或将表格转换成文本,以增加文档的可读性及条理性。

**1. 文本转换成表格**

将文本转换为表格时,首先要在文本中添加逗号、制表符或其他分隔符来把文本分行、分列。一般情况下,建议使用制表符来分列,使用段落标记来分行。文本转换成表格的操作步骤如下:

① 选择要转换的文本。

② 选择"插入"选项卡,单击"表格"选项组中的"表格"按钮,在打开的下拉菜单中选择"文本转换成表格"命令,打开"将文字转换成表格"对话框,如图4.56所示。

③ Word会自动检测出文本中的分隔符,并计算出表格的列数。当然,也可以重新指定一种分隔符,或者重新指定表格的列数。

④ 设置完毕后单击"确定"按钮。

**2. 表格转换成文本**

表格转换成文本的操作步骤如下:

① 选择需要转换成文本的整个表格或部分单元格。

② 选择"表格工具"的"布局"选项卡,单击"数据"选项组中的"转换为文本"按钮,打开"表格转换成文

◎表格/
表格与文字的转换

本"对话框,如图 4.57 所示。

图 4.56  "将文字转换成表格"对话框

图 4.57  "表格转换成文本"对话框

③ 在"文字分隔符"选项组内指定一种分隔符,作为替代列边框的分隔符,例如段落标记、制表符、逗号或其他符号,单击"确定"按钮。

### 4.4.6  表格数据的计算

利用 Word 提供的表格计算功能,可以对表格中的数据进行一些简单的运算,例如求和、求平均值、求最大值、最小值等操作,从而可方便、快捷地得到计算结果。需要注意的是,对于需要进行复杂计算的表格,应使用 Excel 电子表格来实现。

下面以图 4.58 所示的成绩表格中的数据计算为例进行说明。

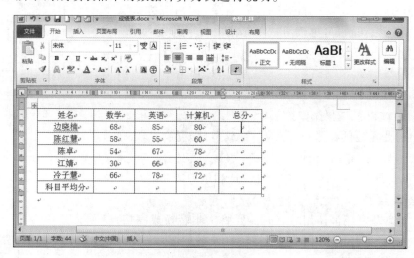

图 4.58  成绩表格

**1. 求和**

若需要在"总分"列填充每个学生 3 科成绩的总和,操作步骤如下:

① 将插入点置于总分列的第 1 个单元格中。

② 选择"表格工具"的"布局"选项卡,单击"数据"选项组中的"公式"按钮,打开"公式"对话框,如图 4.59(a)所示。

◎表格/
求和与求均值

③ 在该对话框中,"公式"文本框用于设置计算所用的公式,"编号格式"下拉列表框用于设置计算结果的数字格式,"粘贴函数"下拉列表框中列出了 Word 中提供的函数。在"公式"文本框中的"=SUM(LEFT)",表示对插入点左边的单元格中的各项数据求和。

④ 单击"确定"按钮,即可将计算结果填充到当前单元格中。

⑤ 将插入点置于总分列的第二个单元格,再次打开"公式"对话框,这时"公式"文本框中显示"=SUM(ABOVE)",将其中的"ABOVE"更改为"LEFT"后单击"确定"按钮。

对该列中的其他单元格重复上述步骤,即可完成数据的求和计算。

（a）求和　　　　　　　　　　　　　　（b）求平均值

图 4.59　"公式"对话框

**2. 求平均值**

若要在"科目平均分"行填充每门科目的平均分,操作步骤如下:

① 将插入点置于需要放置计算结果的单元格中。

② 选择"表格工具"的"布局"选项卡,单击"数据"选项组中的"公式"按钮,打开"公式"对话框。

③ 将"公式"文本框中的公式删除,在"粘贴函数"下拉列表框中选择"AVERAGE",然后在括号中输入"ABOVE",表示对插入点上方的单元格中的数据进行计算,在"编号格式"下拉列表框中选择"0.00",表示小数点后保留两位数字,如图 4.59(b) 所示。

④ 单击"确定"按钮,即可将计算结果填充到当前单元格中。

对该行中的其他单元格重复上述步骤,即可完成数据的求平均值计算。

完成数据计算后的表格如图 4.60 所示。

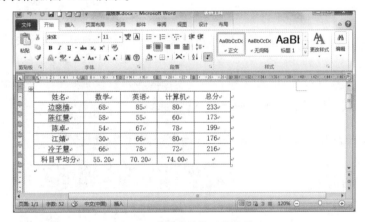

图 4.60　完成计算后的表格

**3. 排序**

在 Word 中,可按照升序或降序把表格中的内容按照笔画、数字、拼音及日期等进行排序。例如若要对成绩表中的数据按照"总分"列进行降序排列,具体操作步骤如下:

（1）将插入点置于表格中的任意单元格或"总分"列中的某个单元格中。

（2）选择"表格工具"的"布局"选项卡,单击"数据"选项组中的"排序"按钮,整个表格被选中,并且打开"排序"对话框,如图 4.61 所示。

◎表格/数据排序

图 4.61　"排序"对话框

（3）"主要关键字"下拉列表框用于选择排序的依据,一般为标题行中某个单元格的内容,本例中选择"总分";"类型"下拉列表框用于指定排序依据的值的类型,选择"数字";"升序"和"降序"单选按钮用于选择排序的顺序,这里选中"降序"单选按钮。

（4）单击"确定"按钮,表格中的数据则按设置的排序依据进行重新排列,如图 4.62 所示。

图 4.62　完成排序后的表格

## 4.5　图 文 处 理

Word 虽然是一个文字处理软件,但它同样具有强大的图形处理功能。用户可以在文档的任意位置插入图片、图形、艺术字或文本框等,从而编辑出图文并茂的文档。

### 4.5.1　插入图片

在 Word 文档中插入图片的方法很多,常用的有插入剪贴画,插入来自文件的图片,或用数字扫描仪、数码照相机等获得图片,然后将这些图像文件插入到文档中,也可通过剪贴板在文档中复制图像,还可以插入屏幕截图。图像被插入到文档中后,可以添加各种特殊效果,如三维效果和纹理填充等。

◎ 图文操作/图片/插入图片和剪贴画

**1. 插入剪贴画**

Word 中提供了多种剪贴画,并以不同的主题进行分类。例如,若要使用与"运动"有关的剪贴画,可以选择"运动"主题。在文档中插入剪贴画的具体操作步骤如下:

① 将插入点置于要插入剪贴画的位置。

② 单击"插入"选项卡"插图"选项组中的"剪贴画"按钮,打开"剪贴画"任务窗格。

③ 在"搜索文字"文本框中输入一种主题,例如"运动",单击"搜索"按钮,片刻后,系统中有关运动的剪贴画都以缩略图的方式显示出来,如图 4.63 所示。

④ 单击所需的剪贴画,则该剪贴画即插入到了当前光标所在位置。

**2. 插入来自文件的图片**

除剪贴画外,还可在文档中插入来自图形图像文件的图片,如 .jpg、.wmf、.bmp 等文件。插入来自文件的图片的操作步骤如下:

① 将插入点置于要插入图片的位置。

② 单击"插入"选项卡"插图"选项组中的"图片"按钮,打开"插入图片"对话框,如图 4.64 所示。

③ 在对话框中选择所需图片文件,单击"插入"按钮,则所选文件中的图片以嵌入的方式插入到文档中。

如果单击"插入"按钮右侧的下拉按钮▼,在弹出的下拉菜单中选择"链接到文件"命令,Word 将把所选文件中的图片以链接的方式插入到文档中。当该图片文件发生变化时,文档中的图片会随之自动更新。当保存文档时,图片会随文档一起保存。

图 4.63　搜索剪贴画

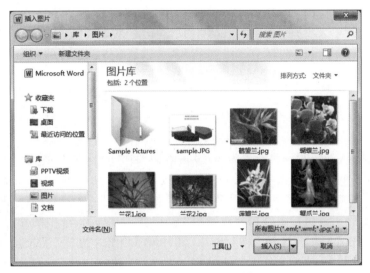

图 4.64　"插入图片"对话框

### 3. 插入屏幕截图

利用'"屏幕截图"功能可以很方便地将活动窗口截取为图片插入到当前正在编辑的 Word 文档中,操作步骤如下:

① 打开要添加屏幕截图的文档并定位插入点。

② 单击"插入"选项卡"插图"选项组中的"屏幕截图"按钮,打开如图 4.65 所示的下拉列表。

③ 若要添加整个窗口,可单击"可用视窗"库中的缩略图,Word 自动截取该窗口图片并插入到文档中。

图 4.65　"屏幕截图"下拉列表

④ 若要添加窗口的一部分区域,可选择"屏幕剪辑"命令,当指针变成十字时,按住鼠标左键拖动以选择要捕获的屏幕区域;释放鼠标后,该区域图片则插入到文档中。

### 4. 利用剪贴板插入图片

可以将存放于剪贴板中的图片粘贴到当前文档中,操作步骤如下:

① 利用"剪切"或"复制"命令将其他应用程序制作的图片放入剪贴板中,如可将"画图"软件中制作的图片复制或剪切到剪贴板,然后使用"粘贴"命令粘贴到当前文档中。

② 按【PrtSc】键可将整个屏幕窗口的内容复制到剪贴板中,或按【Alt + PrtSc】组合键将当前活动窗口的内容复制到剪贴板中,然后使用"粘贴"命令粘贴到当前文档中。

### 4.5.2　图片的编辑

插入到文档中的图片可进行编辑修改,如调整大小、裁剪、样式、位置、文字环绕等。

### 1. 调整图片大小

调整图片大小的方法有两种:一种是通过鼠标拖动来调整;另一种是通过"布局"对话框进行精确设置。

(1)通过鼠标调整图片的大小和形状

具体方法为:单击图片可将图片选中,此时图片上会出现 8 个控点。将鼠标指

◎图文混排/
图片大小

针放在其中一个控点上，按住鼠标左键并拖动，直至得到所需要的形状和大小。

（2）通过"布局"对话框进行精确设置

操作步骤如下：

① 选定需要调整的图片。

② 选择"图片工具"的"格式"选项卡，单击"大小"选项组右下角的按钮，或者右击图片，在弹出的快捷菜单中选择"大小和位置"命令，均可打开"布局"对话框的"大小"选项卡，如图 4.66 所示。

③ 在"高度"和"宽度"选项组中输入具体数值以设置图片的高度和宽度；在"缩放"选项组中设置图片的高度与宽度的比例。如果选中"锁定纵横比"复选框，图片的尺寸将按比例调整。如果要恢复图片的原始尺寸，可单击"重置"按钮。

④ 设置完毕后，单击"确定"按钮。

**2. 设置图片的格式**

可将插入的图片快速设置为 Word 内置的图片样式，方法为：选中图片，单击"图片工具"的"格式"选项卡"图片样式"选项组中"快速样式"下拉按钮，在打开的下拉列表中选择所需的图片外观样式，如金属框架、矩形投影等。

除此之外，还可以根据需要设置图片的格式。方法为：选中图片，选择"图片工具"的"格式"选项卡，在"图片样式"组中单击"图片边框"下拉按钮，可设置图片轮廓的颜色、宽度和线型；单击"图片效果"下拉按钮，可对图片应用视觉效果，如发光、映像等；单击"图片版式"下拉按钮，可将图片转换为 SmartArt 图形。

◎ 图文混排/边框与
轮廓/边框设置

单击"图片样式"组右下角的按钮，可打开图 4.67 所示的"设置图片格式"对话框，从中也可对图片进行各种设置。

图 4.66  "大小"选项卡

图 4.67  "设置图片格式"对话框

**3. 调整图片的显示效果**

选中图片，选择"图片工具"的"格式"选项卡，利用"调整"组中的命令按钮可对图片的亮度、对比度、颜色、艺术效果等进行设置。具体操作步骤如下：

① 单击需要设置的图片。

② 单击"颜色"下拉按钮，可设置图片的饱和度和色调。

③ 单击"更正"下拉按钮，可设置图片的锐化和柔化以及亮度和对比度等。

④ 单击"艺术效果"下拉按钮，可将艺术效果应用到图片中，使其看上去像油画或草图。

**4. 图片的裁剪与删除**

若只需要图片的一部分，则可利用"裁剪"功能将多余部分隐藏起来。具体步骤为：

◎ 图文操作/
图片/裁剪图片

① 选中图片。

② 选择"图片工具"的"格式"选项卡,单击"大小"选项组中的"裁剪"下拉按钮,在打开的下拉菜单中选择"裁剪"命令,图片边缘出现 8 个裁剪控制手柄,拖动其到适合的位置后释放鼠标,再单击文档的其他位置,完成图片的裁剪。

需要注意的是,虽然对图片进行了裁剪,但裁剪部分只是被隐藏而已,它仍将作为图片文件的一部分保留。若需要删除图片文件中的裁剪部分,可利用"压缩图片"命令完成。删除图片裁剪区域的操作步骤如下:

① 选中裁剪后的图片。

② 选择"图片工具"的"格式"选项卡,单击"调整"选项组中的"压缩图片"按钮,打开"压缩图片"对话框,如图 4.68 所示。

③ 在"压缩选项"选项组中,选中"删除图片的剪裁区域"复选框,然后单击"确定"按钮。

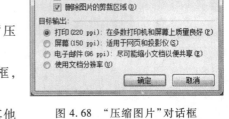

图 4.68　"压缩图片"对话框

删除图片的裁剪部分后不仅可以减小文件大小,还有助于防止其他人查看已删除的图片部分。值得注意的是,此操作是不可撤销的。因此,只有在确定已经进行所需的全部裁剪和更改后,才能执行此操作。

**5. 设置图片的文字环绕方式和位置**

文字环绕方式是指图片周围的文字分布情况。图片在文档中的存放方式分为嵌入式和浮动式,嵌入式指图片位于文本中,可随文本一起移动及设定格式,但图片本身不能自由移动;浮动式使文字环绕在图片四周或将图片浮于文字上方等,图片在页面上可以自由移动,但当图片移动时周围文字的位置将发生变化。

◎ 图文混排/
自动换行

◎ 图文混排/
位置

默认情况下,插入到文档内的图片为嵌入式,可根据需要对其环绕方式和位置进行修改。操作步骤如下:

① 选中图片。

② 选择"图片工具"的"格式"选项卡,单击"排列"选项组中的"自动换行"下拉按钮,在打开的下拉菜单中可设置图片与文字的环绕方式,如四周型环绕、上下型环绕等,选择"其他布局选项"命令,可打开"布局"对话框的"文字环绕"选项卡,如图 4.69(a)所示,除文字环绕方式外,还可设置图片距正文的距离。

③ 单击"排列"选项组中的"位置"下拉按钮,在打开的下拉列表中可对图片在文档中的位置进行设置,如顶端居左、中间居中等,选择"其他布局选项"命令,可打开"布局"对话框的"位置"选项卡,如图 4.69(b)所示,从中可设置图片在水平和垂直方向的对齐方式和具体位置。

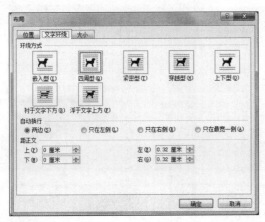
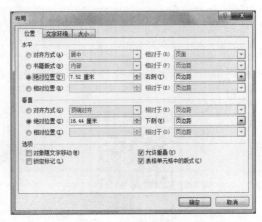

（a）"文字环绕"选项卡　　　　　　　　（b）"位置"选项卡

图 4.69　"布局"对话框

### 4.5.3 绘制自选图形

**1. 插入自选图形**

Word 中可用的形状包括线条、基本几何形状、箭头、公式形状、流程图、星与旗帜、标注,利用这些形状可以组合成更复杂的形状。插入自选图形的步骤如下:

① 选择"插入"选项卡,单击"插图"选项组中的"形状"按钮,在打开的下拉列表中列出了各种形状。

② 选择所需图形,鼠标指针变为十字形,在文档中单击即可将所选图形插入到文档中,或按住鼠标左键并拖动,释放鼠标后即可绘制出所选图形。

③ 如需要连续插入多个相同的形状,可在所需图形上右击,在弹出的快捷菜单中选择"锁定绘图模式"命令,即可在文档中连续单击插入多个所选形状。绘制完成后按下【Esc】键可取消插入。

◎ 图文操作/
形状/插入形状

**2. 图形的编辑**

(1)图形的选择

对画好的图形进行操作,首先要选择图形。常用的方法有如下几种:

① 对于单个图形,只需把鼠标指针移动到图形中单击即可。

② 如果要同时选中多个图形,可先按住【Shift】键,再用鼠标依次单击每个图形。

③ 选择"绘图工具"的"格式"选项卡,单击"排列"选项组中的"选择窗格"按钮,可打开"选择和可见性"窗格,单击其中需要选中的形状名称即可选中该图形。若按住【Ctrl】键,再依次单击每个图形名称,即可同时选中多个图形。

◎ 图文操作/形状/添加和编辑文字

选中一个或多个图形后,可以对其进行拖动、调整大小、剪切、复制、粘贴等操作。

(2)调整图形的大小和旋转角度

调整图形的方法与调整图片的大小的方法类似,也可通过"布局"对话框进行设置,区别在于当选中图形时,功能区上显示"绘图工具"的"格式"选项卡,而选中图片时,功能区上显示"图片工具"的"格式"选项卡。

选中图形,选择"绘图工具"的"格式"选项卡,单击"大小"选项组的右下角的按钮,打开"布局"对话框,在"大小"选项卡中即可设置图形的高度和宽度。另外,在"大小"选项组的"形状高度"和"形状宽度"微调框中也可设置图形的高度和宽度。

单击"排列"选项组中的"旋转"按钮,在其下拉菜单中可对图片进行旋转和翻转的设置,例如"向左旋转90°"可完成图形的逆时针旋转 90°,而"向右旋转 90°"为顺时针旋转 90°的操作,选择"其他旋转选项"命令,可打开"布局"对话框的"大小"选项卡,在"旋转"微调框中可进行任意角度的旋转设置。

(3)设置图形的格式

选择"绘图工具"的"格式"选项卡,单击"形状样式"选项组右下角的按钮,可打开"设置形状格式"对话框,如图 4.70 所示,从中可对图形的填充效果、线条颜色、线型等格式进行设置。

◎ 图文混排/
形状填充

图 4.70 "设置形状格式"对话框

（4）多个图形对象的编辑

当文档中有多个图形对象时，为了使页面整齐，也使图文混排变得容易方便，需要进行图形对象的组合、对齐和层次调整等操作。

① 组合和取消组合。

- 组合图形：如果要把几个图形组合成一个整体进行操作，首先要用上述方法选中一组图形，然后选择"绘图工具"的"格式"选项卡，单击"排列"选项组中的"组合"按钮，在打开的下拉菜单中选择"组合"命令，这样选中的多个图形就形成了一个图形对象。
- 对组合图形取消组合：选中组合对象，单击"排列"选项组中的"组合"按钮，在打开的下拉菜单中选择"取消组合"命令，即可将组合的图形对象分离为独立的图形。

② 多个图形的对齐方式。

选中一组图形，选择"绘图工具"的"格式"选项卡，单击"排列"选项组中的"对齐"按钮，在打开的下拉菜单中可选择相关的命令，可以安排这组图形的水平对齐方式，如左对齐、居中和右对齐，也可以对垂直对齐方式进行选择，主要有顶端对齐、垂直居中和底端对齐。

③ 多个图形的层次关系。在文档中插入多个图形时，若位置相同会造成重叠。调整重叠图形的前后次序的具体操作方法如下：

- 选中一个图形，选择"绘图工具"的"格式"选项卡，单击"排列"选项组中的"上移一层"按钮和"下移一层"下拉按钮，在打开的下拉菜单中可选择相关的命令对多个图形对象叠放的次序进行调整。
- 对于两个图形，可以选择"置于顶层"和"置于底层"命令，使两个图形处于前后两个层次上。
- 如果是 3 个以上的图形，还涉及中间层的调整，最顶层和最底层可以选择"置于顶层"和"置于底层"命令完成，中间层的操作需选择"上移一层"和"下移一层"命令。

◎ 图文混排/
组合与取消组合

◎ 图文混排/
对象对齐

◎ 图文混排/
叠放次序

### 4.5.4　文本框操作

文本框作为一种图形对象，可用于存放文本或图形。文本框可放置于文档的任意位置，也可以根据需要调整其大小。对文本框内的文字可设置字体、对齐方式等格式，也可对文本框本身设置填充颜色、线条的颜色和线型等格式。

**1. 插入文本框**

文本框有两种类型：横排文本框和竖排文本框。要插入一个空的文本框，操作步骤如下：

① 选择"插入"选项卡，单击"文本"选项组中的"文本框"按钮，在打开的下拉菜单中选择"绘制文本框"命令，则插入横排文本框；若选择"绘制竖排文本框"命令，则可以插入竖排文本框。

◎ 图文操作/文本框/
插入文本框

② 此时鼠标指针变为十字形，按住鼠标左键并拖动至所需大小后释放鼠标，即可绘制所需大小的文本框。

③ 在文本框中输入文字，然后利用"开始"选项卡的"字体"选项组可设置文本框内文字的字体格式，利用"段落"选项组设置文字的对齐方式等。

除了插入空白文本框之外,也可对选中的文本增加文本框,方法为:选定文本,选择"插入"选项卡,单击"文本"选项组中的"文本框"按钮,在打开的下拉菜单中选择"绘制文本框"或"绘制竖排文本框"命令,将自动为选定文本加上文本框。

**2. 文本框的编辑**

(1)文本框的移动与缩放

单击文本框的边框,可将文本框选中,此时若将鼠标停留在文本框的边框上,鼠标指针会变为四向箭头✛形状,表明此时可以移动文本框,拖动鼠标会看到一个虚线轮廓随之移动。释放鼠标,文本框就移动到了一个新位置。选中文本框后,文本框的周围出现 8 个控点。利用控点可以调整文本框的大小。若要精确设置文本框的大小,可选择"绘图工具"的"格式"选项卡,在"大小"选项组中通过"形状高度"和"形状宽度"微调进行调整。

(2)设置文本框的格式

选中文本框,选择"绘图工具"的"格式"选项卡,单击"形状样式"选项组的"形状填充"按钮,在打开的下拉菜单中可设置文本框的填充效果,例如选择"无填充",表示文本框无填充色。单击"形状轮廓"按钮,在打开的下拉菜单中可设置轮廓的线型、颜色和宽度。单击"形状效果"按钮,在打开的下拉列表中可设置文本框的外观效果。

◎图文操作/文本框/
文本框垂直对齐
方式

◎图文操作/文本框/
文本框文字方向

◎图文操作/文本框/
文本框内部边距

另外,单击"形状样式"组右下角的按钮▣,在打开的"设置形状格式"对话框中也可对文本框的格式进行设置。例如,若要将文本框的内部边距均设置为0,可在该对话框中的左侧选择"文本框",在右侧的"内部边距"组中将"左""右""上""下"微调框中的数值分别设置为 0 即可。

(3)设置文本框的文字环绕方式

文本框与其周围的文字之间的环绕方式有嵌入型、四周型、穿越型等。设置文字环绕方式的操作为:选定文本框,选择"绘图工具"的"格式"选项卡,单击"排列"选项组中的"自动换行"按钮,在打开的下拉菜单中选择所需的环绕方式即可。

### 4.5.5 艺术字

艺术字不同于普通文字,它具有很多特殊的效果,本质上也是图形对象。

**1. 插入艺术字**

操作步骤如下:

① 选择"插入"选项卡,单击"文本"选项组中的"艺术字"按钮,在打开的下拉列表中列出了艺术字的样式,如图 4.71 所示。

② 选择一种艺术字样式,则在文档中添加了内容为"请在此放置您的文字"的文本框,删除其中的内容,输入所需文字,然后单击文档的其他位置完成艺术字的插入。图 4.72 所示为在文档中插入的艺术字。

◎图文操作/艺术字/
插入艺术字

**2. 艺术字的编辑**

(1)修改艺术字文本

若插入的艺术字有误,可对其进行修改。单击艺术字,即可进入编辑状态,从而可对其进行修改。

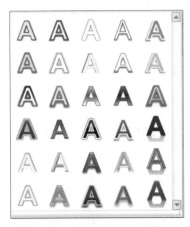

图 4.71 "艺术字样式"下拉列表

图 4.72 文档中插入的艺术字

（2）设置艺术字的字体与字号

选择艺术字，在"开始"选项卡的"字体"选项组中可设置艺术字的"字体""字号"等格式。

（3）修改艺术字样式

选择艺术字，选择"绘图工具"的"格式"选项卡，单击"艺术字样式"选项组中的"快速样式"按钮，在打开的下拉列表中选择所需样式即可。单击"文本填充"按钮，在打开的下拉菜单中可重新设置文本的填充效果；单击"文本轮廓"下拉按钮，可设置文本轮廓线的线型、粗细和

◎图文操作/艺术字/艺术字文本效果

◎图文操作/艺术字/更改艺术字样式

颜色；单击"文本效果"下拉按钮，在打开的下拉列表中可设置艺术字的外观效果，如"发光"、"阴影"等。在"转换"下拉列表中可对艺术字进行形状的设置，如"上弯弧""下弯弧"等，如图 4.73 所示。

（4）设置艺术字文本框的形状样式

选择艺术字，在"绘图工具"的"格式"选项卡中，单击"形状样式"选项组中的下拉按钮，在打开的下拉列表中可选择需要的样式。

除此之外，还可以利用"绘图工具"的"格式"选项卡"形状样式"选项组中的"形状填充""形状轮廓"和"形状效果"按钮分别设置艺术字文本框的填充效果、轮廓线的颜色、线型和宽度以及外观效果等。图 4.74 是为艺术字设置形状样式后的效果，形状填充为纹理中的"水滴"、形状效果为"发光"。

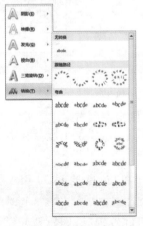

图 4.73 "转换"下拉列表

图 4.74 为艺术字设置形状样式

（5）设置艺术字文本框的大小

单击艺术字，艺术字文本框上会出现 8 个控点，用鼠标拖动控点，可修改艺术字文本框的大小。此外，选择"绘图工具"的"格式"选项卡，在"大小"选项组中修改"形状高度"和"形状宽度"的数值也可修改其大小。

# 第 5 章　电子表格处理软件 Excel 2010

Excel 是一种电子表格处理软件,在 Excel 电子表格中不仅可以输入文本、数据、插入图表及多媒体对象,还能对表格中的大量数据进行处理和分析。

本章将介绍在 Excel 中创建工作簿、工作表的基本操作,图表技术及数据管理和分析功能。

 **学习目标**

- 了解 Excel 的基本知识,包括 Excel 的概念和术语、Excel 的工作环境。
- 掌握 Excel 基本操作,包括数据输入、工作表的编辑与格式化、工作表的管理操作。
- 理解 Excel 的公式和函数,掌握 Excel 公式和函数的操作。
- 掌握 Excel 数据图表操作。
- 理解 Excel 数据管理中的概念,掌握数据排序、数据筛选、分类汇总及数据透视表的操作。

## 5.1　Excel 2010 的基本知识

### 5.1.1　Excel 2010 的基本概念及术语

#### 1. 工作簿

所谓工作簿就是指在 Excel 中用来保存并处理工作数据的文件,它的扩展名是 .xlsx。一个工作簿文件中可以有多张工作表。

#### 2. 工作表

工作簿中的每一张表称为一个工作表。如果把一个工作簿比做一个账本,一张工作表就相当于账本中的一页。每张工作表都有一个名称,显示在工作簿窗口底部的工作表标签上。新建的工作簿文件默认包含 3 张空工作表,其默认的名称为 Sheet1、Sheet2、Sheet3,用户可以根据需要增加或删除工作表。每张工作表由 1 048 576

◎Excel 基本概念/术语

$(2^{20})$ 行和 $16\,384(2^{14})$ 列构成,行的编号在屏幕中自上而下为 $1 \sim 1\,048\,576$,列号则由左到右采用字母 A,B,C,… 表示,当超过 26 列时用两个字母 AA,AB,…,AZ 表示,当超过 256 列时,则用 AAA,AAB,…,XFD 表示作为编号。

#### 3. 单元格

工作表中行、列交叉所围成的方格称为单元格,单元格是工作表的最小单位,也是 Excel 用于保存数据的最小单位。单元格中可以输入各种数据,如一组数字、一个字符串、一个公式,也可以是一个图形或一个声音等。每个单元格都有自己的名称,也叫做单元格地址,该地址由列号和行号构成,例如第 1 列与第 1 行构成的单元格名称为 A1,同理 D2 表示的是第 4 列与第 2 行构成的单元格地址。为了表示不同工作表中的单元格,还可以在单元格地址的前面增加工作表名称,如 Sheet1!A1,Sheet2!C4 等。

### 5.1.2　Excel 2010 窗口的组成

Excel 2010 的工作窗口与 Word 2010 窗口类似,也包括标题栏、快速访问工具栏、"文件"选项卡、功能区、状态栏、工作区、滚动条等,除此之外,还包括 Excel 独有的一些窗口元素,如行标签、列标签、名称框、编辑栏等,如图 5.1 所示。下面简单介绍 Excel 窗口中主要元素的功能。

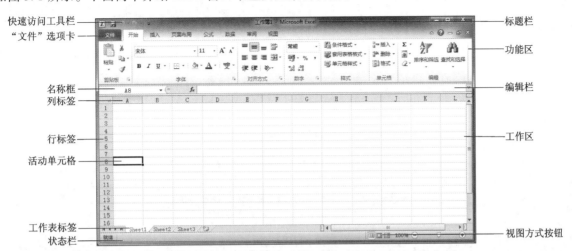

图 5.1　Excel 2010 窗口的组成

### 1. 功能区

Excel 2010 的功能区同样是由选项卡、选项组和一些命令按钮组成的,默认显示的选项卡有"文件""开始""插入""页面布局""公式""数据""审阅"和"视图"。默认打开的是"开始"选项卡,该选项卡包括:"剪贴板""字体""对齐方式""数字""样式""单元格""编辑"等选项组。各个选项组中的命令组合在一起来完成各种任务。

### 2. 活动单元格

当用鼠标单击任意一个单元格后,该单元格即成为活动单元格,也称为当前单元格。此时,该单元格周围出现黑色的粗线方框。通常在启动 Excel 应用程序后,默认活动单元格为 A1。

### 3. 名称框与编辑栏

名称框可随时显示当前活动单元格的名称,如光标位于 A 列 8 行,则名称框中显示 A8。

编辑栏可同步显示当前活动单元格中的具体内容,如果单元格中输入的是公式,则即使最终的单元格中显示的是公式的计算结果,但编辑栏中仍然会显示具体的公式内容。另外,有时单元格中的内容较长,无法在单元格中完整显示,单击该单元格后,在编辑栏中可看到完整的内容。

### 4. 工作表行标签和列标签

工作表的行标签和列标签表明了行和列的位置,并由行列的交叉决定了单元格的位置。

### 5. 工作表标签

工作表标签有时也称为页标,一个页标就代表一个独立的工作表。默认情况下,Excel 在新建一个工作簿后会自动创建 3 个空白的工作表并使用默认名称 Sheet1、Sheet2 和 Sheet3。

### 6. 状态栏

状态栏位于窗口最下方,平时它并没有什么丰富的显示信息,但在状态栏上右击,将弹出图 5.2 所示的快捷菜单,从中可选择常用 Excel 函数。这样,当在单元格中输入一些数值后,只需用鼠标批量选中这些单元格,状态栏中就会立即以上述快捷菜单中默认的计算方法给出计算结果。

### 7. 水平分隔线和垂直分隔线

垂直滚动条的顶端是水平分隔线,水平滚动条的右端是垂直分隔线,如图 5.3 所示。用鼠标按住它们向下或向左拖动,就会把当前活动窗口一分为二,并且被拆分的窗口都各自有独立的滚动条。在操作内容较多的工作表时是极其方便的。

图 5.2　快捷菜单

图 5.4 所示为进行水平和垂直分隔后的窗口。

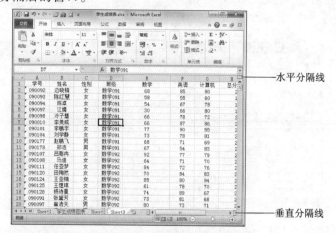

图 5.3 水平分隔线和垂直分隔线

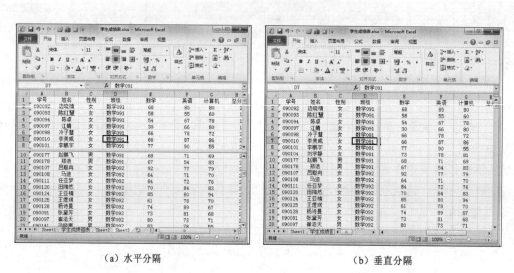

（a）水平分隔　　　　　　　　　　（b）垂直分隔

图 5.4 分隔窗口示例

水平分隔线及垂直分隔线都可以用鼠标拖动以更改窗口的拆分比例；双击分隔线可取消拆分状态，双击水平与垂直分隔线的交叉处可同时取消水平和垂直拆分状态；将水平分隔线向顶部列标签方向或向底部的水平滚动条方向拖动、将垂直分隔线向左侧行标签方向或右侧滚动条方向拖动，到达工作区域的边缘后，也可隐藏分隔线。

## 5.2 Excel 2010 的基本操作

### 5.2.1 工作簿的新建、打开与保存

**1. 工作簿的新建**

① 启动 Excel 2010 后，程序默认会新建一个空白的工作簿，这个工作簿以"工作簿 1. xlsx"命名，用户可以在保存该文件时更改默认的工作簿名称。

② 若 Excel 已启动，选择"文件"→"新建"命令，在右侧窗格中"可用模板"下选择"空白工作簿"选项，如图 5.5 所示，单击"创建"按钮，即可创建一个新的空白工作簿。在该窗格中还有多种灵活地创建工作簿的方式，如"根据现有内容新建"、使用 Office. com 的在线模板创建工作簿等。在 Excel 窗口中按【Ctrl + N】组合键或单击快速访问工具栏中的"新建"按钮，也可创建一个新的空白的工作簿。

③ 在某个文件夹内的空白处右击，在弹出的快捷菜单中选择"新建"→"Microsoft Excel 工作表"命令，也可新建一个 Excel 文档。

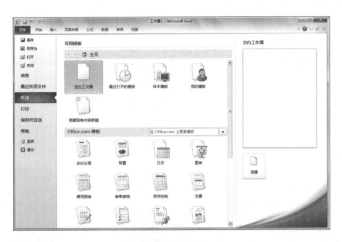

图 5.5　"新建"命令

**2. 工作簿的打开和保存**

（1）工作簿的打开

打开 Excel 工作簿的方法有如下几种，用户可根据自己的习惯任意选择其中的一种：

① 从资源管理器中找到要打开的 Excel 文档后，双击可直接打开该文档。

② 在 Excel 窗口中，单击快速访问工具栏中的"打开"按钮，可打开"打开"对话框，从中选择要打开的文件，然后单击"打开"按钮，即可打开该文件。

（2）工作簿的保存与另存

保存 Excel 工作簿有以下几种方法：

① 单击快速访问工具栏中的"保存"按钮，或选择"文件"→"保存"命令，或按【Ctrl＋S】组合键，都可以对已打开并编辑过的工作簿进行随时保存。

② 如果是新建的工作簿，则执行上述任意一种操作后，均会打开"另存为"对话框，在该对话框中指定保存文件的路径和文件名，然后单击"保存"按钮，即可对新建工作簿进行保存。

③ 对于已经打开的工作簿文件，如果要重命名保存或更改保存位置，则只需选择"文件"→"另存为"命令，在打开的"另存为"对话框中，指定保存文件的路径和新的文件名，然后单击"保存"按钮，即可对工作簿进行重新保存。

（3）设置工作簿的默认保存位置

选择"文件"→"选项"命令，打开图 5.6 所示的"Excel 选项"对话框，在左窗格中选择"保存"选项，在右窗格的"默认文件位置"文本框中输入合适的目录路径，再单击"确定"按钮，即可完成默认保存位置的设定。

图 5.6　"Excel 选项"对话框

### 5.2.2　工作表数据的输入

**1. 单元格及单元格区域的选定**

在输入和编辑单元格内容之前,必须先选定单元格,被选定的单元格称为活动单元格。当一个单元格成为活动单元格时,它的边框变成黑线,其行、列号会突出显示,可以看到其坐标,名称框中将显示该单元格的名称。单元格右下角的小黑块称做填充柄,将鼠标指向填充柄时,鼠标的形状变为黑+字。

选定单元格、单元格区域、行或列的操作如表5.1所示。

表5.1　选定操作

| 选 定 内 容 | 操　　　　作 |
|---|---|
| 单个单元格 | 单击相应的单元格,或用方向键移动到相应的单元格 |
| 连续单元格区域 | 单击选定该区域的第一个单元格,然后拖动鼠标直到要选定的最后一个单元格 |
| 工作表中所有单元格 | 单击"全选"按钮,即第一列列号上面的矩形框 |
| 不相邻的单元格或单元格区域 | 选定第一个单元格或单元格区域,然后按住【Ctrl】键选定其他单元格或单元格区域 |
| 较大的单元格区域 | 选定第一个单元格,然后按住【Shift】键单击区域中最后一个单元格 |
| 整行 | 单击行号 |
| 整列 | 单击列号 |
| 相邻的行或列 | 沿行号或列标拖动鼠标,或者先选定第一行或第一列,然后按住【Shift】键选定其他行或列 |
| 不相邻的行或列 | 先选定第一行或第一列,然后按住【Ctrl】键选定其他行或列 |
| 增加或减少活动区域中的单元格 | 按住【Shift】键并单击新选定区域中最后一个单元格,活动单元格和所单击的单元格之间的矩形区域将成为新的选定区域 |
| 取消单元格选定区域 | 单击工作表中其他任意一个单元格 |

**2. 数据的输入**

在Excel中,可以为单元格输入两种类型的数据:常量和公式。常量是指没有以"="开头的单元格数据,包括数字、文字、日期、时间等。数据输入时只要选中需要输入数据的单元格,然后输入数据并按【Enter】键或【Tab】键即可。

（1）数据显示格式

Excel提供了一些数据格式,包括常规、数值、分数、文本、日期、时间、会计专用、货币等格式,单元格的数据格式决定了数据的显示方式。默认情况下,单元格的数据格式是"常规"格式,此时Excel会根据输入的数据形式,套用不同的数据显示格式。例如,如果输入￥14.73,Excel将套用货币格式。

◎Excel基本操作／
数据的输入

（2）数字的输入

在Excel中直接输入0、1、2、…、9等10个数字及 +、－、*、/、.、$、%、E 等,在默认的"常规"格式下,将作为数值来处理。为避免将输入的分数当做日期,应在分数前冠以0加一个空格"0 ",如0 2/3。在单元格中输入数值时,所有数字在单元格中均右对齐。如果要改变其对齐方式,可以单击"开始"选项卡中的"对齐方式"选项组中的相应命令按钮进行设置。

（3）文本的输入

在Excel中如果输入非数字字符或汉字,则在默认的"常规"格式下,将作为文本来处理,所有文本均左对齐。若文本是由一串数字组成的,如学号之类的数据,输入时可使用以下方法之一:

① 在该串数字的前面加一个半角单撇号,如单元格内容为093011,则需要输入"'093011"。

② 先设置相应单元格为"文本"格式,再输入数据。关于单元格格式的设置,见5.2.4 工作表的格式化。

（4）日期与时间的输入

在一个单元格中输入日期时,可使用斜杠(/)或连字符(-),如"年-月-日""年/月/日"等,默认状态下,日期和时间在单元格中右对齐。

**3. 有规律的数据输入**

在表格处理过程中,经常会遇到要输入大量的、连续性的、有规律的数据,如序号、连续的日期、连续的数值等,如果人工输入,则这些机械性操作既麻烦又容易出错,效率非常低。使用 Excel 的自动填充功能,可以极大地提高工作效率。

(1)鼠标左键拖动输入序列数据

在单元格中输入某个数据后,用鼠标左键按住填充柄向下或向右拖动(当然也可以向上或向左拖动),则鼠标经过的单元格中就会以原单元格中相同的数据填充,如图 5.7(a)中 A 列所示。

按住【Ctrl】键的同时,按住鼠标左键拖动填充柄进行填充,如果原单元格中的内容是数值,则 Excel 会自动以递增的方式进行填充,如图 5.7(a)中 B 列所示;如果原单元格中的内容是普通文本,则 Excel 只会在拖动的目标单元格中复制原单元格中的内容。

◎Excel 基本操作/
自动填充

(a)相同数据的填充

(b)填充时的快捷菜单

图 5.7 自动填充

(2)鼠标右键拖动输入序列数据

使用鼠标右键拖动填充柄,可以获得非常灵活的填充效果。

单击用来填充的原单元格,按住鼠标右键拖动填充柄,拖动经过若干单元格后释放鼠标右键,此时会弹出图 5.7(b)所示的快捷菜单,该菜单中列出了多种填充方式。

① 复制单元格:即简单地复制原单元格内容,其效果与用鼠标左键拖动填充的效果相同。

② 填充序列:即按一定的规律进行填充。比如原单元格是数字 1,则选中此方式填充后,可依次填充为 1、2、3、…;如果原单元格为"五",则填充内容是"五、六、日、一、二、三、…";如果是其他无规律的普通文本,则以序列方式填充的命令为灰色不可用状态。

◎Excel 单元格填充/
序列填充

③ 仅填充格式:被填充的单元格中,不会出现原单元格中的数据,而仅复制原单元格中的格式到目标单元格中。此选项的功能类似于 Word 的格式刷。

④ 不带格式填充:被填充的单元格中仅填充数据,而原单元格中的各种格式设置不会被复制到目标单元格。

⑤ 等差序列、等比序列:这种填充方式要求事先选定两个以上的带有数据的单元格。例如选定了已经输入 1、2 的两个单元格,再用鼠标右键拖动填充柄,释放鼠标右键,即可选择快捷菜单中的"等差序列"或"等比序列"命令。

⑥ 序列:当原单元格中的内容为数值时,用右键拖动填充柄后选择"序列"命令,可打开图 5.8 所示的"序列"对话框。在此对话框中可以灵活地选择多种序列填充方式。

图 5.8 "序列"对话框

(3)使用填充命令填充数据

选择"开始"选项卡,在"编辑"选项组中单击"填充"按钮,此时会打开下拉菜单,其中有"向下""向右""向上""向左"以及"系列"等命令,选择不同的命令可以将内容填充到不同位置的单元格,如果选择菜单中的"系列"命令,则打开"序列"对话框。

### 5.2.3 工作表的编辑操作

**1. 单元格编辑**

单元格编辑包括对单元格及单元格内数据的操作。其中,对单元格的操作包括移动和复制单元格、插入单元格、删除单元格、插入行、插入列、删除行、删除列等;对单元格内数据的操作包括复制和删除单元格数据,清除单元格内容、格式等。

(1)移动和复制单元格数据

① 通过鼠标移动、复制:

- 选定要移动数据的单元格或单元格区域,将鼠标置于选定单元格或单元格区域的边缘处,当鼠标指针变成✥形状时,按住鼠标左键并拖动,即可移动单元格数据。
- 按住【Ctrl】键,鼠标指针变成☆形状时,拖动鼠标进行操作,完成的是单元格数据的复制操作。
- 按住【Shift + Ctrl】组合键,再进行拖动操作,则将选中单元格内容插入到已有单元格中。
- 按住【Alt】键可将选中区域的内容拖动到其他工作表中。

② 通过命令移动、复制:选定要进行移动或复制的单元格或单元格区域,单击"开始"选项卡"剪贴板"选项组中的"复制"或"剪切"按钮,或右击,在弹出的快捷菜单中选择"复制"或"剪切"命令。选定要粘贴到的单元格或单元格区域左上角的单元格,选择"剪贴板"选项组"粘贴"下拉菜单中的"粘贴"命令即可完成复制或移动操作。

(2)选择性粘贴

除了复制整个单元格外,Excel还可以选择单元格中的特定内容进行复制,具体操作步骤如下:

① 选定需要复制的单元格。

② 单击"开始"选项卡"剪贴板"选项组中的"复制"按钮。

③ 选定粘贴区域左上角的单元格。

④ 单击"剪贴板"选项组中的"粘贴"下拉按钮,在打开的下拉菜单中选择"选择性粘贴"命令,打开图5.9所示的对话框。

◎Excel 单元数据填充/选择性粘贴

⑤ 选择"粘贴"选项组中所需的选项,再单击"确定"按钮。

(3)插入单元格

① 在需要插入空单元格处选定相应的单元格区域,选定的单元格数量应与待插入的空单元格数量相等。

② 单击"开始"选项卡,在"单元格"选项组中单击"插入"下拉按钮,在打开的下拉菜单中选择"插入单元格"命令,或右击相应单元格,在弹出的快捷菜单中选择"插入"命令,打开图5.10所示的"插入"对话框。

图5.9 "选择性粘贴"对话框

图5.10 "插入"对话框

③ 在对话框中选定相应的插入方式选项,再单击"确定"按钮。

（4）插入行或列

① 如果需要插入一行，则单击需要插入的新行之下相邻行中的任意单元格；如果要插入多行，则选定需要插入的新行之下相邻的若干行，选定的行数应与待插入空行的数量相等。

② 如果要插入一列，则单击需要插入的新列右侧相邻列中的任意单元格；如果要插入多列，则选定需要插入的新列右侧相邻的若干列，选定的列数应与待插入的新列数量相等。

③ 在"开始"选项卡的"单元格"选项组中，单击"插入"下拉按钮，在弹出的下拉菜单中选择"插入工作表行"或"插入工作表列"命令，或右击相应单元格在弹出的快捷菜单中选择相应命令。

◎ Excel 行列操作/
插入行与列

在日常操作中，使用更多的方法是：要插入一行，则单击行号，然后在"开始"选项卡的"单元格"选项组中单击"插入"下拉按钮；要插入一列，则在单击列号后，在"开始"选项卡的"单元格"选项组中单击"插入"下拉按钮，新插入的行或列出现在选定行的上面或选定列的左侧。

（5）为单元格插入批注

为了对数据进行补充说明，可以为一些特殊数字或公式添加批注。

① 选定要添加批注的单元格或单元格区域。

② 选择"审阅"选项卡，在"批注"选项组中单击"新建批注"按钮，或者按【Shift + F2】组合键，打开批注文本框，在批注文本框中输入内容，该内容即为批注内容。

（6）单元格的删除与清除

删除单元格是指将选定的单元格从工作表中去除，并自动调整周围的单元格填补删除后的空缺，具体操作步骤如下：

① 选定需要删除的单元格。

② 在"开始"选项卡的"单元格"选项组中单击"删除"下拉按钮，在弹出的下拉菜单中选择"删除单元格"命令，或右击要删除的单元格，在弹出的快捷菜单中选择"删除"命令，打开图 5.11 所示的"删除"对话框。

③ 选择所需的删除方式，单击"确定"按钮。

清除单元格是指将选定的单元格中的内容、格式或批注等从工作表中删除，单元格仍保留在工作表中，具体操作步骤如下：

① 选定需要清除的单元格。

② 在"开始"选项卡的"编辑"选项组中单击"清除"按钮，在打开的下拉菜单中选择相应的命令即可。

图 5.11　"删除"对话框

（7）行、列的删除与清除

删除行、列是指将选定的行、列从工作表中移走，并将后续的行或列自动递补上来，具体操作步骤如下：

① 选定需要删除的行或列。

② 在"开始"选项卡的"单元格"选项组中单击"删除"下拉按钮，在弹出的下拉菜单中选择"删除工作表行"或"删除工作表列"命令，或右击要删除的行或列，在弹出的快捷菜单中选择"删除"命令即可。

◎ Excel 行列操作/
删除行与列

清除行、列是指将选定的行、列中的内容、格式或批注等从工作表中删除，行、列仍保留在工作表中，具体操作步骤如下：

① 选定需要清除的行或列。

② 在"开始"选项卡下的"编辑"选项组中单击"清除"按钮，在打开的下拉菜单中选择相应的命令即可。

◎ Excel 行与列的操
作/行列的移动

**2. 表格行高和列宽的设置**

（1）通过鼠标拖动改变行高和列宽

将鼠标指针移动到要调整宽度的行标签或列标签的边线上,此时鼠标指针的形状变为上下或左右双箭头,按住鼠标左键拖动,即可调整行高或列宽。

（2）通过菜单命令精确设置行高和列宽

① 选定需要调整的行或列,在"开始"选项卡的"单元格"选项组中单击"格式"按钮,打开相应的下拉菜单,如图5.12所示。

② 在图5.12中选择"行高"命令,在打开的"行高"对话框中输入确定的值,即可设定行高值;也可以选择"自动调整行高"命令,使行高正好容纳下一行中最大的文字。

③ 在图5.12中选择"列宽"命令,在打开的"列宽"对话框中输入确定的值,即可设定列宽值;也可以选择"自动调整列宽"命令,使列宽正好容纳一列中最多的文字。

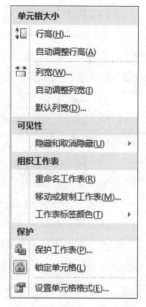

◎ Excel 行列操作/
行高与列宽

图5.12　"格式"下拉菜单

### 5.2.4　工作表的格式化

建立一张工作表后,可以建立不同风格的数据表现形式。工作表的格式化设置包括单元格格式的设置和单元格中数据格式的设置。

在"开始"选项卡的"单元格"选项组中单击"格式"按钮,打开图5.12所示的下拉菜单,选择"设置单元格格式"命令,或选中单元格后右击,在弹出的快捷菜单中选择"设置单元格格式"命令,均可打开"设置单元格格式"对话框。对话框中有"数字""对齐""字体""边框""填充"和"保护"6个选项卡,每个选项卡都可以完成各自内容的排版设计。另外,在"开始"选项卡中分别单击"字体"选项组、"对齐方式"选项组、"数字"选项组右下角的按钮，可分别显示"设置单元格格式"对话框的"字体"选项卡、"对齐"选项卡和"数字"选项卡。

**1. 数据的格式化**

"数字"选项卡(见图5.13)用于设置单元格中数字的格式。"分类"列表框中有十几种不同类别的数据,选定某一类别的数据后,将在右侧显示出该类别数据的格式,以及有关的设置选项。在这里可以选择所需要的数据格式。

也可以通过"开始"选项卡"数字"选项组中的格式化数字按钮进行设置,这些按钮有"会计数字格式样式""百分比样式""千位分隔符样式""增加小数位数"和"减少小数位数"等。

◎ Excel 单元格格式
设置/数字格式

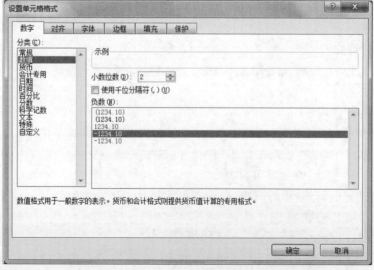

图5.13　"数字"选项卡

**2. 单元格内容的对齐**

"对齐"选项卡(见图 5.14)用于设置单元格中文字的对齐方式、旋转方向及各种文本控制。

(1)文本对齐方式

① 在"水平对齐"下拉列表框中可以设置单元格的水平对齐方式,包括常规、居中、靠左、靠右、跨列居中等,默认为"常规"方式,此时单元格按照输入的默认方式对齐(数字右对齐、文本左对齐、日期右对齐等)。也可以在"开始"选项卡的"对齐方式"选项组中直接单击相应按钮进行水平对齐方式的选择(与 Word 操作基本相同)。

② 在"垂直对齐"下拉列表框中可以设置单元格的垂直对齐方式,包括靠下、靠上、居中等,默认为"居中"方式。

◎ Excel 单元格格式
设置/对齐方式

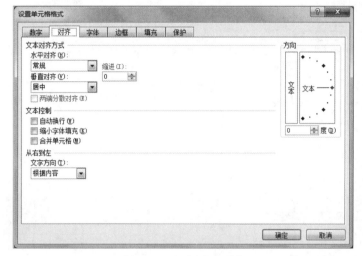

图 5.14　"对齐"选项卡

(2)方向

在"方向"选项组中可以通过鼠标的拖动或直接输入角度值,将选定的单元格内容进行 − 90°～ + 90°的旋转,这样就可将表格内容由水平显示转换为各个角度的显示。

◎ Excel 单元格格式
设置/合并居中

(3)文本控制

① 选中"自动换行"复选框后,被设置的单元格就具备了自动换行功能,当输入的内容超过单元格宽度时会自动换行。

> **注意:**
>
> 在向单元格输入内容过程中,也可以进行强制换行,当需要强行换行时,只需按【Alt + Enter】组合键,则输入的内容就会从下一行开始显示,而不管是否达到单元格的最大宽度。

② 如果单元格的内容超过单元格宽度,选中"缩小字体填充"复选框后,单元格中的内容会自动缩小字体并被单元格容纳。

③ 选中需要合并的单元格后,在"对齐"选项卡中选中"合并单元格"复选框,可以实现单元格的合并。通常对单元格的合并是直接在"对齐方式"选项组中单击"合并后居中"按钮 ,此时被选中的单元格实现了合并,同时水平对齐方式也设为居中。

> **注意:**
>
> 关于单元格的合并居中和跨列居中。

对于一个电子表格的表头文字,通常需要居中显示,如图 5.15 所示。一般可以采用两种方法:一种方法是将这行单元格选中后在"对齐方式"选项组中单击"合并后居中"按钮▣,进行合并居中设置;另一种方法是将这行的单元格选中后,在"开始"选项卡"对齐方式"选项组的"合并后居中"下拉菜单中选择"跨列居中"命令。两种方法都可以使表头文字居中显示,但前者的方法对单元格做了合并的处理,然后者虽然表头文字居中,但单元格并没有合并。

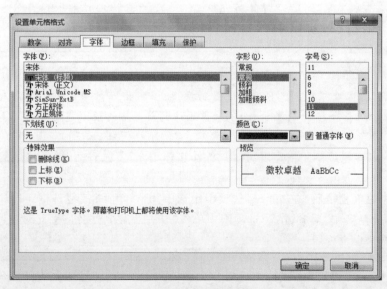

图 5.15　表头文字居中显示

### 3. 单元格字体的设置

为了使表格的内容更加醒目,可以对一张工作表中各部分内容的字体做不同的设置。先选定要设置字体的单元格或区域,然后在"设置单元格格式"对话框的"字体"选项卡(见图 5.16)中对字体、字形、字号、颜色及一些特殊效果进行设置。也可以直接在"字体"选项组中单击相应按钮进行设置。

◎ Excel 单元格格式设置/字体字号字形

图 5.16　"字体"选项卡

**4. 表格边框的设置**

在编辑电子表格时,显示的表格线是 Excel 本身提供的网格线,打印时 Excel 并不打印网格线。因此,需要给表格设置打印时所需的边框,使表格打印出来更加美观。首先选定所要设置的区域,然后在"设置单元格格式"对话框的"边框"选项卡(见图 5.17)中设置边框线或表格中的框线,在"样式"列表中列出了 Excel 提供的各种样式的线型,还可通过"颜色"下拉列表框选择边框的色彩。

◎Excel 单元格格式
设置/边框设置

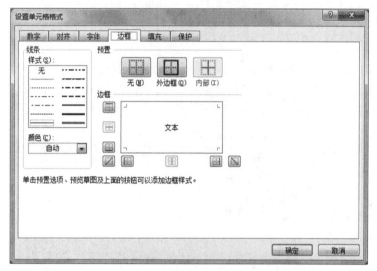

图 5.17　"边框"选项卡

**5. 底纹的设置**

为了使工作表各个部分的内容更加醒目、美观,Excel 提供了在工作表的不同部分设置不同的底纹图案或背景颜色的功能。首先选定所要设置的区域,然后在"设置单元格格式"对话框中选择"填充"选项卡(见图 5.18),在"背景色"列表中选择背景颜色,还可在"图案颜色"和"图案样式"下拉列表框中选择底纹图案,最后单击"确定"按钮。

◎Excel 单元格格式
设置/颜色

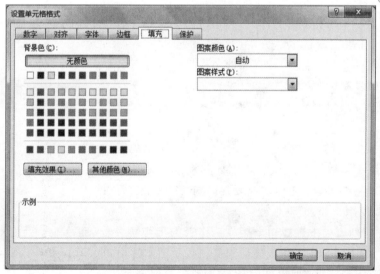

图 5.18　"填充"选项卡

### 5.2.5 工作表的管理操作

Excel 具有很强的工作表管理功能,能够根据需要十分方便地添加、删除和重命名工作表。

◎ Excel 工作表操作/
插入复制移动删除
重命名

**1. 工作表的选定与切换**

单击工作表标签即可选定需要操作的工作表。当需要从一个工作表中切换到其他工作表时,可单击相应工作表的标签。如果工作簿中包含多张工作表,而所需工作表标签不可见,可单击工作表标签左端的左右滚动按钮 |◀ ◀ ▶ ▶|,以便显示其他标签。

**2. 工作表的添加**

在已存在的工作簿中可以添加新的工作表,添加方法有如下两种:

① 单击工作表标签上的"插入工作表"按钮 ,即可在现有工作表后面插入一个新的工作表。

② 右击工作表标签栏中的工作表名字,在弹出的快捷菜单中选择"插入"命令,即可在当前工作表前插入一个新的工作表。

③ 在"开始"选项卡"单元格"选项组中单击"插入"下拉按钮,在弹出的下拉菜单中选择"插入工作表"命令,Excel 将在当前工作表前添加一个新的工作表。

**3. 工作表的删除**

可以在工作簿中删除不需要的工作表。工作表的删除一般有如下两种方式:

① 先选中需要删除的工作表,在"开始"选项卡的"单元格"选项组中单击"删除"下拉按钮,在弹出的下拉菜单中选择"删除工作表"命令,Excel 会打开一个对话框,在对话框中单击"删除"按钮,将删除工作表;如果单击"取消"按钮,将取消删除工作表的操作。

② 右击工作表标签栏中需要删除的工作表名字,在弹出的快捷菜单中选择"删除"命令,即可将选中工作表删除。

**4. 工作表的重命名**

工作表的初始名称为 Sheet1、Sheet2、…,为了方便工作,需将工作表命名为易记的名称,因此,需要对工作表重命名。重命名的方法有如下几种:

① 选中需要重命名的工作表,然后在"开始"选项卡的"单元格"选项组中单击"格式"按钮,弹出图 5.12 所示的下拉菜单,选择"重命名工组表"命令,工作表标签栏的当前工作表名称将处于可编辑状态,此时即可修改工作表的名称。

② 右击工作表标签栏中工作表的名称,在弹出的快捷菜单中选择"重命名"命令,工作表名字处于可编辑状态后即可将当前工作表重命名。

③ 双击需要重命名的工作表标签,输入新的名称将覆盖原有名称。

**5. 工作表的移动或复制**

① 若需将工作表移动或复制到已有的工作簿中,要先打开用于接收工作表的工作簿。

② 切换到需移动或复制的工作表中,并打开图 5.12 所示的下拉菜单,选择"移动或复制工作表"命令,或右击需要移动或复制的工作表标签,在弹出的快捷菜单中选择"移动或复制工作表"命令,打开图 5.19 所示的"移动或复制工作表"对话框。

③ 在"工作簿"下拉列表框中选择用来接收工作表的工作簿。若选择"新工作簿"选项,即可将选定工作表移动或复制到新工作簿中。

④ 在"下列选定工作表之前"列表框中选择需要在其前面插入、移动或复制的工作表。如果需要将工作表添加或移动到目标工作簿的最后,则选择"移至最后"选项。

图 5.19 "移动或复制工作表"对话框

⑤ 如果只是复制工作表,则选中"建立副本"复选框即可。

⑥ 单击"确定"按钮。

如果用户是在同一个工作簿中复制工作表,可以按住【Ctrl】键并用鼠标拖动要复制的工作表标签到新位置,然后同时释放【Ctrl】键和鼠标。在同一个工作簿中移动工作表只需用鼠标拖动工作表标签到新位置即可。

### 6. 工作表的表格功能

在 Excel 中创建表格后,即可对该表格中的数据进行管理和分析,而不影响该表格外部的数据。例如,可以筛选表格列、排序、添加汇总行等。具体操作步骤如下:

① 选择要指定表格的数据区域,单击"插入"选项卡"表格"选项组中的"表格"按钮,打开图 5.20 所示的"创建表"对话框。

图 5.20 "创建表"对话框

② 单击"表数据的来源"文本框右侧的按钮,在工作表中拖动鼠标,选中要创建列表的数据区。如果选择的区域包含要显示为表格标题的数据,则选中"表包含标题"复选框,再单击"确定"按钮。

③ 所选择的数据区域使用表格标识符突出显示,此时功能区中增加了"表格工具"的"设计"选项卡,使用"设计"选项卡中的各个工具可以对表格进行编辑。

④ 创建表格后,将使用蓝色边框标识表格。系统将自动为表格中的每一列启用自动筛选(见图 5.21)。如果选中"表格样式选项"选项组中的"汇总行"复选框,将在插入行下显示汇总行。当选择表格以外的单元格、行或列时,表格处于非活动状态。此时,对表格以外的数据进行操作不会影响表格内的数据。

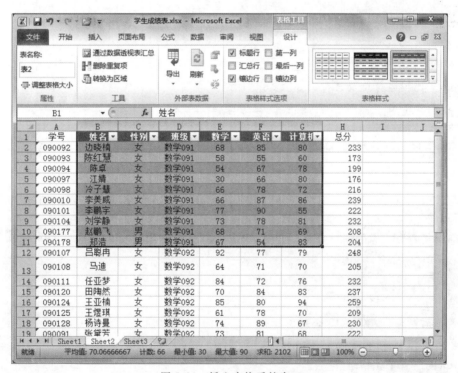

图 5.21 插入表格后的窗口

创建表格之后,若要停止处理表格数据而又不丢失所应用的任何表格样式格式,可以将表格转换为工作表上的常规数据区域。具体操作步骤:选择"表格工具"的"设计"选项卡,单击"工具"选项组中的"转换为区域"按钮,此时打开询问是否将表转换为区域的对话框,单击"是"按钮,则将表格转换为区域,此时行标题不再包括排序和筛选箭头。

# 5.3　公式和函数

Excel强大的计算功能是由公式和函数提供的,它为分析和处理工作表中的数据提供了很大的方便。通过使用公式,不仅可以进行各种数值运算,还可以进行逻辑比较运算。一些特殊运算无法直接通过创建公式来进行计算时,就可以使用 Excel 中提供的函数来补充。当数据源发生变化时,通过公式和函数计算的结果将会自动更改。

## 5.3.1　公式

### 1. 运算符

运算符是公式中不可缺少的组成部分,用于完成对公式中的元素进行特定类型的运算。Excel 包含 4 种类型的运算符:算术运算符、比较运算符、文本运算符和引用运算符。

（1）算术运算符

算术运算符用于对数值的四则运算,计算顺序最先是乘方,然后是先乘除后加减,可以通过增加括号改变计算次序。算术运算符及其含义如表 5.2 所示。

◎Excel 数据填充/公式与函数概念

表 5.2　算术运算符及其含义

| 运算符号 | 含　义 | 运算符号 | 含　义 | 运算符号 | 含　义 |
| --- | --- | --- | --- | --- | --- |
| + | 加 | － | 减 | * | 乘 |
| / | 除 | % | 百分号 | ∧ | 乘方 |

（2）比较运算符

比较运算符可以对两个数值或字符进行比较,并产生一个逻辑值,如果比较的结果成立,逻辑值为 True,否则为 False。比较运算符及其含义如表 5.3 所示。

表 5.3　比较运算符及其含义

| 运算符号 | 含　义 | 运 算 符 号 | 含　义 | 运 算 符 号 | 含　义 |
| --- | --- | --- | --- | --- | --- |
| > | 大于 | > = | 大于等于 | < | 小于 |
| < = | 小于等于 | = | 等于 | < > | 不等于 |

（3）文本运算符

文本运算符用于两个文本的连接操作,利用"&"运算符可以将两个文本值连接起来成为一个连续的文本值。

（4）引用运算符

引用运算符用于对单元格的引用操作,有冒号、逗号和空格。

① ":"为区域运算符,如 C2:C10 是对单元格 C2 ~ C10 之间（包括 C2 和 C10）的所有单元格的引用。

② ","为联合运算符,可将多个引用合并为一个引用,如 SUM（B5,C2:C10）是对 B5 及 C2 ~ C10 之间（包括 C2 和 C10）的所有单元格求和。

③ 空格为交叉运算符,产生对同时隶属于两个引用的单元格区域的引用,如 SUM（B5:E10 C2:D8）是对 C5:D8 单元格区域求和。

### 2. 公式的输入

公式必须以" = "开始。为单元格设置公式,应在单元格中或编辑栏中输入" = ",然后直接输入公式的表达式即可。在一个公式中,可以包含运算符号、常量、函数、单元格地址等,下面是几个输入公式的示例:

◎Excel 数据填充/公式填充

= 152 * 23　　　　　常量运算,152 乘以 23。

= B4 * 12 − D2　　　使用单元格地址,B4 的值乘以 12 再减去 D2 的值。

= SUM(C2:C10)　　使用函数,对 C2 ~ C10 单元格的值求和。

在公式输入过程中,涉及使用单元格地址时,可以直接通过键盘输入地址值,也可以单击这些单元格,将单元格的地址引用到公式中。例如,要在单元格 E2 中输入公式"= B2 + C2 + D2",则可选中单元格 E2,然后输入"=",接着单击 B2 单元格,此时单元格 E2 中"="将变为"= B2",输入"+"后用鼠标单击 C2 单元格,重复这一过程直到公式输入完毕。

输入结束后,在输入公式的单元格中将显示出计算结果。由于公式中使用了单元格的地址,如果公式所涉及的单元格的值发生变化,结果会马上反映到公式计算的单元格中,如上面例子中,单元格 B2、C2 或 D2 的值发生变化,E2 会马上得到更新的结果。

在输入公式时要注意以下两点:

① 无论任何公式,必须以等号(即"=")开头,否则 Excel 会把输入的公式作为一般文本处理。

② 公式中的运算符号必须是半角符号。

**3. 公式的引用**

在公式中通过对单元格地址的引用来使用具体位置的数据。根据引用情况的不同,将引用分为 3 种类型:相对地址引用、绝对地址引用和混合地址引用。

(1)相对地址引用

当把一个含有单元格地址的公式复制到一个新位置时,公式中的单元格地址也会随之改变,这样的引用称为相对地址引用。

◎Excel 基础知识/引用

如图 5.22(a)所示,在 H2 单元格中输入公式"= E2 + F2 + G2",得到第一个同学的总成绩。然后拖动填充柄向下填充,其他同学的总成绩也就自动计算出来了。单击 H5 单元格,可以在编辑栏看到 H5 单元格的内容为"= E5 + F5 + G5",如图 5.22(b)所示。

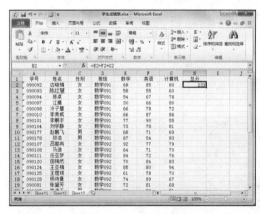

(a)在首单元格输入公式

(b)公式拖动,相对地址引用

图 5.22　相对地址引用

可以看出,直接拖动公式(相当于公式的复制)可以很方便地进行相同类型的计算,所以 Excel 一般都使用相对地址来引用单元格的位置。

(2)绝对地址引用

把公式复制或填入到一个新位置时,公式中的固定单元格地址保持不变,这样的引用称为绝对地址引用。在 Excel 中,是通过对单元格地址的冻结来达到此目的的,即在列标和行标前面加上"$"符号。

如图 5.23(a)所示,在 H2 单元格中输入公式"=$E$2 +$F$2 +$G$2",使用的是绝对地址,仍然可以得到第一个同学的总成绩。但是拖动公式向下填充时,公式就不会变化,所有总成绩都是 233。用鼠标单击 H5 单元格,在编辑栏中看到的 H5 单元格的内容仍为"=$E$2 +$F$2 +$G$2",如图 5.23(b)所示。

（3）混合地址引用

在某些情况下，需要在复制公式时只有行或只有列保持不变，在这种情况下，就要使用混合地址引用。所谓混合地址引用是指：在一个单元格地址引用中，既有绝对地址引用，又包含相对地址引用。例如，单元格地址"\$C3"表示保持"列"不发生变化，但"行"会随着新的拖动（复制）位置的变化而发生变化；而单元格地址"C\$3"则表示保持"行"不发生变化，但"列"会随着新的位置而发生变化。即在单元格中的行标或列标前只添加一个"\$"符号，"\$"符号后面的行标或列标在拖动（复制）过程中不会发生变化。

 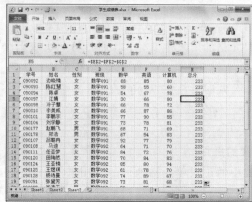

（a）在首单元格输入公式　　　（b）公式拖动，绝对地址引用

图 5.23　绝对地址引用

### 5.3.2　函数

**1. 函数的说明**

在实际工作中，有很多特殊的运算要求，无法直接用公式表示出计算的式子；或者虽然可以表示出来，但会非常烦琐。为此，Excel 提供了丰富的函数功能，包括常用函数、财务函数、时间与日期函数、统计函数、查找与引用函数等，帮助用户进行复杂与烦琐的计算或处理工作。Excel 除了自身带有的内置函数外，还允许用户自定义函数。函数的一般格式为：

函数名（参数 1，参数 2，参数 3，…）

表 5.4 ～ 表 5.8 列出了一些常用的函数，并通过举例简单地说明了函数的功能，例子中涉及的电子表格数据计算以图 5.24 为例。

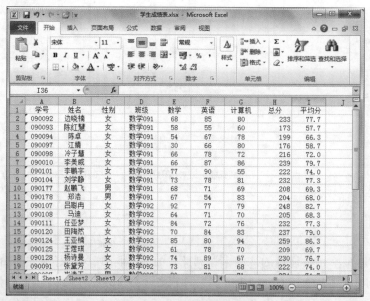

图 5.24　学生成绩表

表 5.4 常用数学函数

| 函 数 | 意 义 | 举 例 |
|---|---|---|
| ABS | 返回指定数值的绝对值 | ABS(−8)=8 |
| INT | 求数值型数据的整数部分 | INT(3.6)=3 |
| ROUND | 按指定的位数对数值进行四舍五入 | ROUND(12.3456,2)=12.35 |
| SIGN | 返回指定数值的符号,正数返回1,负数返回−1 | SIGN(−5)=−1 |
| PRODUCT | 计算所有参数的乘积 | PRODUCT(1.5,2)=3 |
| SUM | 对指定单元格区域中的单元格求和 | SUM(E2:G2)=233 |
| SUMIF | 按指定条件对若干单元格求和 | SUMIF(G2:G11,">=80")=410 |

表 5.5 常用统计函数

| 函 数 | 意 义 | 举 例 |
|---|---|---|
| AVERAGE | 计算参数的算术平均值 | AVERAGE(E2:G2)=77.7 |
| COUNT | 对指定单元格区域内的数字单元格计数 | COUNT(F2:F11)=10 |
| COUNTA | 对指定单元格区域内的非空单元格计数 | COUNTA(B2:B31)=30 |
| COUNTIF | 计算某个区域中满足条件的单元格数目 | COUNTIF(G2:G11,"<60")=1 |
| FREQUENCY | 统计一组数据在各个数值区间的分布情况 | |
| MAX | 对指定单元格区域中的单元格取最大值 | MAX(G2:G31)=94 |
| MIN | 对指定单元格区域中的单元格取最小值 | MIN(G2:G31)=55 |
| RANK. EQ | 返回一个数字在数字列表中的排位 | RANK.EQ(I2,I2:I31)=7 |

表 5.6 常用文本函数

| 函 数 | 意 义 | 举 例 |
|---|---|---|
| LEFT | 返回指定字符串左边的指定长度的子字符串 | LEFT(D2,2)=数学 |
| LEN | 返回文本字符串的字符个数 | LEN(D2)=5 |
| MID | 从字符串中的指定位置起返回指定长度的子字符串 | MID(D2,1,2)=数学 |
| RIGHT | 返回指定字符串右边的指定长度的子字符串 | RIGHT(D2,3)=091 |
| TRIM | 去除指定字符串的首尾空格 | TRIM(" Hello Sunny ")=Hello Sunny |

表 5.7 常用日期和时间函数

| 函 数 | 意 义 | 举 例 |
|---|---|---|
| DATE | 生成日期 | DATE(92,11,4)=1992/11/4 |
| DAY | 获取日期的天数 | DAY(DATE(92,11,4))=4 |
| MONTH | 获取日期的月份 | MONTH(DATE(92,11,4))=11 |
| NOW | 获取系统的日期和时间 | NOW()=2013/12/11 10:25 |
| TIME | 返回代表指定时间的序列数 | TIME(11,23,56)=11:23 AM |
| TODAY | 获取系统日期 | TODAY()=2013/12/11 |
| YEAR | 获取日期的年份 | YEAR(DATE(92,11,4))=1992 |

表 5.8 常用逻辑函数

| 函 数 | 意 义 | 举 例 |
|---|---|---|
| AND | 逻辑与 | AND(E2>=60,E2<=80)=TRUE |
| IF | 根据条件真假返回不同结果 | IF(E2>=60,"及格","不及格")=及格 |
| NOT | 逻辑非 | NOT(E2>=60,E2<=80)=FALSE |
| OR | 逻辑或 | OR(E2<60,E2>90)=FALSE |

## 2. 函数的使用

利用函数进行计算,可以用以下3种方法实现:

◎Excel 常用函数/
求和与求均值

◎Excel 常用函数/
最大值与最小值

◎Excel 常用函数/
日期函数

（1）直接在单元格中输入函数公式

在需要进行计算的单元格中输入"＝"，然后输入函数名及函数计算所涉及的单元格范围，完成后按【Enter】键即可。例如，在图 5.24 所示的学生成绩表中，要计算 E2：G2 单元格区域数据和（该同学的总分），并将结果放在 H2 单元格中，可在 H2 单元格中输入"＝SUM（E2：G2）"，再按【Enter】键即可。

（2）利用函数向导，引导建立函数运算公式

直接输入函数需要对函数名、函数的使用格式等了解得非常清楚，Excel 的函数非常丰富，人们实际没有必要也很难做到对所有函数都了解得很清楚。通常在使用函数时，是利用"插入函数"按钮，或在函数列表框中选取函数，启动函数向导，引导建立函数运算公式。具体操作步骤如下：

① 选定需要进行计算的单元格。

② 在"公式"选项卡的"函数库"选项组中单击"自动求和"按钮，或直接单击编辑栏左侧的"插入函数"按钮 $f_x$，会打开"插入函数"对话框（见图 5.25），也可以在单元格中输入"＝"，然后在"函数"下拉列表中选取函数。"函数"下拉列表中一般列出最常使用的函数（见图 5.26），如果需要的函数没有出现在其中，可选择"其他函数"选项，也会打开"插入函数"对话框。

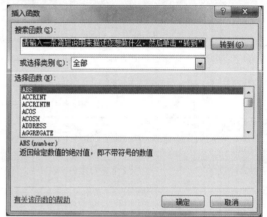

图 5.25 "插入函数"对话框

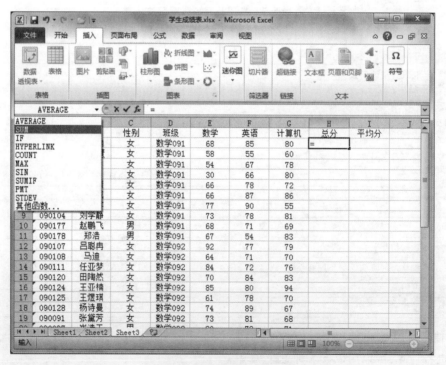

图 5.26 在函数栏中选取函数

③ 在"插入函数"对话框的"或选择类别"下拉列表框中选择需要的函数类别,在"选择函数"列表框中选择需要的函数。当选中一个函数时,该函数的名称和功能将显示在对话框的下方。

④ 在"函数"下拉列表中选择函数,或在"插入函数"对话框中选择一个函数并单击"确定"按钮,打开"函数参数"对话框,如图 5.27(a)所示。在"函数参数"对话框中对需要参与运算的单元格的引用位置进行设置,然后单击"确定"按钮,即可将函数的计算结果显示在选定单元格中。

> **说明:**
>
> 在打开的"函数参数"对话框中设置参数时,Excel 一般会根据当前的数据,给出一个单元格引用位置,如果该位置不符合实际计算要求,可以直接在参数框中输入引用位置;或者单击参数输入文本框右侧的折叠按钮 ▦ ,弹出折叠后的"函数参数"对话框,如图 5.27(b)所示。此时,在工作表中用鼠标在参与运算的单元格上直接拖动,这些单元格的引用位置会出现在"函数参数"对话框中。设置完成后再单击折叠按钮 ▦ 或直接按【Enter】键,即可展开"函数参数"对话框。

(3)利用"自动求和"按钮 Σ 自动求和 ▾ 快速求得函数结果

具体操作步骤如下:

① 选定要求和的数值所在的行或列中与数值相邻的空白单元格。

② 在"公式"选项卡的"函数库"选项组中单击"自动求和"按钮 Σ 自动求和 ▾ ,此时单元格中显示 " = SUM(单元格引用范围)",其中"单元格引用范围"就是所在行或列中数值项单元格的范围。如果范围无误,直接按【Enter】键即可求出求和结果;如果范围有有误,可以用鼠标直接拖动,选取正确范围,然后按【Enter】键即可。

(a)折叠前的"函数参数"对话框

(b)折叠后的"函数参数"对话框

图 5.27　"函数参数"对话框

> **说明:**
>
> 其实"自动求和"按钮 Σ 自动求和 ▾ 不仅仅只是可以求和,单击旁边的下拉按钮,在打开的下拉列表中提供了其他常用的函数,选择其中之一,即可求得其他函数的结果。

### 3. 不用公式进行快速计算

如果临时选中一些单元格中的数值,希望知道它们的和或平均值,又不想占用某个单元格存放公式及结果,可以利用 Excel 中快速计算的功能。Excel 默认可以对选中的单元格的数值求和,并将结果显示在状态栏中,如图 5.28 所示。如希望进行其他计算,可右击状态栏,在弹出的快捷菜单中选择一种命令即可。

### 4. 函数举例

下面介绍几个常用的函数及其使用方法。

(1)条件函数 IF( )

语法格式:IF (logical_test,value_if_true,value_if_false)

功能:当 logical_test 表达式的结果为"真"时,value_if_true 的值作为 IF( )函数的返回值,否则,value_if_false 的值作为 IF( )函数返回值。

说明:logical_test 为条件表达式,其中可使用比较运算符,如 > , > = , = 或 < > 等。value_if_true 为条件成立时所取的值,value_if_false 为条件不成立时所取的值。

◎Excel 常用函数/
条件函数

例如:IF( G2 > = 60,"及格","不及格"),表示当 G2 单元格的值大于等于 60 时,函数返回值为"及格",否则为"不及格"。

IF( )函数是可以嵌套使用的。例如,在上述"学生成绩表"中根据平均分在 J 列填充等级信息,对应关系为:平均分≥90 为优,80≤平均分<90 为良,70≤平均分<80 为中,60≤平均分<70 及格,平均分<60 为不及格。在 J2 单元格中输入如下函数即可:

= IF( I2 > = 90,"优",IF( I2 > = 80,"良",IF( I2 > = 70,"中",IF( I2 > = 60,"及格","不及格" ))))

用鼠标拖动 J2 单元格右下角的填充柄,将此公式复制到该列的其他单元格中。完成后的效果如图 5.29 所示。

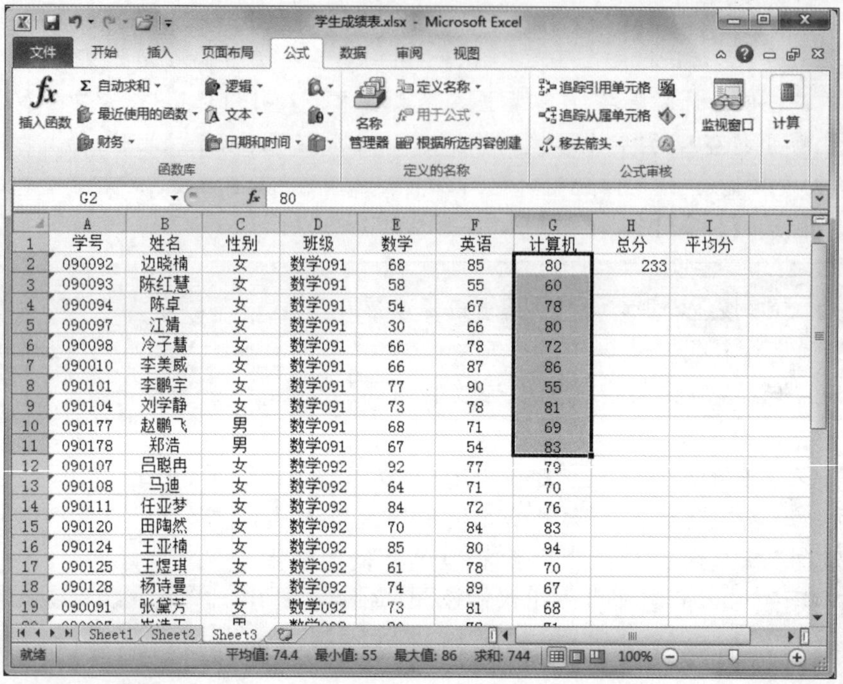

图 5.28　快速计算

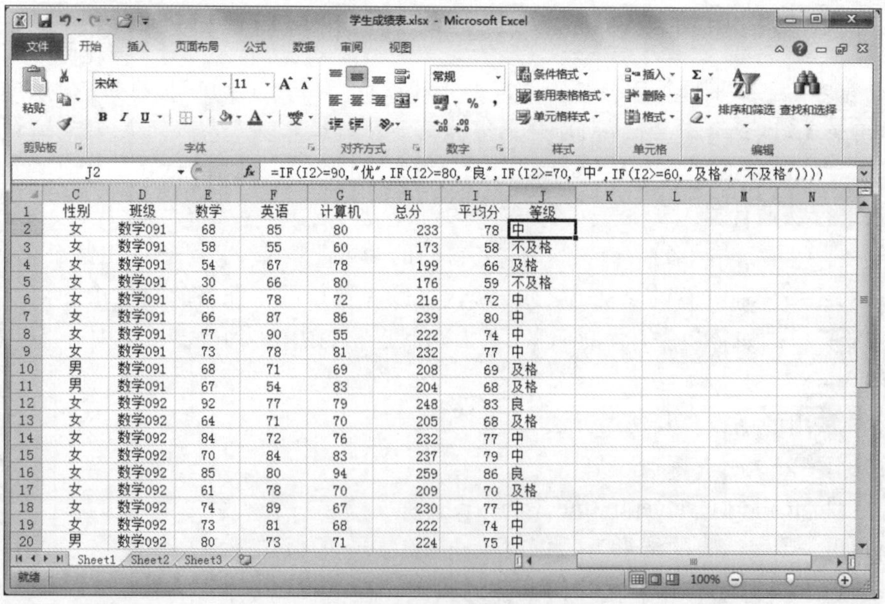

图 5.29　使用 IF 函数后的显示结果

(2)条件计数函数 COUNTIF( )

语法格式:COUNTIF ( range,criteria)

功能:返回 range 表示的区域中满足条件 criteria 的单元格的个数。

说明:range 为单元格区域,在此区域中进行条件测试。criteria 为用双引号括起来的比较条件表达式,也可以是一个数值常量或单元格地址。例如,条件可以表示为:"数学 092"、80、">90"、"80"或 E3 等。

例如,在"学生成绩表"中统计成绩等级为"中"的学生人数,可使用如下
公式:

= COUNTIF( J2 : J31 , "中")

若要统计计算机成绩≥80 的学生人数,可使用如下所示的公式表示:

= COUNTIF( G2 : G31 , " > = 80")

(3)频率分布统计函数 FREQUENCY( )

语法格式:FREQUENCY (data_array,bins_array)

功能:计算一组数据在各个数值区间的分布情况。

说明:其中,data_array 为要统计的数据(数组);bins_array 为统计的间距数据(数组)。若 bins_array 指定的参数为 $A_1, A_2, A_3, \cdots, A_n$,则其统计的区间 $X \leq A_1, A_1 < X \leq A_2, \cdots, A_{n-1} < X \leq A_n, X > A_n$,共 $n + 1$ 个区间。

◎Excel 常用函数/计数函数 count 和 countif

例如,若要在"学生成绩表"中统计计算机成绩≤59,59 < 成绩≤69,69 < 成绩≤79,79 < 成绩≤89,成绩 >89 的学生人数。具体步骤为:

① 在一个空白单元格区域(如 F34:F38)输入区间分割数据(59,69,79,89)单元格区域。

② 选择作为统计结果的数组输出区域,如 G34:G39 单元格区域。

③ 输入函数" = FREQUENCY(G2:G31,F34:F37)"。

④ 按下【Ctrl + Shift + Enter】组合键,执行后的结果如图 5.30 所示。

◎Excel 常用函数/频率分布统计

需要注意的是,在 Excel 中输入一般的公式或函数后,通常都是按【Enter】键表示确认,但对于含有数组参数的公式或函数(如 FREQUENCY( )函数),则必须按【Ctrl + Shift + Enter】组合键。

(4)统计排位函数 RANK. EQ( )

格式:RANK. EQ ( number,ref,[ order ])

功能:返回一个数字在数字列表中的排位。

说明:number 表示需要找到排位的数字,ref 表示对数字列表的引用。order 为数字排位的方式。如果 order 为 0(零)或省略,对数字的排位是基于 ref 为按照降序排列的列表;如果 order 不为零,则是基于 ref 为按照升序排列的列表。

◎Excel 常用函数/统计排位函数

图 5.30　使用 FREQUENCY( )函数后的显示结果

例如,若要对学生成绩表按照平均分进行排名,具体步骤为:

① 在 K2 单元格中输入函数:= RANK. EQ(I2,$I$2:$I$31),按【Enter】后,该单元格中显示 7。

② 选中 K2 单元格,用鼠标拖动 K2 单元格右下角的填充柄,即可将 K2 单元格的函数复制到对应的其他单元格,填充后的效果如图 5.31 所示。

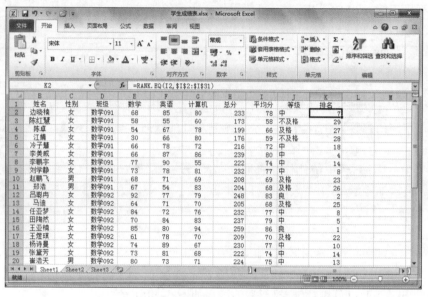

图 5.31　使用 RANK. EQ( )函数后的显示结果

注意:

　　在本例中排名是基于平均分列为降序排列的,因此排名第一的是平均分最高的学生。另外,在对数字列表进行引用时,需使用绝对引用。例如,本例中对 I 列中平均分数据的引用,应使用 $I$2:$I$31。此外,若平均分相同,则排名相同,例如 K8、K19、K30 单元格显示的排名均为 14,因此没有排名为 15、16 的数字,下一个排名显示的数字为 17。

# 5.4　数　据　图　表

　　图表是 Excel 最常用的对象之一,它是依据选定的工作表单元格区域内的数据,按照一定的数据系列而生成的,是工作表数据的图形表示方法。与工作表相比,图表具有更好的视觉效果,可方便用户查看数据的差异、图案和预测趋势。利用图表可以将抽象的数据形象化,当数据源发生变化时,图表中对应的数据也自动更新,使得数据更加直观,一目了然。Excel 提供的图表类型有以下几种:

① 柱形图:用于一个或多个数据系列中值的比较。

② 条形图:实际上是翻转了的柱形图。

③ 折线图:显示一种趋势,在某一段时间内的相关值。

④ 饼图:着重部分与整体间的相对大小关系,没有 X 轴、Y 轴。

⑤ XY 散点图:一般用于科学计算。

⑥ 面积图:显示在某一段时间内的累计变化。

## 5.4.1　创建图表

**1. 图表结构**

图表是由多个基本图素组成的,图 5.32 显示了一个学生成绩的图表。

◎图表操作/

图表基本概念

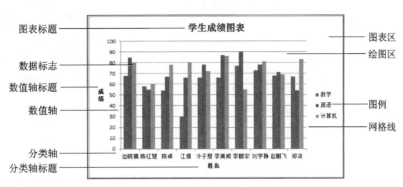

图 5.32　学生成绩图表

图表中常用的图素如下：

① 图表区：整个图表及其包含的元素。

② 绘图区：在二维图表中，以坐标轴为界并包含全部数据系列的区域；在三维图表中，绘图区以坐标轴为界并包含数据系列、分类名称、刻度线和坐标轴标题。

③ 图表标题：一般情况下，一个图表应该有一个文本标题，它可以自动与坐标轴对齐或在图表顶端居中。

④ 数据分类：图表上的一组相关数据点，取自工作表的一行或一列或不连续的单元格。图表中的每个数据系列以不同的颜色和图案加以区别，在同一图表上可以绘制一个以上的数据系列。

⑤ 数据标志：根据不同图表类型，数据标志可以表示数值、数据系列名称、百分比等。

⑥ 坐标轴：为图表提供计量和比较的参考线，一般包括 X 轴、Y 轴。

⑦ 刻度线：坐标轴上的短度量线，用于区分图表上的数据分类数值或数据系列。

⑧ 网格线：图表中从坐标轴刻度线延伸开来并贯穿整个绘图区的可选线条系列。

⑨ 图例：是图例项和图例项标示的方框，用于标示图表中的数据系列。

**2. 创建图表**

Excel 的图表分嵌入式图表和图表工作表两种。嵌入式图表是置于工作表中的图表对象，保存工作簿时该图表随工作表一起保存。图表工作表是工作簿中只包含图表的工作表。若在工作表数据附近插入图表，应创建嵌入式图表；若在工作簿的其他工作表上插入图表，应创建图表工作表。无论哪种图表都与创建它们的工作表数据相链接，当修改工作表数据时，图表会随之更新。

◎图表操作/
图表创建

生成图表，首先必须有数据源。这些数据要求以列或行的方式存放在工作表的一个区域中，若以列的方式排列，通常要以区域的第一列数据作为 X 轴的数据；若以行的方式排列，则要求区域的第一行数据作为 X 轴的数据。

下面以图 5.33 中的"学生成绩表.xlsx"工作簿的 Sheet2 中的数据为数据源来创建图表。

图 5.33　学生成绩表数据源

具体操作步骤如下：

① 选择用于创建图表的数据区域。

本例中用于创建图表的是"姓名"列与"数学"、"英语"、"计算机"3 科成绩,由于数据区域不连续,因此可先选中 B1:B11 单元格区域,然后在按住【Ctrl】键的同时选中 E1:G11 单元格区域即可。

② 选择图表类型。

在"插入"选项卡的"图表"选项组中选择某一种图表类型,然后在打开的下拉菜单中选择所需的图表子类型。若要查看所有可用的图表类型,可单击"图表"选项组右下角的按钮 ,打开"插入图表"对话框(见

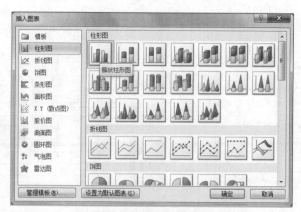

图 5.34  "插入图表"对话框

图 5.34),然后从左窗格中选择图表类型,从右窗格中选择对应的子图表类型,然后单击"确定"按钮。注意将鼠标停留在某种图表类型或子类型上时,屏幕上都将显示相应图表类型的名称。

本例中单击"图表"选项组中的"柱形图"按钮,在其下拉菜单中选择"二维柱形图"→"簇状柱形图"命令,此时则在工作表中插入了一个图表,如图 5.35 所示。

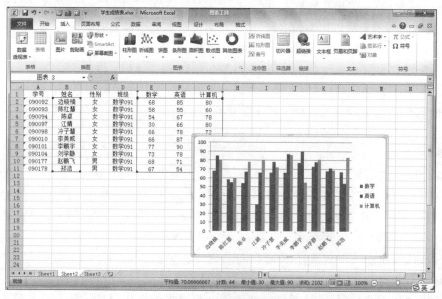

图 5.35  创建簇状柱形图图表

## 5.4.2  图表的编辑与格式化

创建的默认图表未必能满足用户的要求,此时可以对图表进行编辑修改及格式化等操作。图表的编辑与格式化是指按要求对图表内容、图表格式、图表布局和外观进行编辑和设置的操作,图表的编辑与格式化大都是针对图表的某些项进行的。

为实现对图表的操作,可先选中图表,此时功能区中将显示"图表工具"选项卡,其中包含"设计""布局"和"格式"选项卡。利用"图表工具"选项卡可完成对图表的各种编辑与设置。

**1. 图表的编辑**

编辑图表包括更换图表类型、数据源、图表的位置等。

(1)更改图表类型

选中图表,在"图表工具"的"设计"选项卡中单击"类型"选项组中的"更改图表类型"按钮,或右击图表,在弹出的快捷菜单中选择"更改图表类型"命令,均可打开"更改图表类型"对话框,如图 5.36 所示。在该对话框中可以重新选择一种图表类型,或针对当前的图表类型,重新选取一种子图表类型。

◎ 图表操作/

图表编辑/图表类型

（2）更改数据源

选中图表后,在"图表工具"的"设计"选项卡中单击"数据"选项组中的"选择数据"按钮,或右击图表区,在弹出的快捷菜单中选择"选择数据"命令,均打开"选择数据源"对话框,如图 5.37 所示。单击"图表数据区域"文本框后的折叠按钮,可回到工作表的数据区域重新选择数据源;在"图例项（系列）"列表框中,可单击"添加"按钮添加某一系列,或选中其中的某一系列,单击"删除"按钮将该系列的数据删除,单击"编辑"按钮对该系列的名称和数值进行修改。在"水平（分类）轴标签"列表框中可单击"编辑"按钮,对分类轴标签区域进行选择。更改完成后,新的数据源会体现到图表中。

◎ 图表操作/
图表编辑/数据源

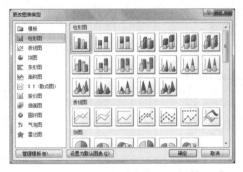

图 5.36　"更改图表类型"对话框

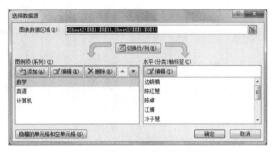

图 5.37　"选择数据源"对话框

（3）更改图表的位置

默认情况下,图表作为嵌入式图表与数据源出现在同一个工作表中,若要将其单独存放到一个工作表中,则需要更改图表的位置。

选中图表,在"图表工具"的"设计"选项卡"位置"选项组中单击"移动图表"按钮,或右击图表区,在弹出的快捷菜单中选择"移动图表"命令,则打开图 5.38 所示的"移动图表"对话框,选中"新工作表"单选按钮,在其后的文本框中输入该图表工作表的名称,单击"确定"按钮,结果如图 5.39 所示。

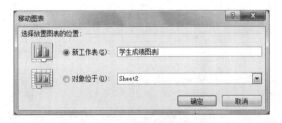

图 5.38　"移动图表"对话框

◎ 图表操作/
图表编辑/图表位置

**2. 图表布局**

（1）图表标题和坐标轴标题

为了使图表更易于理解,可以添加标题,如图表标题和坐标轴标题。图表标题主要用于说明图表的主题内容,坐标轴标题用于说明纵坐标和横坐标所表达的数据内容。

添加图表标题的方法为:选中图表,在"图表工具"的"布局"选项卡"标签"选项组中单击"图表标题"按钮,在弹出的下拉菜单中可选择"居中覆盖标题"或"图表上方"命令。

◎ 图表操作/
图表布局/图表标题

◎ 图表操作/图表布局/坐标轴标题

添加坐标轴标题的方法为:选中图表,在"图表工具"的"布局"选项卡"标签"选项组中单击"坐标轴标题"命令按钮,在其下拉菜单中可分别选择"主要横坐标标题"及"主要纵坐标标题"命令进行设置,如将主要横坐标标题设置为坐标轴下方标题,将主要纵坐标标题设置为竖排标题。

设置完成后,图表区中将显示内容为"图表标题"和"坐标轴标题"的文本框,分别选中这些文本框,并将其内容修改为所需的文本即可。图 5.40 所示为学生成绩图表添加图表标题和坐标轴标题后的效果。

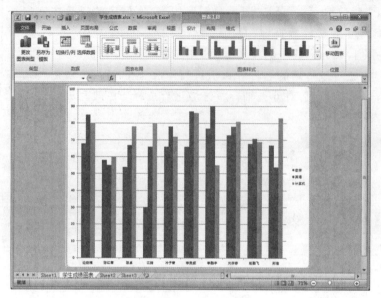

图 5.39　图表工作表

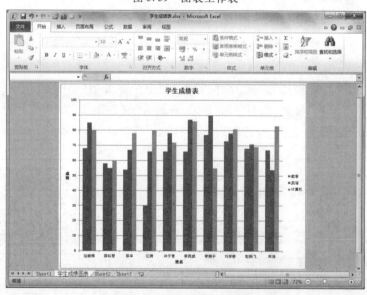

图 5.40　添加图表标题和坐标轴标题

(2)图例

选中图表,在"图表工具"的"布局"选项卡中单击"标签"选项组中的"图例"按钮,在其下拉菜单中可选择添加、删除或修改图例的位置。

(3)数据标签和模拟运算表

为了更清楚地表示系列中图形所代表的数据值,可为图表添加数据标签。

选中图表,在"图表工具"的"布局"选项卡中单击"标签"选项组中的"数据标签"按钮,在其下拉菜单中可

◎图表操作/
图表布局/图例

◎图表操作/
图表布局/图表标签

选择显示数据标签的位置,如居中、数据标签内、数据标签外等。图 5.41 所示为将数据标签添加在数据系列

上方后的效果。

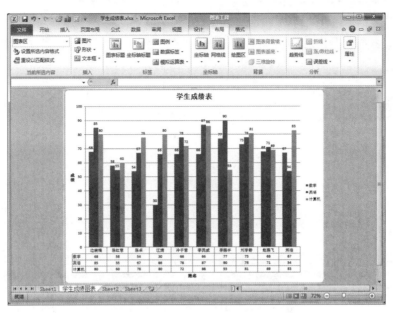

图 5.41　添加数据标签和模拟运算表

选中图表,在"图表工具"的"布局"选项卡中单击"标签"选项组的"模拟运算表"按钮,可在图表下添加一个完整的数据表,就像工作表的数据一样。

(4)坐标轴与网格线

坐标轴与网格线指绘图区的线条,它们都是用于度量数据的参照框架。选中图表,在"图表工具"的"布局"选项卡中单击"坐标轴"选项组中的"坐标轴"按钮,在其下拉菜单中可进行更改坐标轴的布局和格式的设置;同理,单击"网格线"按钮,可在其下拉菜单中取消或显示网格线。

**3. 图表格式的设置**

为了使图表看起来更加美观,可对图表中的元素设置不同的格式。设置图表的格式是指对图表中的各个图表元素进行文字、颜色、外观等格式的设置。"图表工具""格式"选项卡"形状样式"选项组中提供了很多预设轮廓、填充颜色与形状效果的组合效果,用户可以很方便地进行设置。除此之外,还可以根据需要对各个图表元素进行分别设置。具体方法为:

选中图表,选择"图表工具"的"格式"选项卡,在"当前所选内容"选项组中单击"图表元素"下拉按钮,在弹出的下拉列表中选择要更改格式样式的图表元素,如"垂直(值)轴",然后单击"设置所选内容格式"按钮,此时打开"设置坐标轴格式"对话框,如图 5.42 所示。在该对话框中可以对坐标轴的格式进行设置,如在左窗格中选择"坐标轴选项",在右窗格中可设置坐标轴的最大、最小值和刻度单位等。

另外,右击某一图表元素,如绘图区,在弹出的快捷菜单选择"设置绘图区格式"命令,或双击绘图区,均会打开"设置绘图区格式"对话框,如图 5.43 所示,从而可对绘图区的边框颜色和样式及填充效果等进行设置。

若要对图表元素的字体、字形、字号及颜色等进行设置,可先选中该图表元素,然后选择"开始"选项卡,在"字体"选项组中进行相应的设置。

◎图表操作/
格式设置/字体格式

◎图表操作/格式设置/坐标轴格式

◎图表操作/
格式设置/填充效果

◎图表操作/
格式设置/数据标签

图 5.42 "设置坐标轴格式"对话框

图 5.43 "设置绘图区格式"对话框

# 5.5 数据的管理

Excel 具有强大的数据管理功能。Excel 可以将数据清单视为一个数据库表,并通过对数据库表的组织、管理,实现数据的排序、筛选、汇总或统计等操作。

## 5.5.1 数据清单

### 1. 数据清单与数据库的关系

数据库是按照一定层次关系组织在一起的数据的集合,而数据清单是通过定义行、列结构将数据组织起来形成的一个二维表。Excel 将数据清单当作数据库来使用,数据清单形成的二维表属于关系型数据库,如表 5.9 所示。因此可以简单地认为,一个工作表中的数据清单就是一个数据库。在一个工作簿中可以存放多个数据库,而一个数据库只能存储在一个工作表中,例如,可以将表 5.9 所示的数据存储在 zggz. xlsx 工作簿的"职工档案管理"工作表中。

◎Excel 基本操作/
数据清单

**表 5.9 职工档案管理**

| 姓 名 | 出生日期 | 性 别 | 工 作 日 期 | 籍 贯 | 职 称 | 工 资 | 奖 金 |
|---|---|---|---|---|---|---|---|
| 张楷华 | 1966 年 11 月 4 日 | 男 | 1984 年 1 月 2 日 | 承德市 | 副教授 | 599.96 | 200 |
| 郭白桦 | 1968 年 3 月 8 日 | 女 | 1990 年 3 月 15 日 | 天津市 | 副教授 | 618.49 | 200 |
| 唐 虎 | 1970 年 2 月 3 日 | 男 | 1994 年 7 月 1 日 | 唐山市 | 讲师 | 400.29 | 150 |
| 赵思亮 | 1971 年 8 月 20 日 | 男 | 1995 年 7 月 1 日 | 保定市 | 讲师 | 460.24 | 120 |
| 宋大康 | 1965 年 2 月 18 日 | 男 | 1983 年 9 月 2 日 | 天津市 | 教授 | 686.71 | 300 |
| 树 林 | 1970 年 6 月 19 日 | 女 | 1994 年 6 月 15 日 | 唐山市 | 教授 | 830.65 | 300 |
| 武 进 | 1960 年 9 月 11 日 | 男 | 1978 年 2 月 23 日 | 唐山市 | 教授 | 956.49 | 300 |

由于数据清单是作为数据库来使用的,所以有必要简单了解一些数据库技术中的名词术语。

(1)字段、字段名

数据库的每一列称为一个字段,对应的数据为字段值,同列的字段值具有相同的数据类型,给字段起的名称为字段名,即列标志。列标志在数据库的第一行。数据库中所有字段的集合称为数据库结构。

(2)记录

字段值的一个组合为一个记录。在 Excel 中,一个记录存放在同一行中。

### 2. 创建数据清单

创建一个数据清单就是要建立一个数据库,首先要定义字段个数及字段名,即数据库结构,然后再创建数据库工作表。下面根据表 5.9 的数据,创建一个"职工档案管理"数据清单。具体操作步骤如下:

① 打开一个空白工作表,将工作表名改为"职工档案管理"。

② 在工作表的第一行中输入字段名"姓名""出生日期""性别"等。

至此就建立好了数据库的结构,下面即可输入数据库记录,记录的输入方法有两种:

一种方法是直接在单元格中输入数据,这种方法与单元格输入数据的方法相同,在此不再赘述。

另一种方法是通过记录单输入数据。默认情况下,"记录单"按钮不显示在功能区中,可将其添加到快速访问工具栏中以方便使用。具体步骤为:

① 单击快速访问工具栏右侧的"自定义快速访问工具栏"按钮,从弹出的下拉菜单中选择"其他命令"命令,打开"Excel 选项"对话框,如图 5.44 所示。

图 5.44　"Excel 选项"对话框

② 在"Excel 选项"对话框的左窗格中选择"快速访问工具栏"选项,从"从下列位置选择命令"下拉列表框中选择"所有命令"选项,然后在下方的列表框中找到"记录单"选项。单击"添加"按钮,再单击"确定"按钮,即可将"记录单"命令添加到快速访问工具栏中。

使用记录单添加输入数据的具体操作步骤如下:

① 选择快速访问工具栏中的"记录单"命令,打开图 5.45 所示的"职工档案管理"记录单。

② 单击第一个字段名旁边的文本框,输入相应的字段值;按【Tab】键或单击下一字段名旁边的文本框,使光标移到下一字段名对应的文本框中,输入字段值,直到一条记录输入完毕。

③ 按【Enter】键,准备输入下一条记录。

④ 重复步骤②、③的操作,直到数据库所有记录输入完毕,最后形成图 5.46 所示的"职工档案管理"数据清单。

图 5.45　"职工档案管理"记录单

图 5.46 "职工档案管理"数据清单

### 3. 数据清单的编辑

数据清单建立后,可继续对其进行编辑,包括对数据库结构的编辑(增加或删除字段)和数据库记录的编辑(修改、增加与删除等操作)。

数据库结构的编辑可通过插入列、删除列的方法实现;而编辑数据库记录可直接在数据清单中编辑相应的单元格,也可通过记录单对话框完成对记录的编辑。

### 5.5.2 数据排序

在数据清单中,可根据字段内容按升序或降序对记录进行排序,通过排序,可以使数据有序地排列,便于管理。对于数字的排序,可以按其大小顺序排列;对于英文文本项的排序,可以按其字母先后顺序排列;而对于汉字文本的排序,其主要目的是使相同的项目排列在一起。

◎Excel 数据处理/排序

#### 1. 单字段排序

排序之前,先在待排序字段中单击任一单元格,然后排序。排序的方法有如下两种:

① 单击"数据"选项卡"排序和筛选"选项组中的"升序"按钮 ↓ 或"降序"按钮 ↓,即可实现按该字段内容进行的排序操作。

② 单击"数据"选项卡"排序和筛选"选项组中的"排序"按钮 ,打开"排序"对话框,如图 5.47(a)所示。在对话框的"列"栏下的"主要关键字"下拉列表框中,选择某一字段名作为排序的主关键字,如职称。在"排序依据"栏选择排序类型,若要对文本、数字或日期和时间进行排序,可选择"数值"选项,若要按格式进行排序,可选择"单元格颜色""字体颜色"或"单元格图标"选项。在"次序"栏的下拉列表框中选择"升序"或"降序"选项,以指明记录按升序或降序排列。单击"确定"按钮,完成排序。

#### 2. 多字段排序

如果要对多个字段进行排序,则应使用"排序"对话框来完成。在"排序"对话框中首先选择"主要关键字",指定排序依据和次序;然后单击"添加条件"按钮,增加"次要关键字"及其"排序依据"和"次序",如图 5.47(b)所示,可根据需要依次进行选择。若还有其他关键字,可再次单击"添加条件"按钮进行添加。在多字段排序时,首先按主要关键字排序,若主要关键字的数值相同,则按次要关键字进行排序,若次要关键字的数值相同,则按第三关键字排序,以此类推。

在图 5.47 所示的"排序"对话框中单击"选项"按钮,可打开"排序选项"对话框(见图 5.48)。在该对话框中,还可设置区分大小写,按行、列排序,按字母、笔画排序等选项。

（a）单字段排序

（b）多字段排序

图 5.47 "排序"对话框

### 3. 自定义排序

在实际应用中,有时需要按照特定的顺序排列数据清单中的数据,特别是在对一些汉字信息进行排列时,就会有这样的要求。例如,对图 5.46 所示数据清单的"职称"列进行降序排序时,Excel 给出的排序顺序是"教授—讲师—副教授",如果用户需要按照"教授—副教授—讲师"的顺序排列,就要用到自定义排序功能了。

（1）按列自定义排序

图 5.48 "排序选项"对话框

具体操作步骤如下:

① 打开图 5.46 所示的"职工档案管理"工作表,并将光标置于数据清单的一个单元格中。

② 选择"文件"→"选项"命令,在打开的"Excel 选项"对话框的左窗格选择"高级"选项,在右窗格中单击"常规"选项组中的"编辑自定义列表"按钮,打开"自定义序列"对话框,如图 5.49 所示。在"自定义序列"列表框中选择"新序列"选项,在"输入序列"列表框中输入自定义的序列"教授""副教授""讲师"。输入的每个项目之间要用英文逗号隔开,或者每输入一个项目就按一次【Enter】键。

③ 单击"添加"按钮,则该序列被添加到"自定义序列"列表框中,单击"确定"按钮,返回到"Excel 选项"对话框,再次单击"确定"按钮,则可返回到工作表中。

④ 单击"数据"选项卡"排序和筛选"选项组中的"排序"按钮,在打开的"排序"对话框中单击"次序"下拉按钮,从中选择"自定义序列"选项,打开"自定义序列"对话框。

⑤ 在"自定义序列"列表框中选择刚刚添加的排序序列,单击"确定"按钮,返回到"排序"对话框中。此时,"次序"下拉列表框中显示"教授,副教授,讲师"。"次序"下拉列表框中有"教授,副教授,讲师"和"讲师,副教授,教授"两个选项,分别表示降序和升序,如图 5.50 所示。

⑥ 选择"教授,副教授,讲师"选项,单击"确定"按钮,记录就按照自定义的排序次序进行排列,如图 5.51 所示。

图 5.49 "自定义序列"对话框

图 5.50 "排序"对话框

（2）按行自定义排序

按行自定义排序的操作过程和按列自定义排序的操作过程基本相同。在图 5.48 所示的"排序选项"对话框的"方向"选项组中选中"按行排序"单选按钮即可。

图 5.51    按列自定义排序的结果

### 5.5.3    数据筛选

数据筛选可使用户快速而方便地从大量数据中查询到所需要的信息。Excel 提供两种筛选方法：自动筛选和高级筛选。

**1. 自动筛选**

自动筛选是将不满足条件的记录暂时隐藏起来，屏幕上只显示满足条件的记录。

（1）筛选方法

① 单击"数据"选项卡"排序和筛选"选项组中的"筛选"按钮，则各字段名的右侧增加了下拉按钮。

◎Excel 数据处理/
自动筛选

② 单击某字段名右侧的下拉按钮，如"工资"字段，则显示有关该字段的下拉列表，如图 5.52(a)所示。该列表的底部列出了当前字段所有的数据值，可清除"（全选）"复选框，然后选择其中要作为筛选依据的值。选择"数字筛选"命令，可打开其级联菜单，如图 5.52(b)所示，其中列出了一些比较运算符命令，如"等于""不等于""大于""小于"等选项。还可选择"自定义筛选"命令，在打开的"自定义自动筛选方式"对话框中进行其他条件设置。

③ 如果要使用基于另一列数值的附加条件，则在另一列中重复步骤②。若对某一字段进行了自动筛选，则该字段名后面的按钮显示为 ▼。

（2）自动筛选的筛选条件

以图 5.46 所示"职工档案管理"数据清单为例，说明选定筛选条件的方法。

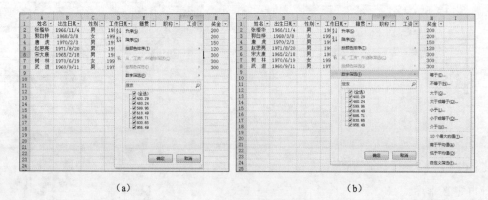

（a）                                                                （b）

图 5.52    选择"自动筛选"命令

【例 5.1】筛选"职称"为"讲师"的记录。

【解】　单击"职称"字段后的下拉按钮,在其下拉列表中取消"(全选)"复选框,然后选择"讲师"选项。

【例 5.2】筛选"工资"最高的前 5 个记录。

【解】　单击"工资"字段后的下拉按钮,在其下拉列表中选择"数字筛选"→"10 个最大的值"命令,打开"自动筛选前 10 个"对话框,如图 5.53 所示。在左边下拉列表框中选择"最大"选项,在右边的下拉列表中选择"项"选项,在中间的微调框中选择"5"。

【例 5.3】筛选"工资"小于等于 900、大于等于 500 的记录。

【解】　单击"工资"字段后的下拉按钮,在其下拉列表中选择"数字筛选"→"自定义筛选"命令,打开"自定义自动筛选方式"对话框,在左边的下拉列表框中选择与该数据之间的关系,如"大于""等于"等,在右边的下拉列表框中输入数据,"与""或"选项表示上、下两个条件的关系。筛选条件的设置如图 5.54 所示。

图 5.53　"自动筛选前 10 个"对话框

图 5.54　"自定义自动筛选方式"对话框

注意:

① 自动筛选后只显示满足条件的记录,它是数据清单记录的子集,一次只能对工作表中的一个数据清单使用自动筛选命令。

② 使用"自动筛选"命令,对一列数据最多可以应用两个条件。

③ 对一列数据进行筛选后,可对其他数据列进行双重筛选,但可筛选的记录只能是前一次筛选后数据清单中显示的记录。

例如,筛选"职称"为"教授"、"工资"大于 800 的记录。可先通过自动筛选,筛选出"职称"为"教授"的记录,再对筛选出的记录进行二次自动筛选,筛选出"工资"大于 800 的记录。

④ 在进行自动筛选时,单击字段名后的下拉按钮,在打开的下拉列表中根据字段值类型的不同将显示不同的命令,如若字段值为数值型,则显示"数字筛选";若类型为文本,则显示"文本筛选";若类型为日期型,则显示"日期筛选"。

（3）自动筛选的清除

执行完自动筛选后,不满足条件的记录将被隐藏,若希望将所有记录重新显示出来,可通过对筛选列的清除来实现。例如要清除对"职称"列的筛选,可单击"职称"名后的"筛选"按钮 ，在打开的下拉列表中选择"从职称中清除筛选"命令。

若希望清除工作表中的所有筛选并重新显示所有行,可在"数据"选项卡的"排序和筛选"组中单击"清除"按钮。

若希望清除各个字段名后的下拉按钮,则可在"数据"选项卡上的"排序和筛选"选项组中,再次单击"筛选"按钮。

**2. 高级筛选**

如果通过自动筛选还不能满足筛选需要,就要用到高级筛选功能。高级筛选可以设定多个条件对数据进行筛选,还可以保留原数据清单的显示,而将筛选结果显示到工作表的其他区域。

进行高级筛选时,首先要在数据清单以外的区域输入筛选条件,然后通过"高级筛选"对话框对筛选数据的区域、条件区域及筛选结果放置区域进行设置,进而实现筛选操作。下面首先对如何表示筛选条件进行说明,然后结合一个具体实例说明高级筛选的操作方法。

（1）筛选条件的表示

① 单一条件:在输入条件时,首先要输入筛选条件涉及字段的字段名,然后将该字段的条件写到字段名

下面的单元格中,图 5.55 所示为单一条件的例子,其中图 5.55(a)表示"职称为教授"的条件,图 5.55(b)表示"工资大于 600"的条件。

◎Excel 数据处理/高级筛选条件

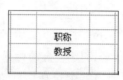

(a) 职称为教授

(b) 工资大于 600

图 5.55　单一条件

② 复合条件:Excel 在表示复合条件时,遵循这样的原则:在同一行表示的条件为"与"关系;在不同行表示的条件为"或"关系。图 5.56 所示为复合条件的例子。

| 职称 | 性别 |
|------|------|
| 讲师 | 男 |

（a）复合条件 1

| 工资 | 工资 |
|------|------|
| >600 | <900 |

（b）复合条件 2

| 职称 |
|------|
| 教授 |
| 副教授 |

（c）复合条件 3

| 职称 | 工资 |
|------|------|
| 讲师 |  |
|  | >600 |

（d）复合条件 4

| 职称 | 工资 |
|------|------|
| 教授 | >800 |
| 副教授 | >600 |

（e）复合条件 5

图 5.56　复合条件

其中:

● 图 5.56(a)表示"职称是讲师且性别为男"的条件;
● 图 5.56(b)表示"工资大于 600 且小于 900"的条件;
● 图 5.56(c)表示"职称是教授或者是副教授"的条件;
● 图 5.56(d)表示"职称是讲师或者工资大于 600"的条件;
● 图 5.56(e)表示"职称是教授同时工资大于 800,或者职称是副教授同时工资大于 600"的条件。

(2)高级筛选举例

【例 5.4】针对图 5.46"职工档案管理"数据清单,筛选出"职称是教授同时工资大于 800,和职称是副教授同时工资大于 600"的记录。要求条件区域为 C10:D12,将筛选的结果放到 A15 起始单元格中。

◎Excel 数据处理/
高级筛选示例

具体操作步骤如下:

① 在 C10:D12 单元格区域中输入条件。

② 将光标置于数据清单区中,然后单击"数据"选项卡"排序和筛选"选项组中的"高级"按钮,打开图 5.57 所示的"高级筛选"对话框。

③ 在对话框的"列表区域"文本框中,Excel 已经自动选中了数据清单的区域,如需要重新选择,单击右侧的折叠按钮,然后用鼠标拖动选择数据清单的数据区域。

④ 在对话框的"条件区域"文本框中输入条件区域的引用,也可以单击右侧的折叠按钮,然后用鼠标拖动选择条件的单元格区域 C10:D12。

⑤ 在对话框的"方式"选项组中选中"将筛选结果复制到其他位置"单选按钮,然后在"复制到"文本框中输入需要复制到的起始单元格 A15 的引用,也可以单击右侧的折叠按钮,然后用鼠标选中需要复制到的起始单元格 A15。

图 5.57　"高级筛选"对话框

⑥ 单击"确定"按钮,完成高级筛选操作,如图 5.58 所示。

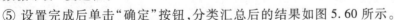

图 5.58　高级筛选的例子

### 5.5.4　数据分类汇总

分类汇总是按照某一字段的字段值对记录进行分类(排序),然后对记录的数值字段进行统计操作。

对数据进行分类汇总,首先要对分类字段进行分类排序,使相同的项目排列在一起,这样汇总才有意义。因此,在进行分类汇总操作时一定要先按照分类项排序,再进行汇总操作。下面通过实际例子说明分类汇总的操作。

◎Excel 数据处理/
分类汇总

【例 5.5】针对图 5.46"职工档案管理"数据清单,按"职称"汇总"工资""奖金"字段的平均值,即统计出不同职称职工的工资和奖金平均值。

具体操作步骤如下:

① 按"职称"进行排序操作(假定为升序)。打开"职工档案管理"数据清单,选中"职称"列中的任一单元格,单击"数据"选项卡"排序和筛选"选项组中"升序"按钮,则对该数据清单的"职称"字段进行了升序排序。

② 单击"数据"选项卡"分级显示"选项组中的"分类汇总"按钮,打开"分类汇总"对话框,如图 5.59 所示。

③ 在"分类字段"下拉列表框中选择"职称"选项,确定要分类汇总的列,在"汇总方式"列表框中选择"平均值"选项,在"选定汇总项"列表框中选中"工资"和"奖金"复选框。

④ 如果需要每个分类汇总后有一个自动分页符,则选中"每组数据分页"复选框;如果希望分类汇总结果显示在数据下方,则选中"汇总结果显示在数据下方"复选框。

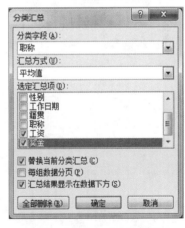

图 5.59　"分类汇总"对话框

⑤ 设置完成后单击"确定"按钮,分类汇总后的结果如图 5.60 所示。

当分类字段是多个时,可先按一个字段进行分类汇总,之后将更小分组的分类汇总插入到现有的分类汇总组中,实现多个分类字段的分类汇总。

从图 5.60 中可以看到,分类汇总的左上角有一排数字按钮。1为第一层,代表总的汇总结果范围;按钮2为第二层,可以显示第一、二层的记录;以此类推。按钮用于显示明细数据;按钮则用于隐藏明细数据。

如果进行完分类汇总操作后,想要回到原始的数据清单状态,可以删除当前的分类汇总,只要再次打开"分类汇总"对话框,并单击"全部删除"按钮即可,如图 5.59 所示。

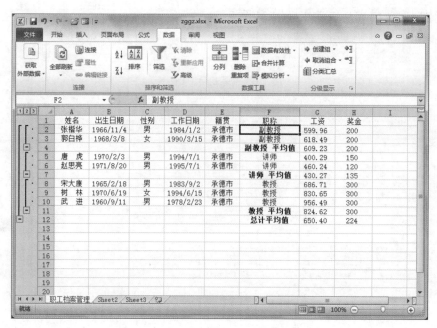

图 5.60　按职称分类汇总的结果

### 5.5.5　数据透视表和数据透视图

数据透视表是一种对大量数据快速汇总和建立交叉列表的交互式表格。可以转换行以查看源数据的不同汇总结果,也可以显示不同页面以筛选数据,还可以根据需要显示区域中的明细数据。而数据透视图则是通过图表的方式显示和分析数据。

#### 1. 数据透视表有关概念

数据透视表一般由 7 部分组成:页字段、页字段项、数据字段、数据项、行字段、列字段、数据区域。图 5.61所示为一个数据透视表,该数据透视表分别统计了不同性别及不同职称职工的工资的和。

图 5.61　数据透视表

① 页字段:页字段是数据透视表中指定为页方向的源数据清单或数据库中的字段。

② 页字段项:源数据清单或数据库中的每个字段、列条目或数值都将成为页字段列表中的一项。

③ 数据字段:含有数据的源数据清单或数据库中的字段项称为数据字段。

④ 数据项:数据项是数据透视表字段中的分类。

⑤ 行字段:行字段是在数据透视表中指定行方向的源数据清单或数据库中的字段。

⑥ 列字段:列字段是在数据透视表中指定列方向的源数据清单或数据库中的字段。

⑦ 数据区域:是含有汇总数据的数据透视表中的一部分。

#### 2. 数据透视表的创建

下面以图 5.62 所示小家电订货单为例说明具体操作步骤:

◎Excel 数据处理/
数据透视表

① 打开"小家电订货单.xlsx"工作簿的"订货单"工作表,单击"插入"选项卡"表格"组中的"数据透视表"按钮,在打开的下拉菜单中选择"数据透视表"命令,打开"创建数据透视表"对话框,如图 5.63 所示。

图 5.62　小家电订货单

图 5.63　"创建数据透视表"对话框

② 在该对话框中可确定数据源区域和数据透视表的位置。在"请选择要分析的数据"选项组中选中"选择一个表或区域"单选按钮,在"表/区域"文本框中输入或使用鼠标选取数据区域。一般情况下 Excel 会自动识别数据源所在的单元格区域,如果需要重新选定,可单击右侧的折叠按钮,然后用鼠标拖动选取数据源区域即可。在"选择放置数据透视表的位置"选项组中可选择将数据透视表创建在一个新工作表中还是在当前工作表,这里选择"新建工作表"单选按钮。

③ 单击"确定"按钮,则将一个空的数据透视表添加到新工作表中,并在右侧窗格中显示数据透视表字段列表,如图 5.64 所示。

图 5.64　数据透视表字段列表

④ 选择相应的页、行、列标签和数值计算项后，即可得到数据透视表的结果。本例中单击"地区"字段并将其拖动到"报表筛选"区域，单击"城市"字段并将其拖动到"行标签"区域，单击"订货日期"字段并将其拖动到"列标签"区域，单击"订货金额"字段并将其拖动到"数值"区域，生成的最终结果如图 5.65 所示。

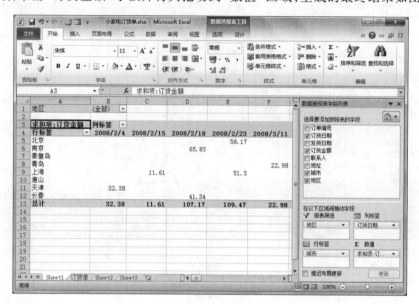

图 5.65　创建完成的数据透视表

至此，制作完成了一个数据透视表，用户可以自由地操作它来查看不同的数据项目。

数据透视表创建好后，还可以根据需要对其进行分组或格式的设置，以便得到用户关注的信息。例如，若要创建订货单的月报表、季度报表或者年报表，可以在数据透视表中选中单击某个订货日期，选择"数据透视表工具"的"设计"选项卡，单击"分组"选项组中的"将所选内容分组"按钮，或右击订货日期字段，在弹出的快捷菜单中选择"创建组"命令，均可打开"分组"对话框，如图 5.66 所示。在"起始于"和"终止于"文本框中输入一个时间间隔，然后在"步长"列表框中选择"季度"选项，即要对 2008 年的销售金额按照季度的方式查阅（如果想生成月报表，就选择"月"；想生成年报表，就选择"年"）。这样，数据透视表又有了另外一种布局，如图 5.67 所示。

图 5.66　"分组"对话框

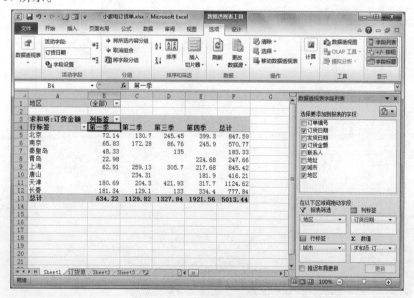

图 5.67　改变布局后的报表 1

如果想查看某个地区、某个城市的明细数据,只需单击页字段、行字段和列字段右侧的下拉按钮,选择相关字段即可。如单击"地区"下拉按钮,选择其下拉列表中的"华北"选项,单击"城市"下拉按钮,只选其下拉列表中的"天津"选项,再将"联系人"拖入行标签区域内,工作表就会变成图 5.68 所示的样子。

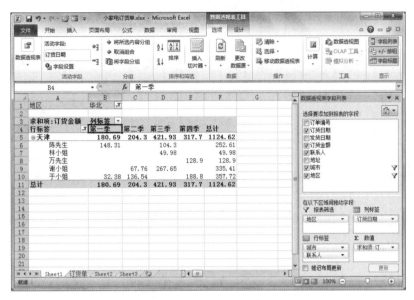

图 5.68　改变布局后的报表 2

### 3. 数据透视表数据的更新

对于建立了数据透视表的数据清单,其数据的修改并不影响数据透视表,即数据透视表中的数据不随其数据源中的数据发生变化,这时必须更新数据透视表数据。操作为:将活动单元格放在数据区的任一单元格中,单击"数据透视表工具"的"选项"选项卡"数据"选项组中的"刷新"按钮,完成对数据透视表的更新。

### 4. 数据透视表中字段的添加或删除

在建立好的数据透视表中可以添加或删除字段。其操作方法为:单击建立的数据透视表中的任一单元格,在窗口右侧显示"数据透视表字段列表"窗格。若要添加字段,则将相应的字段按钮拖动到相应的行、列标签或数值区域内;若要删除某一字段,则将相应字段按钮从行、列标签或数值区域内拖出即可。应注意在删除某个字段后,与这个字段相连的数据也将从数据透视表中删除。

### 5. 数据透视表中分类汇总方式的修改

使用数据透视表对数据表进行分类汇总时,可以根据需要设置分类汇总方式。在 Excel 中,默认的汇总方式为求和汇总。若要在已有的数据透视表中修改汇总方式,则可采用如下方法:

在"数值"区域内单击汇总项,在弹出的下拉列表中选择"值字段设置"命令,可打开图 5.69 所示的对话框,在"计算类型"列表框中选择所需的汇总方式,单击"数字格式"按钮可打开"设置单元格格式"对话框,从中可对数值的格式进行设置。

### 6. 数据透视图的创建

数据透视表用表格来显示和分析数据,而数据透视图则通过图表的方式显示和分析数据。创建数据透视图的操作步骤与创建数据透视表类似,在"插入"选项卡中单击"表格"选项组中的"数据透视表"按钮,在弹出的下拉菜单中选择"数据透视图"命令。

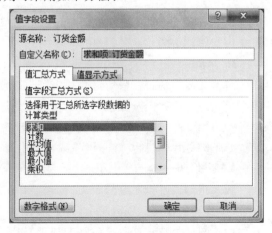

图 5.69　"值字段设置"对话框

# 第6章　演示文稿制作软件 PowerPoint 2010

PowerPoint 2010 是办公自动化软件 Microsoft Office 2010 家族中的一员,主要用于设计、制作广告宣传、产品展示和课堂教学课件等电子版幻灯片,制作的演示文稿可以通过计算机屏幕或大屏幕投影仪播放,是人们在各种场合下进行信息交流的重要工具,也是计算机办公软件的重要组成部分。

本章主要介绍 PowerPoint 2010 的基本操作方法,以及如何使用 PowerPoint 2010 来制作演示文稿。

## 学习目标

- 了解 PowerPoint 的基本知识,包括基本概念及术语,PowerPoint 2010 的工作环境及演示文稿的创建。
- 掌握演示文稿的编辑与格式化。
- 掌握幻灯片的放映设置,包括设置动画效果、切换效果、超链接以及幻灯片中多媒体技术的运用。
- 掌握演示文稿的放映。

## 6.1　PowerPoint 2010 基本知识

### 6.1.1　PowerPoint 2010 的基本概念及术语

在制作 PowerPoint 电子演示文稿的过程中,涉及一些 PowerPoint 中的基本概念和术语,下面对其进行介绍。

**1. 演示文稿**

把所有为某一个演示而制作的幻灯片单独存放在一个 PowerPoint 文件中,这个文件就称为演示文稿。演示文稿由演示时用的幻灯片、发言者备注、概要、通报、录音等组成,以文件形式存放在 PowerPoint 文件中,该类文件的扩展名是 .pptx。

◎基本概念/术语

**2. 幻灯片**

在 PowerPoint 演示文稿中创建和编辑的单页称为幻灯片。演示文稿由若干张幻灯片组成,制作演示文稿就是制作其中的每一张幻灯片。

**3. 对象**

演示文稿中的每一张幻灯片是由若干对象组成的,对象是幻灯片重要的组成元素。插入幻灯片中的文字、图表、组织结构图及其他可插入元素,都是以一个个的对象的形式出现在幻灯片中。用户可以选择对象,修改对象的内容或大小,移动、复制或删除对象;还可以改变对象的属性,如颜色、阴影、边框等。所以,制作一张幻灯片的过程,实际上是编辑其中每一个对象的过程。

**4. 版式**

版式指幻灯片上对象的布局,包含了要在幻灯片上显示的全部内容,如标题、文本、图片、表格等的格式设置、位置和占位符。PowerPoint 中包含 9 种内置幻灯片版式,如标题幻灯片、标题与内容、两栏内容等,默认为标题幻灯片。这些版式中基本都包含有占位符("空白"版式除外),每种版式预定了幻灯片的布局形式,不同版式的占位符是不同的。每种对象的占位符用虚线框表示,并且包含有提示文字,可以根据这些提示在占位符中插入标题、文本、图片、图表、组织结构图等内容。

**5. 占位符**

顾名思义,占位符就是预先占住一个固定的位置,等待用户输入内容。绝大部分幻灯片版式中都有这种占位符,它在幻灯片上表现为一种虚线框,框内往往有"单击此处添加标题"或"单击此处添加文本"之类的提示语,一旦用鼠标单击虚线框内部之后,这些提示语就会自动消失。

占位符相当于版式中的容器,可容纳如文本(包括正文文本、项目符号列表和标题)、表格、图表、SmartArt图形、影片、声音、图片及剪贴画等内容。占位符是由程序自动添加的,具有很多特殊的功能,例如在母版中设定的格式可以自动应用到占位符中;在对占位符进行缩放时,其中的文字大小会随占位符的大小进行自动调整等。

**6. 母版**

母版是指一张具有特殊用途的幻灯片,其中已经设置了幻灯片的标题和文本的格式与位置,其作用是统一文稿中包含的幻灯片的版式。因此,对母版的修改会影响到所有基于该母版的幻灯片。

**7. 模板**

模板是指一个演示文稿整体上的外观设计方案,它包含版式、主题颜色、主题字体、主题效果及幻灯片背景图案等。PowerPoint 所提供的模板都表达了某种风格和寓意,适用于某方面的演讲内容。PowerPoint 的模板以文件的形式被保存在指定的文件夹中,其扩展名为 .potx。

## 6.1.2　PowerPoint 2010 的窗口与视图

**1. PowerPoint 2010 窗口**

图 6.1 所示为 PowerPoint 2010 的窗口界面,与其他 Office 2010 组件的窗口基本相同,窗口主要包括了一些基本操作工具,如标题栏、快速访问工具栏、"文件"选项卡、功能区、状态栏等。此外,窗口中还包括 PowerPoint 所独有的部分,如幻灯片编辑窗格、备注窗格、任务窗格等。下面对这些 PowerPoint 独有的部分进行简介。

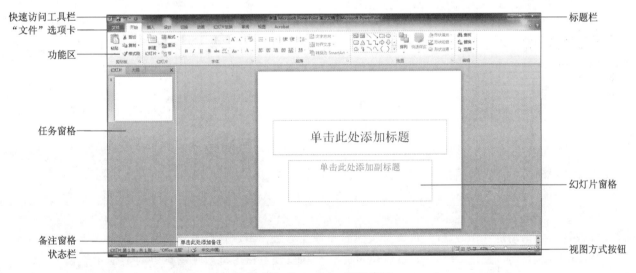

图 6.1　PowerPoint 2010 窗口

(1)幻灯片窗格

幻灯片窗格位于工作窗口中间,其主要任务是进行幻灯片的制作、编辑和添加各种效果,还可以查看每张幻灯片的整体效果。它所显示的文本内容和大纲视图中的文本是相同的。

(2)任务窗格

任务窗格位于幻灯片编辑窗格的左侧,包含"幻灯片"和"大纲"两个选项卡,通过这两个选项卡可以控制任务窗格的显示形式。

在"大纲"选项卡下,任务窗格中仅显示幻灯片中的文本内容,不显示表格、图片、艺术字等其他对象,此时可对幻灯片的文字内容直接进行编辑,也可通过用鼠标单击某个幻灯片来实现幻灯片间的切换,还可以用鼠标直接拖动幻灯片来改变幻灯片的顺序。

在"幻灯片"选项卡下,幻灯片在任务窗格中以缩略图的形式显示,此时可以很方便地对幻灯片进行浏览、复制、删除、移动、插入等编辑操作。例如通过选取幻灯片来实现幻灯片间的切换,用鼠标拖动幻灯片以改变幻灯片的顺序,但是不可对幻灯片的文字内容直接进行编辑。

（3）备注窗格

备注窗格位于幻灯片编辑窗格的下方,主要用于给每张幻灯片添加备注,为演讲者提供信息。在备注窗格中不能插入图片等对象。

（4）视图方式按钮

视图方式按钮提供了 4 个视图切换按钮,分别为"普通视图"按钮、"幻灯片浏览"按钮、"阅读视图"按钮和"幻灯片放映"按钮。用户通过单击这些按钮可在不同的视图模式中预览演示文稿。

**2. PowerPoint 2010 的视图**

为使演示文稿便于浏览和编辑,PowerPoint 2010 根据不同的需要提供了多种视图方式来显示演示文稿的内容。

（1）普通视图

普通视图是 PowerPoint 2010 创建演示文稿的默认视图,实际上是阅读视图、幻灯片视图和备注页视图 3 种模式的综合,是最基本的视图模式。它将工作区分为 3 个窗格,在窗口左侧显示的是任务窗格,右上方是幻灯片窗格,下方是备注窗格,用户可根据需要调整窗口大小比例。

◎基础知识/视图方式

在普通视图下,用户可以方便地在幻灯片窗格中对幻灯片进行各种操作,因此大多数情况下都选择普通视图。

若要切换到普通视图,可单击视图方式按钮中的"普通视图"按钮▣,也可以单击"视图"选项卡"演示文稿视图"选项组中的"普通视图"按钮。

（2）幻灯片浏览视图

在幻灯片浏览视图中,演示文稿中的幻灯片是整齐排列的,可以从整体上对幻灯片进行浏览,对幻灯片的顺序进行排列和组织。并可以对幻灯片的背景、配色方案进行调整,还可以同时对多个幻灯片进行移动、复制、删除等操作。

若要切换到幻灯片浏览视图,可单击视图方式按钮中的"幻灯片浏览视图"按钮▦,也可以选择"视图"选项卡"演示文稿视图"选项组中的"幻灯片浏览"按钮。

（3）备注页视图

备注页视图用于显示和编辑备注页,在该视图下,既可插入文本内容,也可以插入图片等对象信息。

单击"视图"选项卡"演示文稿视图"选项组中的"备注页"按钮,可以切换到备注页视图。

（4）母版视图

母版视图包括幻灯片母版视图、讲义母版视图和备注母版视图。它们是存储有关演示文稿信息的主要幻灯片,其中包括背景、颜色、字体、效果、占位符的大小和位置。使用母版视图可以对与演示文稿关联的每张幻灯片、备注页或讲义的样式进行全局更改。

在"视图"选项卡中的"母版视图"组中可单击相应的命令按钮进行不同母版视图的切换。

（5）幻灯片放映视图

幻灯片放映视图显示的是演示文稿的放映效果,是制作演示文稿的最终目的。在这种全屏幕视图中,可以看到图形、时间、影片、动画等元素以及对象的动画效果和幻灯片的切换效果。

单击视图方式按钮中的"幻灯片放映"按钮▤,或按快捷键【Shift + F5】均可从当前编辑的幻灯片开始放映,即进入幻灯片放映视图。

（6）阅读视图

阅读视图用于在方便审阅的窗口中查看演示文稿,而不使用全屏的幻灯片放映视图。

若要切换到阅读视图,可单击视图方式按钮中的"阅读视图"按钮█,也可以单击"视图"选项卡"演示文稿视图"选项组中的"阅读视图"命令按钮。

### 6.1.3　演示文稿的创建

**1. 创建空演示文稿**

启动 PowerPoint 2010 后,程序默认会新建一个空白的演示文稿,该演示文稿只包含一张幻灯片,采用默认的设计模板,版式为"标题幻灯片",文件名为演示文稿 1. pptx,如图 6.1 所示。

若 PowerPoint 应用程序已启动,单击"文件"→"新建"命令,在"可用模板和主题"栏中选择"空白演示文稿"选项,如图 6.2 所示,单击"创建"按钮,即可创建一个新的空白演示文稿。

创建空白演示文稿具有较大程度的灵活性,用户可以使用颜色、版式和一些样式特性,充分发挥自己的创造力。

图 6.2　选择"空白演示文稿"选项

**2. 根据模板创建演示文稿**

PowerPoint 2010 提供了丰富多彩的设计模板,使用模板创建演示文稿非常方便、快捷。用户可以根据系统提供的内置模板创建新的演示文稿,也可以从 Office. com 模板网站上下载所需的模板进行创建,还可以使用已安装到本地驱动器上的模板。

（1）使用内置模板

具体步骤为:选择"文件"→"新建"命令,在"可用模板和主题"栏中选择"样本模板"选项,打开样本模板列表,如图 6.3 所示。从中选择合适的模板,然后单击"创建"按钮,即可创建一个基于该模板的演示文稿。

图 6.3　"样本模板"列表

（2）使用 Office. com 网站上的模板

Office. com 的模板网站提供了许多模板,如贺卡、信封、日历等。选择"文件"→"新建"命令,在打开的

"可用模板和主题"栏中的"Office.com 模板"栏选择所需的模板类型进行下载即可。

（3）使用本机上的模板

选择"文件"→"新建"命令,在"可用模板和主题"栏中选择"我的模板"选项,在打开的"新建演示文稿"对话框中选择所需的模板,然后单击"确定"按钮,即可将该模板应用于演示文稿。

**3. 根据现有演示文稿创建新文稿**

"根据现有内容新建"是指利用已经存在的演示文稿,并在此基础上进行进一步编辑加工。需要说明的是,该方法在直接利用已有的演示文稿创建新的演示文稿过程中,只是创建了原有演示文稿的副本,不会改变原文件的内容。

在图 6.2 所示的"可用模板和主题"栏中选择"根据现有内容新建"选项,在打开的"根据现有演示文稿新建"对话框中选择适当的演示文稿,即可将选中的演示文稿调入当前的编辑环境。用户只要在此基础上编辑修改,即可在已有的演示文稿基础上创建新演示文稿。

**4. 根据主题创建演示文稿**

PowerPoint 中不仅提供了模板,还提供了一些主题,用户可以创建基于主题的演示文稿。使用主题创建演示文稿的具体步骤为:选择"文件"→"新建"命令,在"可用模板和主题"栏中选择"主题"选项,打开"主题"列表框,如图 6.4 所示。在"主题"列表框中选择合适的主题,然后单击"创建"按钮,即可创建一个基于该主题的演示文稿。

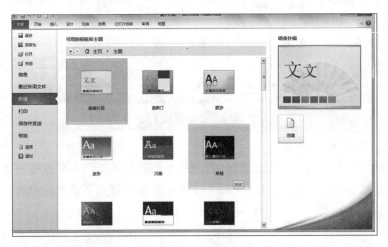

图 6.4 "主题"列表框

## 6.2 演示文稿的编辑与格式化

### 6.2.1 幻灯片的基本操作

**1. 文本的编辑与格式设置**

文本是演示文稿中的重要内容,几乎所有的幻灯片中都有文本内容,在幻灯片中添加文本是制作幻灯片的基础,同时对于输入的文本还要进行必要的格式设置。

（1）文本的输入

在幻灯片中创建文本对象有两种方法:

① 如果用户使用的是带有文本占位符的幻灯片版式,单击文本占位符位置,即可在其中输入文本。

② 如果用户在没有文本占位符的幻灯片版式中添加文本对象,可以单击"插入"选项卡"文本"选项组中的"文本框"按钮,在其下拉菜单中选择文字排列方向,然后将鼠标移动到幻灯片中需要插入文本框的位置,按住鼠标进行拖动即可创建一个文本框,然后可在该文本框中输入文本。

（2）文本的格式化

所谓文本的格式化是指对文本的字体、字号、样式及颜色进行必要的设置。通常文本的字体、字号、样式及颜色由当前模板或主题设置和定义,模板或主题作用于每个文本对象或占位符。

在格式化文本之前,必须先选择该文本。若格式化文本对象中的所有文本,先单击文本对象的边框选择文本对象本身及其所包含的全部文本。若格式化某些内容的格式,先拖动鼠标选择要修改的文字,然后执行所需的格式化命令。

利用"开始"选项卡"字体"选项组中的有关按钮可以进行文字的格式设置,包括字体、字号、字形、颜色等,还可以单击"字体"选项组右下角的按钮 ,打开"字体"对话框进行设置。

(3)段落的格式化

段落的格式化包括以下几种:

① 段落对齐设置:设置段落的对齐方式,主要是用来调整文本在文本框中的排列方式。首先选择文本框或文本框中的某段文字,然后单击"开始"选项卡"段落"选项组中的有关文本对齐按钮进行设置。

② 行距和段落间距的设置:单击"开始"选项卡"段落"选项组右下角的按钮 ,在打开的"段落"对话框中可进行段前、段后及行距的设置,如图 6.5 所示。

③ 项目符号的设置:在默认情况下,在幻灯片各层次小标题的开头位置上会显示项目符号,为增加或删除项目符号或编号,可在"开始"选项卡"段落"选项组中单击"项目符号"或"编号"按钮。若需要重新设置,可单击"项目符号"或"编号"按钮旁的下拉按钮,在打开的下拉列表中选择"项目符号和编号"命令,打开"项目符号和编号"对话框,如图 6.6 所示,从中可重新对项目符号或编号进行设置。

图 6.5　"段落"对话框

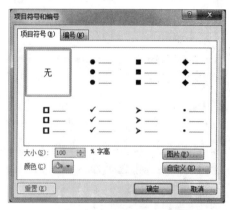

图 6.6　"项目符号和编号"对话框

**2. 对象及其操作**

对象是幻灯片中的基本成分,幻灯片中的对象包括文本对象(标题、项目列表、文字说明等)、可视化对象(图片、剪贴画、图表等)和多媒体对象(视频、声音剪辑等)3 类,各种对象的操作一般都是在幻灯片视图下进行,操作方法也基本相同。

(1)选择或取消对象

对象的选择方法是用鼠标单击对象,对象被选中后四周将显示一个方框,方框上有 8 个控点。选择对象后,其所有的内容被看做一个整体处理。

当在被选择对象区域外单击鼠标,或选择其他对象时,先选择的对象将被自动取消。

(2)插入对象

为了使幻灯片的内容更加丰富多彩,可以在幻灯片上增加一个或多个对象。这些对象可以是文本、图形和图片、声音和影片、艺术字、组织结构图、Word 表格、Excel 图表等。

① 插入文本框:单击"插入"选项卡"文本"选项组中的"文本框"按钮,可在幻灯片合适位置上按住鼠标左键

◎ 幻灯片设计/
文本框

◎ 幻灯片设计/
图片与形状

拖动添加一个文本框。

② 插入图片:在"插入"选项卡中的"图像"选项组中单击"图片"按钮,打开"插入图片"对话框,如图 6.7 所示。在该对话框中选择所需的图片,然后单击"插入"按钮,即可将选中的图片插入到当前幻灯片中。

③ 插入自选图形:单击"插入"选项卡"插图"选项组中的"形状"按钮,打开图 6.8 所示的下拉列表,从中选择合适的形状,然后在当前幻灯片中拖动鼠标绘制图形。

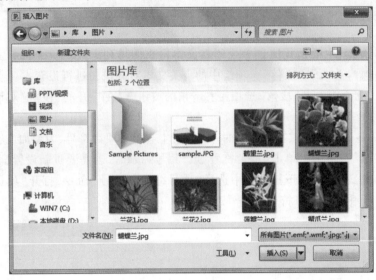

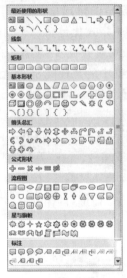

图 6.7　"插入图片"对话框　　　　　　　图 6.8　"形状"下拉列表

选中绘制好的图形并右击,在弹出的快捷菜单中选择"设置形状格式"命令,打开"设置形状格式"对话框,从中可对图形的填充颜色、线条颜色等效果进行设置。

④ 插入艺术字:在"插入"选项卡中单击"文本"选项组中的"艺术字"按钮,从打开的下拉列表中选择合适的艺术字样式即可。

⑤ 插入表格和图表:在演示文稿中还可以插入表格和图表,使数据更加直观。

单击"插入"选项卡"表格"选项组中的"表格"按钮,在打开的下拉列表中可设置插入表格的行、列数,也可以插入 Excel 电子表格。

单击"插入"选项卡"插图"选项组中的"图表"按钮,在打开的"插入图表"对话框中选择所需的图表类型,然后单击"确定"按钮。

◎幻灯片设计/艺术字

⑥ 插入音频和视频:这部分内容详见 6.3.4 节。

(3)设置对象的格式

插入对象后,还可以对其进行格式设置。设置方法为:选中需要设置格式的对象,则功能区是显示"图片工具"的"格式"选项卡或"绘图工具"的"格式"选项卡,从中可对对象的大小、样式等格式进行设置。

**3. 幻灯片的操作**

(1)选择幻灯片

在编辑幻灯片之前,首先要选择进行操作的幻灯片。在幻灯片浏览视图中可方便地选择幻灯片,如果是选择单张幻灯片,用鼠标单击该幻灯片即可。如果希望选择连续的多张幻灯片,先选中第一张,再按住【Shift】键,单击要选中的最后一张,即可完成多张连续幻灯片的选择。如果希望选择不连续的多张幻灯片,可先选中第一张,然后按住【Ctrl】键单击其他不连续的幻灯片即可。

◎幻灯片编辑/插入·删除·复制和移动

另外,在普通视图下的任务窗格中选择"幻灯片"选项卡,也可以方便地实现幻灯片的选择,其操作方法与在幻灯片浏览视图中的操作方法相同。

（2）添加与插入幻灯片

当建立一个演示文稿后，常常需要添加幻灯片。所谓"添加"是把新增加的幻灯片都排在已有幻灯片的最后面；而"插入"操作的结果是新增加的幻灯片位于当前幻灯片之后。具体步骤如下：

① 选择一张幻灯片，即被选中的幻灯片为当前幻灯片。

② 在"开始"选项卡的"幻灯片"选项组中，单击"新建幻灯片"按钮，则在当前幻灯片后插入了一张新的幻灯片，该幻灯片具有与之前幻灯片相同的版式。若单击"新建幻灯片"按钮旁的下拉按钮，则可在打开的下拉列表中为新增幻灯片选择新的版式。

（3）重用幻灯片

可将已有的其他演示文稿中的幻灯片插入到当前演示文稿中。具体步骤为：

① 在当前演示文稿中选定一张幻灯片，则其他幻灯片将插入到该幻灯片之后。

② 选择"开始"选项卡，在"幻灯片"选项组中单击"新建幻灯片"下拉按钮，在打开的下拉列表中选择"重用幻灯片"命令，此时可打开"重用幻灯片"任务窗格，如图 6.9（a）所示。

③ 单击"浏览"按钮，其下拉菜单中列出了"浏览幻灯片库"和"浏览文件"两个命令，可用于选择使用的幻灯片来自幻灯片库

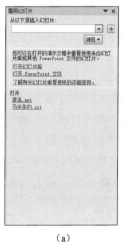

（a）　　　　　　　　（b）

图 6.9 "重用幻灯片"任务窗格

或其他演示文稿。选择"浏览文件"命令，则打开"浏览"对话框，从中选择要使用的文件，然后单击"打开"按钮，这时"重用幻灯片"窗格中列出了该文件中的所有幻灯片，如图 6.9（b）所示。单击要使用的幻灯片即可将该幻灯片插入到当前幻灯片之后。若选中"保留源格式"复选框，则插入的幻灯片保留其原有格式。

（4）删除幻灯片

选中待删除的幻灯片，直接按【Delete】键，或右击，在弹出的快捷菜单中选择"删除幻灯片"命令，该幻灯片即被删除，后面的幻灯片会自动向前排列。

（5）复制幻灯片

在复制之前，首先需选定待复制的幻灯片，复制幻灯片有 3 种方法：

① 使用"复制"和"粘贴"命令复制幻灯片。

② 使用"插入"选项卡"幻灯片"选项组中的"新建幻灯片"按钮。单击"新建幻灯片"按钮旁的下拉按钮，在打开的下拉列表中选择"复制所选幻灯片"命令即可。

③ 使用鼠标拖放复制幻灯片。

选中要复制的幻灯片，按住【Ctrl】键的同时按住鼠标左键拖动，移动到指定位置后释放鼠标再释放【Ctrl】键，即可将选中幻灯片复制到新的位置。

（6）重新排列幻灯片的次序

在幻灯片浏览视图中或普通视图的"幻灯片"选项卡中，单击要改变次序的幻灯片，该幻灯片的外框出现一个粗的边框，用鼠标拖动该幻灯片到新位置，释放鼠标，就把幻灯片移动到新位置上了。此外，也可以利用"剪切"和"粘贴"命令来移动幻灯片。

## 6.2.2 幻灯片的外观设计

PowerPoint 2010 的一大特色就是可以使演示文稿的所有幻灯片具有一致的外观。控制幻灯片外观的方法有 4 种：母版、主题、背景及幻灯片版式。

### 1. 使用母版

母版用于设置演示文稿中每张幻灯片的预设格式，这些格式包括每张幻灯片标题及正文文字的位置和大小、项目符号的样式、背景图案等。

母版可以分成 3 类：幻灯片母版、讲义母版和备注母版。

◎幻灯片设计/母版

(1)幻灯片母版

幻灯片母版是所有母版的基础,控制演示文稿中所有幻灯片的默认外观。选择"视图"选项卡"母版视图"选项组中的"幻灯片母版"命令,就进入了"幻灯片母版"视图,如图6.10所示。在左侧任务窗格中幻灯片母版以缩略图的方式显示,下面列出了与上面的幻灯片母版相关联的幻灯片版式,对幻灯片母版上的文本格式进行编辑会影响这些版式中的占位符格式。

幻灯片母版中有5个占位符:标题区、文本区、日期区、页脚区、编号区,修改占位符可以影响所有基于该母版的幻灯片。对幻灯片母版的编辑包括以下几个方面:

① 编辑母版标题样式:在幻灯片母版中选择对应的标题占位符或文本占位符,可以设置字体格式、段落格式、项目符号与编号等。

② 设置页眉、页脚和幻灯片编号:如果希望对页脚占位符进行修改,可以在幻灯片母版状态单击"插入"选项卡"文本"选项组中的"页眉和页脚"按钮,打开"页眉和页脚"对话框,如图6.11所示,在"幻灯片"选项卡中选中"日期和时间"复选框,表示在幻灯片的"日期区"显示日期和时间;若选中"自动更新"单选按钮,则时间域会随着制作日期和时间的变化而改变。选中"幻灯片编号"复选框,则每张幻灯片上将增加编号。选中"页脚"复选框,并在页脚区输入内容,可作为每一页的注释。

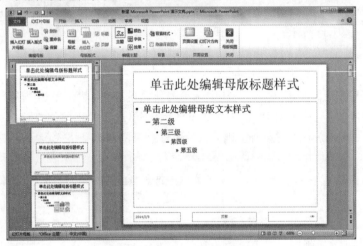

图6.10 "幻灯片母板"视图

图6.11 "页眉和页脚"对话框

③ 向母版插入对象:要使每一张幻灯片都出现某个对象,可以向母版中插入该对象。例如,在某个演示文稿的幻灯片母版中插入一张剪贴画,则每一张幻灯片(除了标题幻灯片外)中都会自动拥有该对象。

完成对幻灯片母版的编辑后,单击"幻灯片母版"选项卡"关闭"选项组中的"关闭母版视图"按钮,则可返回原视图方式。

(2)讲义母版和备注母版

除了幻灯片母版外,PowerPoint的母版还有讲义母版和备注母版。讲义母版用于控制幻灯片以讲义形式打印的格式,如页面设置、讲义方向、幻灯片方向、每页幻灯片数量等,还可增加日期、页码(并非幻灯片编号)、页眉、页脚等。

备注母版用来格式化演示者备注页面,以控制备注页的版式和文字的格式。

**2. 应用主题**

应用主题可以使演示文稿中的每一张幻灯片都具有统一的风格,例如色调、字体格式及效果等。在PowerPoint中提供了多种内置的主题,用户可以直接进行选择,还可以根据需要分别设置不同的主题颜色、主题字体和主题效果等。

(1)应用内置主题效果

操作步骤为:"设计"选项卡的"主题"选项组中列出了一部分主题效果,单击"其他"按钮 ,打开"所有主题"列表,如图6.12所示。"内置"栏中列出了

◎幻灯片设计/主题

PowerPoint提供的所有主题,从中选择一种主题,即可将其应用到当前演示文稿中。

（2）自定义主题效果

除 PowerPoint 内置的主题效果外,用户还可根据需要对主题的颜色、字体、效果进行更改。例如,若要对主题的颜色进行修改,具体步骤为:

① 单击"设计"选项卡"主题"选项组中的"颜色"按钮,在打开的下拉列表中列出了各个主题效果的配色方案及名称,如图 6.13 所示。这些配色方案是用于演示文稿的 8 种协调色的集合,包括文本、背景、填充、强调文字所用的颜色等。方案中的每种颜色都会自动用于幻灯片上的不同组件。

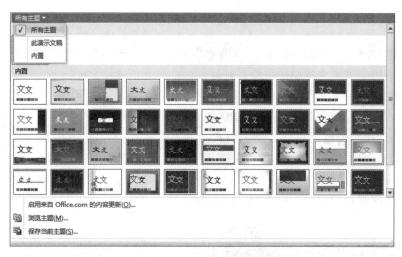

图 6.12 "所有主题"列表

② 选择"新建主题颜色"命令,打开"新建主题颜色"对话框,如图 6.14 所示。其中,主题颜色包含 12 种颜色方案,前 4 种颜色用于文本和背景,后面 6 种为强调文字颜色,最后两种颜色为超链接和已访问的超链接。

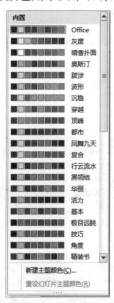

图 6.13 "颜色"下拉列表

图 6.14 "新建主题颜色"对话框

③ 单击需要修改的颜色块后的下拉按钮,可对该颜色进行更改。然后在"名称"文本框中输入主题颜色的名称,单击"保存"按钮,可对该自定义配色方案进行保存,同时将该配色方案应用到演示文稿中。这样,当再次单击"颜色"按钮时,已保存过的主题颜色名称就会出现在其下拉列表中。

### 3. 设置幻灯片背景

利用 PowerPoint 的"背景样式"功能,可自己设计幻灯片背景颜色或填充效果,

◎幻灯片设计/背景

并将其应用于演示文稿中指定或所有的幻灯片。

为幻灯片设置背景颜色的操作步骤如下：

① 选中需要设置背景颜色的一张或多张幻灯片。

② 选择"设计"选项卡，单击"背景"选项组中的"背景样式"按钮，或者单击"背景"选项组右下角的按钮 ，或者在要设置背景颜色的幻灯片中任意位置(占位符除外)右击，在弹出的快捷菜单中选择"设置背景格式"命令。不论采用哪种方法，都将打开"设置背景格式"对话框，如图6.15所示。

③ 在左侧窗格中选择"填充"选项，在右侧选择所需的背景设置，如选中"渐变填充"单选按钮，则可以进行预设效果的设置。选中"图片或纹理填充"单选按钮，可为幻灯片设置纹理效果或将某一图片文件作为背景。

④ 完成上述操作后，单击"关闭"按钮，只将背景格式应用于当前选定的幻灯片；如果单击"全部应用"按钮，则将背景格式应用于演示文稿中的所有幻灯片。

### 4. 使用幻灯片版式

在创建新幻灯片时，可以使用 PowerPoint 2010 的幻灯片自动版式。在创建幻灯片后，如果发现版式不合适，也还可以更改该版式。更改幻灯片版式的方法为：选中需要修改版式的幻灯片，然后单击"开始"选项卡"幻灯片"选项组中的"版式"按钮，打开"Office 主题"下拉列表，如图6.16所示。或者在需要修改版式的幻灯片上右击，在弹出的快捷菜单中选择"版式"命令，在其级联菜单中列出了图6.16所示的版式。

◎幻灯片设计/版式

图 6.15　"设置背景格式"对话框

图 6.16　"Office 主题"下拉列表

## 6.3　幻灯片的放映设置

幻灯片的放映设置包括设置动画效果、切换效果、放映时间等。在放映幻灯片时设置动画效果或切换效果，不仅可以吸引观众的注意力，突出重点，而且如果使用得当，动画效果将带来典雅、趣味和惊奇。

### 6.3.1　设置动画效果

PowerPoint 提供了动画功能，利用动画可为幻灯片上的文本、图片或其他对象设置出现的方式、先后顺序及声音效果等。

#### 1. 为对象设置动画效果

使用"动画"选项卡可对幻灯片上的对象应用、更改或删除动画。具体操作步骤如下：

① 在幻灯片中选定要设置动画效果的对象，选择"动画"选项卡，在"动

◎幻灯片动画设置/实例

画"选项组中列出了多种动画效果,单击按钮,在打开的列表中列出了更多的动画选项,如图 6.17 所示。其中包括"进入""强调""退出"和"动作路径"4 类,每类中又包含了不同的效果。

"进入"指使对象以某种效果进入幻灯片放映演示文稿;"强调"指为已出现在幻灯片上的对象添加某种效果进行强调;"退出"即为对象添加某种效果,以使其在某一时刻以该种效果离开幻灯片;"动作路径"指为对象添加某种效果,以使其按照指定的路径移动。

若选择"更多进入效果""更多强调效果"等命令,则可以得到更多不同类型的效果,图 6.18 所示为选择"更多进入效果"命令后打开的对话框,其中包括"基本型""细微型""温和型"和"华丽型"等效果。对同一个对象不仅可同时设置上述 4 类动画效果,还可对其设置多种不同的"强调"效果。

② 在幻灯片中选定一个对象,单击"动画"选项组中的"效果选项"按钮,可设置动画进入的方向。注意"效果选项"下拉列表中的内容会随着添加的动画效果的不同而变化,如添加的动画效果是"进入"中的"百叶窗",则"效果选项"中显示为"垂直"和"水平"。

图 6.17　动画效果

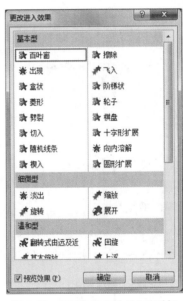

图 6.18　"更改进入效果"对话框

③ 在"动画"选项卡"计时"选项组中的"开始"下拉列表框中可以选择开始播放动画的方式。"开始"下拉列表框中有 3 种选择:

- 单击时:当鼠标单击时开始播放该动画效果。
- 与上一动画同时:在上一项动画开始的同时自动播放该动画效果。
- 上一动画之后:在上一项动画结束后自动开始播放该动画效果。

用户应根据幻灯片中的对象数量和放映方式选择动画效果开始的时间。

在"持续时间"数值框中可指定动画的长度,在"延迟"数值框中指定经过几秒后播放动画。

④ 单击"动画"选项卡的"预览"按钮,则设置的动画效果将在幻灯片窗格自动播放,用来观察设置的效果。

### 2. 效果列表和效果标号

当对一张幻灯片中的多个对象设置了动画效果后,有时需要重新设置动画出现的顺序,此时可利用"动画窗格"实现。

单击"动画"选项卡"高级"选项组中的"动画窗格"按钮,则会出现"动画窗格",如图 6.19 所示。

"动画窗格"中有该幻灯片中的所有对象的动画效果列表,各个对象按添加动画的顺序从上到下依次列出,并显示有标号。通常该标号从 1 开始,但当第一个添加动画效果的对象的开始效果设置为"与上一动画同时"或"上一动画之后"时,则该标号从 0 开始。设置了动画效果的对象也会在幻灯片上标注出非打印编号标记,该标记位于对象的左上方,对应于列表中的效果标号。注意,在幻灯片放映视图中并不显示该标记。

**3. 设置效果选项**

单击动画效果列表中任意一项,则该效果的右端会出现一个下拉按钮,单击该按钮会打开一个下拉菜单,如图 6.20 所示。该菜单的前 3 项对应于"计时"选项组中"开始"下拉列表框中的 3 项,用户可以选择鼠标单击时开始、从上一项开始或者从上一项之后开始。对于包含多个段落的占位符,该选项将作用于所有的子段落。在菜单中选择"效果选项"命令,则会打开一个含有"效果""计时""正文文本动画"3 个选项卡的对话框,在对话框中可以对效果的各项进行详细的设置。由于不同的动画效果具体的设置是不同的,所以选择不同的效果打开的对话框也不一样。另外,单击"动画"选项组右下角的按钮，也可打开相同的对话框。

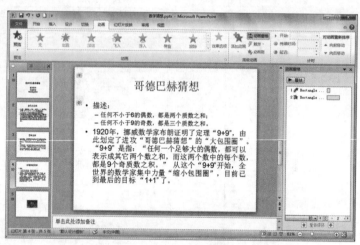

图 6.19　动画窗格

图 6.20　设置效果选项

### 6.3.2　设置切换效果

幻灯片间的切换效果是指演示文稿播放过程中,幻灯片进入和离开屏幕时产生的视觉效果,也就是让幻灯片以动画方式放映的特殊效果。PowerPoint 提供了多种切换效果,在演示文稿制作过程中,可以为每一张幻灯片设计不同的切换效果,也可以为一组幻灯片设计相同的切换效果。操作步骤如下:

① 在演示文稿中选定要设置切换效果的幻灯片。

② 选择"切换"选项卡,单击"切换到此幻灯片"选项组右侧的"其他"按钮，可打开图 6.21 所示的下拉列表,其中列出了各种不同类型的切换效果。

◎幻灯片切换/实例

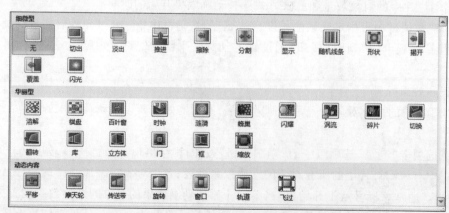

图 6.21　幻灯片切换效果列表

③ 在幻灯片切换效果列表中选择一种切换效果,如"华丽型"中的"百叶窗"。

④ 单击"效果选项"按钮,可从中选择切换的效果,如"垂直"或"水平"。

⑤ 在"计时"选项组中可设置换片方式,即一张幻灯片切换到下一张幻灯片的方式。选中"单击鼠标时"复选框,则在单击鼠标时出现下一张幻灯片;选中"设置自动换片时间"复选框,则在一定时间后自动出现下一张幻灯片。另外,在"声音"下拉列表框中选择幻灯片切换时播放的声音效果。

⑥ 单击"全部应用"按钮,即可将设置的切换效果应用于演示文稿中的所有幻灯片。否则,只应用于当前选定的幻灯片。

### 6.3.3　演示文稿中的超链接

PowerPoint 2010 提供了"超链接"功能,在制作演示文稿时为幻灯片对象创建超链接,并将链接目的地指向其他地方。PowerPoint 2010 超链接不仅支持在同一演示文稿中的各幻灯片间进行跳转,还支持跳转到其他演示文稿、Word 文档、Excel电子表格、某个 URL 地址等。利用超链接功能,可以使幻灯片的放映更加灵活,内容更加丰富。

◎ 超级链接/概念

**1. 为幻灯片中的对象设置超链接**

为幻灯片中的对象设置超链接的操作步骤如下:

① 在幻灯片中选择要设置超链接的对象,然后单击"插入"选项卡"链接"选项组中的"超链接"按钮,打开"插入超链接"对话框,如图 6.22 所示。

② 若要链接到某个文件或网页,可在"链接到"列表中选择"现有文件或网页"选项,然后在"地址"文本框中输入超链接的目标地址;若要链接到本文件内的某一张幻灯片,可在"链接到"列表中可选择"本文档中的

◎ 超级链接/
链接到其他幻灯片

◎ 超级链接/
网址与邮件地址

位置"选项,然后选择文档中的目标幻灯片;若要链接到某一电子邮件地址,可在"链接到"列表中选择"电子邮件地址"选项,然后在出现的右侧窗格中的"电子邮件地址"文本框中输入邮件地址,如图 6.23 所示。

③ 单击"确定"按钮则完成了超链接。在幻灯片放映视图中,当用鼠标单击该对象时,则会链接到目标地址。

图 6.22　"插入超链接"对话框

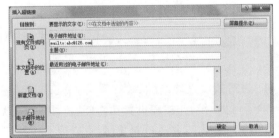

图 6.23　超链接到电子邮件地址

**2. 编辑和删除超链接**

对已有的超链接,用户可进行编辑修改,如改变超链接的目标地址,也可以删除超链接。

编辑修改或删除超链接的操作方式同上,如果需要修改超链接,只要重新选择超链接的目标地址即可;如果需要删除,则只要在"编辑超链接"对话框中单击"删除链接"选按钮即可。

**3. 动作按钮的使用**

PowerPoint 2010 提供了一组代表一定含义的动作按钮,为使演示文稿的交互

◎ 超级链接/动作按钮

界面更加友好,用户可以在幻灯片上插入各式各样的交互按钮,并像其他对象一样为这些按钮设置超链接。这样,在幻灯片放映过程中,可以通过这些按钮在不同的幻灯片间跳转,也可以播放图像、声音等文件,还可以用它启动应用程序或链接到 Internet 上。

在幻灯片中插入动作按钮的操作步骤如下:

① 选择需要插入动作按钮的幻灯片。

② 单击"插入"选项卡"插图"选项组中的"形状"按钮,在打开的下拉列表中的"动作按钮"栏选择所需的按钮,将鼠标移到幻灯片中要放置该动作按钮的位置,按住鼠标左键并拖动鼠标,直到动作按钮的大小符合要求为止,此时系统自动打开"动作设置"对话框,如图 6.24 所示。

③ 该对话框中有"单击鼠标"选项卡和"鼠标移过"选项卡。"单击鼠标"选项卡设置的超链接是通过鼠标单击动作按钮时发生跳转;而"鼠标移过"选项卡设置的超链接则是通过鼠标移过动作按钮时跳转的,一般鼠标移过方式适用于提示、播放声音或影片。

④ 无论在哪个选项卡中,当选择"超链接到"单选按钮后,都可以在其下拉列表框中选择跳转目的地,如图 6.25 所示。选择的跳转目的地既可以是当前演示文稿中的其他幻灯片,也可以是其他演示文稿或其他文件,或是某一个 URL 地址。选中"播放声音"复选框,在其下拉列表框中可选择对应的声音效果。

⑤ 单击"确定"按钮。

如果给文本对象设置了超链接,代表超链接的文本会自动添加下画线,并显示成所选主题颜色所指定的颜色。需要说明的是,超链接只在"幻灯片放映"时才会起作用,在其他视图中处理演示文稿时不会起作用。

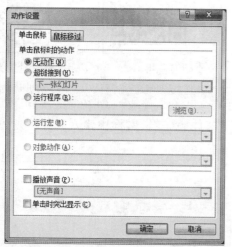

图 6.24  "动作设置"对话框

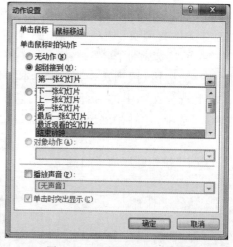

图 6.25  选择超链接的目标

**4. 为对象设置动作**

除了可以对动作按钮设置动作外,还可以对幻灯片上的其他对象进行动作设置。当用为对象设置动作后,当用鼠标单击或移过该对象时,可以像动作按钮一样执行指定的动作。

设置方法为:首先选择幻灯片,然后在幻灯片中选定要设置动作的对象,选择"插入"选项卡,单击"链接"选项组中的"动作"按钮,则打开图 6.24 所示的"动作设置"对话框,从中可进行类似动作按钮的设置。

### 6.3.4  在幻灯片中运用多媒体技术

用户不仅可以在幻灯片中插入图片、图像等,也可以插入音频或视频等媒体对象。在放映幻灯片时,可以将媒体对象设置为在显示幻灯片时自动开始播放、在单击鼠标时开始播放或播放演示文稿中的所有幻灯片,甚至可以循环连续播放媒体直至停止播放。

**1. 在幻灯片中插入视频**

幻灯片中的视频可以来自剪辑库,也可以来自网络或文件。操作步骤如下:

① 单击"插入"选项卡"媒体"选项组中的"视频"按钮,在其下拉菜单中可选择"剪贴画视频"命令,则打开"剪贴画"任务窗格,如图 6.26(a)所示。在"结果类型"下拉列表框中选择一种媒体文件类型,然后在

文件列表中选中一个剪辑文件,即可将其插入到当前幻灯片中。

② 单击"插入"选项卡"媒体"选项组中的"视频"按钮,在其下拉菜单中可选择"文件中的视频"命令,打开"插入视频文件"对话框,如图 6.26(b)所示。从中选择要插入的影片文件,然后单击"插入"按钮,即可在当前幻灯片中插入视频对像。

选中插入的视频对象,则功能区将显示"视频工具"的"格式"和"播放"选项卡。选择"播放"选项卡,可在"视频选项"选项组中可设置"音量""开始"方式等,当放映幻灯片时,会按照已设置的方式来播放该视频对象。

（a）"剪贴画"任务窗格　　　　　　（b）"插入视频文件"对话框

图 6.26　插入视频

### 2. 在幻灯片中插入音频

同样,在幻灯片中也可插入音频对象,音频可以来自剪辑库中,也可以来自其他文件。例如,要在幻灯片中插入来自文件的音频文件,操作步骤如下:

① 单击"插入"选项卡"媒体"组中的"音频"按钮,在其下拉菜单中选择"文件中的音频"命令,打开"插入音频"对话框。

② 在该对话框中选择要插入的音频文件,然后单击"插入"按钮。

③ 在功能区中选择"视频工具"的"播放"选项卡,在"视频选项"选项组中可根据需要设置"音量""开始"方式等选项。例如若选中"循环播放,直到停止"复选框,则音乐循环播放,直到幻灯片放映停止。

插入音频的幻灯片上将显示音频剪辑图标◄,单击该图标,还可在幻灯片上预览音频对象。

### 3. 设置幻灯片放映时播放音频或视频的效果

声音或动画插入幻灯片后,如果需要,可以更改幻灯片放映时音频或视频的播放效果,播放计时及音频或视频的设置。操作步骤如下:

① 选中幻灯片中要设置效果选项的音频或视频对象。

② 选择"动画"选项卡,然后单击"动画"组右下角的按钮 ,根据媒体对象的不同,打开的对话框有所不同,可以是"播放音频"对话框,如图 6.27 所示;也可以是"暂停视频"对话框,如图 6.28 所示。在动画窗格中选中要设置的音频或视频对象,在下拉菜单中选择"效果选项"选项,均可打开上述对话框。

图 6.27　"播放音频"对话框　　　　　　图 6.28　"暂停视频"对话框

③ 在"效果"选项卡中可以设置包括如何开始播放、如何结束播放及声音增强方式等;在"计时"选项卡中可以设置"开始""延迟"等;在"音频设置"或"视频设置"选项卡中可以设置音量、幻灯片放映时是否隐藏图标等。

# 6.4  演示文稿的放映

随着计算机应用水平的日益发展,电子幻灯片已经逐渐取代了传统的 35 mm 幻灯片。电子幻灯片放映最大的特点在于为幻灯片设置了各种各样的切换方式、动画效果。根据演示文稿的性质不同,设置的放映方式也可以不同。

## 6.4.1  设置放映方式

幻灯片放映时可以根据使用者的不同,通过设置不同的放映方式满足各自的需要。单击"幻灯片放映"选项卡"放映"选项组中的"设置幻灯片放映"按钮,即可打开"设置放映方式"对话框,如图 6.29 所示。

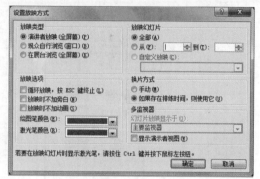

图 6.29  "设置放映方式"对话框

在对话框的"放映类型"选项组中,有 3 种放映方式:

① 演讲者放映(全屏幕):以全屏幕形式显示,可以通过快捷菜单或【Page Down】键、【Page Up】键显示不同的幻灯片;提供了绘图笔进行勾画。

② 观众自行浏览(窗口):以窗口形式显示,可以利用状态栏上的"上一张"或"下一张"按钮进行浏览,或单击"菜单"按钮,在打开的菜单中浏览所需幻灯片;还可以利用该菜单中的"复制幻灯片"命令将当前幻灯片复制到 Windows 的剪贴板上。

③ 在展台浏览(全屏幕):以全屏形式在展台上做演示,在放映过程中,除了保留鼠标指针用于选择屏幕对象外,其余功能全部失效(终止放映需要按【Esc】键),因为此时不需要现场修改,也不需要提供额外功能,以免破坏演示画面。

在对话框的"放映选项"选项组中,也提供了 3 种放映选项:

① 循环放映,按 ESC 键终止:在放映过程中,当最后一张幻灯片放映结束后,会自动跳转到第一张幻灯片继续播放,按【Esc】键则终止放映。

② 放映时不加旁白:在放映幻灯片的过程中不播放任何旁白。

③ 放映时不加动画:在放映幻灯片的过程中,先前设定的动画效果将不起作用。

## 6.4.2  设置放映时间

除了通过"切换"选项卡"计时"选项组中的"设置自动换片时间"复选框右侧的微调框设置幻灯片的放映时间外,还可以通过"幻灯片放映"选项卡"设置"选项组中的"排练计时"按钮来设置幻灯片的放映时间。操作步骤如下:

① 在演示文稿中选定要设置放映时间的幻灯片。

② 单击"幻灯片放映"选项卡下"设置"选项组中的"排练计时"按钮,系统自动切换到幻灯片放映视图,同时打开"录制"工具栏,如图 6.30 所示。

③ 此时,用户按照自己总体的放映规划和需求,依次放映演示文稿中的幻灯片,在放映过程中,"录制"工具栏对每一个幻灯片的放映时间和总放映时间进行自动计时。

④ 当放映结束后,弹出预演时间的提示框,并提示是否保留幻灯片的排练时间,如图 6.31 所示,单击"是"按钮。

⑤ 此时自动切换到浏览窗格视图,并在每个幻灯片图标的左下角给出幻灯片的放映时间。

至此,演示文稿的放映时间设置完成,以后放映该演示文稿时,将按照这次的设置自动放映。

图 6.30　"录制"工具栏

图 6.31　提示是否保留排练时间提示框

### 6.4.3　使用画笔

在演示文稿放映与讲解的过程中,对于文稿中的一些重点内容,有时需要勾画一下,以突出重点,引起观看者的注意。为此,PowerPoint 提供了"画笔"的功能,方便用户在放映过程中随意在屏幕上勾画、标注重点内容。

在放映的幻灯片上右击,在弹出的快捷菜单上选择"指针选项"命令,弹出图 6.32 所示的级联菜单,其常用命令如下:

① 选择"笔"命令,可以画出较细的线条。

② 选择"荧光笔"命令,可以为文字涂上荧光底色,加强和突出该段文字。

③ 选择"橡皮擦"命令,可以将画的线条擦除。

④ 选择"擦除幻灯片上的所有墨迹"命令,可以清除当前幻灯片上的所有画线墨迹等,使幻灯片恢复清洁。

⑤ 选择"墨迹颜色"命令,可以为画笔设置一种新的颜色。

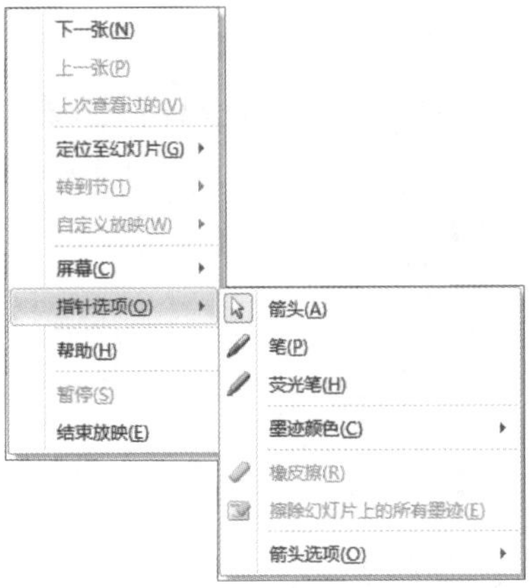

图 6.32　"画笔"功能

### 6.4.4　演示文稿放映和打包

**1. 演示文稿放映**

打开演示文稿后,启动幻灯片放映常用的有以下 3 种方法:

① 单击视图切换按钮中的"幻灯片放映"按钮。

② 单击"幻灯片放映"选项卡下"开始放映幻灯片"选项组中的"从头开始"或"从当前幻灯片开始"按钮。

③ 按【F5】键从第一张开始放映,按【Shift + F5】组合键从当前幻灯片开始放映。

**2. 打包演示文稿**

制作好的演示文稿可以复制到需要演示的计算机中进行放映,但是要保证演示的计算机安装有 PowerPoint 2010 环境。如果需要脱离 PowerPoint 2010 环境放映演示文稿,可以将演示文稿打包后再放映。

（1）打包演示文稿

打包演示文稿的操作步骤如下:

① 打开需要打包的演示文稿。

② 选择"文件"→"保存并发送"→"将演示文稿打包成 CD"命令,打开图 6.33 所示的"打包成 CD"对话框。

③ 单击"选项"按钮,打开图 6.34 所示的"选项"对话框。

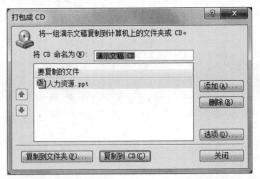

图 6.33　"打包成 CD"对话框

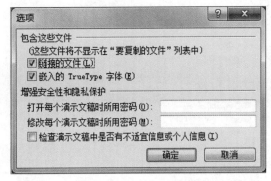

图 6.34　"选项"对话框

在"包含这些文件"选项组中根据需要选中相应的复选框。

- 如果选中"链接的文件"复选框,则在打包的演示文稿中含有链接关系的文件。
- 如果选中"嵌入的 TrueType 字体"复选框,则在打包演示文稿时,可以确保在其他计算机上看到正确的字体。如果需要对打包的演示文稿进行密码保护,可以在"打开每个演示文稿时所用密码"文本框中输入密码,用来保护文件。

④ 单击"确定"按钮,返回到"打包成 CD"对话框。

⑤ 单击"复制到文件夹"按钮,可以将打包文件保存到指定的文件夹中;单击"复制到 CD"按钮,则直接将演示文稿打包到光盘中。

(2)运行打包文件

要想运行打包文件,只要在光盘或打包所在的文件夹中双击 play. bat 文件即可。

# 第7章  计算机网络基础

计算机网络是计算机技术和通信技术紧密结合的产物。计算机网络在社会和经济发展中起着非常重要的作用,网络已经渗透到人们生活的各个角落,影响着人们的日常生活。计算机网络的发展水平不仅反映了一个国家的计算机和通信技术的水平,而且已成为衡量其国力及现代化程度的重要标志之一。本章主要介绍计算机网络的基本概念和基本知识,对通信协议、局域网基本技术、因特网基本技术及因特网接入技术等也进行了介绍。

 学习目标

- 了解计算机网络的发展,了解计算机网络的组成与分类、功能与特点。
- 了解网络协议和计算机网络体系结构的基本知识,了解 OSI/RM 参考模型。
- 了解局域网的特点及关键技术,了解局域网的拓扑结构及常用组网技术。
- 了解计算机网络的传输介质及局域网的互连设备。

## 7.1  计算机网络概述

### 7.1.1  计算机网络的发展

计算机网络属于多机系统的范畴,是计算机与通信这两大现代技术相结合的产物,它代表着当前计算机体系结构发展的重要方向。计算机网络的出现与发展不但极大地提高了工作效率,使人们从日常繁杂的事务性工作中解脱出来,而且已经成为现代生活中不可缺少的工具,可以说没有计算机网络,就没有现代化,就没有信息时代。

**1. 计算机网络的定义**

所谓计算机网络就是利用通信线路,用一定的连接方法,把分散的具有独立功能的多台计算机相互连接在一起,按照网络协议进行数据通信,实现资源共享的计算机的集合。具体地说就是用通信线路将分散的计算机及通信设备连接起来,在功能完善的网络软件的管理与控制下,使网络中的所有计算机都可以访问网络中的文件、程序、打印机和其他各种服务(统称为资源),从而实现网络中资源的共享和信息的相互传递。

在计算机网络中,提供信息和服务能力的计算机是网络的资源,索取信息和请求服务的计算机是网络的用户。因为网络资源与网络用户之间的连接方式、服务方式及连接范围的不同,所以形成了不同的网络结构及网络系统。

**2. 计算机网络的演变与发展**

计算机网络的发展历史不长,但发展速度很快,其演变过程大致可概括为以下 4 个阶段:

(1)具有通信功能的单机系统阶段

该系统又称终端—计算机网络,是早期计算机网络的主要形式。它是将一台主计算机(host)经通信线路与若干个地理上分散的终端(terminal)相连,这种连接不受地理位置的限制,系统可以在千里之外连接远程终端。主计算机一般称为主机,具有独立处理数据的能力,而所有的终端设备均无独立处理数据的能力。在通信软件的控制下,每个用户在自己的终端上分时轮流地使用主机系统的资源。20世纪50年代初,美国建立的半自动地面防空系统(SAGE),就是将远距离的雷达和其他测量控制设备的信息通过通信线路汇集到一台中心计算机进行集中处理,从而首次实现了计算机技术与通信技术的结合。

（2）具有通信功能的多机系统阶段

上述简单的"终端—通信线路—计算机"系统存在两个问题:

① 因为主机既要进行数据处理工作,又要承担多终端系统的通信控制,随着所连远程终端数目的增加,主机的负荷加重,系统效率下降。

② 由于终端设备的速率低,操作时间长,尤其是在远距离时,每个终端独占一条通信线路,线路利用率低,费用也较高。

为了解决这个问题,20世纪60年代出现了把数据处理和数据通信分开的工作方式,主机专门进行数据处理,而在主机和通信线路之间设置一台功能简单的计算机,专门负责处理网络中的数据通信、传输和控制。这种负责通信的计算机称为通信控制处理机(Communication Control Processor,CCP)或称为前端处理机(Front End Processor,FEP)。此外,在终端聚集处设置多路器或集中器。集中器与前端处理机功能类似,它的一端通过多条低速线路与各个终端相连,另一端通过高速线路与主机相连,这样也降低了通信线路的费用。由于前端机和集中器在当时一般选用小型机担任,因此这种结构称为具有通信功能的多计算机系统。20世纪60年代初,此系统在军事、银行、铁路、民航和教育等部门都有应用。

不论是单机系统还是多机系统,都是以单个计算机(主机)为中心的联机终端网络,都属于第一代计算机网络。

（3）以共享资源为主的计算机——计算机网络阶段

20世纪60年代中期,随着计算机技术和通信技术的进步,人们开始将若干个联机系统中的主机互连,以达到资源共享的目的,或者联合起来完成某项任务。此时的计算机网络呈现出多处理中心的特点,即利用通信线路将多台计算机(主机)连接起来,实现了计算机之间的通信,由此也开创了"计算机—计算机"通信的时代,计算机网络的发展进入到第二个时代。

第二代计算机网络与第一代计算机网络的区别在于多个主机都具有自主处理能力,它们之间不存在主从关系。第二代计算机网络的典型代表是Internet的前身ARPA网。

ARPA网(ARPAnet)是美国国防部高级研究计划署ARPA,现在称为DARPA(Defense Advanced Research Project Agency)提出设想,并与许多大学和公司共同研究发展起来的,其主要目标是借助于通信系统,使网内各计算机系统间能够共享资源。ARPA网是一个成功的系统,是第一个完善地实现分布式资源共享的网络,在概念、结构和网络设计方面都为今后计算机网络的发展奠定了基础,ARPA网也是最早将计算机网络分为资源子网和通信子网两部分的网络。

（4）以局域网络及其互联为主要支撑环境的分布式计算机阶段

进入20世纪70年代,局域网技术得到了迅速的发展。特别是到了20世纪80年代,随着硬件价格的下降和微型计算机的广泛应用,一个单位或部门拥有微型计算机的数量越来越多,各机关、企业迫切要求将自己拥有的为数众多的微型计算机、工作站、小型机等连接起来,从而达到资源共享和互相传递信息的目的。局域网连网费用低、传输速度快,因此局域网的发展对网络的普及起到了重要的作用。

局域网的发展也促使计算模式的变革。早期的计算机网络是以主计算机为中心的,计算机网络控制和管理功能都是集中式的,也称为集中式计算机模式。随着个人计算机(PC)功能的增强,用户一个人就可以在微型计算机上完成所需要的作业,PC方式呈现出的计算机能力已发展成为独立的平台,这就促使了一种新的计算结构——分布式计算模式的诞生。

局域网的发展及其网络的互连还促成了网络体系结构标准的建立。由于各大计算机公司均制定有自己的网络技术标准,这些不同的标准在早期的以主计算机为中心的计算机网络中不会有大的影响。但是,随着网络互连需求的出现,这些不同的标准为网络互连设置了障碍,最终促成了国际标准的制定。20世纪70年代末,国际标准化组织(ISO)成立了专门的工作组来研究计算机网络的标准,制定了开放系统互连参考模型(OSI)旨在便于多种计算机互连,构成网络。今天,几乎所有的网络产品厂商都声称自己的产品是开放系统,这种统一的、标准化产品互相竞争的市场给网络技术的发展带来了更大的繁荣。

目前计算机网络的发展正处于第四个阶段。这一阶段计算机网络发展的特点是:互连、高速、智能与更为广泛的应用。当今覆盖全球的Internet就是这样一个互连的网络,可以利用Internet实现全球范围的电子邮件、电子传输、信息查询、语音与图像通信等服务功能。实际上Internet是一个用路由器(router)实现多个远程网和局域网互连的网际网。

在互联网发展的同时,高速网与智能网的发展也引起人们越来越多的注意。高速网络技术的发展表现在宽带综合业务数据网B-ISDN、帧中继、异步传输模式ATM、高速局域网、交换局域网与虚拟网络上。随着网络规模的增大与网络服务功能的增多,各国正在开展智能网络(Intelligent Network,IN)的研究。

## 7.1.2 计算机网络的组成与分类

### 1. 计算机网络的组成

计算机网络是一个十分复杂的系统,在逻辑上可以分为进行数据处理的资源子网和完成数据通信的通信子网两部分。

(1)通信子网

通信子网提供网络通信功能,能完成网络主机之间的数据传输、交换、通信控制和信号变换等通信处理工作,由通信控制处理机、通信线路和其他通信设备组成数据通信系统。

广域网的通信子网通常租用电话线或铺设专线。为了避免不同部门对通信子网重复投资,一般都租用邮电部门的公用数字通信网作为各种网络的公用通信子网。

(2)资源子网

资源子网为用户提供了访问网络的能力,由主机系统、终端控制器、请求服务的用户终端、通信子网的接口设备、提供共享的软件资源和数据资源(如数据库和应用程序)构成。资源子网负责网络的数据处理业务,向网络用户提供各种网络资源和网络服务。

### 2. 计算机网络的分类

计算机网络的分类方法有很多种,下面仅介绍几种常见的分类方法。

(1)按网络的连接范围分类

根据计算机网络所覆盖的地理范围、信息的传递速率及其应用目的,计算机网络通常分为局域网(Local Area Network,LAN)、广域网(Wide Area Network,WAN)和城域网(Metropolitan Area Network,MAN),城域网和广域网又可称为互联网。

① 局域网:是指在有限的地理区域内构成的计算机网络。其具有很高的传输速率(几十至上百兆比特每秒),其覆盖范围一般不超过10 km,通常将一座大楼或一个校园内的分散的计算机连接起来构成局域网。局域网采用的通信线路一般为双绞线或同轴电缆。

② 城域网:城域网的范围比局域网的大,通常可覆盖一个城市。城域网中可包含若干彼此互连的局域网。城域网通常采用光纤或微波作为网络的主干通道。

③ 广域网:比城域网大的网络都可以称为广域网。广域网可以将相处遥远的两个城域网连接在一起,也可以把世界各地的局域网连接在一起。

(2)按物理连接方式分类

计算机网络的物理连接方式叫做网络的拓扑结构。按拓扑结构分类有5种形式:总线型、星状、环状、网状和树状拓扑结构。

(3)按照交换方式分类

根据交换方式,计算机网络包括线路交换网络、存储转发交换网络。存储转发交换又可以分为报文交换和分组交换。

① 线路交换(circuit switching)最早出现在电话系统中,数字信号需要变换成模拟信号才可以在线路上传输,早期的计算机网络就是通过此种方式传输数据的。

② 报文交换(message switching)是一种数字化网络,当通信开始的时候,源主机发出的一个报文被存储在交换设备中,交换设备根据报文的目的地址选择合适的路径转发报文,这种方式也称做存储—转发方式,报文交换方式中报文的长度是不固定的。

③ 分组交换(packet switching)也采用报文传输,将一个长的报文划分为许多定长的报文分组,以分组作为基本传输单位。这不仅大大简化了对计算机存储器的管理,也加速了信息在网络中的传输速度。目前,分组交换方式是计算机网络的主流。

(4)按服务方式分类

按网络系统的服务方式,可以分为集中式系统和分布式系统。

① 集中式系统:由一台计算机管理所有网络用户并向每个用户提供服务,多用于局域网。

② 分布式系统:由多台计算机共同提供服务,每台计算机既可以向别人提供服务,也可以接受别人的服务,如 Internet 的服务器系统。

(5)按网络数据传输与交换系统的所有权分类

根据网络的数据传输与交换系统的所有权可以分为公用网与专用网。

① 公用网(public network):一般是由国家邮电部门建造的网络,为公众提供商业性或公益性的通信和信息服务的计算机网络。

② 专用网(private network):是为政府、企业、行业和社会发展等部门提供具有部门特点的、具有特定应用服务功能的计算机网络。

(6)按传输方式和传输带宽方式分类

按照网络能够传输的信号带宽,可以分为基带网和宽带网。

① 基带网:由计算机或者终端产生的一连串的数字脉冲信号,未经调制所占用的频率范围称为基本频带,简称基带,在信道中直接传输这类基带信号是最简单的一种传输方式,这种网络称为基带网。基带网通常适用于近距离的网络。

② 宽带网:在远距离通信时,由发送端通过调制器(modulator)将数字信号调制成模拟信号在信道中传输,再在接收端通过解调器(demodulator)还原成数字信号,所使用的信道是普通的电话通信信道,这种传输方式叫做频带传输。在频带传输中,经调制器调制而成的模拟信号比音频范围(200 ~ 3 400 Hz)要宽,因而通常被称为宽带传输。使用这种技术的网络称为宽带网。

(7)按照使用的网络操作系统分类

计算机网络主要使用的操作系统有 3 类:Windows NT 系列( 如 Windows 2000 Server、Windows Server 2003)、UNIX(包括 Linux)系列和早期的 NetWare 系列。

### 7.1.3 计算机网络的功能与特点

**1. 计算机网络的功能**

计算机网络具有以下主要功能:

① 资源共享:这是计算机网络的重要功能,也被认为是最有吸引力的一点。所谓共享就是指网络中各种资源可以相互通用,用户能在自己的位置上部分或全部地使用网络中的软件、硬件和数据。资源的共享大大提高了资源的利用率,加强了数据处理能力,还能节约开销。

② 数据传输:计算机网络可以实现各计算机之间的数据传递,使分散在不同地点的业务部门和生产部门的信息得到统一、集中的控制和管理。

③ 分布式处理:分布式处理是计算机网络研究的重点课题,它把一项复杂的任务划分成若干个部分,由网络上各计算机分别承担其中一部分任务,同时运作,共同完成,从而使整个系统的效率大为加强。

④ 提高计算机的可靠性和可用性:计算机网络中的各台计算机可以通过网络互为后备机,设置了后备机,一旦某计算机出现故障,网络中其他计算机可代为继续执行,这样可以避免整个系统瘫痪,从而提高计算机的

可靠性;如果网络中某台计算机任务太重,网络可以将该机上的部分任务转交给其他较空闲的计算机,以达到均衡计算机负载,提高网络中计算机可用性的目的。

**2. 计算机网络的特点**

计算机网络具有以下特点:

① 它是计算机及相关外围设备组成的一个群体,计算机是网络中信息处理的主体。

② 这些计算机及相关外围设备通过通信媒体互连在一起,彼此之间交换信息。

③ 网络系统中的每一台计算机都是独立的,任意两台计算机之间不存在主从关系。

④ 在计算机网络系统中,有各种类型的计算机,不同类型的计算机之间进行通信必须有共同的约定,这些约定就是通信双方必须遵守的协议。

# 7.2 计算机网络的通信协议

## 7.2.1 网络协议和计算机网络体系结构

**1. 网络协议**

当网络中的两台设备需要通信时,双方应遵守共同的协议进行通信。例如,数据的格式是怎样的,以什么样的控制信号联络,具体的传送方式是什么,发送方怎样保证数据的完整性、正确性,接收方如何应答等。为此,人们为网络上的两个结点之间如何进行通信制定了规则和过程,规定了网络通信功能的层次构成以及各层次的通信协议规范和相邻层的接口协议规范,称这些规范的集合模型为网络体系结构,简称网络协议。概括地说,网络协议就是计算机网络中任意两结点间的通信规则。

一般,同一种体系结构的计算机网络之间的互连比较容易实现,但不同体系结构的计算机网络之间要实现互连就存在许多问题。为此,国际上的一些标准化组织制定了相关的标准,为生产厂商、供应商、政府机构和其他服务提供者提供实现互连的指导方针,使得产品或设备相互兼容。这些标准化组织制定的标准,为网络的发展做出了重要贡献。

① 国际标准化组织(International Standards Organization,ISO)。

② 联合国的国际电信联盟(International Telecommunication Union,ITU)。

③ 美国国家标准化协会(American National Standards Institute,ANSI)。

④ 电气电子工程师协会(Institute of Electrical Electronics Engineers,IEEE)。

⑤ 电子工业协会(Electonic Industries Association/Telecomm Indusutes Association,EIA/TIA)。

**2. 网络体系结构**

计算机网络系统是一个非常复杂的系统,网络通信控制也涉及许多复杂的技术问题。为了实现这样复杂的计算机网络,人们提出了网络层次的概念,即将一个较为复杂的系统分解为若干个容易处理的子系统,然后逐个加以解决,现代计算机网络都采用了层次化体系结构。

由于系统被分解为相对简单的若干层,因此易于实现和维护。各层功能明确,相对独立,下层为上层提供服务,上层通过接口调用下层功能,而不必关心下层所提供服务的具体实现细节,这就是层次间的无关性。因为有了这种无关性,所以当某一层的功能需要更新或被替代时,只要其和上、下层的接口服务关系不变,则相邻层都不受影响,因此灵活性好,这有利于技术进步和模型的改进。

在这种分层的网络结构中,网络的每一层都具有其相应的层间协议。将计算机网络的各层定义和层间协议的集合称为计算机网络体系结构。它是关于计算机网络系统应设置多少层,每个层能提供哪些功能,以及层之间的关系和如何联系在一起的一个精确定义。

## 7.2.2 OSI/RM 参考模型

计算机连网是随着用户的不同需要而发展起来的,不同的开发者可能会使用不同的方式满足使用者的需求,由此产生了不同的网络系统和网络协议。在同一网络系统中网络协议是一致的,结点间的通信是方便的。但在不同的网络系统中,网络协议很可能是不一致的,这种不一致给网络连接和网络之间结点的通信造成了很大的不便。

为了解决这个问题,国际标准化组织于 1981 年推出了"开放系统互连参考模型",即 OSI/RM( Open System Interconnection Reference Model)标准。该标准的目的是希望所有的网络系统都向此标准靠拢,消除系统之间因协议不同而造成的通信障碍,使得在互联网范围内,不同的网络系统可以不需要专门的转换装置就能进行通信。

OSI 将通信系统分为 7 层,每一层均分别负责数据在网络中传输的某一特定步骤,其中,低 4 层完成传送服务,上面 3 层面向应用,如图7.1所示。OSI/RM 通信标准分为 7 层的原因是让用户更方便地使用网络。当用户用网络传递数据时,只需下达指令,而不必考虑下层信号如何传递及通信协议等问题,即用户在上层作业时,可完全不必理会低层的运作。

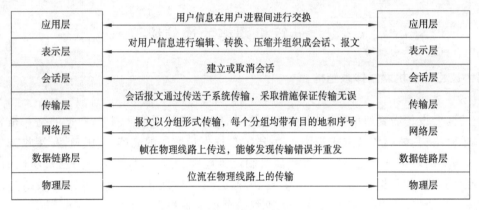

图 7.1　OSI 参考模型

（1）应用层

应用层是通信用户之间的窗口,也是计算机和用户之间交互的最直接层,为用户提供网络管理、文件传输、事务处理等一系列服务。作为 OSI/RM 的最高层——应用层主要解决用户的实际需要,因而是最复杂的,所包含的协议也最多。

（2）表示层

表示层为应用程序之间所传送的信息提供表示的方法,它只关心所传输信息的语法和语义。表示层所完成的主要功能有:不同数据编码格式的转换,提供数据压缩、解压缩服务,对数据进行加密、解密等。

（3）会话层

会话层用于建立、管理和终止两个应用系统间的对话,是用户连接到网络的接口。会话层从逻辑上建立两个系统间的通信信道并控制整个数据传输过程,包括建立链路、数据交换、释放链路等,但实际的数据传输控制则是由传输层完成的。

（4）传输层

传输层是介于 OSI/RM 体系中高低层之间的一个接口层,也是整个 OSI/RM 结构的核心层。传输层完成的主要功能有:获得网络层地址,发送和接收顺序正确的数据包分组序列,并用其构成传输层数据,进行流量控制,提供无差错有序的报文收发。

（5）网络层

网络层也称为通信子网层,主要任务是为源站和目标站之间的数据传输提供路由、拥塞控制等功能。网络层数据的传输单位是数据分组(packet),也称为包。

（6）数据链路层

数据链路层实现实体间数据的可靠传输。主要完成数据的差错校验、流量控制等服务。数据链路层的数据单位是帧(frame)。

（7）物理层

物理层是 OSI/RM 中的最低层,也是最重要的一层,它是建立在传输介质之上的,实现设备之间的物理接口。物理层只接收和发送比特流,不考虑信息的意义和信息的结构。

OSI/RM 不是一个实际的物理模型,而是一个将网络协议规范化了的逻辑参考模型。OSI/RM 根据网络系统的逻辑功能将其分为 7 层,并对每一层规定了功能、要求、技术特性等,但没有规定具体的实现方法。OSI/RM 仅仅是一个标准,而不是特定的系统或协议。网络开发者可以根据这个标准开发网络系统,制定网络协议;网络用户可以用这个标准来考察网络系统,分析网络协议。

尽管 OSI/RM 模型得到了国际上大部分国家的支持,但因为其照顾的关系太多,协议集庞大,极大的影响了其效率。它制定的过分复杂的标准已经达到 200 多项,并且至今尚未完成。目前在 Internet 中得到广泛应用的是产生于互联网实践的 TCP/IP 模型,这部分内容将在 8.1.3 中详细介绍。

## 7.3  局域网的基本技术

### 7.3.1  局域网的特点及关键技术

#### 1. 局域网的特点

局域网是建立于一个机构的一座建筑物或一组建筑物中的计算机网络,与广域网相比它有以下特点:

① 地理分布范围较小,一般为数百米至数千米。可覆盖一幢大楼、一个校园或一个企业。

② 数据传输速率高,带宽一般不小于 10 Mbit/s,最快可达到 1 Gbit/s 或 10 Gbit/s。通常情况下到桌面为 100 Mbit/s。现在局域网正向着更高速率发展,可交换各类数字和非数字(如语音、图像和视频等)信息。

③ 误码率低,一般为 $10^{-11} \sim 10^{-8}$。这是因为局域网通常采用基带传输技术,且距离较短,所经过的网络设备较少,因此误码率很低。

④ 局域网的归属较为单一,所以局域网的设计、安装、使用和操作等不受公共网络的约束,并且连接较为规范,遵循严格的 LAN 标准。

⑤ 一般采用分布式控制和广播式通信。

⑥ 协议简单,结构灵活,建网成本低、周期短,便于管理和扩充。

⑦ 一般局域网的线路是专用的,因此具有很好的保密性能。所以局域网可以广泛地应用于机关、学校、银行、商店等部门,是实现办公自动化的重要环节。

#### 2. 局域网的关键技术

决定局域网特征的主要技术有 3 个:连接网络的拓扑结构、传输介质及介质访问控制方法。这 3 种技术在很大程度上决定了传输数据的类型、网络的响应时间、吞吐量和利用率以及网络的应用环境。

(1)拓扑结构

局域网具有星(star)状、环(ring)状、总线型或树(bus/tree)状几种典型的拓扑结构。交换技术的发展使星状结构被广为采用。环状拓扑结构采用分布式控制,它控制简便,结构对称性好,负载特性好,实时性强。IBM 令牌环网(token ring)和光纤分布式数据接口(FDDI)网均为环状拓扑结构。总线型拓扑的重要特征是可采用共享介质的广播式多路访问方法,它的典型代表是著名的以太网。

(2)传输介质

局域网常用的传输介质包括双绞线、同轴电缆、光纤、无线介质等。双绞线由于价格低廉、带宽较大而得到了广泛的应用。光纤主要用于架设企业或者校园的主干网。在某些特殊的应用场合中若不便采用有线介质,也可以利用微波、卫星等无线通信媒体来传输信号。

(3)介质访问控制协议

介质访问控制协议指多个站点共享同一介质时,如何将带宽合理地分配给各站点的方法。介质访问控制方法中最常用的有两种,一种是 IEEE 802.3"争用型"访问方式,即具有冲突检测的载波侦听多路访问(CSMA/CD),它也是以太网的核心技术;另外一种是 IEEE 802.5"轮询型"访问方式,即令牌(token)技术,主要用在 IBM 的令牌环网和 FDDI 类型的网络上。由于局域网大多为广播型网络,因而介质访问控制协议是局域网所特有的,而广域网采用的是点对点通信,因此不需要此类协议(广域网的路由协议是其设计的关键)。

### 7.3.2 局域网的组成

一般局域网由3部分组成,即计算机及智能性外围设备(如文件服务器、工作站等);网络接口卡及通信介质(网卡、通信电缆等);网络操作系统及网管系统。其中前两部分构成局域网的硬件部分,第三部分构成局域网的软件部分。

**1. 局域网的硬件组成**

在局域网的硬件组成中,文件服务器是整个局域网的核心,担任网络的中央控制站,负责整个网络的运行与管理。由于文件服务器要同时服务于多个用户,故对其性能要求较高,通常配有大容量的内存和硬盘。

一个局域网中可有数台至数十台工作站,工作站除了可由本身的磁盘工作外,还可以从文件服务器取得大量数据。在网络文件服务器和各工作站中都必须插入一块网卡,只有通过网卡,计算机之间才能互相通信。此外还要通过通信介质将所有设备连接起来,局域网中常用的传输介质有同轴电缆、双绞线、光纤等。下面对常用的设备进行简单介绍。

(1)服务器

服务器通常是一台速度快、存储量大的计算机,是网络资源的提供者。在局域网中,服务器对工作站进行管理并提供服务,是局域网系统的核心;在因特网中,服务器之间互通信息,相互提供服务,每台服务器的地位都是同等的。通常,服务器需要专门的技术人员对其进行管理和维护,以保证整个网络的正常运行。

(2)工作站

工作站是一台台各种型号的计算机,是用户向服务器申请服务的终端设备,用户可以在工作站上处理日常工作,并随时向服务器索取各种信息及数据,请求服务器提供各种服务(如传输文件、打印文件等)。

(3)网络适配器

网络适配器也叫做网络接口卡(Network Interface Card,NIC),简称网卡。网卡是安装在计算机主板上的电路板插卡。一般情况下,无论是服务器还是工作站都应安装网卡。网卡的作用是将计算机与通信设施相连接,将计算机的数字信号转换成通信线路能够传送的信号。

网卡按照和传输介质接口形式的不同,可以分为连接双绞线的RJ-45接口网卡和连接同轴电缆的BNC接口网卡等;按照连接速度的不同,可以分为10 Mbit/s、100 Mbit/s、10 Mbit/s、100 Mbit/s自适应以及千兆网卡等;按照与计算机接口的不同,可以分为ISA、PCI、PCMCIA网卡等。

**2. 局域网的软件及网络操作系统**

局域网的软件部分主要指网络操作系统,是计算机网络的核心,对网络中的所有资源进行管理和控制。在结构上,网络操作系统有许多模块,其中大部分驻留在网络服务器中,为数据、打印机和通信服务。但有时为了特殊需要,一些重要的程序模块必须装入网络中的每个工作站或有关设备中。

在局域网操作系统中,NetWare 和 Windows NT 系列最为著名且应用最广泛。目前使用最广泛的 Windows 系列产品是 Windows Server 2003。

### 7.3.3 局域网的拓扑结构

所谓网络拓扑结构是地理位置上分散的各个网络结点互连的几何逻辑布局。网络的拓扑结构决定了网络的工作原理及信息的传输方式,拓扑结构一旦选定,必定要选择一种适合于这种拓扑结构的工作方式与信息传输方式。网络的拓扑结构不同,网络的工作原理及信息的传输方式也不同。局域网中常见的网络拓扑结构有总线型、星状和环状。

**1. 总线型拓扑结构**

所有结点均串接在一条传输媒介的布线方式称为总线型拓扑结构,如图7.2(a)所示。当数据在总线上传递时,会不断地"广播",每一结点均可收到此信息,各结点会对比数据送达的地址与自己的地址是否相同,若相同则表示应该接收该数据,否则可不必理会该数据。

总线型拓扑结构的优点是所有结点均共用一条传输媒介,架线成本较低;缺点是因为该拓扑无中央结点装置,一个结点发生故障会使整个网络瘫痪,且网络发生故障时不易找到故障点。

**2. 星状拓扑结构**

网络上的各台计算机均以"点对点"方式连接至中枢装置的布线方式称为星状拓扑,如图7.2(b)所示。因为中枢装置控制了整个网络的通信,故任何两点间的数据传输都必须经过它。星状拓扑的优点是所有结点均连接至中枢装置,线路管理集中,网络出错容易查找;缺点是此种拓扑是以点对点方式布线的,故所需线材较多,成本较高。此外,一旦中枢装置发生故障,将导致整个网络瘫痪。

**3. 环状拓扑结构**

所有计算机均串接在一环状回路的布线方式称为环状拓扑,如图7.2(c)所示。该拓扑结构在传输数据时,数据会依顺时针(或逆时针)方向逐次传递。在环形拓扑中,每个结点的设备上都配有一个收发器,该装置可将接收到的信号增强后再送出。数据在网络中传输时,在每台设备上的延时时间都是固定的。

环状拓扑的优点是数据在每一结点均经增强后再送出,故网络信号稳定;其缺点也因每一结点需加装类似增波器的装置而使成本较高。另外,网络中若有任一结点发生故障都会致使整个网络瘫痪。

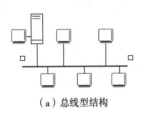 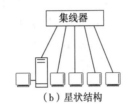 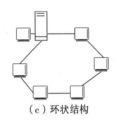

（a）总线型结构　　　　（b）星状结构　　　　（c）环状结构

图7.2　局域网的拓扑结构

### 7.3.4　局域网的常用组网技术

局域网确定了拓扑结构,也就确定了传输介质和终端之间的连接方式及接口标准。目前,比较流行的局域网有以太网、令牌环网、ATM、FDDI 等。

**1. 以太网**

以太网(ethernet)是应用最广泛、发展最成熟的一种局域网。以太网的标准化程度非常高,并且价格低廉,得到业界几乎所有厂商的支持。以太网标准是由 IEEE 802.3 工作组制定的,因此以太网也被称为 IEEE 802.3 局域网。

传统的以太网有 3 种类型,它们是 10Base5、10Base2 和 10Base-T。10Base5 被称为粗缆以太网,10Base2 被称为细缆以太网,10Base-T 被称为双绞线以太网。名称中的"10"表示信号在电缆上的传输速率为 10 Mbit/s。

以太网物理拓扑结构可以为总线型、星状和树状结构,但其逻辑上却都是总线型结构。例如 10Base-T、100Base-T 等,虽然用双绞线连接时在外表上看是星状结构,但连接双绞线的 hub 内部仍是总线型结构,只是连接每个计算机的传输介质变长了,这种以太网称为共享式以太网。共享式以太网采用 CSMA/CD 介质访问控制方式,当站点过多时,由于冲突将导致传输速率和网络性能急剧下降。

以太网结构简单,易于实现,技术相对成熟,网络连接设备的成本也非常低。此外,以太网虽然类型较多,但互相兼容,不同类型的以太网可以很好地集成在一个局域网中,其扩展性也很好。因此,在组建局域网、校园网和企业网时,很多的单位还是把以太网作为首选。

随着网络应用的不断增加,传统以太网的数据传输能力已经远远不能满足需要,为了适应发展的需要,以太网也在不断发展。

**2. 交换式以太网**

交换式以太网(switchingethernet)是在传统以太网的基础上,使用以太交换机代替传统的共享式集线器,从而在源和目的结点之间提供高速直接的连接。交换式以太网克服了共享网络所带来的因为结点增多而使带宽降低的不足。

① 不改变用户原有的任何软硬件配置,交换机每个端口具有与上游端口相同的带宽,即改原来的共享式为独占式。

② 将交换机和路由器结合,或者使用具有路由功能的交换机,可以方便地利用虚拟网(VLAN)技术来重新划分和组合网络结点,使网络划分不再依赖于地理位置,而是根据工作性质和逻辑功能来划分,在不改变物理网络的基础上实现资源的优化整合。

③ 扩充性好,能平滑升级到 ATM 技术。

### 3. 令牌环网

令牌环网(token ring)以环状拓扑结构为基础,与传统总线型网络不同的是,令牌环网不是采用竞争机制获取信道的使用权,而是通过集中方式控制,通过一个称做令牌(token)的比特控制信号来控制环网连接的计算机有序地访问信道。

令牌控制信号在环上逆时针绕行,站点如果需要发送数据,则在得到这个令牌并且令牌状态为"空"的情况下就可以发送数据,同时把令牌置"忙",发送完毕以后再将令牌置"空"。

### 4. 异步传输模式

异步传输模式(Asynchronous Transfer Mode,ATM)与传统的以太网或者令牌环网不同,其使用固定大小的信元(cell)分组来传输所有的信息。信元大小为 53 B,其中,5 B 为信元头,48 B 为有效载荷,因为长度固定,所以信元交换可以由硬件来实现,速度可达数百吉比特每秒。

ATM 技术的高带宽使宽带 ISDN(broadband intergrated services digital network)成为可能,ISDN 的目标是将各种业务(如语音、数据、图像、视频)综合在一个网络中进行传送,提供全方位的媒体服务,这一切都将通过电话线来传输。

### 5. 光纤分布式数据接口

光线分布式数据接口(Fiber Distributing Data Interface,FDDI)为高速光纤网,起源于 ANSI(美国国家标准协会)X3T9.5 委员会定义的标准,同时借用了 IEEE 802.2 的 LLC 层协议标准,采用了多帧访问方式,提高了信道的利用率。

FDDI 采用了令牌环网的访问控制技术,并且使用双环机制解决了网络中站点故障导致信道中断的问题,提高了容错性。但其硬件投入高,技术复杂,价格昂贵等原因限制了其使用,并且 FDDI 网络升级或者转换为 ATM 或 Ethernet 较为困难。

### 6. 快速以太网

1993 年,3Com、Intel 等公司提出了快速以太网(fastethernet)模型,之后 IEEE 采纳了该模型并标准化,通常被称为 100Base-T。其特点如下:

① 应用继承性好,使用了与 10Base-T 相同的 CSMA/CD 介质访问标准。

② 拓扑结构采用广泛应用的星状,升级方便,布线系统基本不需要改动就可以由 10Base-T 升级到 100Base-T。

③ 升级到 ATM 或者千兆以太网方便。

### 7. 千兆以太网

1996 年至今是千兆以太网的产生和发展阶段,在快速以太网的官方标准提出不到一年的时候,对千兆以太网的研究工作也开始了,千兆以太网的速率可以达到 1 000 Mbit/s。1998 年 IEEE 802.3 标准工作组完成了标准的制定并命名为 802.3ab。

目前,IEEE 802.3 委员会正致力于 10 Gbit/s 和 1 Tbit/s 以太网技术的研究。

## 7.4 网络的传输介质与互连设备

### 7.4.1 计算机网络的传输介质

#### 1. 有线传输媒体

(1)双绞线

双绞线(twisted pair cable)价格便宜且易于安装使用,是使用最广泛的传输介质。双绞线可分为非屏蔽双绞线(Unshielded Twisted Pair,UTP)和屏蔽双绞线(Shielded Twisted Pair,STP)两大类。UTP 成本较低,但易受各种电信号的干扰;STP 外面环绕一圈保护层,可大大提高抗干扰能力,但增加了成本。电话系统使用的双绞线一般是一对双绞线,而计算机网络使用的双绞线一般是 4 对。

双绞线按传输质量分为 1～5 类(表示为 UTP-1～UTP-5),局域网中常用的为 3 类(UTP-3)和 5 类(UTP-5)双绞线。由于工艺的进步和用户对传输带宽要求的提高,现在普遍使用的是高质量的 UTP,称为超 5 类线 UTP。其在 2000 年作为标准正式颁布,称为 Cat 5e,能支持高达 200 Mbit/s 的传输速率,是常规 5 类线容量的 2 倍,也是目前使用最多的一种电缆。

UTP 连接到网络设备(hub、Switch)的连接器,是类似电话插口的咬接式插头,称为 RJ-45,俗称水晶头。

双绞线电缆主要用于星状网络拓扑结构,即以集线器或网络交换机为中心,各计算机均用一根双绞线与之连接。这种拓扑结构非常适用于结构化综合布线系统,可靠性较高。任一连线发生故障时,均不会影响到网络中的其他计算机。

(2)同轴电缆

同轴电缆(coaxial cable)中心是实心或多芯铜线电缆,包上一根圆柱形的绝缘皮,外导体为硬金属或金属网,它既作为屏蔽层又作为导体的一部分来形成一个完整的回路。外导体外还有一层绝缘体,最外面是一层塑料皮包裹。由于外导体屏蔽层的作用,同轴电缆具有较高的抗干扰能力。同轴电缆能够传输比双绞线更宽频率范围的信号。

计算机网络中使用的同轴电缆有两种规格:一种是粗缆,另一种是细缆。无论是粗缆还是细缆均用于总线拓扑结构,即一根线缆上连接多台计算机。

由同轴电缆构造的网络现在基本上已很少见了,因为网络中很小的变化,都可能需要改动电缆。另外,这是一种单总线结构,只要有一处连接出现故障,将会造成整个网络的瘫痪,在双绞线以太网出现以后这种传输介质基本上就被淘汰了。

(3)光纤

光导纤维简称为光纤(optical fiber),它是发展最为迅速的传输介质。光纤通信是利用光纤传递光脉冲信号实现的,由多条光纤组成的传输线就是光缆。现代的生产工艺可以制造出超低损耗的光纤,光信号可以在纤芯中传输数千米而基本上没有什么损耗,在 6～8 km 的距离内不需要中继放大,这也是光纤通信得到飞速发展的关键因素。

与其他传输介质相比,低损耗、高带宽和高抗干扰性是光纤最主要的优点。目前光纤的数据传输率已达到 2.4 Gbit/s,更高速率的 5 Gbit/s、10 Gbit/s 甚至 20 Gbit/s 的系统正在研制过程中。光纤的传输距离可达上百千米,目前在大型网络系统的主干或多媒体网络应用系统中,几乎都采用光纤作为网络传输介质。

**2. 无线传输媒体**

最常用的无线介质有微波、红外线、无线电、激光和卫星。无线介质的带宽最多可以达到几十 Gbit/s,如微波为 45 Gbit/s,卫星为 50 Gbit/s。室内传输距离一般在 200 m 以内,室外为几十千米到上千千米。无线介质和相关传输技术是网络的重要发展方向之一,方便性是其最主要的优点;其主要缺点是容易受到障碍物、天气和外部环境的影响。

### 7.4.2　局域网的互连设备

局域网技术的日趋完善使得计算机技术向网络化、集成化方向迅速发展,越来越多的局域网之间要求相互连接,实现更广泛的数据通信和资源共享。网络互连是指通过采用合适的技术和设备,将不同地理位置的计算机网络连接起来,形成一个范围、规模更大的网络系统,实现更大范围内的资源共享和数据通信。

**1. 中继器**

中继器可以扩大局域网的传输距离,可以连接两个以上的网络段,通常用于同一幢楼里的局域网之间的互连。在 IEEE 802.3 中,MAC 协议的属性允许电缆可以长达 2 500 m,但是传输线路仅能提供传输 500 m 的能量,因此在必要时使用中继器来延伸电缆的长度。

**2. 集线器**

集线器是局域网中使用的连接设备,具有多个端口,可连接多台计算机。在局域网中常以集线器为中心,将所有分散的工作站与服务器连接在一起,形成星状拓扑结构的局域网系统。集线器的优点除了能够互连多个终端以外,其中一个结点的线路发生故障时不会影响到其他结点。

### 3. 网桥

网桥也是局域网使用的连接设备。网桥的作用是扩展网络的距离,减轻网络的负载。在局域网中每一条通信线路的长度和连接的设备数都是有最大限度的,如果超载就会降低网络的工作性能。对于较大的局域网,可以采用网桥将负担过重的网络分成多个网络段,每个网段的冲突不会被传播到相邻网段,从而达到减轻网络负担的目的。由网桥隔开的网络段仍属于同一局域网。网桥的另外一个作用是自动过滤数据包,根据包的目的地址决定是否转发该包到其他网段。

### 4. 路由器

路由器是互联网中使用的连接设备。它可以将两个网络连接在一起,组成更大的网络。被连接的网络可以是局域网也可以是互联网,连接后的网络都可以称为互联网。

在互联网中,两台计算机之间传递数据的通路会有很多条,数据包(或分组)从一台计算机出发,中途要经过多个站点才能到达另一台计算机。这些中间站点通常是由路由器组成的,路由器的作用就是为数据包(或分组)选择一条合适的传送路径。用路由器隔开的网络属于不同的局域网,具有不同的网络地址。

### 5. 网关

网关也称为网间协议转换器,工作于 OSI/RM 的高 3 层(会话层、表示层和应用层),用来实现不同类型网络间协议的转换,从而为用户和高层协议提供一个统一的访问界面。网关的功能既可以由硬件实现,也可以由软件实现。网关可以设在服务器、微机或大型机上。

### 6. 交换机

交换机的功能类似于集线器,是一种低价位、高性能的多端口网络设备,除了具有集线器的全部特性外,还具有自动寻址、数据交换等功能。它将传统的共享带宽方式转变为独占方式,每个结点都可以拥有和上游结点相同的带宽。

# 第8章　因特网技术与应用

Internet(因特网)代表着当今计算机网络体系结构发展的重要方向,它已在世界范围内得到广泛的普及与应用。人们可以使用因特网浏览信息、查找资料、读书、购物,甚至可以进行娱乐、交友,因特网正迅速地改变人们的工作方式和生活方式。本章首先介绍因特网的基本技术,然后介绍因特网的基本应用,如网上浏览、电子邮件、文件下载、网页制作等。

 **学习目标**

- 了解因特网的概念,包括 TCP/IP、IP 地址与域名地址的概念。
- 了解网络接入的基本技术。
- 掌握通过因特网浏览信息的方法。
- 掌握网上信息检索的方法。
- 掌握利用 FTP 进行文件传输的方法。
- 学会电子邮件的使用。
- 了解因特网的常用服务与扩展应用,包括即时通信和即时通信工具、博客、维客与威客、RSS 及其阅读器、电子商务与电子政务、物联网与云计算的知识等。

## 8.1　因特网的基本技术

### 8.1.1　因特网的概念与特点

#### 1. 概念

因特网是一项由美国开发的互联网工程。因特网本身不是一种具体的物理网络技术,将其称为网络是网络专家为了便于理解而给它加上的一种"虚拟"的概念。实际上,因特网是把全世界各个地方已有的各种网络,如计算机网络、数据通信网及公用电话交换网等互连起来,组成一个跨越国界范围的、庞大的互联网,因此它又称为网络的网络。从本质上讲,因特网是一个开放的、互连的、遍及全世界的计算机网络系统,它遵从 TCP/IP,是一个使世界上不同类型的计算机能够交换各类数据的通信媒介,为人们打开了通往世界的信息大门。

#### 2. 发展

因特网的前身是美国国防部高级计划研究署在 1969 年作为军事实验网络而建立的 ARPnet,建立的最初只有 4 台主机,采用网络控制程序(Network Control Program,NCP)作为主机之间的通信协议。随着计算机数量的增多和应用逐步民用化,1985 年,美国国家科学基金会(National Science Foundation,NSF)把分布在全国的 6 个超级计算机中心,通过通信线路连接起来构成 NSFNet 并与 ARPNet 相连,形成了一个支持科研、教育、金融等各方面应用的广域网。随着网络技术的不断发展,网络速度不断提高,接入的结点不断增多,从而形成了现在的 Internet。

到 1992 年,因特网的网络技术、网络产品、网络管理和网络应用都已趋于成熟,开始步入了实际应用阶段。这个阶段最主要的标志有两个:一是它的全面应用和商业化趋势的发展;二是它已迅速发展成全球性网络。

随着 Internet 技术和网络的成熟,其应用很快从教育科研、政府军事等领域扩展到商业领域,并获得迅速发展。因特网上的众多服务器提供大量的商业信息供用户查询,例如企业介绍、产品价格、技术数据,等等。在因特网上不少网站知名度越来越高,查询极为频繁,再加上广告的交互式特点,吸引了越来越多的厂家在网上登载广告。

因特网发展极为迅速,现在已经成为一个全球性的网络。从 1983 年开始,接入因特网的计算机数量每年大致增长一倍,呈指数增长。现在因特网已延伸到世界的各个角落,它覆盖了整个北美、西欧、南美和澳洲的大部分地区,亚洲、非洲和南极洲的部分地区,以及东欧等地区,现在直接或间接接入因特网的国家已超过 180 个。

随着全球信息高速公路的建设,我国政府也开始推进中国信息基础设施(China Information Infrastructure, CII)的建设。到目前为止,因特网在我国已得到极大的发展。回顾我国因特网的发展,可以分为两个阶段:

① 第一个阶段是与因特网电子邮件的连通。1988 年 9 月,中国学术网络(China Academic Network, CANET)向世界发送了第一封电子邮件,标志着我国开始进入因特网。CANET 是中国第一个与国外合作的网络,使用 X. 25 技术,通过德国 Karlruhe 大学的一个网络接口与 Internet 交换 E-mail。1990 年,CANET在 InterNIC 中注册了中国国家最高域名 CN。1990 年,中国研究网络(China Research Network,CRN)建成,该网络同样使用 X. 25 技术通过 RARE 与国外交换信息,并连接了十多个研究机构。

② 第二个阶段是与因特网实现全功能的 TCP/IP 连接。1989 年,原中国国家计划委员会和世界银行开始支持一个称为国家计算设施(National Computing Facilities of China,NCFC)的项目,该项目包括 1 个超级计算机中心和 3 个院校网络,即中国科学院网络(CASnet)、清华大学校园网(Tunet)和北京大学校园网(Punet)。1993 年底,这 3 个院校网络分别建成。1994 年 3 月,开通了一个 64 kbit/s 的国际线路,连到美国。1994 年 4 月,路由器开通,正式接入了因特网,使 CASnet、Tunet 和 Punet 用户可对因特网进行全方位访问。与此同时,1993 年 3 月,中国科学院(CAS)高能物理研究所(IHEP)开通了一条 64 kbit/s 的国际数据信道,连接中科院高能所和美国斯坦福线性加速器中心(SLAC),运行 DECnet 协议。虽然当时不能直接提供完全的因特网功能,但经 SLAC 机器的转接,可以与因特网进行 E-mail 通信。这些全功能的连接,标志着我国正式加入了因特网。

随后,中国的网络建设进入了大规模发展阶段,到 1996 年初,我国的因特网已形成了 4 大主流网络体系。在 4 家互联网络中,中国科学网 CSTNET 和中国教育网 CERNET 主要以科研和教育为目的,从事非经营性的业务;中国互联网 CHINANET 和金桥信息网 CHINAGBN 属于商业性因特网,以经营手段接纳用户入网,提供因特网服务。这 4 大网络之间已实现了互连。

**3. 特点**

因特网之所以能在很短的时间内风靡全世界,而且以越来越快的速度向前发展,这与它所具有的显著特点分不开的。其特点如下:

① TCP/IP 是因特网的基础和核心。网络互连离不开通信协议,因特网的核心就是 TCP/IP,正是依靠 TCP/IP,因特网实现了各种网络的互连。

② 因特网实现了与公用电话交换网的互连,从而使全世界众多的个人用户可以方便地入网。任何用户,只要有一条电话线、一台计算机和一个 modem,就可以连入因特网,这是因特网得以迅速普及的重要原因之一。

③ 因特网是用户自己的网络。由于因特网上的通信没有统一的管理机构,因此,网上的许多服务和功能都是由用户自己进行开发、经营和管理的,如著名的 WWW 软件就是由欧洲核子物理实验室开发出来交给公众使用的。因此,从经营管理的角度来说,因特网是一个用户自己的网络。

### 8.1.2 数据交换技术

在广域网中,两个计算机之间传输数据时一般不是点到点的直接连接,数据可能经过由多个中间结点组成的路径,这些中间结点处有一个交换设备,通过交换设备把数据从源结点传到目的结点。在数据通信中,将数据在通信子网中结点间的数据传输过程称为数据交换,其对应的技术称为数据交换技术。常用的数据交换技术有电路交换、报文交换、分组交换、ATM 信元交换和侦中继等。这里主要介绍前 3 种交换技术。

**1. 电路交换**

电路交换就是计算机终端之间通信时,一方发起呼叫,独占一条物理线路,当交换机完成接续,对方收到发起端的信号,双方即可进行通信。在整个通信过程中双方一直占用该电路。它的特点是实时性强,延时小,交换设备成本较低。但同时也带来线路利用率低、电路接续时间长、通信效率低、不同类型的终端用户之间不能通信等缺点。电路交换比较适用于信息量大、长报文、经常使用的固定用户之间的通信。对于计算机通信来说,过长的电路建立是不合适的,因为一般保持数据的传输时间并不多,大部分时间线路实际上处于空闲状态,因此电路交换不适合计算机网络的通信。

**2. 报文交换**

将用户的报文存储在交换机的存储器中,当所需要的输出电路空闲时,再将该报文发向接收交换机或终端,它以"存储—转发"的方式在网内传输数据,因此也称为存储转发交换。报文交换的优点是中继电路利用率高,可以多个用户同时在一条线路上传送信息,可实现不同速率、不同规程的终端间的互通。但它的缺点也是显而易见的,以报文为单位进行存储转发,网络传输时延大,且占用大量的交换机内存和外存,不能满足对实时性要求高的用户。因此,报文交换不常用于直接的通信,它主要应用于传输的报文较短、实时性要求较低的网络用户之间的通信,如公用电报网。

**3. 分组交换**

分组交换也称包交换,是将用户传送的数据划分成一定的长度,每个部分叫做一个分组。在每个分组的前面加上一个分组头,用于指明该分组发往何地址,然后由交换机根据每个分组的地址标志,将它们转发至目的地,这一过程称为分组交换。进行分组交换的通信网称为分组交换网。

分组交换实质上是在"存储—转发"基础上发展起来的,它兼有电路交换和报文交换的优点。分组交换在线路上采用动态复用技术传送按一定长度分割为许多小段的数据——分组。每个分组标识后,在一条物理线路上采用动态复用的技术,同时传送多个数据分组。把来自用户发送端的数据暂存在交换机的存储器内,接着在网内转发,到达接收端后再去掉分组头,并将各数据字段按顺序重新装配成完整的报文。分组交换比电路交换的电路利用率高,比报文交换的传输时延小、交互性好,因此广域网一般都采用分组交换。

### 8.1.3 TCP/IP

**1. TCP/IP 模型**

Internet 采用的体系结构是 TCP/IP 模型,这使得 TCP/IP 已经成为事实上的工业标准。TCP/IP 也采用层次结构,但与国际标准化组织公布的 OSI/RM 7 层参考模型不同,它分为 4 个层次,从上往下依次是应用层、传输层、网络层和网络接口层,如图 8.1 所示。TCP/IP 与 OSI/RM 的对应关系如表 8.1 所示。

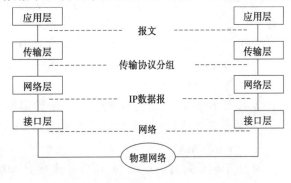

图 8.1 TCP/IP 层次结构

表 8.1 **TCP/IP 与 OSI/RM 的对应关系**

| OSI 模型 | TCP/IP 模型 | TCP/IP 簇 |
|---|---|---|
| 应用层 | 应用层 | HTTP、FTP、TFTP、SMTP、SNMP、Telnet、RPC、DNS、Ping、… |
| 表示层 | | |
| 会话层 | | |
| 传输层 | 传输层 | TCP、UDP、… |
| 网络层 | 网络层 | IP、ARP、RARP、ICMP、IGMP、… |
| 数据链路层 | 接口层 | Ethernet、ATM、FDDI、X.25、PPP、Token-Ring、… |
| 物理层 | | |

TCP/IP 模型各层的具体含义是：

① 网络接口层：对应于 OSI 的数据链路层和物理层，负责将网际层的 IP 数据包通过物理网络发送，或从物理网络接收数据帧，抽出 IP 数据包上交网际层。TCP/IP 没有规定这两层的协议，在实际应用中根据主机与网络拓扑结构的不同，局域网主要采用 IEEE 802 系列协议，如 IEEE 802.3 以太网协议、IEEE 802.5 令牌环网协议。广域网常采用 HDLC、帧中继、x.25 等。

② 网络层：对应于 OSI 的网络层，提供无链接的数据报传输服务，该层最主要的协议就是无链接的互联网协议 IP。

③ 传输层：对应于 OSI 的传输层，提供一个应用程序到另一个应用程序的通信，由面向链接的传输控制协议 TCP 和无链接的用户数据报协议 UDP 实现。TCP 提供了一种可靠的数据传输服务，具有流量控制、拥塞控制、按序递交等特点。而 UDP 是不可靠的，但其协议开销小，在流媒体系统中使用较多。

④ 应用层：对应于 OSI 的最高三层，包括了很多面向应用的协议，如文件传输协议 FTP、远程登录协议 Telnet、域名系统 DNS、超文本传输协议 HTTP 和简单邮件传输协议 SMTP 等。

**2. TCP/IP 协议簇**

通信协议是计算机之间交换信息所使用的一种公共语言的规范和约定，因特网的通信协议包含 100 多个相互关联的协议，由于 TCP 和 IP 是其中两个最核心的关键协议，故把因特网协议簇称为 TCP/IP。

（1）IP（Internet Protocol）网际协议

IP 协议非常详细地定义了计算机通信应该遵循规则的具体细节。它准确地定义了分组的组成和路由器如何将一个分组传递到目的地。

IP 协议将数据分成一个个很小的数据包（IP 数据包）来发送。源主机在发送数据之前，要将 IP 源地址、IP 目的地址与数据封装在 IP 数据包中。IP 地址保证了 IP 数据包的正确传送，其作用类似于日常生活中使用的信封上的地址。源主机在发送 IP 数据包时只需要指明第一个路由器，该路由器根据数据包中的目的 IP 地址决定它在 Internet 中的传输路径，在经过路由器的多次转发后将数据包交给目的主机。数据包沿哪一条路径从源主机发送到目的主机，用户不必参与，完全由通信子网独立完成。

（2）TCP（Transmission Control Protocol）传输控制协议

TCP 解决了 Internet 分组交换通道中数据流量超载和传输拥塞的问题，使得 Internet 上的数据传输和通信更加可靠。具体来讲，TCP 协议解决了在分组交换中可能出现的以下几个问题：

① 当经过路由器的数据包过多而超载时，可能会导致一些数据包丢失。在这种情况下，TCP 能自动地检测到丢失的数据包并加以恢复。

② 由于 Internet 的结构非常复杂，一个数据包可以经由多条路径传送到目的地。由于传输路径的多变性，一些数据包到达目的地的顺序会与数据包发送时的顺序不同。此时，TCP 能自动检测数据包到来的顺序并将它们按原来的顺序调整过来。

③ 由于网络硬件的故障，有时会导致数据重复传送，使得一个数据包的多个副本到达目的地。此时，TCP 能自动检测出重复的数据包并接收最先到达的数据包。

虽然 TCP 和 IP 也可以单独使用，但事实上它们经常是协同工作相互补充的。IP 提供了将数据分组从源主机传送到目的主机的方法，TCP 提供了解决数据在 Internet 中传送丢失数据包、重复传送数据包和数据包失序的方法，从而保证了数据传输的可靠性。

TCP 和 IP 的协同工作，实现了将信息分割成很小的 IP 数据包来发送，这些 IP 数据包并不需要按一定顺序到达目的地，甚至不需要按同一传输线路来传送。而这些信息无论怎样分割，无论走哪条路径，最终都在目的地完整无缺地组合起来。

**3. TCP/IP 协议簇中主要协议介绍**

TCP/IP 实际上是一个协议簇，它含有 100 多个相互关联的协议，从表 8.1 中可以看出对应各层的主要的协议。

① DNS（Domain Name System，域名系统）：DNS 实现域名到 IP 地址之间的解析。

② FTP(File Transfer Protocol,文件传输协议):FTP 实现主机之间相互交换文件的协议。

③ Telnet(Telecommunication Network,远程登录的虚拟终端协议):Telnet 支持用户从本机通过远程登录程序向远程服务器登录和访问的协议。

④ HTTP(Hyper-Text Transfer Protocol,超文本传输协议):HTTP 是在浏览器上查看 Web 服务器上超文本信息的协议。

⑤ SMTP(Simple Mail Transfer Protocol,简单邮件传输协议):SMTP 用于服务器端电子邮件服务程序与客户机端电子邮件客户程序共同遵守和使用的协议,用于在 Internet 上发送电子邮件。

### 8.1.4　IP 地址与域名地址

为了实现因特网上不同计算机之间的通信,每台计算机都必须有一个不与其他计算机重复的地址,它相当于通信时每台计算机的名字。在使用因特网的过程中,遇到的地址有 IP 地址、域名地址和电子邮件地址等。

**1. IP 地址**

IP 地址由两部分组成,前面部分为网络标识,后面部分为主机标识。每个 IP 地址均由长度为 32 位的二进制数组成(即 4 字节),每 8 位(1 字节)之间用圆点分开,如 11001010.01110000.00000000.00100100。

用二进制数表示的 IP 地址难于书写和记忆,通常将 32 位的二进制地址写成 4 个十进制数字字段,书写形式为 ×××.×××.×××.×××,其中,每个字段 ××× 都在 0~255 之间取值。例如,上述二进制 IP 地址转换成相应的十进制表示形式为 202.112.0.36。

IP 地址通常可以分成 A、B、C 三大类,具体如下:

① A 类地址(用于大型网络):第 1 个字节标识网络地址,后 3 个字节表示主机地址;A 类地址中第 1 个字节的首位总为 0,其余 7 位表示网络标识,A 类地址头一个数为 0~127。

② B 类地址(用于中型网络):前 2 个字节标识网络地址,后 2 个字节表示主机地址;B 类地址中第 1 个字节的前 2 位为 10,余下 6 位和第 2 个字节的 8 位共 14 位表示网络标识,因此,B 类地址头一个数为 128~191。

③ C 类地址(用于小型网络):前 3 个字节标识网络地址,后 1 个字节表示主机地址;C 类地址中第 1 个字节的前 3 位为 110,余下 5 位和第 2、3 个字节的共 21 位表示网络标识,因此,C 类地址头一个数为 192~223。

例如:IP 地址为 166.111.8.248,表示一个 B 类地址;IP 地址为 202.112.0.36,表示一个 C 类地址;而 IP 地址 18.181.0.21,表示一个 A 类地址。

此外,IP 地址还有另外两个类别:组广播地址和保留地址,分别分配给因特网体系结构委员会和实验性网络使用,称为 D 类和 E 类。

**2. 域名地址**

由于用数字描述的 IP 地址不形象,没有规律,因此难于记忆,使用不便。为此,人们又研制出用字符描述的地址,称为域名(domain name)地址。

因特网的域名系统是为方便解释机器的 IP 地址而设立的,域名系统采用层次结构,按地理域或机构域进行分层。一个域名最多由 25 个子域名组成,每个子域名之间用圆点隔开,域名从右往左分别为最高域名、次高域名……逐级降低,最左的一个字段为主机名。

通常一个主机域名地址由 4 部分组成:主机名、主机所属单位名、网络名和最高域名。例如,一台主机域名为 www.hebut.edu.cn,就是一个由 4 部分组成的主机域名。

① 最高域名在因特网中是标准化的,代表主机所在的国家或地区,由两个字符构成。例如,CN 代表中国;JP 代表日本;US 代表美国(通常省略)等。

② 网络名是第二级域名,反映组织机构的性质,常见的代码有 EDU(教育机构)、COM(营利性商业实体)、GOV(政府部门)、MIL(军队)、NET(网络资源或组织)、INT(国际性机构)、WEB(与 WWW 有关的实体)、ORG(非营利性组织机构)等。

③ 主机所属单位名一般表示主机所属域或单位。例如,tsinghua 表示清华大学,hebut 表示河北工业大学等。主机名可以根据需要由网络管理员自行定义。

在最新的域名体系中,允许用户申请不包括网络名的域名,例如 www. hebut. cn。

域名与 IP 地址都是用来表示网络中的计算机的。域名是为人们便于记忆而使用的,IP 地址是计算机实际的地址,计算机之间进行通信连接时是通过 IP 地址进行的。在因特网的每个子网上,有一个服务器称为域名服务器,它负责将域名地址转换(翻译)成 IP 地址。

**3. 电子邮件地址**

电子邮件地址是因特网上每个用户所拥有的、不与他人重复的唯一地址。对于同一台主机,可以有很多用户在其上注册,因此,电子邮件地址由用户名和主机名两部分构成,中间用@ 隔开,即 username@ hostname。

其中,username 是用户在注册时由接收机构确定的,如果是个人用户,用户名常用姓名,单位用户常用单位名称。hostname 是该主机的 IP 地址或域名,一般使用域名。

例如,user1@ mail. hebut. edu. cn 表示一个在河北工业大学的邮件服务器上注册的用户电子邮件地址。

# 8.2 网络接入基本技术

## 8.2.1 骨干网和接入网的概念

宽带网络,即宽带互联网,指为用户实现传输速率超过 2 Mbit/s、24 小时连接的非拨号接入而存在的网络服务。宽带网可以分为骨干网和接入网两部分。

① 骨干网指为所有用户共享,传输骨干数据的网络,它通常由传输量大的光纤接入,由高速设备互连,实现城市或者国家之间的数据传送。

② 接入网通常被称为最后一千米的连接,指的是骨干网和用户终端之间的连接。

## 8.2.2 传统接入技术

任何一台计算机要想接入因特网,只要以某种方式与已经连入因特网的一台主机进行连接即可。有很多专门的机构(公司)从事这种接入服务,它们被称为 ISP(Internet Server Provider,Internet 服务提供商),ISP 一般需具备 3 个条件:首先,它有专线与因特网相连;其次,它有运行各种服务程序的主机,这些作为服务器的主机连续运行,可以随时提供各种服务;再次,它有地址资源,可以给申请接入的用户分配 IP 地址。

具体的接入方式可分为远程终端方式、IP 拨号方式和专线方式。前两种适用于单机的接入,后一种适用于局域网的接入。

**1. 单机接入**

(1)远程终端方式

这种接入方式可用于计算机的单机接入。它是指利用 DOS 或 Windows 下的通信软件,把计算机与因特网上的一台主机相连作为它的一个远程终端,其功能与主机的真正终端完全相同。

(2)IP 拨号方式

这种方式也是利用电话线拨号上网。通信软件有两种:一种是串行线 Internet 协议(Serial Line Internet Protocol,SLIP),称做 SLIP 连接;另一种是点对点协议(Point to Point Protocol,PPP),称做 PPP 连接。这种方式的连接方法需在接入提供机构处申请 IP 地址、用户标识和密码等。这里申请的 IP 地址有静态 IP 地址和动态 IP 地址两类。前者是分配给用户一个专用的 IP 地址,后者是在拨号上网时临时分配的一个地址,断开以后不再占用地址,再次上网时另行分配地址。目前,大多数用户都是通过 IP 拨号方式使自己的计算机与因特网相连。

**2. 局域网接入**

目前,局域网在国内、外应用十分广泛,如果把局域网和因特网上的主机相连,就可以使网上的每台工作站直接访问因特网。由于局域网的种类和使用的软件系统不同,可以分成两种情况:一种是网上工作站共享服务器的 IP 地址,简称共享地址;另一种是每个工作站都有自己独立的 IP 地址,简称独立地址。

### 8.2.3　宽带接入技术

随着网络技术的飞速发展,接入 Internet 的方式也发生了很大的改变,在传统接入方式的基础上,技术上比较成熟的新型接入方式逐渐得到了广泛应用。

**1. 基于铜线的 xDSL 接入技术**

数字用户环路(Digital Subscriber Line, DSL)技术是基于普通电话线的宽带接入技术,它在同一铜线上分别传送数据和语音信号,数据信号不通过电话交换设备,减轻了电话交换机的负载,并且不需要拨号,一直在线,属于专线上网,省去了昂贵的电话费用。

xDSL 中的 x 代表各种数字用户环路技术,包括 ADSL、RADSL、HDSL、VDSL 等。

VDSL、ADSL、RADSL 属于非对称式传输。其中,VDSL 技术最快,在一对铜质双绞电话线上,上行速率为 13 ~ 52 Mbit/s,下行速率为 1.5 ~ 2.3 Mbit/s,但其距离只在几百米以内。ADSL 在一对铜线上支持上行速率 640 kbit/s ~ 1 Mbit/s,下行速率 1 ~ 8 Mbit/s,有效传输距离在 3 ~ 5 km 范围内,是目前应用最多的一种方式。RADSL 则可以根据距离和铜线的质量动态调整速率。

采用不对称传输是因为在 Internet 的各种应用中,例如视频点播 VOD、软件下载等,用户下载的信息往往要比上传的信息多得多。

ADSL 使用普通电话线来传输数据,设备安装简单,用户只需要将 ADSL modem 串接在计算机网卡和电话之间,配置好计算机的 IP、DNS 等参数即可。

**2. 光纤同轴混合技术**

光纤同轴混合(Hybrid Fiber Coaxial, HFC)系统是在传统的同轴电缆 CATV 技术基础上发展起来的,它利用普通的 CATV 电缆外加 cable modem(电缆调制解调器)实现用户和 Internet 的连接,从而实现利用已有的有线电视网络实现高速数据的接入。

HFC 系统比光纤接入成本要低,并有铜缆和双绞线无法比拟的传输带宽,通常为 750 MHz ~ 1 GHz,传输速率可以达到 3 ~ 50 Mbit/s,传输距离为 100 km 甚至更远。

**3. 光纤接入**

光纤传输系统具有传输信息容量大、传输损耗小、抗干扰能力强等特点,是实现宽带业务的最佳方式。目前,在已经投入的光纤接入应用中,有光纤到路(FTTC)、光纤到楼(FTTB)和光纤到户(FTTH)3 种,但因为光纤接入技术复杂,投资高,一般用户难以承受,所以实际得到广泛应用的只是前两种。

**4. 无线接入**

无线接入分为固定无线接入和移动无线接入。固定无线接入又称为无线本地环路(wirelesslocal loop, WLL),利用无线设备直接连入公用电话网,常见的微波一点多址、卫星直播系统都属于固定无线接入的范畴。

移动无线接入是近期才发展起来的一种新型接入方式,是笔记本式计算机、智能手机等移动终端对 Internet 接入要求不断增加而产生的。

相对手机而言,利用原有的 GSM(Global System for Mobile communication)网络的通用无线分组业务(General Packet Radio Service, GPRS)和利用 CDMA(Code-Division Multiple Access)网络实现网络接入的 3G(3rd Generation)应用已经如火如荼。对于计算机,无线局域网技术(Wireless LAN, WLAN)则成为新兴的技术热点。WLAN 遵循 IEEE 802.11 标准,为移动用户提供高速率移动接入。目前,802.11 被分为 3 个标准:802.11a、802.11b、802.11g,分别提供 5 Mbit/s、12 Mbit/s 和 56 Mbit/s 的接入速率,更多的标准正在开发中。

WLAN 要求用户安装有支持无线收发的无线适配器(无线网卡, WNIC)和相应的芯片组,在有无线信号的"热点"区域内即可登录网络。

## 8.3　因特网信息浏览

### 8.3.1　因特网信息浏览的基本概念和术语

在因特网中通过采用 WWW 方式,几乎可以将所有的信息提供给用户。WWW 是 World Wide Web 的缩写,也称万维网、Web,是因特网上最早出现的应用方式,也是因特网上应用最广泛的一种信息发布及查询服务。WWW 以超文本的形式组织信息。下面介绍有关 WWW 的基本概念。

**1. 网站与网页**

WWW 实际上就是一个庞大的文件集合体,这些文件称为网页或 Web 页,存储在因特网上的成千上万台计算机上。提供网页的计算机称为 Web 服务器,或叫做网站、网点。

**2. 超文本与超链接**

用户通过浏览器浏览一个网页时,会发现一些带有下画线的文字、图形或图片等,当鼠标指针指向这一部分时,会变成手形,如图 8.2 所示,这部分可称为超链接。当单击超链接时,浏览器就会显示出与该超链接相关的网页。这样的链接不但可以链接网页,还可以链接声音、动画、影片等其他类型的网络资源。具有超链接的文本就称为超文本。

图 8.2 手形鼠标指针指向超链接

超文本文档不同于普通文档,其最重要的特色是文档之间的链接,互相链接的文档可以在同一个主机上,也可以分布在网络上的不同主机上。用户在阅读呈现在屏幕上的超文本信息时,可以随意跳跃一些章节,阅读下面的内容,也可以从计算机中取出存放在另一个文本文件中的相关内容,甚至可以从网络上的另一台计算机中获取相关的信息。

**3. 超媒体**

就信息的呈现形式而言,除文本信息以外,还有语音、图像和视频(或称动态图像)等,统称为多媒体。在多媒体的信息浏览中引入超文本的概念,就是超媒体。

**4. 超文本置标语言(HTML)**

HTML(Hyper Text Markup Language)是为服务器制作信息资源(超文本文档)和客户浏览器显示这些信息而约定的格式化语言。可以说所有的网页都是基于超文本置标语言编写的。使用这种语言,可以对网页中的文字、图形等元素的各种属性进行设置,如大小、位置、颜色、背景等,还可以将它们设置成超链接,用于链向其他相关网站。具体地说,信息制作者用 HTML 定义文本的格式,语音、图像和视频等多媒体信息的数据类型,特别是定义了相关信息的超文本、超媒体的链接指针,这些信息存放在 Web 服务器上。而客户浏览器则按照 HTML 定义的格式显示信息。

**5. 主页**

网站的第一个网页称为主页。从前面的介绍中可知,WWW 是通过相关信息的指针链接起来的信息网络,由提供信息服务的 Web 服务器组成。在 Web 系统中,这些服务信息以超文本文档的形式(即网页)存储在 Web 服务器上。每个 Web 服务器上都有一个主页(home page),它把服务器上的信息分为几大类,通过主页上的链接来指向不同的网页。主页反映了服务器所提供的信息内容的层次结构,通过主页上的提示性标题(链接指针),可以转到主页之下的各个层次的其他网页。如果用户从主页开始浏览,可以完整地获取这一服务器所提供的全部信息。

**6. 统一资源定位器**

利用 WWW 获取信息时要标明资源所在地。在 WWW 中用 URL(Uniform Resource Locator)定义资源所在地。

URL 的地址格式为:

应用协议类型://信息资源所在主机名(域名或 IP 地址)/路径名/…/文件名

例如,地址 http://www.edu.cn/,表示用 HTTP 协议访问主机名为 www.edu.cn 的 Web 服务器的主页。

地址 http://www.hebut.edu.cn/services/china.htm,表示用 HTTP 协议访问主机名为 www.hebut.edu.cn 的一个 HTML 文件。

利用 WWW 浏览器,还可以包含其他服务功能,例如,可以采用文件传输协议 FTP,访问 FTP 服务器。例如,ftp://ftp.hebut.edu.cn 表示以 FTP 协议访问主机名为 ftp.hebut.edu.cn 的 FTP 服务器。在 URL 中,常用的应用协议有以下几种:

① HTTP:Web 资源。

② FTP:FTP 资源。

③ Telnet:远程登录。

④ FILE:用户机器上的文件。

**7. 超文本传输协议(HTTP)**

为了将网页的内容准确无误地传送到用户的计算机上,在 Web 服务器和用户计算机间必须使用一种特殊的语言进行交流,这就是超文本传输协议。

用户在阅读网页内容时使用一种称为浏览器的客户端软件,这类软件使用 HTTP 协议向 Web 服务器发出请求,将网站上的信息资源下载到本地计算机上,再按照一定的规则显示到屏幕上,成为图文并茂的网页。

### 8.3.2　浏览器的基本操作

用户在因特网中进行网页浏览查询时,需要在本地计算机中运行浏览器应用程序。目前,使用比较广泛的浏览器是微软公司的 Internet Explorer(简称 IE),此外 360 浏览器、傲游浏览器(Maxthon)、火狐浏览器(Firefox)、谷歌浏览器等也占据了一部分市场。这里以中文 Windows 操作系统中的 IE 为例,介绍浏览网页的方法。

**1. 启动 IE 浏览器**

选择"开始"→"所有程序"→Internet Explorer 命令,或在 Windows 桌面上双击 Internet Explorer 图标,均可启动 IE 浏览器,如图 8.3 所示。

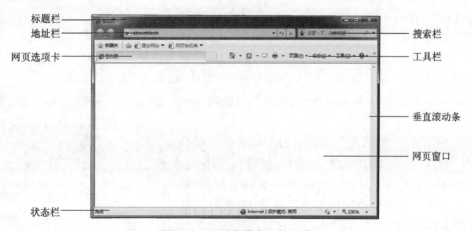

图 8.3　IE 浏览器窗口的组成

**2. 浏览网页**

连接网站的操作方法很简单，用鼠标单击地址栏，并在地址栏中输入一个 URL 地址即可。例如，需要浏览 WWW 网页，可先输入"http://"（用于指定浏览器 WWW 网页的 HTTP 协议），然后输入网站的域名或 IP 地址；如果要连接 FTP 服务器，就要先输入"ftp://"（用于指定文件传输的 FTP 协议），再输入 FTP 服务器的域名或 IP 地址。URL 地址输入完后，按【Enter】键即可开始连接 URL 所对应的网站。需要说明的是，在浏览器中使用最多的地址是基于浏览 WWW 网页的地址，因此对于这类地址，在输入时可以省略前缀"http://"。

如果将要浏览的网站最近已经打开过，可以单击地址栏的下拉按钮，在弹出的下拉列表中列出了最近打开过的所有网站地址，从中选取一个网址即可连接对应的网站。

网页上通常都有很多"链接点"，它们可以是图片、三维图像或特殊颜色的文字，也可以是一些带有下画线的文字，当用鼠标指向它们时，指针会变为手的形状。单击网页上的任何"链接点"，就可以转到与之相关联的网页或相关的内容，有的超链接还可以打开一首歌曲、一段影片、一个图片或一个动画，甚至连接到其他网站。用户通过对"链接点"的操作，可以浏览分布在世界各地的 Web 服务器上的相关信息，从而体现出超文本的链接优点。

**3. 设置起始页**

每次打开 IE 浏览器都会有一个主页被自动载入，称为 IE 起始页。通常，系统默认的 IE 起始页是微软公司的一个网站主页，用户也可以根据需要，将自己经常连接的网站主页设为 IE 起始页。设置 IE 起始页的操作步骤如下：

① 在 IE 浏览器工具栏中选择"工具"→"Internet 选项"命令，打开"Internet 选项"对话框，选择"常规"选项卡，如图 8.4 所示。

② 在"主页"栏的文本框中输入所选 IE 起始页的 URL 地址。

- 单击"使用当前页"按钮，可将当前正在浏览的网页地址输入"主页"栏的文本框中，使其成为起始页面。
- 单击"使用默认值"按钮，则将微软公司的网站主页作为起始页面。
- 单击"使用空白页"按钮，则在每次启动 IE 时，不调用任何网站的页面，而显示空白窗口。
- 如果想把存储在本地计算机磁盘上的某个主页指定为 IE 起始页，只要在"主页"栏的文本框中输入该主页的路径和文件名即可。

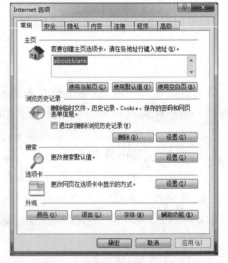

图 8.4 "Internet 选项"对话框

③ 设置完成后，单击"确定"按钮。

进行上述设置后，在每次启动 IE 时，就会显示设置的 IE 起始页。

**4. 建立和使用收藏夹**

在浏览 WWW 时，如果发现有值得反复访问的 Web 站点，就可以把它的 URL 地址保存到"收藏夹"中，以后访问这个 Web 站点时，就无须输入它的 URL 地址，只要从"收藏夹"中选取即可。

若想将当前 Web 页的 URL 地址存入"收藏夹"，可按以下步骤进行操作：

① 单击地址栏下方的"收藏夹"按钮，在打开的窗格中选择"添加到收藏夹"命令，打开"添加收藏"对话框，如图 8.5 所示。

② 此时，"名称"文本框中显示了当前 Web 页的名称，也可以根据需要，对"名称"文本框中的内容进行修改，为当前 Web 页指定一个新的名称。

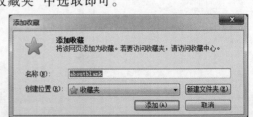

图 8.5 "添加到收藏夹"对话框

③ 单击"新建文件夹"按钮，可以在收藏夹中创建一个新的文件夹，便于按类管理收藏的网页。"创建

位置"下拉列表框中列出了收藏夹下的其他位置,选择某一位置(文件夹),可以将网页收藏在指定位置(文件夹)下。

④ 单击"添加"按钮,即可将 Web 页的 URL 地址存入"收藏夹"。

在浏览 WWW 时,如果要访问的 Web 站点的 URL 地址已保存到"收藏夹"中,只需打开"收藏夹"窗格,从中选择要浏览的 Web 页即可。

**5. 保存网页内容**

在浏览 WWW 的过程中,经常需要将某些精美的页面保存到磁盘上,以便以后查阅,或者在制作网页时参考。

(1)将网页保存为文件

用户可以将正在浏览的网页内容以文件的形式存储起来供以后查阅。将网页保存为文件通常有以下 4 种格式。

① 网页、全部:可以保留布局和排版的全部信息以及页面中的图像,可以用 IE 进行脱机浏览。一般主文件名以 .htm 或 .html 作为文件扩展名,图像以及其他信息保存在以"主文件名 .files"格式命名的文件夹中。

② Web 档案、单一文件:将页面的布局排版和图像等信息保存在一个单一的文件中,扩展名为 .mht,可以用 IE 打开并脱机浏览此类型的文件。

③ 网页,仅 HTML:可以保留全部文字信息;可以用 IE 进行脱机浏览,但不包括图像和其他相关信息。一般以 .htm 或 .html 作为文件扩展名。

④ 文本文件:仅保存主页中的文字信息,多媒体信息全部丢失。一般以 .txt 作为文件扩展名。

保存网页文件时可按下列步骤进行操作:

① 在工具栏中选择"页面"→"另存为"命令,打开"保存网页"对话框。

② 在"保存类型"下拉列表框中设置存储格式。

③ 通过导航窗格或地址栏指定保存网页文件的位置(文件夹)。

④ 在"文件名"下拉列表框中输入文件名,然后单击"保存"按钮。

(2)保存部分文本

有时只需要保存网页的一部分文字信息,此时可以像在字处理软件(如 Word)中选定文本块的方法一样,在浏览器窗口中的网页上选取一块文本,然后选择"页面"→"复制"命令或右击,在弹出的快捷菜单中选择"复制"命令,这样被选取的文本块就被复制到 Windows 的剪贴板中。最后可以在其他软件(如 Word)中粘贴剪贴板中的文字,并进行保存。

(3)保存网页图片

在网页图片上右击,在弹出的快捷菜单中选择"图片另存为"命令,打开"保存图片"对话框,如图 8.6 所示。根据网页中图片的格式,"保存类型"下拉列表框中会出现 GIF(或 JPG)及 BMP 的文件类型,从中选择一种图片格式,再填写文件名即可保存。

图 8.6 "保存图片"对话框

### 8.3.3 网页浏览技巧

在浏览网页时会出现各种问题,例如浏览某些网页时,可能会遇到网络阻塞的情况,使访问速度非常慢,特别是访问一些热门网站时,问题会更加突出。掌握一些技巧可以加快访问速度或提高浏览网页的效果。

**1. 提前终止网页下载**

浏览某些网页,特别是访问一些热门网站时,如果遇到网络阻塞,访问速度非常慢时,可以单击 IE 浏览器地址栏右侧的"停止"按钮,终止网页的继续下载。虽然网页没有下载完全,但仍可显示已接收到的信息。一般网页中的文字信息通常最先收到,这样可以了解网页中的大部分信息。

**2. 快速输入网址**

IE 浏览器允许用户只输入网站地址的一部分内容,由浏览器自动判断和搜索最可能的组合。例如,在地址栏中输入 Microsoft,IE 会快速地在网络上进行搜索,将最接近的 www. Microsoft. com 列出,并且在网址前自动加上"http://"。

**3. 通过减少下载信息量加快访问速度**

当用户浏览网页时,Web 服务器要将网页信息传递给用户。由于网页中通常包含有大量的多媒体信息,这些多媒体的信息量很大,一幅图片的容量往往是网页文本的十倍、几十倍以上,下载这种网页的速度相对较慢。因此,在传送这些多媒体信息时需要大量的时间,这既影响网页的操作速度,又增加了上网的时间。为了加快网页的访问速度,用户有时要将多媒体信息从网页中屏蔽,即关闭图片、动画、声音等多媒体选项,只传送文本信息。关闭这些选项的操作方法如下:

① 在 IE 浏览器中选择"工具"→"Internet 选项"命令,打开"Internet 选项"对话框。

② 在对话框中选择"高级"选项卡,如图 8.7 所示。在"多媒体"选项组中取消选择"显示图片""在网页中播放动画""在网页中播放声音"等复选框,最后单击"确定"按钮完成设置。

进行上述设置后,IE 下载网页时就不再下载图片、声音等多媒体信息,此时,网页中原来显示图片的地方会以默认的图标代替。例如,进行上述设置后,在浏览器中输入中国教育在线的网址 http://www. eol. cn/,显示如图 8.8 所示,该网页中的图像等多媒体信息均不显示,使得网页下载和显示速度加快。

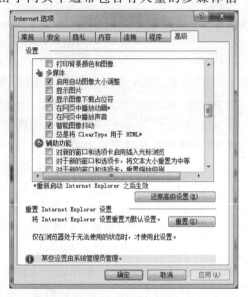

图 8.7 "高级"选项卡

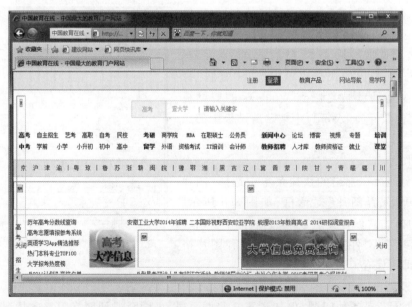

图 8.8 不显示图片信息的网页

如果希望恢复多媒体信息的传送,只要重新选择上述复选框即可。如果仅仅需要在网页中显示个别图像,可以将鼠标指针移动到要显示的图像上,右击,在弹出的快捷菜单中选择"显示图片"命令,这时会单独下载该图片的信息,并使之显示在网页中。

**4. 通过设置临时文件夹加快访问速度**

在浏览网页时,IE 浏览器会将访问过的网页存放在临时文件夹中,用以提高浏览速度。合理地设置临时文件夹对于网页的浏览速度有很大的影响。具体设置方法如下:

① 在 IE 浏览器窗口中选择"工具"→"Internet 选项"命令,打开"Internet 选项"对话框。

② 在"浏览历史记录"选项组中单击"设置"按钮,打开图 8.9 所示的"Internet 临时文件和历史记录设置"对话框,根据网页的情况和浏览所需可对网页的更新进行合理检查。

③ 保证有足够的磁盘空间存放临时文件,其结果是在打开经常访问的网站时,大量的网页信息只要从本地临时文件夹中读取即可,而无须去网站下载,从而提高了访问速度。操作方法是:在图 8.9 所示的对话框中设置"要使用的磁盘空间"。系统推荐是 50 ~ 250 MB。

如果想查看临时文件,可单击"查看文件"按钮,打开 Temporary Internet Files 窗口,如图 8.10 所示。此窗口中列出了所有的临时文件。

图 8.9　"Internet 临时文件和
历史记录设置"对话框

图 8.10　Temporary Internet Files 窗口

# 8.4　网上信息的检索

能够使用浏览器在因特网上漫游是远远不够的,人们上网的目的是获取信息资源、与他人交流等。以提供 WWW、FTP、新闻等服务的服务器来说,全世界有上千万个,几乎涉及了任何领域,整个因特网就像一个信息的海洋。一旦上网,面对浩如烟海的信息资源,往往会有一种无从下手的感觉。面对如此大量的信息,就需要了解因特网上各种检索信息的手段,通过不同的检索方法得到所需要的信息。

## 8.4.1　搜索引擎

为了充分利用网上资源,需要能迅速地找到所需的信息。为此,一种好的设想出现了,这就是给网上的信息资源建立索引,就像图书馆都有图书目录索引一样。

正是基于该想法,网上出现了一种独特的网站,它们本身并不提供信息,而是致力于组织和整理网上的信息资源,建立信息的分类目录,如按社会科学、教育、艺术、商业、娱乐、计算机等分类。用户连接上这些站点后通过一定的索引规则,可以方便地查找所需的信息,这类网站叫做搜索引擎。常见的搜索引擎有百度

Baidu、谷歌 Google、360 搜索、搜狗 sogou、腾讯 soso、网易 Youdao 等。

早期的搜索引擎的查询功能不强,信息归类还需要手工维护。随着网络技术的不断发展,现在著名的搜索引擎都提供了具有各种特色的查询功能,能自动检索和整理网上的信息资源,致使这些功能强大的搜索引擎成为访问因特网信息的最有效手段,用户访问频率较高,从而导致各大搜索引擎之间的激烈竞争。许多搜索引擎已经不是单纯地提供查询和导航服务,而是开始全方位地提供因特网信息服务。

### 8.4.2 专用搜索引擎

以上列出的各种搜索引擎的查询功能都非常全面,几乎可以查询到全球各个角落的任何信息,常称它们为通用搜索引擎。另外还有一些搜索引擎在功能上比较单一,且各具特色,这就是专用搜索引擎。

**1. 域名搜索引擎**

域名搜索引擎(domain name search engine)主要用于查找已注册域名的详细信息或确认设想的域名是否已经注册,它是获取相关可用域名信息的专用工具,主要为企业或个人设计和选择域名服务,一般用户也可以利用关键词搜索,查找相同或相关主题的网站。域名搜索引擎的功能大致相同,但查询手段和检索方法各有特色,其中数据更新是否及时、是否没有重复结果和死链接等是评价其好坏的一个重要指标。下面是几个常用的域名搜索引擎:

① Checkdomain:1996 年 8 月推出的域名实时搜索引擎,可查询世界各国域名,显示域名注册者全称、国别、地址、联系方式、注册时间、更新日期、域名有效截止日期、域名地址服务器(DNS)等详细信息。

② Soyuso(搜域搜):是国内域名搜索引擎,专门用于搜索未注册的域名,只要输入中英文关键字,就可以找到未注册的域名,是网站站长们域名注册、域名查询的好帮手。

③ Deleteddomains:1998 年 6 月推出的已删除域名搜索引擎,用于查询最近终止,或即将终止的域名信息。其今日删除域名、今日注册域名、删除域名统计信息更新及时,极具查询价值。

**2. 网址搜索引擎**

人们在使用互联网时会面对大量的网址,这些网址大都太长,不便于人们记忆,往往只能模糊地记得域名的一部分,这时就可以使用 Websitez 这样的网址搜索引擎查找具体的网络地址,其网址为 http://www.websitez.de。

Websitez 能够搜索以 .com、.net 和 .edu 等结尾的超过 100 万个的域名地址。使用它可以帮助用户很快地在与所要查询的域名地址相似的范围中发现所要的内容,返回的信息中可以包括正在工作的域名地址,以及该公司的一些基本信息。

Websitez 也提供了分类检索目录,包括动物、商业、游戏、音乐及政治几大类,方便用户逐层查询。Websitez的缺点是只能按一个关键词来查询,若关键词不够明确,则返回的信息将十分庞大。

**3. 主机名搜索引擎**

在通常情况下,域名比 IP 地址更便于记忆,但有时用户只记得 IP 地址,为了查找其对应的域名网址信息,也许只能求助于主机名搜索引擎。

网址为 http://www.mit.edu:8001/所对应的网站就是一个主机名搜索引擎,该网站的界面比较简单,但是它的搜索功能却很强大。

**4. FTP 搜索引擎**

在因特网的应用中,经常需要使用 FTP 从因特网上下载一些文件或软件。由于因特网上的信息浩瀚无边,寻找一个特定的软件就好比大海捞针,因此可以借助 FTP 搜索引擎来帮助查找所需的软件。如图 8.11所示的"北大天网搜索引擎"就可以完成 FTP 的文件搜索功能,其网址为 http://maze.tianwang.com。

在该网站主页的文本框中输入所寻找的文件名称,单击"天网搜索"按钮就可以进行搜索。为了准确、快速地找到符合用户条件的文件,查询时可以输入多个关键词,并使用空格分隔,形成"与"的查询条件,进一步缩小搜索范围。

**5. 多搜索引擎**

如果从技术角度来看,多搜索引擎可能算不上是严格意义上的搜索引擎,因为这些多搜索引擎并不维护自己的文档索引,而是在有查询请求时,将关键词在其他若干搜索引擎中同时进行查询,查询结果按相关度排序后显示出来,有时同一个信息源可能会被几个搜索引擎返回,这样所得信息源的范围扩大了,信息质量反映比较直观,也就大大改进了检索效率。

图 8.11　FTP 搜索引擎

著名的多搜索引擎网站有以下几种:

① mamma(http://www. mamma. com)。

② ALL4one(http://www. all4one. com)。

③ metacrawler(http://www. metacrawler. com)。

另外,国内也有不少网站提供了多搜索引擎功能,如网易(http://www. 163. com)、中国导航(http://www. chinavigator. com. cn)等。

**6. 其他类型的搜索引擎**

随着各种网络服务或者资源的不断涌现,搜索引擎的类型也在不断增加,一些大型网站也开设了专门的搜索类型服务。例如,国内著名的搜索引擎百度 baidu 除了常见的网页搜索以外,还开设了用于搜索音乐的 music. baidu. com、用于搜索图片的 image. baidu. com、用于搜索地图的 map. baidu. com、用于搜索视频的 v. baidu. com 和用于搜索新闻的 news. baidu. com 等。一些特殊的网络服务也在自己的服务器上提供简单的搜索引擎功能,例如,BT 下载服务站点 http://bt. china. net 提供有 BT 文件的搜索功能。

# 8.5　利用 FTP 进行文件传输

文件传输是指将一台计算机上的文件传送到另一台计算机上。在因特网上通过文件传输协议(File Transfer Protocol,FTP)实现文件传输,故通常用 FTP 来表示文件传输这种服务。

## 8.5.1　文件传输概述

因特网是个巨大的信息仓库,每时每刻都会增加许多新的文件与程序软件供用户免费使用或试用。用户的一些资料如果希望共享给所有的网上用户,也可以发布到因特网上。这种文件传输方式与浏览 WWW 网页的信息下载有很大区别,采用 HTTP 已不能满足用户的这种双向信息传递要求,为此必须使用支持文件传输的协议,即 FTP。使用 FTP 传送的文件称为 FTP 文件,提供文件传输服务的服务器称为 FTP 服务器。FTP 文件可以是任意格式的文件,如压缩文件、可执行文件、Word 文档等。

为了保证在 FTP 服务器和用户计算机之间准确无误地传输文件,必须在双方分别装有 FTP 服务器软件和 FTP 客户软件。进行文件传输的用户计算机要运行 FTP 客户软件,并且要拥有想要登录的 FTP 服务器的账户名和密码。用户启动 FTP 客户软件后,给出 FTP 服务器的地址,并根据提示输入注册名和密码,与 FTP 服务器建立连接,即登录到 FTP 服务器上。登录成功后,就可以开始文件的搜索,查找需要的文件后就可以把它下载到计算机上,称为下载文件(download);也可以把本地的文件发送到 FTP 服务器上,供所有的网上用户共享,称为上传文件(upload)。

由于大量的上传文件会造成 FTP 服务器上文件的拥挤和混乱,所以一般情况下,Internet 上的 FTP 服务器限制用户进行上传文件的操作。事实上,大多数操作还是从 FTP 服务器上获取文件备份,即下载文件。

一般的 FTP 网站原则上只对已注册登记的用户提供下载服务,即当用户连接 FTP 服务器时,按照要求输入用户名和密码。随着软件行业的快速发展,新软件层出不穷,相继出现了共享软件、自由软件和试用软件。为了迅速进行推广,供所有人访问下载,Internet 上出现了这样一类 FTP 服务器,它们提供一种匿名文件传输服务,它对所有因特网用户开放,允许没有账户名和密码的用户取得这些服务器上那些开放的文件。此时,访问者是作为匿名用户访问 FTP 服务器的,访问者的用户名为 Anonymous,这样可提供匿名访问的FTP 服务器就称为匿名 FTP 服务器。

用户与匿名 FTP 服务器建立连接后,使用 Anonymous 作为用户名,然后输入任何字符作为密码,不过用户一般都用自己的电子信箱地址作为密码,以便使系统管理员知道是谁在使用机器,必要时可以联系。

因特网上的匿名 FTP 服务器数不胜数,它们为用户提供了极为宝贵而又丰富的信息资源。FTP 服务器通常提供以下 3 类软件:

① 共享软件:可以从网上下载,如果试用后想继续使用则应支付费用。

② 自由软件:完全免费使用的软件。

③ 试用软件:软件的试用版,供因特网用户在一定期限内使用。

### 8.5.2　从 FTP 网站下载文件

目前,流行的浏览器软件中都内置了对 FTP 协议的支持,用户可以在浏览器窗口中方便地完成下载工作。通常的方法是先在浏览器或资源管理器的地址栏中输入"ftp://",再填写 FTP 服务器的网址,这样就可以匿名访问一个 FTP 服务器。如果使用特定的用户名和密码登录服务器,则可以直接使用的格式为 ftp://username:password@ftpservername,其中,username 和 password 为用户在此服务器上的用户名和密码。下面就来介绍具体的操作过程。

① 在 IE 浏览器的地址栏中输入 FTP 网站的地址,例如,输入河北工业大学考试服务的 FTP 服务器网址 ftp://ftp.scse.hebut.edu.cn,按【Enter】键后输入"用户名"和"密码",即可进入 FTP 站点,如图 8.12(a)所示。

② 打开 FTP 网页后,窗口中显示所有最高一层的文件夹列表。FTP 目录结构与硬盘上的文件夹类似,每一项均包含文件或目录的名称,以及文件大小、日期等信息。

③ 为了方便访问者浏览和搜索软件,FTP 服务器通常都按照功能为软件细分了类别,分别存放在不同的目录下。用户可以像操作本地文件夹一样,双击目录名称进入子目录。此时,地址栏中会显示目录的结构,例如 ftp://ftp.scse.hebut.edu.cn/2013hbtj/,不同层次的目录间用斜线隔开,如图8.12(b)所示。

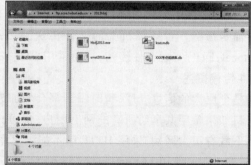

（a）连接指定 FTP 服务器　　　　（b）进入子目录文件夹

图 8.12　连接到 FTP 服务器

④ 如果要返回原来的目录,可单击地址栏前的"返回"按钮;浏览时也可以利用地址栏中每一级目录层次中间向右的小箭头,类似文件夹操作一样,在不同文件夹之间切换。

⑤ 打开"2013hbtj"目录,此目录中有一个名为 smst2013.exe 的文件。

⑥ 下载 smst2013. exe 文件,右击该文件,在弹出的快捷菜单中选择"复制到文件夹"命令,打开"浏览文件夹"对话框,如图 8.13 所示。

⑦ 在"浏览文件夹"对话框中选择要复制(下载)到的文件夹,单击"确定"按钮,此时开始下载该文件,下载过程如图 8.14 所示。图 8.14 显示了从 FTP 服务器 ftp. scse. hebut. edu. cn 中下载 smst2013. exe 文件,并将该文件存储到硬盘的 E:\softbase 的过程。

⑧ 待全部下载工作完成后,用户就可以在硬盘中的 E:\softbase 中看到 smst2013. exe 文件,运行该文件即可安装该文件所代表的软件。

FTP 目录结构与硬盘上的文件夹类似,因此也可以用文件复制的方法进行文件下载。在 FTP 的某个文件目录中,选中要下载的文件,在右键快捷菜单中选择"复制"命令,然后在本地需要下载到的文件夹中选择"粘贴"命令。此时,文件即可从 FTP 服务器上复制(下载)到指定的文件夹中。

图 8.13　"浏览文件夹"对话框

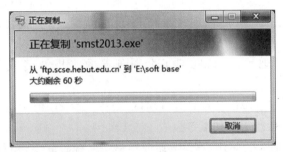

图 8.14　文件下载过程

### 8.5.3　从 WWW 网站下载文件

为方便因特网用户下载软件,有许多 WWW 网站专门搜索最新的软件,并把这些软件分类整理,附上软件的必要说明,如软件的大小、运行环境、功能简介、出品公司及其主页地址等,使用户能在许多功能相近的软件中寻找适合自己需求的软件并进行下载。

在提供下载软件的站点中,一般都包含了许多共享软件、自由软件和试用软件。在这些软件的下载站点中,软件通常都按照功能进行分类,用户只需要按部就班找到软件所在的位置,然后单击相应的下载链接,系统就会打开下载对话框;用户也可以通过在下载站点的链接上右击,在弹出的快捷菜单中选择"目标另存为"命令来进行下载。图 8.15 所示为搜狗拼音输入法的下载页面。

图 8.15　从网页上下载文件

### 8.5.4 使用专用工具传输文件

除了浏览器提供的 FTP 文件传输功能外,还有许多使用灵活、功能独特的专用 FTP 工具,如 FlashFXP、FlashGet、网络蚂蚁等,用户可以在不少网站免费下载这类 FTP 客户软件。下面将对这些专用 FTP 工具进行介绍。

**1. 使用 FlashFXP 传输文件**

FlashFXP 是一个非常实用的文件传输客户软件。FlashFXP 有非常友好的用户界面,它将本地计算机和 FTP 服务器的信息全部显示在同一个窗口中,通过右键快捷菜单就能完成 FTP 的全部功能,操作简单,使用方便。

(1)FTP 连接及其设置

运行 FlashFXP,打开图 8.16 所示的"站点管理器"窗口。该窗口用于选择要连接的 FTP 站点以及为建立 FTP 连接,要求用户必须回答的信息,如 FTP 服务器的地址、用户名及密码等,具体包括以下几部分内容:

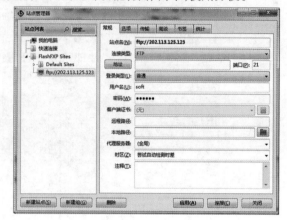

① 站点名称:对该 FTP 服务器系统的一个简单描述。如果要建立一个新的 FTP 连接,单击左侧窗格的"新建站点"按钮,再输入新站点的名称。

② IP 地址:要访问的 FTP 服务器的主机域名或 IP 地址。

③ 端口:FTP 服务的监听端口,默认值为 21,但也有些个人服务器改为其他端口。

图 8.16 "站点管理器"窗口

④ 用户名称:用户名,与服务器建立连接时需要进行身份验证,该用户必须是 FTP 服务器的一个合法用户。

⑤ 密码:用户密码,在连接 FTP 服务器时要求每个用户必须核对密码。如果该服务器支持匿名访问,则选择"匿名"复选框即可。

⑥ 远程路径:指定连入服务器时进入的目录。

⑦ 本地路径:存放下载文件的本地默认路径。

⑧ 注释:对此服务器的简单说明。

在"站点管理器"窗口中正确选择了 FTP 服务器以后,即可单击"连接"按钮登录该服务器,如果登录成功,即可打开图 8.17 所示的 FlashFXP 主窗口。

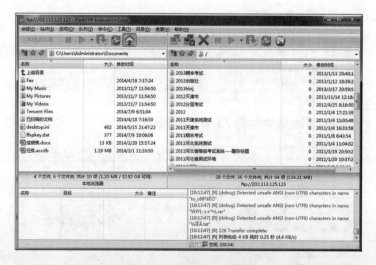

图 8.17 FlashFXP 主窗口

(2)文件的下载与上传

FlashFXP 主窗口中有 4 个窗格,上方两个分别表示本地路径和远端 FTP 服务器上的路径,可以通过工具栏中的最后一个按钮来切换。

若连接成功,上方左右两个窗格将分别显示出本地计算机和 FTP 服务器的默认目录下的文件,其中上面是目录,下面是文件列表。通过对本机目录区和远程目录区进行操作可以改变工作目录。下方部分右侧窗格是已经执行过的 FTP 命令和返回的结果。

FlashFXP 大部分的操作命令可以通过右键快捷菜单来进行,常用的命令有以下几个:

① 建立文件夹:用于在本地或者远程 FTP 服务器上建立新文件夹。

② 传送:将所选中的文件传送到本地(下载)或者 FTP 服务器(上传)。

③ 队列:将该文件的传送放入任务队列中。

FlashFXP 将每一个文件的下载或者上传都看做一次任务,大量文件的传送操作被放入任务队列并依次执行,用户也可以在传送过程中对任务进行如删除、改变位置等操作。下方部分左侧窗格即为任务栏。用户可以右击某个任务查看相应的操作,对于因为某些原因而中断的下载,FlashFXP 可以重新启动这些任务进行下载,避免用户丢失信息。

④ 查看:对于一些小容量的文本文件,用户往往希望首先查看一下内容再决定是否下载,快捷菜单中的"查看"命令可以下载文件到临时文件夹并打开。

除了以上命令之外,用户还可以完成文件的重命名、删除、编辑等操作,这些操作都和使用资源管理器非常相似,大大简化了 FTP 的操作过程,使普通用户也能顺利完成文件的传送。

除了 FlashFXP 之外,CuteFTP、FTPRush 等软件的界面和操作方式也和 FlashFXP 相似,并且它们都支持在左右两个窗格之间通过拖动来上传或下载文件。

**2. 使用 FlashGet 下载文件**

在软件的下载过程中,无论是由于外界因素(如断电、电话线断线),还是人为因素,都会打断软件的下载,使下载工作前功尽弃。而断点续传软件可以使用户在断点处继续下载,不必重新开始。这样,不必担心下载过程被打断,也可以轻松安排下载时间,把大软件的下载工作化整为零。FlashGet 就具有完成断点续传的功能,不论 FTP 服务器还是 Web 服务器,只要支持续传,FlashGet 都可以从中断的地方继续软件的下载。

① 安装完 FlashGet 后,选择"开始"→"所有程序"→ FlashGet 命令,打开图 8.18 所示的 FlashGet 窗口。

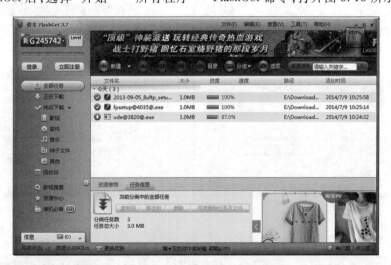

图 8.18　FlashGet 窗口

② 启动 IE 浏览器,输入网址 http://www.zdnet.com.cn,按【Enter】键进入其主页,单击分类中的"下载",进入下载页面,在屏幕显示的若干软件目录中单击其中任意一个,显示该软件的介绍,并在右侧提供了几种软件下载位置的站点选择。将鼠标移动到其中任意一个下载链接上,将此链接拖入 FlashGet 窗口中,将打开"新建任务"对话框,如图 8.19 所示。

FlashGet 还提供了一个浮动图标,供用户在 FlashGet 最小化的时候,方便地添加下载链接,直接拖动链

接到屏幕的 ![图标]图标上也可打开图 8.19 所示的对话框。

在"另存到"下拉列表框中输入要保存文件的文件夹,如果需要为文件重命名,则在"重命名"文本框中输入文件名。

③ 单击"确定"按钮,FlashGet 即可开始下载文件,同时浮动图标以图形的方式显示该文件的下载百分比和下载速度。

④ 在软件下载过程中,如果由于某些原因造成与因特网的连接中断,则可以重新启动 FlashGet,选择左侧窗格树形视图的"正在下载"选项,在右侧窗格中选择需要继续下载的文件,单击工具栏中的"开始"按钮即可继续下载该文件。

图 8.19 "添加新的下载任务"对话框

当该软件下载完后,"正在下载"列表框中的文件名消失,表明此软件已下载完毕。用户可以在已经下载的任务列表框中找到已下载完毕的文件。

### 8.5.5 文件的压缩与解压缩

在 Internet 上传输文件,如果文件比较大,则需要花费大量的时间来传输。为了节约通信资源,通常在传输之前应进行压缩操作,下载完成后再进行解压缩操作。在要操作的文件比较多的时候,也可以利用压缩软件将其压缩成一个文件,以方便转移和复制等。从 Internet 上下载的软件大多数是经过压缩的,扩展名通常为 .zip、.rar、.tar、.gz、.img、.bz2 等。

目前,常用的压缩和解压缩软件有 WinZip 和 WinRAR,其中,WinZip 可以说是压缩软件的鼻祖,几乎在所有计算机中都可以看到它的影子,WinRAR 则后来居上,利用其强大的压缩、解压缩功能和对多种压缩格式的支持成为目前压缩软件的首选。

**1. 压缩文件**

安装完 WinRAR 以后,除了在"开始"菜单建立 WinRAR 的快捷方式以外,常使用的鼠标右键快捷菜单中也有 WinRAR 命令。

首先,在"资源管理器"窗口中选择需要压缩的文件或者文件夹,右击后在弹出的快捷菜单中选择"添加到压缩文件"命令,如图 8.20 所示。此时会打开 WinRAR 的"压缩文件名和参数"对话框,如图 8.21 所示。

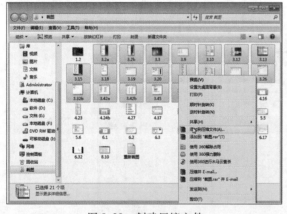

图 8.20 创建压缩文件

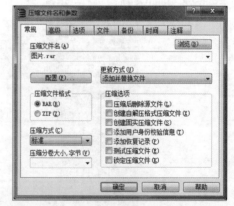

图 8.21 "压缩文件名和参数"对话框

在"压缩文件名和参数"对话框中,"压缩文件名"为压缩以后的文件名称,默认为文件所在文件夹的名称。WinRAR 除了可以压缩成独有的 .rar 格式以外,还可以压缩成 .zip 格式。压缩方式可以根据实际情况选择"标准"、"最快"、"较快"、"最好"、"较好"等多种模式。

设置完成后,单击"确定"按钮即可开始压缩过程。如果不改变压缩的默认设置,则可以在右键快捷菜单中选择"添加到×××.rar"命令直接启动压缩过程。

**2. 解压缩文件**

双击要解压的压缩文件,系统会直接调用 WinRAR 来打开并显示压缩文件的内容,如图 8.22 所示。如果要将压缩文件解压,首先选择要释放的文件,然后右击并在弹出的快捷菜单中选择"解压文件"命令,打开

"解压路径和选项"对话框,指定要释放的目录名称后单击"确定"按钮开始解压缩文件,如图 8.23 所示。

如果希望直接解压全部文件,则可以在压缩文件的右键快捷菜单中选择"解压到当前文件夹"或"解压到×××"命令直接启动解压缩过程,其中"×××"为系统自动建立的文件夹名称。

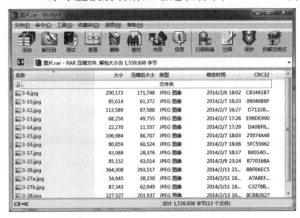

图 8.22 显示压缩文件的内容

图 8.23 "解压路径和选项"对话框

### 3. 创建自解压文件

压缩和解压缩的过程都需要用户安装相关软件,为了使没有安装解压缩软件的用户也可以释放压缩包,大部分压缩软件都提供了创建自解压文件的功能。

双击要转换成自解压文件的压缩包,打开显示压缩文件的窗口(见图 8.22),在工具栏中单击"自解压格式"按钮,打开图 8.24 所示的对话框,选择要创建的自解压文件类型,进入配置自解压文件参数的过程。

在图 8.24 所示的对话框中单击"高级自解压选项"按钮,打开图 8.25 所示的"高级自解压选项"对话框,用户可以配置自解压文件的默认释放文件夹、文件的图标、释放之前显示的注释文本等,配置完毕单击"确定"按钮即可生成相应的 .exe 文件。

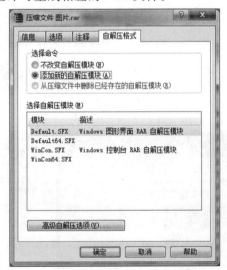

图 8.24 选择自解压类型

图 8.25 配置自解压参数

## 8.6 电子邮件的使用

### 8.6.1 电子邮件概述

#### 1. 电子邮件(E-mail)

电子邮件是基于计算机网络的通信功能而实现通信的技术,它是因特网上使用最多的一种服务,是网上交流信息的一种重要工具,它已逐渐成为现代生活交往中越来越重要的通信工具。

**2. 邮件服务器**

在因特网上提供电子邮件服务的服务器称为邮件服务器。当用户在邮件服务器上申请邮箱时,邮件服务器就会为这个用户分配一块存储区域,用于对该用户的信件进行处理,这块存储区域就称做信箱。一个邮件服务器上有很多这样一块一块的存储区域,即信箱,分别对应不同的用户,这些信箱都有自己的信箱地址,这个地址就是前面介绍的 E-mail 地址,用户通过自己的 E-mail 地址访问邮件服务器自己的信箱并处理信件。

邮件服务器一般分为通用的和专用两大类。通用邮件服务器允许世界各地的任何人进行申请,如果用户接受它的协议条款,就可以在该邮件服务器上申请到免费的电子邮箱。这类服务器中比较著名的有网易、新浪、Yahoo、hotmail 等。如果需要享受更好的服务,也可以申请付费的电子邮箱。

专用的服务器一般是一些学校、企业、集团内部所使用的专用于内部员工交流、办公使用的邮箱,它一般不对外提供任意的申请。

**3. 收发电子邮件**

收发电子邮件主要有以下两种方式:

① Web 方式收发电子邮件(也称在线收发邮件)。它通过浏览器直接登录邮件服务器的网页,在网页上输入用户名和密码后,进入自己的邮箱进行邮件处理。大部分用户采用这种方式进行邮件的操作。

② 利用电子邮件应用程序收发电子邮件(也称离线方式)。在本地运行电子邮件应用程序,通过该程序进行邮件收发的工作。收信时先通过电子邮件应用程序登录邮箱服务器,将服务器上的邮件转到本机上,在本地机上进行阅读;发信时先利用电子邮件应用程序来组织编辑邮件,然后通过电子邮件应用程序连接邮件服务器,并把写好的邮件发送出去。可以看出采用这种方式只在收信和发信时才连接上网,其他时间都不用连接上网。因此,这种方式的优点很多,也是一种常用的工作方式。

### 8.6.2 电子邮件的操作

对于大部分用户来说,一般都采用 Web 方式收发电子邮件,下面就以网易的免费信箱为例,简单介绍 Web 方式收发电子邮件的操作。

**1. 申请免费的邮箱**

申请免费的邮箱可以根据自己的喜好,在合适的网站(邮件服务器)中申请邮箱。虽然各网站的申请页面各有不同,但申请的过程大同小异,基本上都是遵守如下流程:登录网站→单击注册→阅读并同意服务条款→设置用户名和密码→完成注册→申请成功。

启动 Internet Explorer,在地址栏中输入 http://www.163.com,进入网易主页,如图 8.26 所示。

图 8.26　网易电子邮箱登录界面

申请过程如下：

① 单击"注册"按钮，出现注册页面。

② 设置邮箱的用户名和密码并选择同意服务条款选项，然后单击"提交注册"按钮。

③ 弹出注册成功页面，确认后即完成电子邮箱的注册并进入刚申请的邮箱。

**2. 电子邮箱操作界面介绍**

打开如图8.26所示的网易电子邮箱登录界面，输入邮箱的账号和密码，进入自己的邮箱，界面如图8.27所示。

图8.27　网易邮箱窗口

正常登录邮箱后看到的界面大都基本类似，通常左边是常用的功能，右边是选取某项功能后显示的内容。其中，收邮件和发邮件是它的两大基本功能。

① "收件箱"是默认的接收邮件所用的文件夹，里面存放着别人发来的邮件。对于已经阅读过的邮件，用正常字体显示主题，对于没阅读过的邮件，以加粗的方式显示。如果邮件标题后面带有"回形针"标记，表示该邮件带有附件。

② "草稿箱"中存放没有发送的邮件，如果写完邮件后暂时不发送，就会存在"草稿箱"中。

③ "已发送"中保存着曾经从邮箱发出的邮件内容。

④ "已删除"类似Windows中的回收站，当删除邮件时，会将删除的邮件放到"已删除"文件夹中。

**3. 电子邮件的一般操作**

（1）写邮件和发邮件的操作

单击"写信"按钮，打开图8.28所示的写邮件界面。

① 收件人：写上对方的E-mail地址。如果给几个人同时写同样内容的信，可以在后面依次写上地址，地址中间用分号";"分隔。

② 抄送：如果想把这封信抄送给某人，首先单击"添加抄送"链接，在打开的"抄送人"文本框输入要抄送的地址，这样可以使此邮箱也可收到邮件，且所有收信人都能知道邮件同时抄送给了谁。

③ 密送：单击"添加密送"链接，在打开的"密送人"文本框写好地址，则其他收信人收到邮件后不知道该邮件同时发给了这个密送的人。

④ 主题：写信时一般要写清信件的主题，虽然不写主题不影响发送，但对方收到无主题的信件后，无法了解信件的内容，甚至有人不看就删除了。

⑤ 在邮件内容编辑区输入、编辑邮件的内容，写好信后单击"发送"按钮，即可将邮件发出，同时将邮件保存到"已发送"中。

⑥ 如果写好的邮件暂时不发送，单击"存草稿"按钮，将其暂时保存在"草稿箱"中。

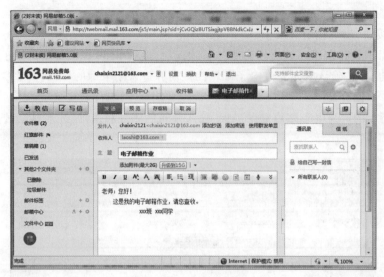

图 8.28　写邮件界面

（2）对收到的邮件进行处理

① 阅读邮件：单击"收件箱"选项，即可看到收到邮件的列表，选择需要阅读的邮件并单击邮件的主题，即可打开这封信，如图 8.29 所示。阅读邮件后可以回复、转发邮件，也可以删除邮件。

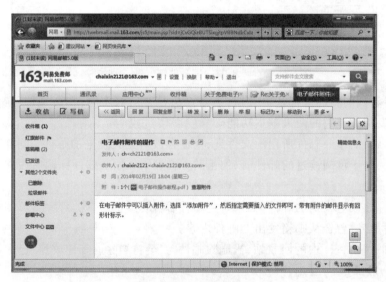

图 8.29　阅读邮件窗口

② 回复电子邮件：回复电子邮件是指将回信发往原发件人的电子邮箱，即给发来邮件的人写回信。在阅读邮件窗口单击"回复"按钮，此时又进入写邮件界面，只是"收件人"文本框自动写上发来邮件人的地址，在原邮件主题前加"Re："。在编辑邮件窗口中会带有原邮件的内容，输入回信内容后，单击"发送"按钮，将信件回复。

③ 转发电子邮件：用户可以将电子邮件转发给其他人，以实现信息共享。在阅读邮件窗口单击"转发"按钮，此时又进入写邮件界面，只是在原邮件主题前加"Fw："。在"收件人"文本框输入需要转发的地址，单击"发送"按钮，即可转发邮件。

④ 删除电子邮件：用户在阅读完邮件后，如无须保留，可单击"删除"按钮，即可删除当前邮件（放入到"已删除"）。如果在"收件箱"页面，用户还可以在邮件列表中选中不需要的邮件，然后单击"删除"按钮，这样可以同时删除多个邮件。

**4. 电子邮件附件操作**

附件是电子邮件的重要特色。它可以把计算机中的文件（如文档、图片、文章、声音、动画、程序等）放在

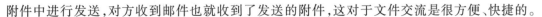

附件中进行发送,对方收到邮件也就收到了发送的附件,这对于文件交流是很方便、快捷的。

（1）在邮件中插入附件

在图 8.28 所示的写邮件窗口中单击"添加附件"链接,在打开的"选择要上载的文件"对话框中选定需要发送的文件,单击"打开"按钮,即可将文件作为附件插入到邮件中。

添加完附件后,在邮件主题的下面会出现插入的文件名称。如果需要插入的附件不止一个,可以继续单击"添加附件"链接,然后依次将需要发送的文件插入到邮件中。实际上,如果需要传送多个文件,合理的操作是使用压缩文件,将多个文件压缩为一个压缩文件,这样就不必进行反复添加附件的操作了。

（2）从接收到的邮件中下载附件

如果收到的邮件带有附件,则在"收件箱"的邮件列表中,该邮件标题后面带有"回形针"标记,打开该邮件的阅读窗口,在邮件内容的最后有附件的图标。

用鼠标指向附件的图标,会出现"下载""打开""预览"和"存网盘"的提示,单击"下载"链接,在打开的"另存为"对话框中指定保存位置,然后单击"保存"按钮,即可将附件下载到本地计算机。

---

说明:

① 邮件中对文件附件的个数通常是有限制的,如果需要传送的文件个数很多,可以将这些文件先压缩成一个压缩文件,再将压缩的文件进行附件传送。

② 一封邮件的附件大小也不是无限大的,每个邮件服务器的要求也不相同,超过了服务器的要求,邮件将不能发送。

③ 在接收的邮件中带有附件时要注意,由于一些文件是带有病毒的,对陌生人寄来的邮件一般不轻易打开,如果需要打开,打开时最好开着杀毒软件进行监控。

---

## 8.7　因特网的其他服务与扩展应用

### 8.7.1　即时通信及即时通信工具

**1. 即时通信的概念**

即时通信（IM）是指能够即时发送和接收互联网消息等的业务。自 1998 年面世以来,特别是近几年的迅速发展,即时通信的功能日益丰富,逐渐集成了电子邮件、博客、音乐、电视、游戏和搜索等多种功能。即时通信不再是一个单纯的聊天工具,它已经发展成集交流、资讯、娱乐、搜索、电子商务、办公协作和企业客户服务等为一体的综合化信息平台。

**2. 即时通信工具**

即时通信产品最早的创始人是 3 个以色列青年,他们在 1996 年做出了首个即时通信软件 ICQ。1998 年当 ICQ 注册用户数达到 1 200 万时,被 AOL 看中,以 2.87 亿美元买走。目前,ICQ 有 1 亿多用户,主要市场在美洲和欧洲,已成为世界上最大的即时通信系统。

现在国内的即时通信工具按照使用对象分为两类:一类是个人 IM,如 QQ、百度 Hi、网易泡泡、盛大圈圈、淘宝旺旺,等等。QQ 的前身 OICQ 在 1999 年 2 月第一次推出,目前几乎垄断中国在线即时通信软件市场。百度 Hi 具备文字消息、音视频通话、文件传输等功能,通过它可以找到志同道合的朋友,并随时与好友联络感情。另一类是企业用 IM,简称 EIM,如 E 话通、UC、EC 企业即时通信软件、UcSTAR、商务通等。

即时通信最初是由 AOL、微软、雅虎、腾讯等独立于电信运营商的即时通信服务商提供的。但随着其功能日益丰富、应用日益广泛,特别是即时通信增强软件的某些功能如 IP 电话等,已经在分流和替代传统的电信业务,使得电信运营商不得不采取措施应对这种挑战。2006 年 6 月,中国移动推出了自己的即时通信工具"飞信（Fetion）",但由于进入市场较晚,其用户规模和品牌知名度还比不上原有的即时通信服务提供商。

### 8.7.2　博客

博客（Blog）是 web 和 log 的组合词。博客是网络上个人信息的一种流水记录形式,它既具有传统日记随时记录感想、摘抄有用信息的功能,又有 BBS 的分享和交流的作用。它简单易用,技术门槛低,具备及时编辑、及时发布、按时间排序和自动管理、简单易用等特点。一个博客就是一个网页,它通常是由简短而且经常更新的帖子构成,不同的博客其内容和目的有很大的不同。

最早的博客是作为网络"过滤器"的作用出现的,即博客的编写者将网上大量的信息进行过滤,筛选其中最有价值、最吸引人的信息发布在博客中并做简单的介绍,以供读者分享。目前的博客除了作为网络过滤器外,更多地成为编写者的个人日志,是编写者以更自由的形式、更开放的结构对个人观点和思想的记录,其内容主要是由编写者自己完成的。上海师范大学黎加厚教授曾撰文指出:博客简单易用,具有在线"共享"功能,还可以认为是一个小型的个人知识管理系统。博客将互联网从过去的通信功能、收集资料功能和交流功能等进一步强化,使其更加个性化、开放化、实时化和全球化,把信息共享发展到资源共享、思想共享和生命历程的共享。

除了博客,最近网络中还出现了微博客,即所谓的微博。从字面上可以把微博理解为"微型博客",但是微博的特点绝不仅仅是"微型的博客"这么简单。微博具有简单便捷、互动性强、强实效性和现场感的特点,简而言之,就是让用户在网站上写短消息。

### 8.7.3　维客与威客

#### 1. 维客

维客的原名为 Wiki(也译为维基),据说 WikiWiki 一词来源于夏威夷语的 wee kee wee kee,原意为"快点快点"。它其实是一种新技术,一种超文本系统。这种超文本系统支持面向社群的协作式写作,同时也包括一组支持这种写作的辅助工具。也就是说,这是多人协作的写作工具。而参与创作的人,也被称为维客。

从技术角度看,Wiki 是一种超文本系统,是任何人都可以编辑网页的社会性软件。Wiki 包含一套能简易创造、改变 HTML 网页的系统,再加上一套记录以及编目所有改变的系统,以提供还原改变的功能。利用 Wiki 系统构建的网站称为 Wiki 网站,也称为维基主页。"客"隐含人的意思,所以使用 Wiki 的用户称之为维客(Wikier)。

从使用者角度看,Wiki 是一种多人协作的写作工具系统,属于一种人类知识的网络管理系统。Wiki 站点可以有多人(甚至任何访问者)维护,每个人都可以发表自己的意见,或者对共同的主题进行扩展或者探讨。

在维客页面上,每个人都可浏览、创建、更改文本,系统可以对不同版本内容进行有效地控制管理,所有的修改记录都被保存下来,不但可以事后查验,也能追踪、恢复至本来面目。这也就意味着每个人都可以方便地对共同的主题进行写作、修改、扩展或者探讨。同一维客网站的写作者自然构成了一个社群,维客系统为这个社群提供简单的交流工具。

维客的概念始于 1995 年,当时在 PUCC(Purdue University Computing Center)工作的沃德·坎宁安(Ward Cunningham)建立了一个叫波特兰模式知识库(Portland Pattern Repository)的工具,其目的是方便社群的交流,他也因此提出了 Wiki 这一概念。1996—2000 年间,波特兰模式知识库得到不断发展,维客的概念也得到丰富和传播,网上又出现了许多类似的网站和软件系统,其中最著名的就是维基百科(Wikipedia)。维基百科是一个国际性的百科全书协作计划,与传统百科全书不同的是:它力图通过大众的参与,创作一个包含人类所有知识领域的百科全书。它还是一部内容开放的百科全书,允许任何第三方不受限制地复制、修改及再发布材料的任何部分或全部。

#### 2. 威客

威客是英文 Witkey(智慧的钥匙)的谐音,意思是:通过互联网互动问答平台(威客网站)让智慧、知识和专业、专长通过网络转换成实际收入的人,即在网络上通过互动问答平台出卖自己无形资产(知识商品)的人,或者说是在网络上做知识(商品)买卖的人。在网络时代,凭借自己的创造能力(智慧和创意)在互联网上帮助别人,而获得报酬的人就是威客。通俗地讲,威客就是"我帮人人,人人帮我",只不过这个"帮助"是一种有偿帮助。威客网站就是给大家提供一个平台,让大家公开自己的知识、经验、能力或产品(成果),让需要帮助的人了解到你并得到你提供的服务和帮助。威客网站的出现,为有知识生产加工能力的人创造了

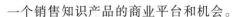

一个销售知识产品的商业平台和机会。

一个合格的威客网站必须具备3个条件:一是必须有能够解决尽可能多的问题的各领域专业人士(威客);二是需要有一个完善的电子商务平台;三是要有大量的海客(seeker),即需要通过网络解决问题的一方。海客数量的多少和发展速度,直接决定了威客网站的发展空间。一个完善的威客模式服务系统由提问与报价系统、检索系统、知识库系统、订购系统和交易系统五大模块组成,其中知识库系统和交易系统是威客模式最核心的模块。

### 8.7.4　RSS 及其阅读器

RSS 阅读器是一种软件或是说一个程序,这种软件可以自由读取 RSS 和 Atom 两种规范格式的文档,且这种读取 RSS 和 Atom 文档的软件有多个版本,由不同的人或公司开发,有着不同的名字。如目前流行的有:RSSReader、Feeddemon、SharpReader 等。这些软件能够实现大致相同的功能,其实质都是为了方便地读取 RSS 和 Atom 文档。Really Simple Syndication(聚合真的很简单)就是 RSS 的英文原意。把新闻标题、摘要(Feed)、内容按照用户的要求,"送"到用户的桌面就是 RSS 的目的。

可以读取 RSS 和 Atom 文档的 RSS 阅读器就如同一份自己订制的报纸,每个人可以将自己感兴趣的网站和栏目地址集中在一个页面,这个页面就是 RSS 阅读器的页面。通过这个页面就可浏览和监视这些网站的情况,一旦哪个网站有新内容发布就随时报告,显示新信息的标题和摘要(Feed)甚至全文。这些信息可以是文本,还可以是图片、音乐、视频等。另一种意义上,RSS 阅读器就像一个临时标签,能够实时记录个人浏览的历史记录。它以每个使用者的阅读历史判断信息的新旧,用户阅读过的就被认定为旧信息,未被阅读的被当做新信息。因此,这些网站每一次更新的记录(未读的)都不会被错过,即使用户好几天才有机会上一次网。

就本质而言,RSS 和 Atom 是一种信息聚合的技术,都是为了提供一种更为方便、高效的互联网信息的发布和共享,用更少的时间分享更多的信息。同时 RSS 和 Atom 又是实现信息聚合的两种不同规范。1997 年 Netscape(网景)公司开发了 RSS,"推"技术的概念随之诞生。然而 RSS 的风行却是近两年的事,由于 Blog 技术的迅速普及和 Useland、Yahoo 等大牌公司的支持,2003 年 RSS 曾被吹捧成可以免除垃圾邮件干扰的替代产品,一时形成了新技术的某种垄断。这时 Google 为了打破这种垄断,支持了 IBM 软件工程师 SamRuby 2003 年研发的 Atom 技术,由于 Google 的加入,Atom 迅速窜红。Useland 公司也迅速将 RSS 升级到 2.0 版本,形成了两大阵营的对峙。现在多数版本的阅读器都可以同时支持这两种标准。

目前流行的 RSS 阅读器有适用于 Windows 系统下的 RssReader、Free Demon,用于 Mac OS X 系统(苹果计算机多采用此系统)下的 Net News Wire,还有用于掌上计算机等移动无线设备的 Bloglines 等。

### 8.7.5　电子商务与电子政务

**1. 电子商务**

所谓电子商务(electronic commerce)是利用计算机技术、网络技术和远程通信技术,实现整个商务(买卖)过程中的电子化、数字化和网络化。人们不再是面对面的、看着实实在在的货物、靠纸介质单据(包括现金)进行买卖交易。而是通过网络,通过网上琳琅满目的商品信息、完善的物流配送系统和方便安全的资金结算系统进行交易(买卖)。

从电子商务的发展来看,它具有如下特点:

① 电子商务具有更广阔的环境。人们不再受时间、空间及传统购物的诸多限制,可以随时随地在网上交易。

② 电子商务具有更广阔的市场。在网络上这个世界将会变得很小,一个商家可以面对全球的消费者,而一个消费者可以在全球的任何一家商家购物。

③ 电子商务具有更快速的流通和低廉的价格。电子商务减少了商品流通的中间环节,节省了大量的开支,从而也大大降低了商品流通和交易的成本。

④ 电子商务更符合时代的要求。如今人们越来越追求时尚、讲究个性,注重购物的环境,网上购物更能体现个性化的购物过程。

**2. 电子政务**

电子政务是政府机构利用网络通信与计算机等现代信息技术将其内部和外部的管理和服务职能进行无缝隙集成,在政府机构精简、工作流程优化、政府资源整合、政府部门重组后,通过政府网站将大量频繁的行政管理和日常事务按照设定的程序在网上实施,从而打破时间、空间及部门分割的制约,全方位地为社会及自身提供一体化的规范、高效、优质、透明、符合国际惯例的管理和服务。

根据上述界定,电子政务至少包括了3层含义:首先,电子政务必须借助信息技术和数字网络技术,依赖于信息基础设施和相关软件的发展。其次,电子政务并不是简单地将传统政府服务进行简单网上移植,而是要对其进行组织结构重组和业务流程再造。电子政务的建设是一项复杂的系统工程,是对传统政府管理的重组、整合和创新,不仅是技术创新,而是包括管理创新、制度创新在内的社会的全面创新。电子政务的目的是要大力利用网络通信与计算机等现代信息技术更好地履行政府职能,塑造一个更有效率、更精简、更公开、更透明的政府,为公众、企业和社会提供更好的公共服务,最终构建政府、企业、公民和社会和谐互动的关系。

**3. 电子商务的应用实例**

阿里巴巴(Alibaba.com)是全球企业间(B2B)电子商务的著名品牌,是目前全球最大的网上交易市场和商务交流社区。它管理运营着全球最大的网上贸易市场和商人社区——阿里巴巴网站,为来自220多个国家和地区的235万多企业和商人提供网上商务服务,是全球首家拥有百万商人的商务网站。在全球网站浏览量排名中,稳居国际商务及贸易类网站第一,遥遥领先于其他商务网站。阿里巴巴网站由英文国际站(www.alibaba.com)、简体中文中国站(china.alibaba.com)、日文网站(japan.alibaba.com)组成。

2003年5月10日,阿里巴巴投资1亿元人民币推出个人网上交易平台淘宝网(Taobao.com),这是阿里巴巴成立4年来首次对非B2B业务进行战略投资,依托于企业网上交易市场服务8年的经验、能力及对中国个人网上交易市场的准确定位,淘宝网迅速成长,迄今为止在全球网站浏览量中已排名在前900名。

2004年10月,阿里巴巴投资成立支付宝公司,面向中国电子商务市场推出基于中介的安全交易服务。

在阿里巴巴或淘宝上进行电子商务活动,整个的交易过程可以分为以下3个阶段:

① 第一个阶段是信息交流阶段:对于商家来说,此阶段为发布信息阶段。主要是选择自己的优秀商品,精心组织自己的商品信息,建立自己的网页,然后加入名气较大、影响力较强、点击率较高的著名网站中,让尽可能多的人了解和认识自己的商品。对于买方来说,此阶段是去网上寻找商品以及商品信息的阶段。主要是根据自己的需要,上网查找所需的信息和商品,并选择信誉好、服务好、价格低廉的商家。

② 第二阶段是签定商品合同阶段:作为B2B(商家对商家)来说,这一阶段是签定合同、完成必需的商贸票据的交换过程。作为B2C(商家对个人客户)来说,这一阶段是完成购物过程的定单签定过程,顾客要将选好的商品、自己的联系信息、送货的方式、付款的方法等在网上签好后提交给商家,商家在收到定单后应发来邮件或电话核实上述内容。

③ 第三阶段是按照合同进行商品交接、资金结算阶段:这一阶段是整个商品交易最关键的阶段,不仅要涉及资金在网上的正确、安全到位,同时也要涉及商品配送的准确、按时到位。在这个阶段有银行业、配送系统的介入,在技术上、法律上、标准上等方面有更高的要求。网上交易的成功与否就在这个阶段。

### 8.7.6 物联网

**1. 物联网的基本概念**

物联网的概念是在1999年提出的。物联网的英文名称叫"The Internet of things",顾名思义,物联网就是"物物相连的互联网"。这有两层意思:第一,物联网的核心和基础仍然是互联网,是在互联网基础上的延伸和扩展的网络;第二,其用户端延伸和扩展到了任何物品与物品之间,进行信息交换和通信。严格而言,物联网的定义是:通过射频识别(RFID)、红外感应器、全球定位系统、激光扫描器等信息传感设备,按约定的协议,把任何物品与互联网连接起来,进行信息交换和通信,以实现智能化识别、定位、跟踪、监控和管理的一种网络。

物联网中非常重要的技术是RFID电子标签技术。以简单RFID系统为基础,结合已有的网络技术、数据库技术、中间件技术等,构筑一个由大量连网的阅读器和无数移动的标签组成的、比 Internet 更为庞大的物联网成为 RFID 技术发展的趋势。物联网用途广泛,遍及智能交通、环境保护、政府工作、公共安全、平安家居、智能消防、工业监测、老人护理、个人健康等多个领域。预计物联网是继计算机、互联网与移动通信网之后的又一次信息产业浪潮。有专家预测 10 年内物联网就可能大规模普及,这一技术将会发展成为一个上万亿元规模的高科技市场。

国际电信联盟 2005 年的一份报告曾描绘"物联网"时代的图景:当司机出现操作失误时汽车会自动报警;公文包会提醒主人忘带了什么东西;衣服会"告诉"洗衣机对颜色和水温的要求等。

物联网把新一代 IT 技术充分运用在各行各业之中,具体地说,就是把感应器嵌入和装备到电网、铁路、桥梁、隧道、公路、建筑、供水系统、大坝、油气管道等各种物体中,然后将物联网与现有的互联网整合起来,实现人类社会与物理系统的整合,在这个整合的网络中,存在能力超强的中心计算机群,能够对整合网络内的人员、机器、设备和基础设施实施实时的管理和控制,在此基础上,人类可以以更加精细和动态的方式管理生产和生活,达到"智慧"状态,提高资源利用率和生产力水平,改善人与自然间的关系。

物联网是利用无所不在的网络技术建立起来的,是继计算机、互联网与移动通信网之后的又一次信息产业浪潮,是一个全新的技术领域。

**2. 物联网的原理与应用**

(1)物联网的原理

物联网是在计算机互联网的基础上,利用 RFID、无线数据通信等技术,构造一个覆盖世界上万事万物的 Internet of Things。在这个网络中,物品(商品)能够彼此进行"交流",而无须人的干预。其实质是利用射频自动识别(RFID)技术,通过计算机互联网实现物品(商品)的自动识别和信息的互联与共享。

而 RFID 正是能够让物品"开口说话"的一种技术。在物联网的构想中,RFID 标签中存储着规范而具有互用性的信息,通过无线数据通信网络把它们自动采集到中央信息系统,实现物品(商品)的识别,进而通过开放性的计算机网络实现信息交换和共享,实现对物品的"透明"管理。

(2)物联网的技术构架

从技术架构上来看,物联网可分为 3 层:感知层、网络层和应用层。

① 感知层由各种传感器以及传感器网关构成,包括二氧化碳浓度传感器、温度传感器、湿度传感器、二维码标签、RFID 标签和读写器、摄像头、GPS 等感知终端。感知层的作用相当于人的眼、耳、鼻、喉和皮肤等神经末梢,它是物联网识别物体、采集信息的来源,其主要功能是识别物体,采集信息。

② 网络层由各种私有网络、互联网、有线和无线通信网、网络管理系统和云计算平台等组成,相当于人的神经中枢和大脑,负责传递和处理感知层获取的信息。

③ 应用层是物联网和用户(包括人、组织和其他系统)的接口,它与行业需求结合,实现物联网的智能应用。

"物联网"概念的问世,打破了之前的传统思维。过去的思路一直是将物理基础设施和 IT 基础设施分开:一方面是机场、公路、建筑物,而另一方面是数据中心、个人计算机、宽带等。而在物联网时代,钢筋混凝土、电缆将与芯片、宽带整合为统一的基础设施。在此意义上,基础设施更像是一块新的地球工地,世界的运转就在它上面进行,其中包括经济管理、生产运行、社会管理乃至个人生活。

(3)物联网的实施步骤

在实施物联网的过程中一般要经历如下 3 个步骤:

① 对物体属性进行标识。属性包括静态和动态属性,静态属性可以直接存储在标签中,动态属性需要先由传感器实时探测。

② 需要识别设备完成对物体属性的读取,并将信息转换为适合网络传输的数据格式。

③ 将物体的信息通过网络传输到信息处理中心,由处理中心完成物体通信的相关计算。

(4)物联网的应用模式

物联网根据其实质用途可以归结为以下 3 种基本应用模式:

① 对象的智能标签:通过二维码、RFID 等技术标识特定的对象,用于区分对象个体。例如在生活中使用的各种智能卡。条码标签的基本用途就是用来获得对象的识别信息;此外通过智能标签还可以用于获得对象物品所包含的扩展信息,例如智能卡上的金额余额。二维码中所包含的网址和名称等。

② 环境监控和对象跟踪:利用多种类型的传感器和分布广泛的传感器网络,可以实现对某个对象的实时状态的获取和特定对象行为的监控。如使用分布在市区的各个噪音探头监测噪声污染;通过二氧化碳传感器监控大气中二氧化碳的浓度;通过 GPS 标签跟踪车辆位置;通过交通路口的摄像头捕捉实时交通流程等。

③ 对象的智能控制:物联网基于云计算平台和智能网络,可以依据传感器网络用获取的数据进行决策,改变对象的行为进行控制和反馈。例如根据光线的强弱调整路灯的亮度,根据车辆的流量自动调整红绿灯间隔等。

### 3. 物联网的特征

和传统的互联网相比,物联网有其鲜明的特征。

(1)它是各种感知技术的广泛应用

物联网上部署了海量的多种类型传感器,每个传感器都是一个信息源,不同类别的传感器所捕获的信息内容和信息格式不同。传感器获得的数据具有实时性,按一定的频率周期性地采集环境信息,不断更新数据。

(2)它是一种建立在互联网上的泛在网络

物联网技术的重要基础和核心仍旧是互联网,通过各种有线、无线网络与互联网融合,将物体的信息实时准确地传递出去。在物联网上的传感器定时采集的信息需要通过网络传输,由于其数量极其庞大,形成了海量信息。在传输过程中,为了保障数据的正确性和及时性,必须适应各种异构网络和协议。

(3)物联网具有智能处理的能力,能够对物体实施智能控制。

物联网不仅仅提供了传感器的连接,其本身也具有智能处理的能力,能够对物体实施智能控制。物联网将传感器和智能处理相结合,利用云计算、模式识别等各种智能技术,扩充其应用领域。从传感器获得的海量信息中分析、加工和处理出有意义的数据,以适应不同用户的不同需求,发现新的应用领域和应用模式。

### 4. 物联网的产生与发展

早在 1999 年,在美国召开的移动计算和网络国际会议就提出:传感网是下一个世纪人类面临的又一个发展机遇,在这次会议上首次提出了物联网的概念;2003 年,美国《技术评论》提出传感网络技术将是未来改变人们生活的十大技术之首;2005 年,在突尼斯举行的信息社会世界峰会(WSIS)上,国际电信联盟(ITU)发布了《ITU 互联网报告 2005:物联网》,正式提出了"物联网"的概念。报告指出,无所不在的"物联网"通信时代即将来临,世界上所有的物体从轮胎到牙刷、从房屋到纸巾都可以通过因特网主动进行交换。射频识别技术(RFID)、传感器技术、纳米技术、智能嵌入技术将到更加广泛的应用。

2008 年后,为了促进科技发展,寻找经济新的增长点,各国政府开始重视下一代的技术规划,将目光放在了物联网上。2009 年 1 月 28 日,奥巴马就任美国总统后,与美国工商业领袖举行了一次"圆桌会议",在这个场合中 IBM 首席执行官彭明盛首次提出"智慧地球"这一概念,建议新政府投资新一代的智慧型基础设施。当年,美国将新能源和物联网列为振兴经济的两大重点。

2009 年 2 月 24 日,在 2009IBM 论坛上,IBM 大中华区首席执行官钱大群公布了名为"智慧的地球"的最新策略。IBM 认为,IT 产业下一阶段的任务是把新一代 IT 技术充分运用在各行各业。具体地说,就是把感应器嵌入和装备到电网、铁路、桥梁、隧道、公路、建筑、供水系统、大坝、油气管道等各种物体中,并且被普遍连接,形成物联网。"智慧的地球"这一概念一经提出,即得到美国各界的高度关注,甚至有分析认为,IBM 公司的这一构想极有可能上升至美国的国家战略,并在世界范围内引起轰动。"智慧的地球"战略被不少美国人认为与当年的"信息高速公路"有许多相似之处,同样被他们认为是振兴经济、确立竞争优势的关键战略。该战略能否掀起如当年互联网革命一样的科技和经济浪潮,不仅为美国所关注,更为世界所关注。

我国对物联网的发展也给予了高度的重视,目前物联网已被正式列为国家五大新兴战略性产业之一,已写入"政府工作报告",物联网在中国受到了全社会极大的关注,其受关注程度甚至超过了美国、欧盟、以及其他各国。截至 2010 年,发改委、工信部等部委正在会同有关部门,在新一代信息技术方面开展研究,以形成支持新一代信息技术的一些新政策措施,从而推动我国经济的发展。在 2011 年物联网已经列入了"十二五"国家重点专项规划。

### 8.7.7　云计算

云计算(Cloud Computing),可以将巨大的系统池连接在一起以提供各种 IT 服务,云计算使得超级计算能力通过互联网自由流通成为了可能,企业与个人用户无须再投入昂贵的硬件购置成本,只需要通过互联网来购买租赁计算力。

**1. 云计算定义**

狭义云计算是指 IT 基础设施的交付和使用模式,指通过网络以按需、易扩展的方式获得所需的资源(硬件、平台、软件)。提供资源的网络被称为"云","云"中的资源在使用者看来是可以无限扩展的,并且可以随时获取,按需使用,随时扩展,按使用付费。

广义云计算是指服务的交付和使用模式,指通过网络以按需、易扩展的方式获得所需的服务。这种服务可以是 IT、软件和互联网相关的,也可以是任意其他的服务。

云计算经常与并行计算(Parallel Computing)、分布式计算(Distributed Computing)和网格计算(Grid Computing)相混淆。云计算(Cloud Computing)是网格计算(Grid Computing)、分布式计算(Distributed Computing)、并行计算(Parallel Computing)、效用计算(Utility Computing)、网络存储(Network Storage Technologies)、虚拟化(Virtualization)、负载均衡(Load Balance)等传统计算机技术和网络技术发展融合的产物,它旨在通过网络把多个成本相对较低的计算实体整合成一个具有强大计算能力的完美系统,并借助 SaaS、PaaS、IaaS、MSP 等先进的商业模式把这种强大的计算能力分布到终端用户手中。云计算的一个核心理念就是通过不断提高"云"的处理能力,来减少用户终端的处理负担,最终使用户终端简化成一个单纯的输入/输出设备,并能按需享受"云"的强大计算处理能力。

**2. 云计算特点**

① 超大规模。"云"具有相当的规模,企业私有"云"一般拥有数百上千台服务器,例如 Google 的云计算已经拥有 100 多万台服务器。"云"能赋予用户前所未有的计算能力。

② 虚拟化。云计算支持用户在任意位置、使用各种终端获取应用服务。所请求的资源来自"云",而不是固定的、有形的实体。应用在"云"中某处运行,但实际上用户无须了解、也不用担心应用运行的具体位置。用户只需要一台笔记本式计算机或者一个手机,就可以通过网络服务来实现需要的一切,甚至包括超级计算这样的任务。

③ 高可靠性。"云"使用了多种技术措施来保障服务的高可靠性,使用云计算比使用本地计算机更可靠。

④ 通用性。云计算不针对特定的应用,在"云"的支撑下可以构造出千变万化的应用,同一个"云"可以同时支撑不同的应用运行。

⑤ 高可扩展性。"云"的规模可以动态伸缩,满足应用和用户规模增长的需要。

⑥ 按需服务。"云"是一个庞大的资源池,用户按需购买。云可以像自来水、电、煤气那样计费。

⑦ 极其廉价。由于"云"的特殊容错措施,因此可以采用极其廉价的结点来构成云;"云"的自动化集中式管理使大量企业无须负担日益高昂的数据中心管理成本;"云"的通用性使资源的利用率较之传统系统大幅提升。因此用户可以充分享受"云"的低成本优势。

**3. 云计算的发展**(由来)

云计算是一种新兴的商业计算模型。它将计算任务分布在大量计算机构成的资源池上,使各种应用系统能够根据需要获取计算能力、存储空间和各种软件服务。

这种资源池称为"云"。"云"是一些可以自我维护和管理的虚拟计算资源,通常为一些大型服务器集群,包括计算服务器、存储服务器、宽带资源等。云计算将所有的计算资源集中起来,并由软件实现自动管理,无须人为参与,这使得应用提供者无须为烦琐的细节而烦恼,能够更加专注于自己的业务,有利于创新和降低成本。

之所以称为"云",是因为它在某些方面具有现实中"云"的特征:"云"一般都较大;"云"的规模可以动态伸缩,它的边界是模糊的;"云"在空中飘忽不定,无法也无须确定它的具体位置,但它确实存在于某处。

早在 20 世纪 60 年代麦卡锡(John McCarthy)就提出了把计算能力作为一种像水和电一样的公用事业提供给用户。云计算的第一个里程碑是 1999 年 Salesforce.com 提出的通过一个网站向企业提供企业级的应用的概念。另一个重要进展是 2002 年亚马逊(Amazon)提供一组包括存储空间、计算能力甚至人力智能等资源服务的 Web Service。2005 年亚马逊又提出了弹性计算云(Elastic Compute Cloud),也称亚马逊 EC2 的 Web Service,允许小企业和私人租用亚马逊的计算机来运行他们自己的应用。

之所以称为"云",还因为云计算的鼻祖之一亚马逊公司将网格计算取了一个新名称"弹性计算云"(EC2),并取得了商业上的成功。云计算使得超级计算能力通过互联网自由流通成为可能。企业与个人用户无须再投入昂贵的硬件购置成本,只需要通过互联网来购买租赁计算力。

**4. 云计算的基本原理**

云计算是分布式处理(Distributed Computing)、并行处理(Parallel Computing)和网格计算(Grid Computing)的发展,或者说是这些计算机科学概念的商业实现。

云计算的基本原理是:通过使计算分布在大量的分布式计算机上,而非本地计算机或远程服务器中,企业数据中心的运行将与互联网更相似。这使得企业能够将资源切换到需要的应用上,根据需求访问计算机和存储系统。这是一种革命性的举措,它意味着计算能力也可以作为一种商品来进行流通,就像煤气、水、电一样,取用方便,费用低廉。最大的不同在于,它是通过互联网进行传输的。在未来,只需要一台笔记本式计算机或者一个手机,就可以通过网络服务来实现我们需要的一切,甚至包括超级计算这样的任务。从这个角度而言,最终用户才是云计算的真正拥有者。云计算的应用包含这样的一种思想,把力量联合起来,给其中的每一个成员使用。从最根本的意义来说,云计算就是利用互联网上的软件和数据的能力。目前谷歌、IBM 这样的专业网络公司已经搭建了计算机存储、运算中心,用户通过一根网线借助浏览器就可以很方便地访问。云计算目前已经发展出了云安全和云存储两大领域,如国内的瑞星和趋势科技就已开始提供云安全的产品,而微软、谷歌等国际巨头更多的是涉足云存储领域。

**5. 云计算的 3 种主要应用形式**

根据现在最常用,也是比较权威的 NIST(National Institute of Standards and Technology,美国国家标准技术研究院)定义,云计算主要分为 3 种服务模式:SaaS、PaaS 和 IaaS。对普通用户而言,他们主要面对的是 SaaS 这种服务模式,而且几乎所有的云计算服务最终的呈现形式都是 SaaS。

(1)SaaS

SaaS 是 Software as a Service(软件即服务)的简称,它是一种通过 Internet 提供软件的模式,用户无须购买软件,而是向提供商租用基于 Web 的软件来管理企业经营活动。相对于传统的软件,SaaS 解决方案有明显的优势,包括较低的前期成本、便于维护及便于快速展开使用。随着企业 IT 预算持续受到严格的审查和企业减少雇用技术人员,目前市场对 SaaS 解决方案有很大的需求。

(2)PaaS

PaaS(Platform as a Service)提供的是服务器平台或者开发环境的服务模式。所谓 PaaS 实际上是指将软件研发的平台(计世资讯定义为业务基础平台)作为一种服务,以 SaaS 的模式提交给用户。因此,PaaS 也是 SaaS 模式的一种应用。但是,PaaS 的出现可以加快 SaaS 的发展,尤其是加快 SaaS 应用的开发速度。在 2007 年国内、外 SaaS 厂商先后推出自己的 PaaS 平台,从某种意义上说,PaaS 是 SaaS 的源泉。

在云计算应用的大环境下,PaaS 具有以下的优势:

① 开发简单。因为开发人员能限定应用自带的操作系统、中间件和数据库等软件的版本,这样将非常有效地缩小开发和测试的范围,从而极大地降低开发测试的难度和复杂度。

② 部署简单。首先,如果使用虚拟器件方式部署的话,能将本来需要几天的工作缩短到几分钟,能将本

来几十步操作精简到轻轻一击。其次,能非常简单地将应用部署或者迁移到公有云上,以应对突发情况。

③ 维护简单。因为整个虚拟器件都是来自于同一个 ISV(Independent Software Vendors,独立软件开发商),所以任何软件升级和技术支持,都只要和一个 ISV 联系即可,不仅避免了常见的扯皮现象,而且简化了相关流程。

(3)IaaS

IaaS(Infrastructure as a Service)即基础设施服务。消费者通过 Internet 可以从完善的计算机基础设施中获得服务。这类服务称为基础设施即 IaaS 服务。基于 Internet 的服务(如存储和数据库)是 IaaS 的一部分。

IaaS 最大优势在于它允许用户动态申请或释放结点,按使用量计费。运行 IaaS 的服务器规模达到几十万台之多,因而可以认为用户能够申请的资源几乎是无限的。而 IaaS 是由公众共享的,因而具有更高的资源使用效率。

### 6. 云计算的发展前景

云计算被视为科技业的下一次革命,它将带来工作方式和商业模式的根本性改变。

首先,对中小企业和创业者来说,云计算意味着巨大的商业机遇,他们可以借助云计算在更高的层面上和大企业竞争。自 1989 年微软推出 Office 办公软件以来,我们的工作方式已经发生了极大的变化,而云计算则带来了云端的办公室——更强的计算能力但无须购买软件,省却本地安装和维护,节省了大量资金。

其次,从某种意义上说,云计算意味着硬件之死。至少,那些对计算需求量越来越大的中小企业,不再试图去买价格高昂的硬件,而是从云计算供应商那里租用计算能力。在避免了硬件投资的同时,公司的技术部门也无须为忙乱不堪的技术维护而头痛,节省下来的时间可以进行更多的业务创新。

云计算对商业模式的影响体现在对市场空间的创新上。云计算意味着从 PC 时代重返大型机时代。"在 PC 时代,PC 提供了很多很好的功能和应用,现在又回归大型机的时代了。现在的大型机看不见,摸不着,不过确确实实就摆在那里,它们在云里,在天空里。"

当计算机的计算能力不受本地硬件的限制,尺寸更小,重量更轻,却能进行更强劲处理的移动终端触手可得,我们完全可以在纸样轻薄的笔记本式计算机上运行要求最苛刻的网络游戏,也完全可以在手机上通过访问 Photoshop 在线编辑处理刚照出的照片。

更为诱人的是,企业可以以极低的成本投入获得极高的计算能力,不用再投资购买昂贵的硬件设备,负担频繁的保养与升级。云计算的妙处之一,即是按需分配的计算方式能够充分发挥大型计算机群的性能。如果只需使用 5% 的资源,就只需要付出 5% 的价格,而不必像以前那样为 100% 的设备买单。

# 第9章　多媒体技术的应用

多媒体是计算机将文字处理、图形图像技术、声音技术等与影视处理技术相结合的产物,多媒体技术伴随着计算机的发展和应用而迅速发展,给传统的计算机系统、音频设备和视频设备带来了巨大的变化,并极大地改变了人们的生活方式。本章首先介绍多媒体及多媒体计算机的基本知识,然后对多媒体图像、音频、视频、动画的基本知识、文件格式及常见处理软件进行介绍,最后对多媒体数据压缩知识、网络流媒体知识及常用多媒体应用系统进行了介绍。

 **学习目标**

- 了解多媒体及多媒体计算机的知识。
- 了解多媒体图像处理的知识、常见图像文件格式及常用的图像编辑软件。
- 了解多媒体音频处理的知识、常见音频文件格式。
- 了解多媒体视频的知识、常见视频文件格式与多媒体播放器。
- 了解多媒体动画的基本概念与术语、多媒体动画文件格式。
- 了解多媒体数据压缩的概念、编码技术标准及常用多媒体数据压缩软件。
- 了解网络流媒体的基本原理、传输协议及流媒体服务器的基本知识。
- 了解常用的多媒体应用系统,包括可视电话系统、视频会议系统、IP 电话、VOD 系统及多媒体消息业务等。

## 9.1　多媒体及多媒体计算机概述

### 9.1.1　多媒体技术的基本概念

**1. 媒体的概念**

人们在信息交流中要用到各种媒体。媒体是信息的载体,它有几种含义:一是指用以存储信息的媒体(实体),如磁盘、磁带、光盘、半导体存储器等;二是指传输信息的媒体,如电缆、电波等;三是指信息的表示形式或载体,如数值、文字、声音、图形、图像等。多媒体技术中的媒体是指信息的表示形式或载体。

**2. 多媒体**

多媒体(multimedia)的定义尚无统一的说法,但它是在计算机数字化技术和对信息的交互处理能力飞速发展的前提下,才孕育出多媒体及多媒体技术的。从这个角度看,多媒体是指用计算机中的数字技术和相关设备交互处理多种媒体信息的方法和手段,更抽象地讲,它是一个集成化的新的技术领域。

**3. 多媒体技术**

多媒体技术是指具备综合处理文字、声音、图形和图像等能力的新技术。它是一种基于计算机技术的综合技术,包括数字化信息处理技术、音频和视频技术、人工智能和模式识别技术、通信技术、图形和图像技术、计算机软件和硬件技术,是一门跨学科的、综合集成的、正在发展的高新技术。

**4. 多媒体系统的特性及其发展与应用的关键技术**

开始人们喜欢从计算机的角度来看待多媒体技术,将其看成是计算机技术的一个分支,现在有些专家认为从信息系统工程的角度来看多媒体可能更加合理。因为,多媒体不仅采用了计算机的有关技术,还与通信、网络、电子、电器、出版甚至艺术、文学等都密切相关。现在已进入生活的有多媒体计算机、多媒体通信网络、多媒体信息服务、多媒体家电、多媒体娱乐设备,以及以多媒体为基础的艺术创作等。它不是一种纵向的产品升级换代,它是横向的,涉及信息技术的所有领域。多媒体技术的发展代表着一个新的时代、一个飞跃,是一种技术上的综合运用,系统上的综合集成的飞跃。多媒体系统除具有交互性、集成性、媒体的多样性之外,还有系统性。

① 交互性:指人机间的交互。交互性使多媒体系统和内容更多地靠拢了用户,使人能直接参与对信息的控制、使用。

② 集成性:指将各种媒体、设备、软件和数据组成系统,发挥更大的作用。

③ 多样性:是指信息媒体的多样性,使计算机告别了过去以字符、数值型为主的数据形式,进入到文、声、形、像等缤纷多彩的多媒体世界。

④ 系统性:除上述公认的 3 大特性外,近来有人提出了系统性,是在更高的层次上看待多媒体的组成、应用和技术的实现。

⑤ 多媒体的关键技术按层次分为媒体处理与编码技术、多媒体系统技术、多媒体信息组织与管理技术、多媒体通信网络技术、多媒体人机接口与虚拟实现技术、多媒体应用技术 6 个方面。当然还可举出多媒体同步技术、多媒体操作系统技术等。

**5. 多媒体计算机的实现方案及特征**

多媒体 PC(Multimedia Personal Computer,MPC)是指具有多媒体功能的 PC。它是能将多种媒体集为一体进行处理的计算机。MPC 应具有高质量的视频、音频、图像等多媒体信息处理功能、大容量存储器、由个人计算机控制的系统。实现 MPC 的方式有以下两种:

① 开发新型多媒体计算机。它具有技术上的先进性,开发新型的多媒体计算机,从系统结构方面实现计算机的多媒体化,研制完整的多媒体计算机。目前,Acer、HP、Philips、IBM、Dell、联想、方正、海信、长城、神舟等公司均可生产 MPC 整机。

② 将现有 PC 升级为 MPC。购买 MPC 升级套件,在现有 PC 的基础上添加若干多媒体部件,使其能处理多媒体信息,从而具有多媒体计算机的功能。一般添加的多媒体部件有声卡、视频卡、CD-ROM 驱动器等。此方法灵活、方便、省钱。

MPC 具有 3 大特征:集成性、交互性和数字化,具体如下:

① 集成性。集成性是指将多种媒体有机地组织在一起,共同表现一个事物或过程,做到文字、声音、图形、图像一体化。

② 交互性。交互性是指人机交互,使人能够直接参与对多媒体信息的控制与使用。例如,在播放多媒体节目时,人工能够干预,通过人机交换信息使其达到人们满意的佳境。

③ 数字化。数字化是指多媒体信息中的每一种媒体信息,都是以数字化的形式在 MPC 中生成、传输、存储和处理的。

**6. 多媒体应用系统中的媒体元素**

多媒体中的媒体元素是由多媒体应用中可传达信息给用户的媒体组成。目前主要包含文本、图形、图像、声音、动画和视频图像等媒体元素,下面对各种媒体元素进行介绍。

(1)文本

文本(text)就是指各种文字信息,包括文本的字体、字号、格式及色彩等信息。文本是计算机文字处理程序的处理对象,也是多媒体应用程序的基础。通过对文本显示方式的组织,多媒体应用系统可以更好地把信息传递给用户。

文本数据可以在文本编辑软件里面进行制作,例如使用 Word、WPS 或记事本等应用程序编辑的文本文件,基本上都可以输入到多媒体应用系统中。但一般多媒体文本直接在制作图形或图像的软件及多媒体编辑软件中一起制作。

可建立文本文件的软件种类繁多,相对应的就会存在很多的文件格式,所以经常需要进行文本格式转换。文本的多样化主要是由文字格式的多样化造成的。文本格式包含文字的样式(style)、字的定位(align)、字的大小(size)及字体(font)。多媒体 Windows 的目标格式直接使用 ASCII 码或 RTF(rich text)格式,所以许多字处理软件需要提供将其文本转换为多媒体 Windows 兼容格式文本的应用程序。

(2)图形和图像

图形(graphic)是指从点、线、面到三维空间的黑白或彩色的几何图。在几何学中,几何元素通常是用矢量表示的,所以也称矢量图。矢量图形是用一组描述点、线、面等大小形状及其位置、维数的指令形式存在,通过读取这些指令将这些指令转变为屏幕上所显示的形状和颜色。用来生成图形的软件通常称为绘图(draw)程序,一般图形文件也叫做元图。而静止的图像(image)是一个矩阵,其元素代表空间中的一个点,称之为像素(pixel),这种图像也称为位图。位图中的位用来定义图中每个像素的颜色和亮度。位图图像适合于表现比较细致、层次和色彩比较丰富、包含大量细节的图像。

对图像文件可以进行改变分辨率、编辑修改、调节色相等处理。必要时可以用软件技术减少图像灰度,以便用较少的颜色描绘图像,并力求达到较好的效果。

(3)音频

音频(audio)除了包含音乐、语音外,还包括各种声音效果。将音频信号集成到多媒体中可以提供其他任何媒体不能取代的效果,不仅烘托气氛,而且增加活力。音频信息增强了对其他类型媒体所表达的信息的理解。

数码音频系统是通过将声波波形转换成一连串的二进制数据来保存原始声音的,实现这个步骤使用的设备是模/数转换器(A/D)。它以每秒上万次的速率对声波进行采样,每一次采样都记录下了原始模拟声波在某一时刻的状态,称之为样本。将一串的样本连接起来,就可以描述一段声波,把每一秒钟所采样的数目称为采样频率,单位为赫兹。采样频率越高所能描述的声波频率就越高。对于每个采样系统均会分配一定存储位来表达声波的振幅状态,称之为采样分辨率或采样精度,每增加一个位,表达声波振幅的状态数就翻一番。采样精度越高,声波的还原就越细腻。

音频文件有多种格式,常见的有波形音频文件、数字音频文件及光盘数字音频文件等。

(4)动画

动画(animation)与运动着的图像有关,动画在实质上就是一幅幅静态图像地连续播放,因此特别适合描述与运动有关的过程,便于直接有效地理解。动画因此成为重要的媒体元素之一。

动画生成的实质是一幅幅动画页面的生成。动画的连续播放既指时间上的连续,也指图像内容上的连续,即播放的相邻两幅图像之间内容变化不大。动画压缩和快速播放也是动画技术要解决的重要问题。计算机动画是借助计算机生成一系列连续图像的技术。计算机设计动画的方法有两种:一种是造型动画,另外一种是帧动画。造型动画是对每一个运动的角色分别进行设计,赋予每个角色一些特征,如大小、形状、颜色、纹理等,然后用这些角色构成完整的帧画面。造型动画的每一帧由图形、声音、文字等造型元素组成,而控制动画中每一帧中物体表演和行为的是由制作表组成的脚本。帧动画则是由一幅幅位图组成的连续画面,就像电影胶片或视频画面一样,要分别设计每屏要显示的画面。

(5)视频

视频(video)是图像数据的一种,若干有联系的图像数据连续播放就形成了视频。计算机视频图像可以来自录像带、摄像机等视频信号源的影像,这些视频图像使多媒体应用系统功能更强、更精彩。但由于上述视频信号的输出大多是标准的彩色全电视信号,要将其输入到计算机中,不仅要捕捉视频信号,实现由模拟信号向数字信号的转换,还要有压缩、快速解压缩及播放的相应软、硬件处理设备配合。

### 9.1.2　多媒体计算机的基本组成

多媒体计算机系统一般由 3 部分组成:多媒体硬件平台、软件平台和多媒体制作工具。

**1. 多媒体计算机系统层次结构**

多媒体计算机由多媒体硬件和软件系统组成,多媒体系统层次结构共有6层。

① 多媒体外围设备:包括各种媒体、视听输入/输出设备及网络。

② 多媒体计算机硬件系统:主要配置各种外部设备的控制接口卡,其中包括多媒体实时压缩和解压缩专用的电路卡。

③ 多媒体核心系统软件:包括多媒体驱动程序和操作系统。该层软件是系统软件的核心,除与硬件设备打交道外,还要提供输入/输出控制界面程序,即I/O接口程序。而操作系统则提供对多媒体计算机的软件、硬件的控制和管理。

④ 媒体制作平台与媒体制作工具软件:支持应用开发人员创作多媒体应用软件。设计者利用该层提供的接口和工具加工媒体数据。常用的有图形图像设计系统,二维、三维动画制作系统,声音采集和编辑系统,视频采集和编辑系统等。

⑤ 多媒体创作和编辑软件:该层是多媒体应用系统编辑制作的环境。根据所使用工具的类型可分为:脚本语言及解释系统、基于图标导向的编辑系统、基于时间导向的编辑系统。除了编辑功能外,还具有控制外设播放多媒体的功能。设计者可以利用本层的开发工具和编辑系统来创作各种教育、娱乐、商业等应用的多媒体节目。

⑥ 多媒体应用系统运行平台:也即多媒体播放系统。该层可以在计算机上播放多媒体文件,也可以单独播放多媒体产品。

以上6层中,前2层构成多媒体硬件系统,其余4层是软件系统。软件系统又包括系统软件和应用软件。

**2. 多媒体计算机硬件系统**

根据当时计算机硬件发展的水平相应地制定了几个标准及主要部件的典型配置。

(1)MPC硬件的配置标准

1990年10月国内制定的MPC 1.0标准要求:CPU为80386SX,时钟频率16 MHz,最小内存2 MB,硬盘30 MB,16色VGA显示,单倍速CD-ROM驱动器,8倍音频声卡,操作系统为具有多媒体扩展功能的Windows。

1993年5月公布MPC 2.0标准要求:CPU为80486SX,内存4~8 MB等指标。1995年6月推出MPC3.0标准要求:CPU为Pentium时钟频率75 MHz,四倍速的CD-ROM驱动器,配有视频加速器,波形表MIDI合成器等,对动态视频处理要求具有MPEG的视频解码功能。

1996年发表了MPC 4.0标准要求:CPU为Pentium 133,内存容量16 MB,硬盘1.6 GB,CD-ROM速度为10倍速,16位声卡,显卡支持16位真彩色,显示器分辨率为$1280 \times 1024$,操作系统为Windows 95。

(2)多媒体计算机的关键硬件配置

多媒体计算机最基本的硬件是声频卡(audio card)、视频卡(video card)、CD-ROM光盘驱动器。在PC上配置声频卡和CD-ROM就可构成多媒体计算机了。

① 声频卡。声频卡也称为音效卡,简称声卡。可以将声卡做成一块专用电路板插在主板的扩展槽中。它的作用是对一般语音的模拟信号进行数字化,即进行采集、转换、压缩、存储、解压、缩放等快速处理,并提供各种音乐设备(录放机、CD、合成器等)的数字接口(Music Instruments Digital Interface,MIDI)和集成能力。下面对声卡的主要指标和关键技术进行介绍。

声卡的主要指标有:

- 采样频率:单位时间内的采样次数称采样频率。人耳可听到的声音频率范围是20 Hz~22 kHz,声卡的采样频率在上述声范围的2倍以上时,才能获得较好的声音还原效果,否则声音将产生失真。故采样频率有44.1 kHz、48 kHz或更高。

- 采样值的编码位数:记录声频采样值使用的二进制编码位数,简称采样位数。当前有8位、16位和32位3种。

声卡的关键技术主要是数字音频、音乐合成、MIDI 与音效。

- 数字音频技术:数字音频要具有大于 44.1 kHz 的采样频率及 16 位分频率录制和播放信号的功能,这是声卡的关键指标。数字音频还应具有压缩声音信号的能力。最常用的压缩方法是自适应差值脉冲编码调制法(ADPCM)。大多数声卡的核心是编码解码器 CODEC 芯片,芯片本身具有硬件压缩功能。另外,有的声卡也采用软件压缩数字音频信号的方法。
- 音乐合成技术:音乐合成主要有两种合成技术,即 FM 合成和波形表合成。FM 合成是将由硬件产生的正弦信号,经过处理合成音乐。而波形表合成的原理是在 ROM 中存储各种实际乐器的声音样本,其关键因素是 ROM 中样本的多少,即 ROM 的有效容量,它的效果优于 FM 合成。
- MIDI:MIDI 是乐器的数字接口,是数字音乐的国际标准。它规定了各厂家的电子乐器和计算机连接的方案和设备间数据传输的协议。
- 音效:音效是最近 IC 工业中数字声音信号处理技术的结晶。现在不少声卡采用了音效芯片,从而用硬件实现回声、混响、和声等,使声卡发出的声音更逼真悦耳。

② 视频卡。视频卡的作用是用来完成视频模拟信号的数字化,即实现对视频模拟信号的采集、编码、压缩、存储、解压和回放等快速处理和标准化问题,并提供各种视频设备(如摄像机、录像机、影碟机、电视机等)的接口和集成能力。市场上有多种产品和名称,如视频采集卡也叫视频捕获卡;电视信号采集卡(电视接收卡或 TV 卡);JPEG/MPEG1 H. 261 图像压缩卡、解压缩卡;VGA 到 NTSC/PAL 电视信号转换盒等。

③ 光盘驱动器。CD-ROM 或 DVD-ROM 是多媒体计算机的最基本硬件之一,只有大容量的光盘才能存储声音和活动图像等最具多媒体特色的两类媒体信息。

### 3. 多媒体计算机软件系统

多媒体计算机软件系统按功能可分为系统软件和应用软件。

(1)多媒体系统软件

多媒体系统软件是多媒体系统的核心,它不仅具有综合使用各种多媒体、调度多媒体数据进行媒体的传输和处理能力,而且要控制各种媒体硬件设备协同工作,将种类繁多的硬件有机地组织到一起,使用户能灵活控制多媒体硬件设备和组织、操作多媒体数据。多媒体计算机系统主要的系统软件有以下几种:

① 多媒体驱动软件。多媒体驱动软件即驱动模块,是最底层硬件的软件支撑环境,直接与计算机硬件打交道,完成设备初始化、各种设备操作、设备的打开和关闭等功能。通常的驱动软件有视频子系统、音频子系统以及音频或视频信号获取子系统。

② 驱动器接口程序。该程序是高层软件与驱动程序之间的接口软件,为高层软件建立虚拟设备。

③ 多媒体操作系统。实现多媒体环境下多任务的调度,保证音频、视频同步控制及信息处理的实时性,提供多媒体信息的各种基本操作和管理,具有对设备的相对独立性和可操作性。操作系统还具有独立于硬件设备和较强的可扩展能力。

④ 媒体素材制作软件及多媒体函数库。这层软件是为多媒体应用程序进行数据准备的程序,主要为多媒体数据采集软件。

⑤ 多媒体创作工具、开发环境。多媒体创作工具和开发环境主要用于编辑生成多媒体特定领域的应用软件,是多媒体设计人员在多媒体操作系统上进行开发的软件工具。多媒体开发环境有两种模式,一是以集成化平台为核心,辅以各种制作工具的工程化开发环境;二是以编程语言为核心,辅以各种工具和函数库的开发环境。

通常,驱动程序、接口程序、多媒体操作系统、多媒体数据采集程序以及创作工具、开发环境这些系统软件都是由计算机专业人员设计实现的。

(2)多媒体应用软件

多媒体应用软件是在多媒体创作平台上设计开发的面向应用领域的软件系统,通常由应用领域的专家和多媒体开发人员共同协作、配合完成。开发人员利用开发平台、创作工具制作组织各种多媒体素材,生成最终的多媒体应用程序,通过测试、完善,最终生成多媒体产品。例如,各种多媒体辅助教学系统、多媒体的电子图书等。

### 9.1.3　多媒体计算机的辅助媒体设备

对于多媒体计算机各种各样的辅助设备,可以分为 3 类:输入设备、输出设备和通信设备。

**1. 输入设备**

输入是指将数据输入计算机系统的过程。利用现代科学与技术已开发了各种输入设备,按照输入方式可分为 5 大类:键盘输入、指点输入(鼠标、触摸屏、手写板等)、扫描输入(扫描仪、条形码设备等)、传感输入(遥感卫星信号)、语音输入。下面介绍一些常见的输入设备。

(1)图像扫描仪

图像扫描仪是一种可将静态图像输入到计算机中的图像采集设备。它内部具有一套光电转换系统,可以把各种图片信息转换成计算机图像数据,并传送给计算机,再由计算机进行处理、编辑、存储、输出或传送给其他设备。扫描仪对于桌面排版系统、印刷制版系统都十分有用。

(2)条形码设备

条形码识别技术是集光电技术、通信技术、计算机技术和印刷技术于一体的自动识别技术。条形码识别设备广泛应用于商业、金融、医疗等行业。条形码是由一组宽度不同、平行相邻的黑条和白条,按照规定的编码规则组合起来的、用来表示某种数据的符号,这些数据可以是数字、字母或某些符号。条形码是人们为了自动识别和采集数据人为制造的中间符号,供机器识别,从而提高数据采集的速度和准确度。

(3)光学标记识别设备(OMR)

常见的英语标准考试试卷,用铅笔将答案标记涂黑,答案经由 OMR 扫描输入计算机处理。

(4)数字照相机

数字照相机是一种与计算机配套使用的照相机,在外观和使用方法上与普通的全自动照相机相似,两者之间最大的区别在于前者在存储器中存储图像数据,然后者通过胶片来保存图像。

(5)触摸屏

触摸屏是指点式输入设备,触摸屏在计算机显示器屏幕的基础上,附加坐标定位装置。通常有两种构成方法:接触式和非接触式。

① 接触式用手指接触其表面,分辨率高,但价格高。其技术多采用压敏器件,如塑料压敏定位法是在屏幕上贴一层内封有触感元件的塑料压敏膜,手指向某位置即可操作计算机。

② 非接触式是通过用户手指阻断交叉的红外光束来获得位置信息,价格便宜,使用寿命可达 10 万小时,但是分辨率不高。非接触式使用红外交叉定位法,即在屏幕四周设置交叉的两排红外光源和对应的红外检测器,红外线交叉的网格表示点的定位。

(6)游戏手柄

游戏手柄是用于控制游戏运行的一种输入设备,只有操作方向和简单的几个按钮。

(7)集成电路卡

集成电路卡(Integrated Circuit Card, IC 卡),按功能可分为 3 类:存储卡、具有 CPU 的卡(智能卡)和超级智能卡。存储卡由一个或多个集成电路组成,具有记忆功能。智能卡由一个或多个集成电路芯片组成,具有微电脑和存储器,并封装成便于人们携带的卡片。超级智能卡除了具有智能卡的功能外,还具有自己的键盘、液晶显示器和电源,实际上是一台卡式微机。

**2. 输出设备**

输出是指将计算机处理的数据转换成用户需要的形式。与输入设备相比,输出设备的自动化程度更高。输出设备可分为 5 大类:显示输出、打印机、绘图仪、影像输出和语音输出。其中显示器是计算机的基本配置。

(1)显示输出

显示系统包含图形显示适配器和显示器两大部分,只有将两者有机地结合起来,才能获得良好的显示效果。目前大量使用的显示器是阴极射线管 CRT,近年来液晶显示器发展很快。CRT 显示器从前端表面上看可分为球面、柱面、平面直角和完全平面等多种类型;从扫描方式可分为隔行和逐行两种。常见的显示器屏幕尺寸有 14 in、15 in、17 in、19 in 和 21 in 等,点间距为 0.39 mm、0.33 mm、0.28 mm、0.26 mm 等。

（2）打印机

打印机经历了击打式到非击打式的发展时期,点阵打印机是目前常用的击打式打印机。击打式打印机是以机械撞击方式使打印头通过色带在纸上印出计算机的输出结果的设备。点阵打印机内装有汉字库可构成中文打印机。点阵打印机打印速度较慢,于是非击打式打印机应运而生。喷墨打印机和激光打印机是目前市场上微机配置中最主要的两种非击打式打印机。喷墨打印机是利用特殊技术的换能器将带电的墨水喷出,由偏转系统控制很细的喷嘴喷出微粒射线在纸上扫描,并绘出文字与图像。激光打印机是用激光扫描主机送来的信息,将要输出的信息在磁鼓上形成静电潜像,并转换成磁信号,使碳粉吸附在纸上,经过加温后印在纸上。

（3）绘图仪

绘图仪是一种用于图形硬复制的输出设备,也是计算机辅助设计的主要输出设备。绘图仪有平板式和滚筒式。平板式绘图仪幅面受平台尺寸限制,但对图纸没有特殊要求,而且绘图精度高。滚筒式绘图仪幅面较大,仅受筒长限制,占地面积小,速度快,但对纸张有一定要求,否则影响绘图的准确度。

（4）影像输出

这是将计算机的输出采用摄影、录像方式记录下来的输出方式。摄影方式分为计算机输出缩微胶卷和计算机输出缩微胶片两种。录像方式是计算机输出通过录像机记录到录像带上。

（5）语音输出

语音输出包括音响和音乐输出,为了取得较好的音响效果,音箱、功放设备也是不可少的。为了不影响计算机正常工作,应采用防磁音响。

**3. 通信设备**

（1）调制解调器

随着网络多媒体技术的发展,调制解调器已成为多媒体计算机必要的通信设备。按照接口形式,可分为外置式、内置式和机架式 3 种。

（2）网卡

要把计算机作为终端设备接入网络中,需要插入一块网络接口板,即网卡。网卡通过总线与计算机相连,再通过电缆接口与网络传输媒体相连。网卡上的电路要支持所对应的网络类型,网卡要与网络软件兼容。

（3）传真/通信卡

传真/通信卡是插在计算机扩展槽中的一块插卡,它集传真功能、通信技术和计算机技术于一体。带有传真/通信卡的 PC 可模拟传真,并与远方的传真机或安装有传真/通信卡的 PC 进行传真通信。

# 9.2 多媒体图像处理

## 9.2.1 图像的相关概念

### 1. 像素和分辨率

像素和分辨率是用来决定图像文件大小和图像质量的两个概念。

① 像素(pixels)是构成图像的最小单位,多个像素组合在一起就构成了图像,但组合成图像的每一个像素只显示一种颜色。

② 分辨率(resolution)是指用于描述图像文件信息量的术语,表示单位长度内点、像素或墨点的数量,通常用像素/英寸或像素/厘米表示。分辨率的高低直接影响图像的效果。使用过低的分辨率会导致图像粗糙,在排版打印时图片变得模糊;使用较高分辨率的图像细腻且清楚,但会增加文件的大小,并降低图像的打印速度。

### 2. 位图和矢量图

位图和矢量图是图形图像存储的两种不同类型。

①　位图也叫做栅格图像,是由多个像素组成的。位图图像放大到一定倍数后,可以看到一个个方形的色块,整体图像也会变得模糊。位图的清晰度与像素的多少有关,单位面积内像素数目越多则图像越清晰,反之图像越模糊。对于高分辨率的彩色图像,用位图存储所需的存储空间较大。

②　矢量图又称为向量图形,是由线条和图块组成的。当对矢量图进行放大后,图像仍能保持原来的清晰度,且色彩不失真。矢量图的文件大小与图像大小无关,只与图像的复杂程度有关,因此简单的图像所占的存储空间小。

**3. 位深度**

位深度主要是用来度量在图像中使用多少颜色信息来显示或打印像素。位深度越大图像中的颜色表示就越多,也越精确。

①　1 位深度的像素有 $2(2^1)$ 种颜色信息:黑和白。

②　8 位深度的像素有 $256(2^8)$ 种颜色信息。

③　24 位深度的图像有 $16\ 777\ 216(2^{24})$ 种颜色信息。

**4. 常用颜色模式**

常用的颜色模式有 RGB(光色模式)、CMYK(四色印刷模式)、Lab(标准色模式)、Grayscale(灰度模式)、Bitmap(位图模式)、Index(索引模式)、Duotone(双色调模式)和 Multichannel(多通道模式)。

①　RGB:该模式下的图像是由红(R)、绿(G)、蓝(B)3 种颜色构成,大多数显示器均采用此种颜色模式。

②　CMYK:该模式下的图像是由青(C)、洋红(M)、黄(Y)、黑(K)4 种颜色构成,主要用于彩色印刷。

③　Lab:该模式是图像处理软件 Photoshop 的标准颜色模式,在色彩范围上远超过 RGB 模式和 CMYK 模式。它的特点是在使用不同的显示器或打印设备时,它所显示的颜色都是相同的。

④　Grayscale:该模式下图像由具有 256 级灰度的黑白颜色构成,一幅灰度图像在转变为 CMYK 模式后可增加颜色,如果将 CMYK 模式的彩色图像转变为灰度模式,则颜色不能恢复。

⑤　Bitmap:该模式下图像由黑白两色组成,其深度为 1。图形不能使用编辑工具,只有灰度模式才能转变为 Bitmap 模式。位图模式的图像也叫做黑白图像。

⑥　Index:该模式又叫图像映射色彩模式,这种模式的像素只有 8 位,即图像最多只有 256 种颜色。索引模式可以减少图像的文件大小,因此常用于多媒体动画的应用和网页制作。

⑦　Duotone:该模式是使用 2 ~ 4 种彩色油墨创建双色调(2 种颜色)、三色调(3 种颜色)和四色调(4 种颜色)灰度图像。

⑧　Multichannel:该模式是在每个通道中使用 256 级灰度,常用于特殊打印。

### 9.2.2　常见的图像文件格式

多媒体计算机系统支持很多图像文件格式,下面主要介绍几种常用的图像文件格式。了解各种文件格式的功能和用途有利于对文件进行编辑、保存和转换。

**1. BMP 格式**

Windows 系统下的标准位图格式,使用很普遍,其结构简单,未经过压缩,一般图像文件会比较大。其最大的优点是支持多种 Windows 和 OS/2 应用程序软件,支持 RGB、索引颜色、灰度和位图颜色模式的图像。

**2. JPEG 格式**

JPEG 格式是所有压缩格式中最卓越的。虽然它是一种有损失的压缩格式,但是在图像文件压缩时是将不易被人眼察觉的图像颜色删除,这样有效地控制了 JPEG 在压缩时的损失数据量,从而达到较大的压缩比(可达到 2:1 甚至 40:1)。JPEG 格式支持 CMYK、RGB 和灰度颜色模式的图像。

**3. PSD 格式**

这是 Photoshop 软件的专用格式,它能保存图像数据的每一个小细节,可以存储成 RGB 或 CMYK 色彩模式,也能自定义颜色数目进行存储。它可以保存图像中各图层中的效果和相互关系,各层之间相互独立,以便于对单独的层进行修改和制作各种特效。其唯一的缺点是存储的图像的文件特别大。

**4. PCX 格式**

PCX 格式是 ZSOFT 公司在开发图像处理软件 Paintbrush 时开发的一种格式,存储格式从 1 ~ 24 位。它是经过压缩的格式,占用磁盘空间较少,并具有压缩及全彩色的优点。

**5. CDR 格式**

CDR 格式是图形设计软件 CorelDRAW 的专用格式,属于矢量图像,最大的优点是体积小,便于再处理。

**6. DXF 格式**

DXF 格式是三维模型设计软件 AutoCAD 的专用格式,文件小,所绘制的图形尺寸、角度等数据十分准确,是建筑设计的首选。

**7. TIFF 格式**

TIFF 格式是最常用的图像文件格式。它既能用于 Mac 也能用于 PC。这种格式的文件是以 RGB 的全彩色模式存储的,并且支持通道。

**8. EPS 格式**

EPS 格式是由 Adobe 公司专门为存储矢量图形而设计的,用于在 PostScript 输出设备上打印。它可以在各软件之间使文件进行相互转换。

**9. GIF 格式**

GIF 格式的文件是 8 位图像文件,几乎所有的软件都支持该格式。它能存储成背景透明化的图像形式,所以这种格式的文件大多用于网络传输上,并且可以将多张图像存成一个档案,形成动画效果。但最大的缺点是,它只能处理 256 种色彩。

**10. AI 格式**

AI 格式是一种矢量图形格式,在 Illustrator 中经常用到。它可以把 Photoshop 软件中的路径转化为 AI 格式,然后在 Illustrator、CorelDRAW 中打开对其进行颜色和形状的调整。

**11. PNG 格式**

PNG 格式可以使用无损压缩方式压缩文件。支持带一个 Alpha 通道的 RGB 颜色模式、灰度模式及不带 Alpha 通道的位图、索引颜色模式。它产生的透明背景没有锯齿边缘,但是一些较早版本的 Web 浏览器不支持 PNG 格式。

### 9.2.3 常见的图像编辑软件

**1. Windows 画图程序**

画图程序是 Windows 操作系统自带的一个图像编辑软件。可以用"画图"程序处理图片,例如 JPG、GIF 或 BMP 等格式的文件。可以将"画图"图片粘贴到其他已有的文档中,也可以将其用做桌面背景,甚至还可以用"画图"程序查看和编辑扫描好的照片。

**2. ACDSee**

ACDSee 是世界上排名第一的数字图像处理软件,它能广泛应用于图片的获取、管理、浏览、优化等。使用 ACDSee 的图片浏览器,可以从数码照相机和扫描仪高效获取图片,并进行便捷的查找、组织和预览,支持超过 50 种常用多媒体格式。作为重量级的看图软件,它能快速、高质量地显示图片,再配以内置的音频播放器,可以享用它播放出来的精彩幻灯片。ACDSee 还能处理如 MPEG 之类常用的视频文件。此外 ACDSee 是图片编辑工具,能够轻松地处理数码影像,拥有去除红眼、剪切图像、锐化、浮雕特效、曝光调整、旋转、镜像等功能,还能进行批量处理。

**3. Illustrator**

Illustrator 是一款制作矢量图形的软件。它是创建和优化 Web 图形的强大、集成的工具,具有像动态变形这样的创造性选项,用于扩展视觉空间,且效率更高,流水化作业令文件发布更加容易。另外,Illustrator 和 Adobe 这种专业的用于打印、Web、动态媒体等的图形软件密切整合。作为 Adobe 家族软件中的拳头产品之一,Illustrator 无疑为奠定 Adobe 公司在出版界和媒体设计界的地位起了举足轻重的作用,大多数报社和出版社都会用 Illustrator 来进行排版、设计、制图和编辑等工作。

**4. CorelDRAW**

CorelDRAW 是 Corel 公司出品的矢量图形制作工具软件,这个图形工具给设计师提供了矢量动画、页面设计、网站制作、位图编辑和网页动画等多种功能,极大地提高了专业设计人员的生产力。无论是创作印刷、网站还是跨媒体的作品,CorelDRAW 卓越的功能都将鼓舞艺术家的创造力。它性能稳定,可以与现有的工作流程完美结合。

**5. 光影魔术手**

光影魔术手是国内最受欢迎的图像处理软件,它是一个对数码照片画质进行改善及效果处理的软件。光影魔术手能够满足绝大部分照片后期处理的需要,批量处理功能非常强大,它无须改写注册表,如果用户对它不满意,可以随时恢复以往的使用习惯。

光影魔术手于 2006 年推出第一个版本,此前它是一款收费软件,2008 年被迅雷公司收购之后实行了完全免费。目前光影魔术手采用全新迅雷 BOLT 界面引擎重新开发,在老版光影图像算法的基础上进行改良及优化,带来了更简便易用的图像处理体验。

**6. Photoshop**

Photoshop 是 Adobe 公司推出的世界顶尖级的图像设计与制作工具软件,它功能强大,操作界面友好,得到了广大第三方开发厂家的支持,从而也赢得了众多的用户的青睐。

Photoshop 支持众多的图像格式,对图像的常见操作和变换做到了非常精细的程度,它拥有异常丰富的滤镜(也被称为增效工具),这些滤镜简单易用、功能强大、内容丰富且样式繁多,借助于滤镜的帮助,用户可以设计出许多超乎想象的图像效果。而这一切,Photoshop 都为用户提供了相当简捷和自由的操作环境,从而使用户的工作更加方便和游刃有余。

# 9.3　多媒体音频、视频和动画

## 9.3.1　音频的相关概念

音频波形描述了空气的振动。波形最高点(或最低点)与基线的距离为振幅,振幅表示声音的质量。波形中两个连续波峰间的距离称为周期,波形频率由 1 s 内出现的周期数决定,若每秒 1 000 个周期,则频率为 1 kHz。通过采样可将声音的模拟信号数字化,即在捕捉声音时,要以固定的时间间隔对波形进行离散采样。这个过程将产生波形的振幅值,以后这些值可还原成原始波形。影响数字声音波形质量的主要因素有以下 3 个:

**1. 采样频率**

采样频率等于波形被等分的份数,份数越多(频率越高),质量越好。

**2. 采样精度**

采样精度即每次采样的信息量。采样通过模/数转换器将每个波形垂直等分,若用 8 位模/数转换器,可把采样信号分为 256 等份;用 16 位模/数转换器则可将其分为 65 536 等份。

**3. 通道数**

声音通道的个数表明声音产生的波形数,一般分为单声道和立体声道。单声道产生一个波形,立体声道则产生两个波形。采用立体声道声音丰富,但存储空间要占用很多。

## 9.3.2　常见的音频文件格式

**1. WAV 格式**

WAV 是 Microsoft Windows 本身提供的音频格式,由于 Windows 本身的影响力,这个格式已经成为事实上的通用音频格式。WAV 格式实际上是 Apple 计算机的 AIFF 格式的副本。通常使用 WAV 格式都是用来保存一些没有压缩的音频,但实际上 WAV 格式的设计是非常灵活的,该格式本身与任何媒体数据都不冲突,换句话说,只要有软件支持,甚至可以在 WAV 格式里面存放图像。之所以能这样,是因为 WAV 文件里面存放的每一块数据都有自己独立的标识,通过这些标识可以告诉用户究竟这是什么数据。在 Windows 平台上通过 ACM 结构及相应的驱动程序,可以在 WAV 文件中存放超过 20 种的压缩格式,如 ADPCM、GSM 等,当然也包括 MP3 格式。

虽然 WAV 文件可以存放压缩音频甚至 MP3,但由于它本身的结构注定了它的用途是存放音频数据并用做进一步的处理,而不是像 MP3 那样用于聆听。目前所有的音频播放软件和编辑软件都支持这一格式,并将该格式作为默认文件保存格式之一。

### 2. MP3 格式

MP3 是 Fraunhofer-IIS 研究所的研究成果。MP3 是第一个实用的有损音频压缩编码。在 MP3 出现之前,一般的音频编码即使以有损方式进行压缩,能达到 4:1 的压缩比例已经很不错了。但是,MP3 可以实现 12:1 的压缩比例,这使得 MP3 迅速流行起来。MP3 之所以能够达到如此高的压缩比例同时又能保持相当不错的音质,是因为利用了知觉音频编码技术,也就是利用了人耳的特性,削减了音乐中人耳听不到的成分,同时尝试尽可能地维持原来的声音质量。

衡量 MP3 文件的压缩比例通常使用比特率来表示。比特率表示每 1s 的音频可以用多少个二进制比特来表示。通常比特率越高,压缩文件就越大,但音乐中获得保留的成分就越多,音质就越好。由于比特率与文件大小、音质的关系,所以后来又出现了可变比特率方式编码的 MP3,这种编码方式的特点是可以根据编码的内容动态地选择合适的比特率,因此编码的结果是在保证音质的同时又照顾了文件的大小。

由于 MP3 是世界上第一个有损压缩的编码方案,所以几乎所有的播放软件都支持它。在制作方面,也曾经产生了许多第三方的编码工具。不过随着后来 Fraunhofer-IIS 宣布对编码器征收版税之后很多都消失了。目前属于开放源代码并且免费的编码器是 LAME。这个工具是公认的压缩音质最好的 MP3 压缩工具。另外,几乎所有的音频编辑工具都支持打开和保存 MP3 文件。

### 3. MP3PRO 格式

为了使 MP3 能在未来仍然保持生命力,Fraunhofer-IIS 研究所连同 Coding Technologies 公司,还有法国的 Thomson multimedia 公司共同推出了 MP3PRO。这种格式与之前的 MP3 相比,最大的特点是在低达 64 kbit/s 的比特率下仍然能提供近似 CD 的音质(MP3 是 128 KB)。该技术称为 SBR(Spectral Band Replication),它在原来 MP3 技术的基础上专门针对原来 MP3 技术中损失了的音频细节,进行独立编码处理并捆绑在原来的 MP3 数据上,在播放的时候通过再合成而达到良好的音质效果。

MP3PRO 格式与 MP3 格式是兼容的,所以它的文件类型也是 MP3。MP3PRO 播放器可以支持播放 MP3PRO 或者 MP3 编码的文件。普通的 MP3 播放器也可以支持播放 MP3PRO 编码的文件,但只能播放出 MP3 的音质。虽然 MP3PRO 是一种优秀的技术,但是由于技术专利费的问题以及其他技术提供商(如 Microsoft)的竞争,MP3PRO 并没有得到流行。

### 4. Real Media

Real Media 是随着因特网的发展而出现的,这种文件格式几乎成了网络流媒体的代名词,其特点是可以在非常低的带宽下提供足够好的音质让用户能在线聆听。也就是在出现了 Real Media 之后,相关的应用如网络广播、网上教学、在线点播等才逐渐出现,形成了一个新的行业。

网络流媒体的原理其实非常简单,简单地说就是将原来连续不断的音频,分割成一个个带有顺序标记的小数据包,将这些小数据包通过网络进行传递,在接收的时候再将这些数据包重新按顺序组织起来播放。如果网络质量太差,有些数据包收不到或者延缓到达,它就跳过这些数据包不播放,以保证用户在聆听的内容是基本连续的。

由于 Real Media 是从极差的网络环境下发展过来的,所以 Real Media 的音质较差,包括在高比特率的时候,甚至比 MP3 差。后来通过利用 SONY 的 ATRAC 技术(也就是 MD 的压缩技术)实现了高比特率的高保真压缩。由于 Real Media 的用途是在线聆听,并不能编辑,所以相应的处理软件并不多。

### 5. Windows Media

Windows Media 是微软公司推出的一种网络流媒体技术,本质上跟 Real Media 是相同的,但 Real Media 是有限开放的技术,而 Windows Media 则没有公开任何技术细节,还创造出一种名为多媒体流(Multi-Media Stream,MMS)的传输协议。

最初版本的 Windows Media 并没有得到什么好评,主要是因为音质较差,在更新了几个版本之后,Windows

Media 9 技术携带着大量的新特性并在 Windows Media Player 的配合下有了巨大的进步。特别是在音频方面,Microsoft 是唯一能提供全部种类音频压缩技术(无失真、有失真、语音)的解决方案。由于微软公司的影响力,支持 Windows Media 的软件非常多。虽然 Windows Media 也是用于聆听,不能编辑,但几乎所有的 Windows 平台的音频编辑工具都对它提供了读/写支持。通过 Microsoft 推出的 Windows Media File Editor 可以实现简单的直接剪辑。

**6. MIDI 格式**

MIDI 技术最初并不是为了计算机发明的,该技术最初应用在电子乐器上,用来记录乐手的弹奏,以便以后重播。不过随着在计算机中引入了支持 MIDI 合成的声卡,MIDI 正式成为一种音频格式。有很多人都误以为 MIDI 是用来记谱的,其实不然,MIDI 的内容除了乐谱之外还记录了每个音符的弹奏方法。MIDI 本身也有两个版本:General MIDI 和 General MIDI 2。在 MIDI 上还衍生了许多第三方的非标准技术,如非常著名的 X-MIDI。它是由日本 YAMAHA 公司发明的,在原有的 MIDI 具有 128 种乐器的基础上扩充到了 512 种,并增加了更多的演奏控制,配合 YAMAHA 自己的波表播放软件或支持 X-MIDI 的硬件可以还原出非常动听和接近真实乐器效果的音乐。另外就是为了弥补 MIDI 中通过声音合成得到的乐器声音始终比不上真实乐器声音这一缺点,General MIDI Association(MIDI 规范的国际组织)推出了 DLS(DownLoadable Sound)技术,该技术通过给 MIDI 文件附带上真实乐器的录音采样,而使 MIDI 文件能营造出接近真实乐器效果的声音。不过该技术的主要问题是带上乐器采样之后的 MIDI 文件过大,影响了该技术的普及。

**7. AAC 格式**

AAC 就是高级音频编码的缩写,目前有苹果的 iPod 以及 NOKIA 的手机音乐播放器支持这种格式。AAC 是由 Fraunhofer IIS-A、杜比和 AT&T 共同开发的一种音频格式,它是 MPEG-2 规范的一部分。AAC 所采用的运算法则与 MP3 的运算法则有所不同,AAC 通过结合其他的功能来提高编码效率。AAC 的音频算法在压缩能力上远远超过了以前的一些压缩算法(如 MP3 等)。它还同时支持多达 48 个音轨、15 个低频音轨、更多种采样率和比特率、多种语言的兼容能力、更高的解码效率。总之,AAC 可以在比 MP3 文件缩小 30% 的前提下提供更好的音质。

**8. AIFF 格式**

AIFF 格式是 Apple 计算机上的标准音频格式,属于 QuickTime 技术的一部分。该格式的特点为:格式本身与数据的意义无关,因此受到了微软公司的青睐,并以此开发了 WAV 格式。AIFF 虽然是一种很优秀的文件格式,但由于它是 Apple 计算机上的格式,因此在 PC 平台上并没有得到很大的流行。由于 Apple 计算机多用于多媒体制作出版行业,因此几乎所有的音频编辑软件和播放软件都或多或少地支持 AIFF 格式。

**9. AU 格式**

AU 是 UNIX 下的一种常用音频格式,起源于 Sun 公司的 Solaris 操作系统。这种格式本身也支持多种压缩方式,但文件结构的灵活性比不上 AIFF 和 WAV。这种音频文件格式由于所依附的平台不是面向普通用户的,所以普及性不高,但是这种格式已经出现了很多年,所以许多播放器和音频编辑软件都提供了读/写支持。目前可能唯一必须使用 AU 格式来保存音频文件的就是 Java 平台。

**10. VOC 格式**

创新公司的声音卡成为 PC 平台上的多媒体声音卡事实标准的时候,VOC 格式也成为了 DOS 系统下面的音频文件格式标准,因为该格式是创新公司发明的音频文件格式。由于该格式属于硬件公司的产品,因此不可避免地带有浓厚的硬件相关色彩。这一点随着 Windows 平台本身提供了标准的文件格式 WAV 之后就变成了明显的缺点。加上 Windows 平台不提供对 VOC 格式的直接支持,所以 VOC 格式很快便消失在人们的视线中。不过现在很多播放器和音频编辑器都还是支持该格式的。

**9.3.3 视频的基本概念**

视频信息实际上是由许多幅单个画面所构成的,电影、电视通过快速播放每帧画面,再加上人眼的视觉滞留效应便产生了连续运动的效果。如果再把音频信号加进去,就可以实现视频、音频信号的同时播放。

视频信号的数字化是指在一定时间内以一定的速度对单帧视频信号进行捕获、处理以生成数字信息的过程。与模拟视频相比，数字视频可以无失真地进行无限次复制，可以用许多新的方法对其进行创造性的编辑，并且可以用较少的时间和创作费用创作出用于培训教育的交互节目。但是数字视频存在数据量大的问题，为存储和传递数字视频带来了一些困难，所以在存储与传输的过程中必须进行编码压缩。

多媒体计算机中常用的压缩编码方法有两类：一类是无损压缩法，也称冗余压缩法、熵编码。无损压缩法不会产生失真，因此常用于文本、数据的压缩，它能保证完全地恢复原始数据，但是这种方法的压缩比较低。另一类是有损压缩法，也称熵压缩法。有损压缩法允许一定程度的失真，可用于对图像、声音、动态视频图像等数据的压缩。

衡量数据压缩技术有3项重要指标：一是压缩比要大，即压缩前后所需的信息存储量之比要大；二是实现压缩的算法要简单，压缩/解压缩速度要快，尽可能地做到实时压缩/解压缩；三是恢复效果要好，要尽可能地恢复原始数据。

各种编码算法可用软件来实现，也可以用硬件来实现，还可以用软、硬件相结合的方法来实现。在实际系统中，往往可根据具体要求灵活选择和控制图像压缩方法的有关参数，以求获得最佳的效果。

### 9.3.4 常见的视频文件格式

#### 1. AVI 格式

AVI(Audio Video Interleave)的专业名字叫做音/视频交错格式，是由微软公司于1992年开发的一种数字音频和视频文件格式。AVI格式一般用于保存电影、电视等各种影像信息，有时也应用于因特网中，主要用于播放新影片的精彩片段。

AVI格式允许视频和音频交错在一起同步播放，但由于AVI文件没有限定压缩标准，由此就造成了AVI文件格式不具有兼容性。不同压缩标准生成的AVI文件，必须使用相应的解压缩"算法"才能将其播放出来。

#### 2. MOV 格式

MOV格式是苹果公司创立的一种视频格式，用来保存音频和视频信息。MOV格式支持25位彩色，支持领先的集成压缩技术，提供150多种视频效果，并配有提供了200多种MIDI兼容音响和设备的声音装置。在很长的一段时期里，它都是只在苹果公司的MAC上存在，后来才发展到支持Windows平台的计算机上。MOV格式因具有跨平台、存储空间要求小等技术特点，得到业界的广泛认可，事实上它已成为目前数字媒体软件技术领域的工业标准。

#### 3. RM 格式

RM(Real Media)格式是由Real Networks公司开发的一种能够在低速率的网上实时传输音频和视频信息的流式文件格式，可以根据网络数据传输速率的不同制定不同的压缩比，从而实现在低速率的广域网上，进行影像数据实时传送和实时播放，是目前因特网上最流行的跨平台的客户/服务器结构流媒体应用格式。RM格式共有Real Audio、Real Video和Real Flash 3类文件。Real Audio用来传输接近CD音质的音频数据的文件。Real Video用来传输连续视频数据的文件。Real Flash则是Real Networks公司与Macromedia公司合作推出的一种高压缩比的动画格式。

Real Video文件除了可以以普通的视频文件形式播放外，还可以与Real Server服务器相配合，首先由Real Encoder负责将已有的视频文件实时转换成Real Media格式，Real Server负责广播Real Media视频文件。在数据传输过程中，可以一边下载一边用RealPlayer播放视频影像，而不必像大多数视频文件那样，必须先下载完后才能播放。

#### 4. ASF 格式

高级流格式(Advanced Streaming Format, ASF)是微软公司推出的，也是一个在因特网上实时传播多媒体的技术标准。微软公司为了与现在的Real Media竞争，开发了这种可以直接在网上观看视频节目的视频文件压缩格式。它的视频部分采用了MPEG-4压缩算法，音频部分采用了微软新发表的压缩格式WMA。ASF的主要优点包括：本地或网络回放、可扩充的媒体类型、部件下载以及扩展性等。

ASF 应用的主要部件是 NetShow 服务器和 NetShow 播放器,使用独立的编码器将媒体信息编译成 ASF 流,然后发送到 NetShow 服务器,再由 NetShow 服务器将 ASF 流发送给网络上的所有 NetShow 播放器。这和 Real 系统的实时转播的原理基本相同。

**5. DivX 格式**

DivX 是目前 MPEG 的最新的视频压缩、解压技术。DivX 是一种对 DVD 造成很大威胁的新生的视频压缩格式。这是因为,DivX 是为了打破 ASF 的种种协定而发展出来的,是由 Microsoft MPEG-4 V3 改进而来,同样使用了 MPEG-4 的压缩算法。播放这种编码,对计算机的要求不高。

**6. NAVI 格式**

NAVI 是 NewAVI 的缩写,是一个名为 ShadowRealm 的地下组织开发出来的一种新的视频格式。它是由 Microsoft ASF 压缩算法修改而来的,视频格式追求的是压缩率和图像质量,所以 NAVI 为了追求这个目标,改善了原始的 ASF 格式中的一些不足,以牺牲 ASF 的视频流特性作为代价,让 NAVI 可以拥有更高的帧率。简单地说,NAVI 就是一种去掉视频流特性的改良型 ASF 格式。

### 9.3.5  常见的多媒体播放器

多媒体播放器通常是指能播放以数字信号形式存储的视频或音频文件的软件,也指具有播放视频或音频文件功能的电子器件产品。除了少数波形文件外,大多数播放器携带解码器以还原经过压缩媒体文件,播放器还要内置一整套转换频率以及缓冲的算法。

衡量一款播放器软件的好坏可以从内核、交互界面和播放模式 3 方面入手。内核主要指解码、缓冲、频率转换等诸多涉及音质的算法;交互界面主要指用户与软件交互的外部接口;播放模式主要指播放器以何种方式播放哪些歌曲以满足用户对播放习惯和播放心理的要求。内核、交互界面、播放模式 3 方面在播放器设计中受重视的程度依次递减,通常每种播放器都会设计自己的个性化界面,但大多数播放器的播放模式都很类似。为了完善播放器的扩展功能,大多数播放器还支持第三方插件。

播放器类别繁多,常用的播放器大致有如下分类:

① 音频播放器:常见的有千千静听、Foobar2000、WinMP3Exp、Winamp、QQ 音乐播放器、酷狗音乐等。

② 视频播放器:Kmplayer、MPlayer、QQ 影音、射手影音、暴风影音、RealPlaye、迅雷看看、QuickTime、百度影音以及 Windows 自带的 Windows Media Player 等。

③ 侧重网络播放:PPS、PPTV、VLC、PPlive、沸点网络电视、QQlive、CBox 等。

作为一般用户,一般是安装一个通用型的播放器,这样基本就不会为音视频播放发愁了。

### 9.3.6  多媒体动画的基本概念

计算机动画是在传统动画的基础上,使用计算机图形、图像技术而迅速发展起来的一门高新技术。动画使得多媒体信息更加生动,富于表现。广义上看,数字图形、图像的运动显示效果都可以称为动画。在多媒体计算机上可以很容易地实现简单动画。

传统动画片的生产过程主要包括编剧、设计关键帧、绘制中间帧、拍摄合成等方面。关键帧就是定义动画的起始点和终结点的一幅图像,它是一个独立的状态,记录动画的变化。在起始和终结关键帧之内的帧被称为过渡帧。在传统动画片的生产中,通常由熟练的动画师设计动画片中的关键画面,即所谓的关键帧,而由一般的动画师设计中间帧。由此可以看出,动画片的制作过程相当复杂。因此,当计算机技术发展起来以后,人们开始尝试用计算机进行动画创作。

计算机动画是采用连续播放静止图像的方法产生景物运动的效果,即使用计算机产生图形、图像运动的技术。计算机动画的原理与传统动画基本相同,只是在传统动画的基础上把计算机技术用于动画的处理和应用,并可以达到传统动画所达不到的效果。例如,在三维计算机动画中,中间帧的生成可以由计算机来完成,用插值算法计算生成中间帧代替了设计中间帧的动画师,所有影响画面图像的参数都可成为关键帧的参数,如位置、旋转角、纹理的参数等。由于采用数字处理方式,动画的运动效果、画面色调、纹理、光影效果等可以不断改变,输出方式也多种多样。计算机动画制作是一种高技术、高智力和高艺术的创造性工作。

### 9.3.7 常见多媒体动画文件格式

**1. GIF 动画格式**

GIF 图像由于采用了无损数据压缩方法中压缩率较高的 LZW 算法，文件尺寸较小，因此被广泛采用。GIF 动画格式可以同时存储若干幅静止图像并进而形成连续的动画。目前 Internet 上大量采用的彩色动画文件多为这种格式的 GIF 文件，很多图像浏览器都可以直接观看此类动画文件。

**2. FLIC 格式**

FLIC（FLI/FLC）是 Autodesk 公司在其出品的 Autodesk Animator/Animator Pro/3D Studio 等 2D/3D 动画制作软件中采用的彩色动画文件格式，FLIC 是 FLC 和 FLI 的统称。其中，FLI 是最初的基于320×200像素的动画文件格式，而 FLC 则是 FLI 的扩展格式，采用了更高效的数据压缩技术，其分辨率也不再局限于 320×200 像素。FLIC 文件采用行程编码（RLE）算法和 Delta 算法进行无损数据压缩，首先压缩并保存整个动画序列中的第一幅图像，然后逐帧计算前后两幅相邻图像的差异及改变部分，并对这部分数据进行 RLE 压缩，由于动画序列中前后相邻图像的差别通常不大，因此可以得到相当高的数据压缩率。它被广泛用于动画图形中的动画序列、计算机辅助设计和计算机游戏应用程序。

**3. SWF 格式**

SWF 是 Micromedia 公司的产品 Flash 的矢量动画格式，它采用曲线方程描述其内容，不是由点阵组成内容，因此这种格式的动画在缩放时不会失真，非常适合描述由几何图形组成的动画，如教学演示等。由于这种格式的动画可以与 HTML 文件充分结合，并能添加 MP3 音乐，因此被广泛地应用于网页上，成为一种"准"流式媒体文件。

此外，AVI、MOV 等格式也可以作为动画文件的格式，这些格式在前面已经做了介绍。

### 9.3.8 常用动画制作软件

动画制作软件有很多种类，如平面动画制作软件 Flash，三维动画制作软件 3DS MAX、MAYA 等，此外还有动画处理类软件，如 Animator Studio（动画处理加工软件）、Premiere（电影影像与动画处理软件）、GIF Construction Set（网页动画处理软件）、After Effects（电影影像与动画后期合成软件）等。

**1. Flash**

Flash 是美国 Macromedia 公司设计的一种二维动画软件，后被 Adobe 公司合并，现称为 Adobe Flash，它是一种集动画创作与应用程序开发于一身的创作软件。Flash 广泛用于创建包含有丰富视频、声音、图形和动画的应用程序，在 Flash 中可以创建原始内容，也可以从其他 Adobe 的应用程序中（如 Photoshop 或 Illustrator）导入其他素材，从而快速设计和制作动画。设计人员和开发人员可使用 Flash 来创建演示文稿、应用程序和其他允许用户交互的内容。Flash 可以包含简单的动画、视频内容、复杂演示文稿和应用程序以及介于它们之间的任何内容，用户也可以通过添加图片、声音、视频和特殊效果，构建包含丰富媒体的 Flash 应用程序。

**2. 3D Studio Max**

3D Studio Max 简称为 3DS Max 或 MAX，是 Discreet 公司开发的（后被 Autodesk 公司合并）基于 PC 系统的三维动画渲染和制作软件。3DS Max 软件所制作的模型和场景都是三维立体的，它提供了大量的相关功能，如空间扭曲、粒子系统、反动力学等各种不同类型的制作方法，通过关键帧的控制，相关时间控制器的应用，以及丰富多彩的场景渲染效果，可以制作各种类型的复杂动画。3DS Max 功能非常强大，广泛应用于广告、影视、工业设计、建筑设计、三维动画、多媒体制作、游戏、辅助教学以及工程可视化等领域。

**3. Autodesk Maya**

Autodesk Maya 也称 Maya（玛雅），是 Autodesk 公司出品的世界顶级的三维动画软件，应用对象是专业的影视广告，角色动画，电影特技等。Maya 功能完善，工作灵活，制作效率高，渲染真实感极强，是电影级别的高端制作软件。其售价高昂，声名显赫，是制作者梦寐以求的制作工具。Maya 可以提高制作效率和品质，调节出仿真的角色动画，渲染出电影般的真实效果。它不仅包括一般三维和视觉效果制作的功能，而且还与最先进的建模、数字化布料模拟、毛发渲染、运动匹配技术相结合，是进行数字和三维制作的首选解决方案。

# 9.4 多媒体数据压缩

## 9.4.1 多媒体数据压缩的概念

### 1. 数据压缩的必要性

多媒体信息经过数字化处理后其数据量是非常大的。例如,在通常情况下,一幅 A4 幅面的 RGB 彩色图像的数据量约为 25 MB;如果以 CD 光盘音质记录一首 5 min 的歌曲,其数据量约为 50 MB;又如 PAL 制式电视信号,分辨率为 $768 \times 576$ 像素,每秒 25 帧的真彩色图像,每秒需要产生约 30 MB 的数据量,对于 650 MB 容量的光盘来说,只能存储大约 20 s 的数据。如此庞大的数据量,如果不进行数据压缩处理,则会给多媒体信息的传输、存储以及处理造成巨大的困难,计算机系统也无法对它进行存储和交换。同时在多媒体数据中,存在着空间冗余、时间冗余、结构冗余、知识冗余、视觉冗余、图像区域的相同性冗余、纹理的统计冗余等,数据压缩就可以去掉信号数据的冗余性。因此,在多媒体系统中必须采用数据压缩技术,这是多媒体技术中一项十分关键的技术。

### 2. 无损压缩和有损压缩

数据压缩是按照某种方法从给定的信源中推出已简化的数据表述,是以一定的质量损失为前提的。这里所说的质量损失一般都是在人眼允许的误差范围之内,压缩前后的图像如果不做非常细致的对比很难觉察出两者的差别。处理一般是由两个过程组成:一是编码过程,即将原始数据经过编码进行压缩,以便存储与传输;二是解码过程,此过程对编码数据进行解码,还原为可以使用的数据。

一般根据解码后数据是否能够完全无丢失地恢复原始数据,将压缩方法分为无损压缩和有损压缩两大类。

(1)无损压缩

无损压缩也称为冗余压缩、可逆压缩、无失真编码等。无损压缩方法利用数据的编码冗余进行压缩,它去掉了数据中的冗余,但这些冗余值是可以重新插入到数据中的。因此无损压缩是可逆的,它能保证在数据压缩中不引入任何误差,在还原过程中可以百分之百地完全恢复原始数据,多媒体信息没有任何损耗或失真。

由于无损压缩不会产生失真,在多媒体技术中一般用于文本、数据压缩。典型算法有哈夫曼编码、香农—费诺编码、算术编码、LZW 编码等。无损压缩的压缩比较低,一般在 2:1 ~ 5:1 之间。

(2)有损压缩

有损压缩也称熵压缩法、不可逆压缩。有损压缩方法利用了人类视觉对图像中的某些频率十分不敏感的特性,采用一些高效的有限失真数据压缩算法,允许压缩过程中损失一定的信息,大幅度减少多媒体中的冗余信息,虽然不能完全恢复原始数据,但是所损失的部分对理解原始图像的影响较小,却换来了大得多的压缩比,例如变换编码、预测编码等。

有损压缩方法可用于对图像、声音、动态视频等数据压缩,如采用混合编码的 JPEG 标准,它对自然景物的灰度图像,一般可压缩几倍到几十倍,而对于彩色图像,压缩比将达到几十倍到上百倍。采用 ADPCM 编码的声音数据,压缩比通常也能达到 4:1 ~ 8:1,压缩比最高的是动态视频数据,采用混合编码的 DVI 多媒体系统,压缩比通常可达 100:1 ~ 200:1。在通常情况下,数据压缩比越高,信息的损耗或失真也越大,这就需要根据应用找出一个较佳平衡点。

## 9.4.2 多媒体数据压缩和编码技术标准

目前,被国际社会广泛认可和应用的通用压缩编码标准大致有如下 4 种:H.261、JPEG、MPEG 和 DVI。

### 1. JPEG

联合照片专家组(Joint Photograph Coding Expres Group,JPEG),是一种基于 DCT 的静止图像压缩和解压缩算法,它由 ISO(国际标准化组织)和 CCITT(国际电报电话咨询委员会)共同制订,并在 1992 年后被广泛采纳后成为国际标准。它是把冗长的图像信号和其他类型的静止图像去掉,甚至可以减小到原图像的百分之一（压缩比 100∶1）。JPEG 压缩是有损压缩，它利用了人的视觉系统的特性，去掉了视觉冗余信息和数据本身的冗余信息。在压缩比为 25∶1 的情况下，压缩后的图像与原始图像相比较，从视觉上看不出太大的变化，但是随着压缩比逐渐增大，一般来说图像质量开始变坏。

### 2. H.261

H.261 由 CCITT（国际电报电话咨询委员会）通过的用于音频视频服务的视频编码解码器标准（也称 Px64 标准）。它主要使用两种类型的压缩：帧中的有损压缩（基于 DCT）和帧间的无损压缩编码，并在此基础上使编码器采用带有运动估计的 DCT 和 DPCM（差分脉冲编码调制）的混合方式。这种标准与 JPEG 及 MPEG 标准间有明显的相似性，但关键区别是它是为动态使用设计的，并提供完全包含的组织和高水平的交互控制。

### 3. MPEG

MPEG 是 Moving Pictures Experts Group（动态图像专家组）的英文缩写，是由 ISO（国际标准化组织）和 IEC（国际电工委员会）制定发布的关于视频、音频、数据的压缩标准，现已被几乎所有的 PC 平台共同支持。MPEG 采用有损压缩算法，它在保证影像质量的基础上减少运动图像中的冗余信息，从而达到高压缩比的目的。它提供的压缩比可以高达 200∶1，同时图像和音响的质量也非常高。现在通常有 3 个版本：MPEG-1、MPEG-2、MPEG-4 以适用于不同带宽和数字影像质量的要求。它的 3 个最显著优点就是兼容性好、压缩比高、数据失真小。

MPEG-1 制定于 1992 年，为工业级标准而设计，可适用于不同带宽的设备，如 CD-ROM、Video-CD、CD-i。它可针对 SIF 标准分辨率的图像进行压缩，传输速率为 1.5 Mbit/s，每秒播放 30 帧，具有 CD 音质。MPEG 的编码速率最高可达 4～5 Mbit/s，但随着速率的提高，解码后的图像质量有所降低。MPEG-1 也被用于数字电话网络上的视频传输，如非对称数字用户线路（ADSL）、视频点播（VOD），以及教育网络等。同时，MPEG-1 也可被用做记录媒体或是在因特网上传输音频。

MPEG-2 标准制定于 1994 年，是针对 3～10Mbit/s 的数据传输率制定的运动图像及其伴音编码的国际标准。MPEG-2 所能提供的传输率在 3～10 Mbit/s 间，其在 NTSC 制式下的分辨率可达 720×486，MPEG-2 也可提供广播级的视频和 CD 级的音质。MPEG-2 的音频编码可提供左、右、中及两个环绕声道，以及一个加重低音声道和多达 7 个伴音声道。由于 MPEG-2 在设计时的巧妙处理，使得大多数 MPEG-2 解码器也可播放 MPEG-1 格式的数据。MPEG-2 的另一特点是，可提供一个较广的范围改变压缩比，以适应不同的画面质量、存储容量以及带宽的要求。由于 MPEG-2 的出色性能表现，已能适用于 HDTV（高清晰度电视），使得准备为 HDTV 设计的 MPEG-3，还没出世就被抛弃了。除了作为 DVD 的指定标准外，MPEG-2 还广泛用于数字电视及数字声音广播、数字图像与声音信号的传输、多媒体等领域。

MPEG-4 于 1998 年 11 月公布，它不仅是针对一定比特率下的视频、音频编码，更加注重多媒体系统的交互性和灵活性。MPEG-4 标准主要应用于视像电话（Video Phone），视像电子邮件（Video Email）和电子新闻（Electronic News）等，其传输速率要求较低，在 4 800～64 000 bit/s 之间，分辨率为 176×144 像素。MPEG-4 利用很窄的带宽，通过帧重建技术，压缩和传输数据，以求以最少的数据获得最佳的图像质量。与 MPEG-1 和 MPEG-2 相比，MPEG-4 的特点是其更适合交互 AV 服务以及远程监控，它的另一个特点是其综合性。从根源上说，MPEG-4 试图将自然物体与人造物体相溶合（视觉效果意义上的）。MPEG-4 的设计目标还有更广的适应性和更灵活的可扩展性。

### 4. DVI

DVI 视频图像的压缩算法的性能与 MPEG-1 相当，即图像质量可达到 VHS 的水平，压缩后的图像数据率约为 1.5 Mbit/s。为了扩大 DVI 技术的应用，Intel 公司最近又推出了 DVI 算法的软件解码算法，称为 Indeo 技术，它能将为压缩的数字视频文件压缩为 1/5 到 1/10。

## 9.4.3 常用多媒体数据压缩软件

### 1. LAME

MP3 最受争议的就是音质问题，其高频损失很大，很多 MP3 编码器粗糙的编码算法不但导致高频丢失，还丢失了许多细节,类似吉他擦弦的感觉在 MP3 中是找不到的。LAME 是一个非常著名的 HiFi 级 MP3 制作工具,也是目前公认的最先进的 MP3 压缩分析引擎,它通过强大专业的音频分析算法对源文件进行透彻的分析并制定出最佳的压缩方式,最大限度地保证了压缩后的音质。

### 2. ProCoder

ProCoder 是 Canopus 公司开发的数字多媒体格式转换工具。ProCoder 集成了 Canopus 公司的 DV 编解码器、MPEG-1 和 MPEG-2 的编码技术,以及 Ligos 公司的 MPEG-1 和 MPEG-2 的解码技术,还应用了微软公司的 Windows Media 技术和 RealNetwork 公司的 RealSystem 技术。由于将 4 家公司的编解码技术集于一身,因此可以在主流的媒体格式之间转换。不论是为制作 DVD 进行 MPEG 编码,还是为流媒体应用进行 Windows Media 编码,ProCoder 都能快速而简单地从一种视频格式转换为另一种视频格式。

ProCoder 不仅支持媒体格式之间转换,使用者可以简单地进行媒体制作,还提供很多视频和音频的"滤波器"算法功能,给专业的多媒体制作、编辑者用来提高编码效率或者对媒体内容进行优化和计算机特技化处理。另外,ProCoder 还可以无缝地剪接多个不同格式或者相同的多媒体片,实现 NTSC/PAL 的转换等功能。

### 3. Image Optimizer

Image Optimizer 是一款非常优秀的图像优化软件(简称 IO)。它采用了独创的 MagiCompression 技术,可以在保证图片画面质量的前提下,最大程度地减小图片文件的体积,可以同时提供对 JPEG、GIF 和 PNG 等多文件的压缩和优化操作,同时其附带的一些图片优化工具,还可以提供一个不错的图片优化解决方案。

## 9.5　网络流媒体技术

### 9.5.1　流媒体及流媒体的基本原理

流媒体(streaming media)是指在网络上使用流式传输技术传输多媒体数据,如视频、音频和其他多媒体文件等。流式媒体文件通过实时传输协议以连续流方式从源端向目的地传输,目的地只需接收到一定数据缓存后即可播放。

流媒体实现原理简单地说就是首先通过采用高效的压缩算法,在降低文件大小的同时伴随质量的损失,让原有的庞大的多媒体数据适合流式传输。然后通过架设流媒体服务器,修改 MIME 标识,通过各种实时协议传输流数据。其原理包括如下 3 个方面:

① 是预处理。多媒体数据必须进行预处理才能适合流式传输,这是因为目前的网络带宽相对多媒体巨大的数据流量来说还显得远远不够。预处理主要包括两方面:一是采用先进高效的压缩算法;二是加入一些附加信息把压缩媒体转为适合流式传输的文件格式。

② 支持流媒体传输的网络协议。

③ 识别流媒体类型的途径——MIME。Web 服务器和 Web 浏览器是通过 MIME 识别流媒体并对其进行相应处理的。MIME 是 Multipurpose Internet Mail Extensions(通用因特网邮件扩展)的缩写,它不仅用于电子邮件,还能用来标记在 Internet 上传输的任何文件类型。Web 服务器和 Web 浏览器都基于HTTP,而 HTTP 都内建有 MIME,HTTP 正是通过 MIME 标记 Web 上繁多的多媒体文件格式。

流媒体基本原理如图 9.1 所示。

图 9.1　流媒体基本原理

### 9.5.2　流媒体传输协议及标准

流媒体协议是流媒体技术的一个重要组成部分,也是基础组成部分,它由因特网工程任务组设计。下面就是几种支持流媒体的传输协议。

**1. 资源预留协议**(RSVP)

资源预留协议促使流数据的接收者主动请求数据流路径上的路由器,并为该数据流保留一定的资源(即带宽),从而保证一定的服务质量。RSVP 是一个在 IP 上承载的信令协议,它允许路由器网络任何一端上终端系统或主机在彼此之间建立保留带宽路径,为网络上的数据传输预定和保证服务质量。

**2. 实时传输协议**(RTP)

实时传输协议用于 Internet 上针对多媒体数据流的传输。RTP 为数据提供了具有实时特征的端对端传送服务。例如,在组播或单播网络服务下的交互式视频音频或模拟数据。应用程序通常在 UDP 上运行 RTP 以便使用其多路结点和校验服务。RTP 可以与其他适合的底层网络或传输协议一起使用。如果底层网络提供组播方式,那么 RTP 可以使用该组播表传输数据到多个目的地。

**3. 实时传输控制协议**(RTCP)

实时传输控制协议实现通过客户端对服务器上的音、视频流做播放、录制等操作请求。该协议通过 RTSP 协议实现了在客户端应用程序中对流式多媒体内容的播放、暂停、快进、录制和定位等操作。RTP 和 RTCP 一起提供流量控制和拥塞控制服务。

**4. 实时流协议**(RTSP)

实时流协议是建立并控制一个或几个时间同步的连续流媒体,如音频和视频。尽管连续媒体流与控制流交叉是可能的,但 RTSP 本身并不发送连续流。换言之,RTSP 充当多媒体服务器的网络远程控制。RTSP 提供了一个可扩展框架,实现实时数据(如音频与视频)的受控、按需传送。数据源包括实况数据与存储的剪辑。RTSP 用于控制多个数据发送会话,提供了选择发送通道(如 UDP、组播 UDP 与 TCP 等)的方式,并提供了选择基于 RTP 的发送机制的方法。

### 9.5.3 流媒体服务器

流媒体服务器是一台高性能的计算机,通过高速的 I/O 接口和磁盘阵列相连。阵列上存储有各种码率和时间长度的影片,并能提供一定的输出带宽。流媒体服务器主要由 3 个模块组成:I/O 管理模块、缓存管理模块以及流化模块。I/O 管理模块负责从磁盘读取文件并送往缓存管理模块,缓存管理模块负责管理系统中的内存,流化模块负责从缓存管理模块中读取数据,并流化给客户端。当一个客户请求到达时,流媒体服务器会从缓存或者硬盘中读取数据,为其进行流化服务。

# 第10章　信息安全与计算机病毒的防范

随着计算机和网络技术的迅猛发展和广泛普及,社会的信息化程度越来越高,信息资源也得到最大程度的共享。但紧随信息化发展而来的网络信息安全问题也暴露出来,如果不很好地解决这个问题,必将阻碍信息化发展的进程。本章将对信息安全的相关知识及计算机病毒的防范进行介绍,读者可了解信息安全的基本概念和知识,了解计算机病毒的基本知识及计算机病毒防护的常用手段;学习常见杀毒软件的使用,学习信息安全的主要技术,以及在当今信息化社会中使用计算机网络的道德规范。

 **学习目标**

- 了解信息安全基本概念、信息安全等级及评估标准及信息安全策略的有关知识。
- 了解计算机病毒的基本知识、病毒的种类、主要症状及常见计算机病毒的解决方案。
- 了解常用计算机杀毒软件及杀毒软件的使用,了解保护计算机安全的常用措施。
- 了解黑客常用的漏洞攻击手段及网络安全措施,学习网络安全防范的措施。
- 了解常用的信息安全产品及主要的信息安全技术,了解数据加密技术、SSL 的知识,了解信息安全服务的主要内容。
- 了解信息安全法规,学习并掌握使用计算机网络的道德规范。

## 10.1　信息安全概述

信息安全本身包括的范围很大,大到国家军事政治等机密安全,小到防范商业企业机密的泄露、个人信息的泄露等。网络环境下的信息安全体系是保证信息安全的关键,包括计算机安全操作系统、各种安全协议、安全机制(数字签名、信息认证、数据加密等),直至安全系统,其中任何一个安全漏洞便可以威胁全局安全。信息安全服务至少应该包括支持信息网络安全服务的基本理论,以及基于新一代信息网络体系结构的网络安全服务体系结构。

### 10.1.1　信息安全基本概念

信息安全是一门涉及计算机科学、网络技术、通信技术、密码技术、信息安全技术、应用数学、数论、信息论等多种学科的综合性学科。

从广义来说,凡是涉及网络上信息的保密性、完整性、可用性、真实性和可控性的相关技术和理论都是信息安全的研究领域。

**1. 信息安全涉及的问题**

信息安全通常会涉及如下问题:网络攻击与攻击检测、防范问题;安全漏洞与安全对策问题;信息保密问题;系统内部安全防范问题;防病毒问题;数据备份与恢复问题、灾难恢复问题。

**2. 威胁信息安全的来源**

有很多原因可能导致信息安全受到威胁,如自然灾害、意外事故;计算机犯罪;人为错误,如使用不当,安全意识差等;"黑客"行为;内部泄密;外部泄密;信息丢失;电子谍报,如信息流量分析、信息窃取等;信息战;网络协议自身缺陷,如 TCP/IP 的安全问题,等等。但是,在研究信息安全问题时,可能更关注由于恶意的犯罪导致的对信息安全的威胁,包括:

① 窃取:非法用户通过数据窃听的手段获得敏感信息。

② 截取:非法用户首先获得信息,再将此信息发送给真实接收者。

③ 伪造:将伪造的信息发送给接收者。

④ 篡改:非法用户对合法用户之间的通信信息进行修改,再发送给接收者。

⑤ 拒绝服务攻击:攻击服务系统,造成系统瘫痪,阻止合法用户获得服务。

⑥ 行为否认:合法用户否认已经发生的行为。

⑦ 非授权访问:未经系统授权而使用网络或计算机资源。

⑧ 传播病毒:通过网络传播计算机病毒,其破坏性非常高,而且用户很难防范。

**3. 信息安全要实现的目标**

信息安全要实现的目标如下:

① 真实性:对信息的来源进行判断,能对伪造来源的信息予以鉴别。

② 保密性:保证机密信息不被窃听,或窃听者不能了解信息的真实含义。

③ 完整性:保证数据的一致性,防止数据被非法用户篡改。

④ 可用性:保证合法用户对信息和资源的使用不会被不正当地拒绝。

⑤ 不可抵赖性:建立有效的责任机制,防止用户否认其行为,这一点在电子商务中是极其重要的。

⑥ 可控制性:对信息的传播及内容具有控制能力。

⑦ 可审查性:对出现的网络安全问题提供调查的依据和手段。

### 10.1.2 信息安全等级及评估标准

美国国防部早在 20 世纪 80 年代就针对国防部门的计算机安全保密开展了一系列有影响的工作,后来成立了所属的机构——国家计算机中心(NCSC)继续进行有关工作。1983 年,他们公布了可信计算机系统评估准则(TCSEC),在该准则中使用了可信计算基础(TCB)这一概念。在 TCSEC 的评价准则中,根据所采用的安全策略、系统所具备的安全功能将系统分为 4 类 7 个安全级别,将计算机系统的可信程度划分为 D、C1、C2、B1、B2、B3 和 A1 共 7 个层次。

TCSEC 带动了国际计算机安全的评估研究,20 世纪 90 年代,西欧四国(英、法、荷、德)联合提出了信息技术安全评估标准(TISEC),TISEC 除了吸收 TCSEC 的成功经验外,首次提出了信息安全的保密性、完整性、可用性的概念,把可信计算机的概念提高到可信信息技术的高度上来。他们的工作成为欧共体信息安全计划的基础,并对国际信息安全的研究、实施带来深刻影响。

美国为了保持他们在制定准则方面的优势,他们采取联合其他国家共同提出新评估准则的办法体现他们的领导作用。1991 年宣布了制定通用安全评估准则(CC)的计划,1996 年 1 月出版了 1.0 版。CC 标准吸收了各先进国家对现代信息系统信息安全的经验与知识,对信息安全的研究与应用带来重大影响。

我国从 1989 年开始由公安部负责设计起草相关的法律和标准,在起草过程中经过长期对国内外广泛的调查和研究,确立了从法律、管理和技术三个方面着手,采取的措施要从国家制度的角度来看问题,对信息安全要实行等级保护制度等基本的思想原则。

1999 年 9 月 13 日,由公安部组织制定的《计算机信息系统安全保护等级划分准则》(下称《准则》)国家标准,通过了国家质量技术监督局的审查并正式批准发布,已于 2001 年 1 月 1 日执行。该准则的发布为计算机信息系统安全法规和配套标准的制定和执法部门的监督检查提供了依据,为安全产品的研制提供了技术支持,为安全系统的建设和管理提供了技术指导,是我国计算机信息系统安全保护等级工作的基础。

《准则》对计算机信息系统安全保护能力划分了 5 个等级,计算机信息系统安全保护能力随着安全保护等级的增高,能力逐渐增强。高级别的安全要求是低级别要求的超集。这 5 个级别是:

第一级:用户自主保护级。由用户来决定如何对资源进行保护,以及采用何种方式进行保护。

第二级：系统审计保护级。本级的安全保护机制支持用户具有更强的自主保护能力，特别是具有访问审计能力。即它能创建、维护受保护对象的访问审计跟踪记录，记录与系统安全相关事件发生的日期、时间、用户和事件类型等信息，所有和安全相关的操作都能够被记录下来，以便当系统发生安全问题时，可以根据审计记录，分析追查世故责任人。

第三级：安全标记保护级。具有第二级的所有功能，并对访问者及其访问对象实施强制访问控制。通过对访问者和访问对象指定不同的安全标记，限制访问者的权限。

第四级：结构化保护级。将前三级的安全保护能力扩展到所有访问者和访问对象，支持形式化的安全保护策略。其本身的构造也是结构化的，以使之具有相当强的抗渗透能力。本级的安全保护机制能够使信息系统实施一种系统化的安全保护。

第五级：访问验证保护级。具备第四级的所有功能，还具有仲裁访问者能否访问某些对象的能力。为此，本级的安全机制不能被攻击、被篡改，具有极强的抗渗透能力。

计算机信息系统安全等级保护标准体系包括：信息系统安全保护等级划分标准、等级设备标准、等级建设标准、等级管理标准等，是实行等级保护制度的重要基础。

### 10.1.3　信息安全策略

信息安全策略是一组规则，它们定义了一个组织要实现的安全目标和实现这些安全目标的途径。简单来说，信息安全策略是指为保证提供一定级别的安全保护所必须遵守的规则。实现信息安全，需要依靠先进的技术，同时还要有严格的安全管理，以及法律的约束和安全教育。

**1. 先进的信息安全技术是网络安全的根本保证**

用户对自身面临的威胁进行风险评估，决定其所需要的安全服务种类，选择相应的安全机制，制定信息安全解决方案，然后集成先进的安全技术，形成一个全方位的安全系统。

**2. 严格的安全管理**

各计算机网络使用机构，企业和单位应建立相应的网络安全管理办法，加强内部管理，建立合适的网络安全管理系统，加强用户管理和授权管理，建立安全审计和跟踪体系，提高整体网络安全意识。

**3. 制定严格的法律、法规**

计算机网络是一种新生事物。它的许多行为无法可依，无章可循，导致网络上计算机犯罪处于无序状态。面对日趋严重的网络上犯罪，必须建立与网络安全相关的法律、法规，使非法分子慑于法律，不敢轻举妄动。

# 10.2　计算机病毒概述

计算机病毒（computer virus）在《中华人民共和国计算机信息系统安全保护条例》中被明确定义，病毒是指编制或者在计算机程序中插入的破坏计算机功能或破坏数据，影响计算机使用并且能够自我复制的一组计算机指令或者程序代码。

计算机病毒和生物医学上的"病毒"一样，具有一定的传染性、破坏性、再生性。在满足一定条件时，它开始干扰计算机的正常工作，搞乱或破坏已有储存信息，甚至引起整个计算机系统不能正常工作。通常计算机病毒都具有很强的隐蔽性，有时某种新的计算机病毒出现后，现有的杀毒软件很难发现病毒，只有等待病毒库的升级和更新后，才能将其杀除。

### 10.2.1　计算机病毒的种类

目前，计算机病毒的种类繁多，分类的方法也不尽相同，下面介绍常用的几种分类方法。

① 按照病毒的破坏性分类，病毒可分为：良性病毒和恶性病毒。

良性病毒是指不包含立即对计算机系统产生直接破坏作用的代码。这类病毒为了表现其存在，只是不停地进行扩散，从一台计算机传染到另一台，并不破坏计算机内的数据。但良性病毒取得系统控制权后，会导致整个系统和应用程序争抢 CPU 的控制权，导致整个系统死锁，给正常操作带来麻烦。有时系统内还会出现几种病毒交叉感染的现象，一个文件不停地反复被几种病毒所感染。因此不能轻视良性病毒对计算机系统造成的损害。

恶性病毒是指包含损伤和破坏计算机系统操作的代码，在其传染或发作时会对系统产生直接的破坏作用。如米开朗基罗病毒，当米氏病毒发作时，硬盘的前 17 个扇区将被彻底破坏，使整个硬盘上的数据无法被恢复，造成的损失是无法挽回的。有的病毒还会对硬盘进行格式化等破坏。有些病毒是故意损坏用户的文件或分区甚至是系统和主机，如 CIH 病毒在发作时，故意向 BIOS 内写入数据，造成计算机的瘫痪。因此这类恶性病毒是很危险的，应当注意防范。

② 按照病毒存在的媒体进行分类，病毒可分为：网络病毒、文件病毒、引导型病毒和混合型病毒。

网络病毒通过计算机网络传播感染网络中的可执行文件。

文件病毒感染计算机中的文件（如 COM、EXE、DOC 等）。

引导型病毒感染启动扇区（boot）和硬盘的系统引导扇区（MBR）。

混合型病毒，如多型病毒（文件和引导型），通常具有复杂的算法，使用非常规的办法侵入系统。

③ 按照病毒传染的方法进行分类，病毒可分为驻留型病毒和非驻留型病毒。

驻留型病毒是指病毒会驻留在内存，在计算机开机的同时病毒也同时运行，驻留在内存中的病毒程序挂接系统调用并合并到操作系统中去，一直处于激活状态，直到关机或重新启动。

非驻留型病毒是指病毒在得到机会激活时并不感染计算机内存或是一些病毒在内存中留有一小部分，但并不通过这一部分进行传播。

④ 按照计算机病毒特有的算法，病毒可分为：伴随型病毒、"蠕虫"型病毒、寄生型病毒、诡秘型病毒、变型病毒（又称幽灵病毒）。

伴随型病毒根据算法产生 EXE 文件的伴随体，具有同样的名称和不同的扩展名（COM），如 XCOPY.exe 的伴随体是 XCOPY.com。病毒把自身写入 COM 文件但并不改变 EXE 文件，当 DOS 加载文件时，伴随体优先被执行，再由伴随体加载执行原来的 EXE 文件。

"蠕虫"型病毒通过计算机网络传播，利用网络从一台计算机的内存传播到其他计算机的内存。有时它们在系统中存在，一般除了占用内存不占用其他资源，也不改变文件和资料的信息。

寄生型病毒依附在系统的引导扇区或文件中，通过系统的功能进行传播。

诡秘型病毒一般不直接修改 DOS 中断和扇区数据，而是通过设备技术和文件缓冲区等 DOS 内部修改，利用 DOS 空闲的数据区进行工作。

变型病毒（又称幽灵病毒）使用一个复杂的算法，使其每传播一次都会产生不同的内容和长度。它一般是由一段混有无关指令的解码算法和被变化过的病毒体组成。

### 10.2.2　常见危害最大的计算机病毒

网络的飞速发展一方面极大地丰富了普通网络用户的需求，另一方面也为计算机病毒制造者、传播者提供了更为先进的传播手段与渠道，使用户防不胜防。目前常见的危害最大的病毒有：系统病毒、蠕虫病毒、木马/黑客病毒、宏病毒、破坏性程序病毒等。

**1. 系统病毒**

这种病毒一般共有的特性是感染 Windows 操作系统的 *.exe 和 *.dll 文件，并通过这些文件进行传播。如 CIH 病毒（也称切尔诺贝利病毒），该病毒发作时，破坏计算机系统 Flash Memory 芯片中的 BIOS 系统程序，导致系统主板损坏，同时破坏硬盘中的数据。CIH 病毒是首例直接攻击、破坏硬件系统的计算机病毒，是迄今为止破坏力最强的病毒之一。

**2. 蠕虫病毒**

这种病毒的共有特性是通过网络或者系统漏洞进行传播，大部分蠕虫病毒都有向外发送带毒的邮件、阻塞网络的特性。如冲击波病毒（阻塞网络），它运行时，会不停地利用 IP 扫描技术寻找网络上系统为 Windows 2000 或 Windows XP 的计算机，找到后就利用 DCOM RPC 缓冲区漏洞攻击该系统，一旦攻击成功，病毒体将会被传送到对方的计算机中进行感染，使系统操作异常，不停重启甚至导致系统崩溃。另外，该病毒还会对微软的一个升级网站进行拒绝服务攻击，导致该网站堵塞，使用户无法通过该网站升级系统。

蠕虫病毒的前缀是 Worm。

**3. 木马/黑客病毒**

随着病毒编写技术的发展,木马程序对用户的威胁越来越大,尤其是一些木马程序采用了极其狡猾的手段来隐蔽自己,使普通用户很难在中毒后发觉。木马病毒的共有特性是通过网络或者系统漏洞进入用户的系统并隐藏,然后向外界泄露用户的信息,而黑客病毒则有一个可视的界面,能对用户的计算机进行远程控制。木马、黑客病毒一般成对出现,木马病毒负责侵入用户的计算机,而黑客病毒通过木马病毒来进行控制。现在这两种类型都越来越趋向于整合了,如 QQ 消息尾巴木马 Trojan. QQ3344,还有针对网络游戏的木马病毒 Trojan. LMir. PSW. 60。木马病毒的前缀是 Trojan,黑客病毒的前缀一般为 Hack。

**4. 宏病毒**

宏病毒的共有特性是能感染 Office 系列文档,然后通过 Office 通用模板进行传播,如著名的美丽莎(Macro. Melissa)。该类病毒具有传播极快、制作和变种方便、破坏性极大以及兼容性不高等特点,目前的杀毒软件都能防治和清除宏病毒。

**5. 破坏性程序病毒**

这类病毒的共有特性是具有好看的图标来诱惑用户点击,当用户点击这类病毒时,病毒便会直接对用户计算机产生破坏,如格式化 C 盘(Harm. formatC. f)、杀手命令(Harm. Command. Killer)等。破坏性程序病毒的前缀是 Harm。

## 10.2.3　计算机病毒的主要症状

从目前发现的病毒来看,计算机中病毒后,主要有以下症状:

① 计算机运行速度下降。

② 由于病毒程序把自己或操作系统的一部分用坏簇隐藏起来,磁盘坏簇会莫名其妙地增多。

③ 由于病毒程序附加在可执行程序头尾或插在中间,使可执行程序容量增大。

④ 由于病毒程序把自己的某个特殊标志作为标签,使接触到的磁盘出现特别标签。

⑤ 由于病毒本身或其复制品不断侵占系统空间,使可用系统空间变小。

⑥ 由于病毒程序的异常活动,造成异常的磁盘访问。

⑦ 由于病毒程序附加或占用引导部分,使系统引导变慢。

⑧ 丢失数据或程序。

⑨ 中断向量发生变化。

⑩ 死机现象增多。

⑪ 打印出现问题。

⑫ 生成不可见的表格文件或特定文件。

⑬ 系统出现异常动作,如突然死机,又在无任何外界介入下,自行启动。

⑭ 出现一些无意义的画面或问候语等。

⑮ 程序运行出现异常现象或不合理的结果。

⑯ 磁盘的卷标名发生变化。

⑰ 系统不认识磁盘或硬盘不能引导系统等。

⑱ 异常要求用户输入口令。

## 10.2.4　常见计算机病毒的解决方案

网络中计算机病毒越来越猖獗,如狙击波、维多、魔鬼波、熊猫烧香、灰鸽子、天堂木马和黑客炸弹等,数不胜数,一不小心就有可能中招。系统感染了病毒应及时处理,下面介绍几种常用的解决方法。

**1. 给系统打补丁**

很多计算机病毒都是利用操作系统的漏洞进行感染和传播的。用户可以在系统的正常状况下,登录微软的 Windows 网站进行有选择的更新。Windows 操作系统在连接网络的状态下,可以实现自动更新。设置 Windows 7 操作系统的自动更新,可以通过选择"开始"菜单中的"控制面板"命令,选择 Windows Update 选项,再单击"更改设置"链接,打开"更改设置"对话框进行设置,如图 10.1 所示。

**2. 更新或升级杀毒软件及防火墙**

正版的杀毒软件及防火墙都提供了在线升级的功能,将病毒库(包括程序)升级到最新,然后进行病毒搜查。

**3. 访问杀毒软件网站**

在各杀毒软件网站中,都提供了许多病毒专杀工具,用户可免费下载。除此之外,还提供了完整的查杀病毒解决方案,用户可以参考这些方案进行查杀操作。

除了以上介绍的常用病毒解决方案外,建议用户不要访问来历不明的网站;不要随便安装来历不明的软件;在接收邮件时,不要随便打开或运行陌生人发送的邮件附件。

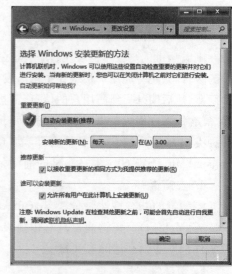

图 10.1  "更改设置"对话框

# 10.3  计算机的防毒杀毒

病毒种类繁多,并且在不断地改进自身的源代码,随之出现更多新的病毒或以前病毒的变种。因此,各种各样的杀毒软件应运而生。

## 10.3.1  常用计算机杀毒软件

目前有很多的病毒查杀与防治的专业软件,如瑞星、金山毒霸、江民、赛门铁克、卡巴斯基、迈克菲等。下面简单介绍这几款杀毒软件。

**1. 瑞星**

瑞星杀毒软件(rising antivirus,RAV)采用获欧盟及中国专利的六项核心技术,形成全新软件内核代码,具有八大绝技和多种应用特性,能有效保护计算机的安全,是目前国内外同类产品中最具实用价值和安全保障的一款软件。其同时获得欧盟和中国专利的"病毒行为分析判断技术",更是具有划时代的意义——依靠这项专利技术,瑞星杀毒软件可以从未知程序的行为方式判断其是否有害并予以相应的防范。这对于目前已经广泛使用的,依赖病毒特征代码对比进行病毒查杀的传统病毒防范措施,无疑是一种根本性的超越。

**2. 金山毒霸**

金山毒霸中包含金山毒霸和金山卫士,集成两大领先技术(数据流杀毒技术和主动实时升级技术)、三大核心引擎(反间谍、反钓鱼和主动漏洞修复)、四大利器(隐私保护、抢先加载、文件粉碎和应急 U 盘)。

金山毒霸核心的技术亮点之一是采用了三维互联网防御体系。所谓三维互联网防御体系,即在传统病毒库、主动防御的基础上,引用了全新的"互联网可信认证"技术,让用户的网络生活更安全。

**3. 江民**

江民杀毒软件是由国内知名的计算机反病毒软件公司江民科技开发研制的具有自主知识产权的杀毒软件。该杀毒软件拥有启发式扫描、"沙盒"(sandbox)技术、虚拟机脱壳、内核级自我保护、智能主动防御、网页防木马墙、ARP 攻击防护、互联网安检、系统安全检测、反病毒 Rootkit/HOOK 技术、"云安全"防毒系统等十余项新技术,具有防毒、杀毒、防黑、系统加固、系统一键恢复、隐私保护、反垃圾邮件、网址过滤等三十余项安全防护功能,全面防护计算机数据、互联网应用、系统安全等涉及计算机应用的全方位安全。

**4. 赛门铁克(Symantec)**

赛门铁克是互联网安全技术的全球领导厂商,为企业、个人用户和服务供应商提供广泛的内容和网络安全软件及硬件解决方案。其旗下的诺顿品牌是个人安全产品全球零售市场的领导者,在行业中屡获奖项。诺顿(Norton)防病毒软件集成了智能主动防御功能,具有行为阻截、协议异常防护、病毒扼杀及通用漏洞阻截四大创新技术,全面的安全防护保护计算机免受病毒、黑客、间谍软件和邮件的侵扰。它可以自动检测并杀除病毒、除去计算机中不受欢迎的间谍软件,还可扫描电子邮件和即时通信附件中的威胁,支持自动更新。

**5. 卡巴斯基**

卡巴斯基单机版是俄罗斯著名数据厂商 Kaspersky Labs 专为我国个人用户开发的反病毒产品。其功能包括:病毒扫描、驻留后台的病毒防护程序、脚本病毒拦截器以及邮件检测程序,时刻监控一切病毒可能入侵的途径。产品采用第二代启发式代码分析技术、iChecker 实时监控技术和独特的脚本病毒拦截技术等多种尖端的反病毒技术,能够有效查杀"冲击波"、Welchia、Sobig.F 等病毒及其他 8 万余种病毒,并可防范未知病毒。

**6. 迈克菲**

迈克菲(VirusScan)是 McAfee 生产的专业版防病毒软件,可以快速有效地扫描电子邮件、附件、共享磁盘、下载文件和网上冲浪,当发现病毒会立即清除或隔离,有效阻止病毒和间谍软件的侵扰,是一款令人信赖的计算机防护软件。

### 10.3.2　保护计算机安全的常用措施

为了保护计算机安全,可进行以下安全措施:

① 安装病毒防护软件,以确保计算机的安全。

② 及时更新防病毒软件。每天都会有新病毒或变种病毒产生,及时更新病毒库以获得最新预防方法。

③ 定期扫描。通常防病毒程序都可以设置定期扫描,一些程序还可以在用户连接至 Internet 上时进行后台扫描。

④ 不要轻易打开陌生人的文档、EXE 及 COM 可执行程序。这些文件极有可能带有计算机病毒或是黑客程序,可先将其保存至本地硬盘,待查杀无毒后再打开,以保证计算机系统不受计算机病毒的侵害。

⑤ 拒绝恶意代码。恶意代码相当于一些小程序,如果网页中加入了恶意代码,只要打开网页就会被执行。运行 IE 浏览器,设置安全级别为"高",并禁用一些不必要的 ActiveX 控件和插件,这样就能拒绝恶意代码。

⑥ 删掉不必要的协议。对于服务器和主机来说,一般只安装 TCP/IP 就足够了,卸载不必要的协议,尤其是 NETBIOS。

⑦ 关闭文件和打印共享。在不需要此功能时将其关闭,以免黑客利用该漏洞入侵。右击"网络"图标,在弹出的快捷菜单中选择"属性"命令,然后单击"高级共享设置"链接,在弹出的"高级共享设置"窗口中,选中"关闭文件和打印机共享"单选按钮即可。

⑧ 关闭不必要的端口。黑客在入侵时常常会扫描用户的计算机端口,可用 Norton Internet Security 关闭一些不必要的提供网页服务的端口。

# 10.4　黑客及黑客的防范

随着 Internet 和 Intranet/Extranet 的快速增长,网络应用已对商业、工业、银行、财政、教育、政府、娱乐及人们的工作和生活产生了深远的影响。网络环境的复杂性、多变性以及信息系统的脆弱性,决定了网络安全威胁的客观存在。如果能够了解一些关于黑客通过网络安全漏洞入侵的原理,可有利于防黑。下面介绍黑客常用的攻击手段和一些安全措施。

### 10.4.1　黑客常用的漏洞攻击手段

**1. 非法获取口令**

黑客通常利用暴破工具对 Session(会话管理)进行攻击,通过 Session 劫持、Session 猜测和 Session 转账这几个步骤,在一定的数码范围(如 00000000 ~ 99999999)中获得有效的、激活的 Sessionkey,从而盗取合法用户的 Session。黑客非法获取用户账号后,利用一些专门软件强行破解用户口令,从而实现对用户的计算机攻击。

**2. 利用系统默认的账号进行攻击**

黑客会利用操作系统提供的默认账号和密码进行攻击,例如 Windows NT/XP/2000 的 Guest 等账号,UNIX 主机有 FTP 和 Guest 等默认账户(其密码和账户名相同),有的甚至没有口令。此类攻击主要是针对系统安全意识薄弱的管理员进行的。

**3. SQL 注入攻击**

如果一个 Web 应用程序没有适当的进行有效性输入处理,黑客可以轻易地通过 SQL 攻击绕过认证机制获得未授权的访问,而且还对应用程序造成一定的损害。在 SQL 注入攻击中,由于应用程序在后台使用数据库,而本身对用户控制的数据没有进行正确的格式处理,很容易被 SQL 查询语句所代替。

**4. 认证回放攻击**

黑客利用认证设计和浏览器安全实现中的不足,在客户端浏览器中进行入侵。由于浏览器中会保留含有敏感信息的 POST 数据,如用户名、密码,而这些敏感数据又可以再次被提交。如果黑客访问到客户端没有关闭的浏览器,他就可以利用认证回放来重新提交认证请求。一旦没有保护机制,攻击者就能用原始用户的身份进行重新认证请求。

**5. 放置木马程序**

木马程序是让用户计算机提供完全服务的一个服务器程序,利用该服务可以直接控制用户的计算机并进行破坏。它常被伪装成工具程序或者游戏等,引诱用户打开带有木马程序的邮件附件或从网上直接下载,一旦用户打开并执行邮件的附件程序之后,木马程序便在每次 Windows 启动时悄悄在后台运行。当用户连接到 Internet 上时,该程序会向对方报告用户的 IP 以及预先设定的服务端口。对方收到信息后可以利用客户端程序直接连接到木马程序所提供的服务端口,完全控制并监视用户的一举一动,而用户却毫不知情。

**6. 钓鱼攻击**

钓鱼攻击主要是利用欺骗性的 E－mail 邮件和伪造好的 Web 网站来进行诈骗活动,常用的钓鱼攻击技术主要有:相似的域名、IP 地址隐藏服务器身份、欺骗性的超链接等。

(1)相似的域名

为了达到欺骗目的,黑客会注册一个域名、改变大小写或使用特殊字符。由于大多数浏览器都是以无衬线字体显示 URL,因此 paypaI. com 可用来假冒 paypal. com,barcIays. com 可用来假冒 Barclay. com。而大多数用户缺少工具和知识来判断一个假域名是否真正被黑客所利用。

(2)IP 地址隐藏服务器身份

通过 IP 地址隐藏服务器真实身份是最简单的方法,这种技术的有效性令人难以置信,由于许多合法 URL 也包含一些不透明且不易理解的数字。因此,只有懂得解析 URL 且足够警觉的用户才有可能产生怀疑。

(3)欺骗性的超链接

一个超链接的标题完全独立于它所实际指向的 URL。黑客利用这种表面显示和运行间的内在差异,在链接的标题中显示一个 URL,而在其背后却使用了一个完全不同的 URL。即便是一个有丰富知识的用户,接到一个链接后可能也不会想到去检查其真实的 URL。

**7. 电子邮件攻击**

电子邮件轰炸和电子邮件"滚雪球",也就是通常所说的邮件炸弹。它指的是用伪造的 IP 地址和电子邮件地址向同一个信箱发送数以千计万计甚至无穷多次的内容相同的垃圾邮件,致使受害人邮箱被"炸",严重者可能会给电子邮件服务器操作系统带来危险,甚至瘫痪。

**8. 通过一个结点来攻击其他结点**

黑客在突破一台主机后,往往以此主机作为根据地,攻击其他主机(以隐蔽入侵路径,避免留下蛛丝马迹)。他们可以使用网络监听的方法,尝试破解同一网络内的其他主机,也可以通过 IP 欺骗和机主的信任关系,攻击其他主机。

**9. 寻找系统漏洞**

即使是公认的最安全、最稳定的操作系统,也存在漏洞(bug),其中一些是操作系统自身或系统安装的应用软件本身的漏洞,如 Windows 操作系统下安装 Microsoft Word 后的漏洞可能允许远程执行代码。这些漏洞在补丁程序未被开发出来之前很难防御黑客的破坏,除非将网线拔掉。所以,建议用户在新补丁程序发布后,一定要及时下载并安装。否则黑客可能会用自己编辑的程序通过漏洞攻入用户计算机系统进行破坏。

### 10.4.2 网络安全防范措施

网络安全漏洞给黑客们攻击网络提供了可乘之机,而产生漏洞的主要原因有:一是系统设计上的不足,如认证机制的方式选取、Session 机制的方案选择;二是没有对敏感数据进行合适处理,如敏感字符、特殊指令;三是程序员的大意,如表单提交方式不当、出错处理不当;四是用户的警觉性不高,如钓鱼攻击的伪链接。因此网络安全应该从程序级和应用级进行防御。

程序级即从开发人员的角度,在 Session 管理机制、输入/输出有效性处理、POST 变量提交、页面缓存清除等技术上进行有效的处理,从根本上加强网络的安全性。

应用级通过安全认证技术增强 Web 应用程序的安全性,如身份认证、访问控制、一次性口令、双因子认证等技术。

### 1. 身份认证

身份认证也称身份鉴别,其目的是鉴别通信伙伴的身份,或者在对方声明自己的身份之后,能够进行验证。身份认证通常需要加密技术、密钥管理技术、数字签名技术,以及可信机构(鉴别服务站)的支持。可以支持身份认证的协议很多,如 Needham－schroedar 鉴别协议、X. 509 鉴别协议、Kerberos 鉴别协议等。实施身份认证的基本思路是直接采用不对称加密体制,由称为鉴别服务站的可信机构负责用户的密钥分配和管理,通信伙伴通过声明各自拥有的密钥来证明自己的身份。

### 2. 访问控制

访问控制的目的是保证网络资源不被未授权的访问和使用。资源访问控制通常采用网络资源矩阵来定义用户对资源的访问权限。对于信息资源,还可以直接利用各种系统(如数据库管理系统)内在的访问控制能力,为不同的用户定义不同的访问权限,有利于信息的有序控制。同样,设备的使用也属于访问控制的范畴,网络中心尤其是机房应当加强管理,严禁外人进入。对于跨网的访问控制,签证(visas)和防火墙是企业 CIMS 网络建设中可选择的较好技术。

### 3. 一次性口令

一次性口令(One－Time－Password,OTP)认证技术的基本原理是在登录过程中加入不确定因子,使用户在每次登录过程中提交给认证系统的认证数据都不相同,系统接收到用户的认证数据后,以事先预定的算法去验算认证数据即可验证用户的身份。在基于一次性口令认证技术的认证(OTP)系统中,用户的秘密通行短语,即用户的口令并不直接用于验证用户的身份。用户口令和不确定因子使用某种算法生成的数据才是直接用于用户身份认证的数据。目前的一次性口令认证技术几乎都采用单向散列函数来计算用户每次登录的认证数据。

### 4. 双因子认证

双因子认证指的是用两个独立的方式来建立身份认证和权限。认证因子可分为 4 类:一是你自己知道的个人识别码、密码或其他信息;二是你所拥有的安全记号、密钥或私钥;三是你自身的手、脸、眼睛等;四是你的行为如手写签名、击键动作等。因子数量越多,系统的安全性就越强。显然采用生物识别技术来作为第二因子,利用人体固有的生理特性(如指纹、虹膜等)和行为特征(如笔迹、声音等)来进行个人身份的鉴定,则进一步增强认证的安全性。但是对于现有的双因子认证系统,引用生物识别技术作为其检测因子代价过高,实现起来比较复杂。

### 5. 防火墙

防火墙(firewall)是指设置在不同网络(如可信任的企业内部网和不可信的公共网)或网络安全域之间的一系列部件的组合。它可通过监测、限制、更改跨越防火墙的数据流,尽可能地对外部屏蔽网络内部的信息、结构和运行状况,以此来实现网络的安全保护。在逻辑上,防火墙是一个分离器,一个限制器,也是一个分析器,它有效地监控了内部网和 Internet 之间的任何活动,保证了内部网络的安全。

防火墙启动后,经过它的网络信息都必须经过扫描,这样可以滤掉一些攻击,以免其在目标计算机上被执行。它还可以关闭不使用的端口,禁止特定端口流出通信,可以锁定特洛伊木马。除此之外,防火墙还可以禁止来自特殊站点的访问,从而防止不明者的入侵。

防火墙有不同类型,从技术上可分为包过滤型、代理服务器型、复合型以及其他类型(双宿主主机型、主机过滤及加密路由器)防火墙。从使用范围上可分为硬件防火墙、专业级防火墙和个人防火墙。

硬件级防火墙可以是硬件自身的一部分,可以将网络连接和计算机都接入硬件防火墙中。专业级防火墙可以在一个独立的机器上运行,该机器作为它背后网络中所有计算机的代理和防火墙。个人防火墙是指安装在个人计算机中的一段能够把计算机和网络分隔开的"代码墙"。在不影响用户正常上网的同时,阻止Internet上其他用户对该计算机进行非法访问。

# 10.5 信息安全技术

## 10.5.1 信息安全产品

目前,在市场上比较流行,而又能够代表未来发展方向的安全产品大致有以下几类:

防火墙:防火墙在某种意义上可以说是一种访问控制产品。它在内部网络与不安全的外部网络之间设置障碍,阻止外界对内部资源的非法访问,防止内部对外部的不安全访问。主要技术包括:包过滤技术、应用网关技术、代理服务技术。防火墙能够较为有效地防止黑客利用不安全的服务对内部网络的攻击,并且能够实现数据流的监控、过滤、记录和报告功能,较好地隔断内部网络与外部网络的连接。

网络安全隔离:网络隔离有两种方式,一种是采用隔离卡来实现的,一种是采用网络安全隔离网闸实现的。隔离卡主要用于对单台机器的隔离,网闸主要用于对于整个网络的隔离。

安全路由器:由于WAN连接需要专用的路由器设备,因而可通过路由器来控制网络传输。通常采用访问控制列表技术来控制网络信息流。

虚拟专用网(VPN):虚拟专用网(VPN)是在公共数据网络上,通过采用数据加密技术和访问控制技术,实现两个或多个可信内部网之间的互连。VPN的构筑通常都要求采用具有加密功能的路由器或防火墙,以实现数据在公共信道上的可信传递。

安全服务器:安全服务器主要针对一个局域网内部信息存储、传输的安全保密问题,其实现功能包括对局域网资源的管理和控制,对局域网内用户的管理,以及局域网中所有安全相关事件的审计和跟踪。

电子签证机构——CA和PKI产品:电子签证机构(CA)作为通信的第三方,为各种服务提供可信任的认证服务。CA可向用户发行电子签证证书,为用户提供成员身份验证和密钥管理等功能。PKI产品可以提供更多的功能和更好的服务,其将成为所有应用的计算基础结构的核心部件。

用户认证产品:由于IC卡技术的日益成熟和完善,IC卡被更为广泛地用于用户认证产品中,用来存储用户的个人私钥,并与其他技术如动态口令相结合,对用户身份进行有效的识别。同时,还可利用IC卡上的个人私钥与数字签名技术结合,实现数字签名机制。随着模式识别技术的发展,诸如指纹、视网膜、脸部特征等高级的身份识别技术也将投入应用,并与数字签名等现有技术结合,必将使得对于用户身份的认证和识别更趋完善。

安全管理中心:由于网上的安全产品较多,且分布在不同的位置,这就需要建立一套集中管理的机制和设备,即安全管理中心。它用来给各网络安全设备分发密钥,监控网络安全设备的运行状态,负责收集网络安全设备的审计信息等。

入侵检测系统(IDS):入侵检测,作为传统保护机制(例如访问控制、身份识别等)的有效补充,形成了信息系统中不可或缺的反馈链。

入侵防御系统(IPS):入侵防御,入侵防御系统作为IDS很好的补充,是信息安全发展过程中占据重要位置的计算机网络硬件。

安全数据库:由于大量的信息存储在计算机数据库内,有些信息是有价值的,也是敏感的,需要保护。安全数据库可以确保数据库的完整性、可靠性、有效性、机密性、可审计性及存取控制与用户身份识别等。

安全操作系统:给系统中的关键服务器提供安全运行平台,构成安全WWW服务、安全FTP服务、安全SMTP服务等,并作为各类网络安全产品的坚实底座,确保这些安全产品的自身安全。

## 10.5.2 信息安全技术

网络信息安全是一个涉及计算机技术、网络通信技术、密码技术、信息安全技术等多种技术的边缘性综合学科。有效的安全策略或方案的制定,是网络信息安全的首要目标。网络信息安全技术通常从防止信息窃密和防止信息破坏两个方面加以考虑。防止信息窃密的技术通常采用防火墙技术、密钥管理、通信保密、文件保密、数字签名等。防止信息破坏的技术有防止计算机病毒、入侵检测、接入控制等。

信息安全技术可以分为主动的和被动的信息安全技术。其中主动意味着特定的信息安全技术采用主动的措施,试图在出现安全破坏之前保护数据或者资源。而被动则意味着一旦检测到安全破坏,特定的信息安全技术才会采取保护措施,试图保护数据或者资源。

### 1. 被动的信息安全技术

被动的信息安全技术包括以下几个方面:

防火墙:防火墙是抵御入侵者的第一道防线,它的目的是阻止未授权的通信进入或者流出被保护的机构内部网络或者主机,最大限度地防止网络中的黑客更改、复制、毁坏敏感信息。Internet 防火墙是安装在特殊配置计算机上的软件工具,作为机构内部或者信任网络和不信任网络或者 Internet 之间的安全屏障、过滤器或者瓶颈。个人防火墙是面向个人用户的防火墙软件,可以根据用户的要求隔断或连通用户计算机与 Internet 之间的连接。防火墙是被动的信息安全技术,因为一旦出现特定的安全事件,才会使用防火墙抵御它们。

接入控制:接入控制的目的是确保主体有足够的权利对系统执行特定的动作。主体可以是一个用户、一群用户、服务或者应用程序。主体对系统中的特定对象有不同的接入级别。对象可以是文件、目录、打印机或者进程。一旦有接入请求,就会使用接入控制技术允许或者拒绝接入系统,所以它是被动的信息安全技术。

口令:口令是某个人必须输入才能获得进入或者接入信息(例如文件、应用程序或者计算机系统)的保密字、短语或者字符序列。口令是被动的信息安全技术,因为一旦有人或者进程想登录到应用程序、主机或者网络,才会使用它们允许或者拒绝接入系统。

生物特征识别:生物特征识别技术是指通过计算机利用人类自身的生理或行为特征进行身份认定的一种技术,包括指纹、虹膜、掌纹、面相、声音、视网膜和 DNA 等人体的生理特征,以及签名的动作、行走的步态、击打键盘的力度等行为特征。生物特征的特点是人各有异、终生不变、随身携带。一旦某个人想使用他/她人体的一部分的几何结构登录到应用程序、主机或者网络,就会使用生物特征识别技术允许或者拒绝他/她接入系统,所以该技术是被动的信息安全技术。

入侵检测系统:入侵检测是监控计算机系统或者网络中发生的事件,并且分析它们的入侵迹象的进程。入侵是试图损害资源的完整性、机密性或者可用性的任何一组动作。入侵检测系统(IDS)是自动实现这个监控和分析进程的软件或者硬件技术。由于 IDS 用于监控网络上的主机,并且一旦出现入侵,就会对入侵采取行动,所以 IDS 是被动的信息安全技术。

登录日志:登录日志是试图搜集有关发生的特定事件信息的信息安全技术,其目的是提供检查追踪记录(在发生安全事件之后,可以追踪它)。登录日志是被动的信息安全技术,因为是在发生了安全事件之后,才使用它追踪安全事件。

远程接入:远程接入是允许某个人或者进程接入远程服务的信息安全技术。但是,接入远程服务并不总是受控的,有可能匿名接入远程服务,并造成威胁。远程接入是被动的信息安全技术,因为它使一个人或者进程能够根据他们的接入权限连接到远程服务。

### 2. 主动的信息安全技术

主动的网络信息安全技术包括以下几个方面:

密码术:密码术是将明文变成密文和把密文变成明文的技术或科学,用于保护数据机密性和完整性。密码术包括两个方面:加密是转换或者扰乱明文消息,使其变成密文消息的进程;解密是重新安排密文,将密文消息转换为明文消息的进程。由于密码术是通过对数据加密、在潜在威胁可能出现之前保护数据,所以它是主动的网络信息安全技术。

数字签名:数字签名与手写签名是等效的,它们有相同的目的,即将只有某个个体才有的标记与文本正文相关联。与手写签名一样,数字签名必须是不可伪造的。数字签名是使用加密算法创建的,使用建立在公开密钥加密技术基础上的"数字签名"技术,可以在电子事务中证明用户的身份,就像兑付支票时要出示有效证件一样。用户也可以使用数字签名来加密邮件以保护个人隐私。数字签名是主动的信息安全技术,因为是在出现任何怀疑之前,创建数字签名。

数字证书:数字证书试图解决 Internet 上的信任问题。数字证书是由信任的第三方(也称为认证机构,CA)颁发的。CA 是担保 Web 上的人或者机构身份的商业组织。因此,在 Web 用户之间建立了信任网络。由于证书用于将通信一方的公钥发送给通信的另一方,可以在双方通信之前建立信任,所以数字证书是主动的信息安全技术。

虚拟专用网:虚拟专用网(VPN)能够利用 Internet 或其他公共互连网络的基础设施为用户创建隧道,并提供与专用网络一样的安全和功能保障。VPN 支持企业通过 Internet 等公共互连网络与分支机构或其他公司建立连接,进行安全的通信。VPN 技术采用了隧道技术:数据包不是公开在网上传输,而是首先进行加密以确保安全,然后由 VPN 封装成 IP 包的形式,通过隧道在网上传输,因此该技术与密码术紧密相关。但是,普通加密与 VPN 之间在功能上是有区别的:只有在公共网络上传输数据时,才对数据加密,对发起主机和 VPN 主机之间传输的数据并不加密。VPN 是主动的信息安全技术,因为它通过加密数据,在公共网络上传输数据之前保护它,因此只有合法个体才能阅读该信息。

漏洞扫描:漏洞扫描(VS)具有使用它们可以标识的漏洞的特征。因此,VS 其实是入侵检测的特例。因为漏洞扫描定期扫描网络上的主机,而不是连续扫描所以也将其称为定期扫描。由于 VS 试图在入侵者或者恶意应用可以利用漏洞之前标识漏洞,所以它是主动的信息安全技术。

病毒扫描:计算机病毒是具有自我复制能力的并具有破坏性的恶意计算机程序,它会影响和破坏正常程序的执行和数据的安全。它不仅侵入到所运行的计算机系统,而且还能不断地把自己的复制品传播到其他的程序中,以此达到破坏作用。病毒扫描试图在病毒引起严重的破坏之前扫描它们,因此,病毒软件也是主动的信息安全技术。

安全协议:属于信息安全技术的安全协议包括有 IPSec 和 Kerberos 等。这些协议使用了"规范计算机或者应用程序之间的数据传输,从而在入侵者能够截取这类信息之前保护敏感信息"的标准过程。安全协议是主动的信息安全技术,因为它们使用特定的安全协议,试图在入侵者能够截取这类信息之前保护敏感信息。

安全硬件:安全硬件指的是用于执行安全任务的物理硬件设备,例如硬件加密模块或者硬件路由器。安全硬件是一个主动的信息安全技术,因为它在潜在威胁可能出现之前保护数据(例如加密数据)。安全硬件是由防止窜改的物理设备组成的,因此阻止了入侵者更换或者修改硬件设备。

安全 SDK:安全软件开发工具包(SDK)是用于创建安全程序的编程工具。由于可以使用安全 SDK 开发各种软件安全应用程序,从而在潜在威胁可能出现之前保护数据,所以安全 SDK 是主动的信息安全技术。

## 10.5.3 数据加密及数据加密技术

数据加密交换又称密码学,是一门历史悠久的技术,目前仍是计算机系统对信息进行保护的一种最可靠的办法。数据加密交换主要利用密码技术对信息进行交换,实现信息隐蔽,从而保护信息的安全。

所谓数据加密(data encryption)技术是指将一个信息(或称明文,plain text)经过加密钥匙(encryption key)及加密函数转换,变成无意义的密文(cipher text),而接收方则将此密文经过解密函数、解密钥匙(decryption key)还原成明文。

数据加密技术要求只有在指定的用户或网络下,才能解除密码而获得原来的数据,这就需要给数据发送方和接收方以一些特殊的信息用于加解密,这就是所谓的密钥。其密钥的值是从大量的随机数中选取的。按加密算法可将数据加密技术分为专用密钥和公开密钥两种。

专用密钥又称为对称密钥或单密钥,加密和解密时使用同一个密钥,即同一个算法,如 DES 和 MIT 的 Kerberos 算法。单密钥是最简单方式,通信双方必须交换彼此密钥,当需给对方发信息时,用自己的加密密钥进行加密,而在接收方收到数据后,用对方所给的密钥进行解密。当一个文本要加密传送时,该文本用密钥加密构成密文,密文在信道上传送,收到密文后用同一个密钥将密文解出来,形成普通文体供阅读。在对称密钥中,密钥的管理极为重要,一旦密钥丢失,密文将无密可保。这种方式在与多方通信时因为需要保存很多密钥而变得很复杂,而且密钥本身的安全就是一个问题。

对称密钥是最古老的密钥算法,由于对称密钥运算量小、速度快、安全强度高,因而目前仍广泛被采用。

公开密钥又称非对称密钥,加密和解密时使用不同的密钥,即不同的算法,虽然两者之间存在一定的关系,但不可能轻易地从一个推导出另一个。公开密钥有一把公用的加密密钥,有多把解密密钥,如 RSA 算法。

非对称密钥由于两个密钥(加密密钥和解密密钥)各不相同,因而可以将一个密钥公开,而将另一个密钥保密,同样可以起到加密的作用。

公开密钥的加密机制虽提供了良好的保密性,但难以鉴别发送者,即任何得到公开密钥的人都可以生成和发送报文。数字签名机制提供了一种鉴别方法,以解决伪造、抵赖、冒充和篡改等问题。

数字签名一般采用非对称加密技术(如 RSA),通过对整个明文进行某种变换,得到一个值作为核实签名。接收者使用发送者的公开密钥对签名进行解密运算,如其结果为明文,则签名有效,证明对方的身份是真实的。当然,签名也可以采用多种方式。例如,将签名附在明文之后。数字签名普遍用于银行、电子贸易等。

数字签名不同于手写签字:数字签名随文本的变化而变化,手写签字反映某个人个性特征,是不变的;数字签名与文本信息是不可分割的,而手写签字是附加在文本之后的,与文本信息是分离的。

值得注意的是,能否切实有效地发挥加密机制的作用,关键在于密钥的管理,包括密钥的生存、分发、安装、保管、使用以及作废全过程。

密码技术是网络安全最有效的技术之一。一个加密网络,不但可以防止非授权用户的搭线窃听和入网,而且也是对付恶意软件的有效方法之一。

### 10.5.4　SSL

SSL(secure sockets layer,安全套接层)是网景(Netscape)公司提出的基于 Web 应用的安全协议,用以保障在 Internet 上数据传输的安全。目前,一般通用的规格为 40bit 安全标准,美国则已推出 128bit 的更高安全标准,但限制出境。只要 3.0 版本以上的 IE 或 Netscape 浏览器即可支持 SSL。

SSL 协议位于 TCP/IP 与各种应用层协议(如 HTTP、Telnet、FMTP 和 FTP 等)之间,它为 TCP/IP 连接提供数据加密、服务器认证、消息完整性以及可选的客户机认证,即为数据通讯提供安全支持。SSL 协议可分为 SSL 记录协议和 SSL 握手协议两层。SSL 记录协议(SSL record protocol):建立在可靠的传输协议(如 TCP)之上,为高层协议提供数据封装、压缩、加密等基本功能的支持。SSL 握手协议(SSL handshake protocol):建立在 SSL 记录协议之上,用于在实际的数据传输开始前,通信双方进行身份认证、协商加密算法、交换加密密钥等。

SSL 协议提供的服务主要有:

① 认证用户和服务器,确保数据发送到正确的客户机和服务器。

② 加密数据以防止数据中途被窃取。

③ 维护数据的完整性,确保数据在传输过程中不被改变。

SSL 协议的工作流程有服务器认证阶段和用户认证阶段。

服务器认证阶段:

① 客户端向服务器发送一个开始信息 Hello 以便开始一个新的会话连接。

② 服务器根据客户的信息确定是否需要生成新的主密钥,如需要则服务器在响应客户的 Hello 信息时将包含生成主密钥所需的信息。

③ 客户根据收到的服务器响应信息,产生一个主密钥,并用服务器的公开密钥加密后传给服务器。

④ 服务器恢复该主密钥,并返回给客户一个用主密钥认证的信息,以此让客户认证服务器。

用户认证阶段:在此之前,服务器已经通过了客户认证,因此在用户认证阶段主要完成对客户的认证。经认证的服务器发送一个提问给客户,客户则返回(数字)签名后的提问和其公开密钥,从而向服务器提供认证。

### 10.5.5　信息安全服务

信息安全服务是指为确保信息和信息系统的完整性、保密性和可用性所提供的信息技术专业服务,包括对信息系统安全的的咨询、集成、监理、测评、认证、审计、培训和风险评估、应急响应等工作。信息安全服务分成三类:信息安全咨询、信息安全建设、信息安全维护。

信息安全咨询包括信息安全风险评估、安全策略制订、管理规范制订、技术规范制订、教育与培训、ISO 27001、ISMS 认证咨询等服务。

信息安全建设包括信息安全规划、信息安全加固与优化、产品安全配置、安全工程监理等服务。

信息安全维护包括安全日志综合审计、紧急事件响应、技术支持、信息安全公告、数据备份与灾难恢复、信息安全监控等服务。

# 10.6 信息安全法规与计算机道德

### 10.6.1 国内外信息安全立法简况

20世纪90年代以来,针对计算机网络与利用计算机网络从事刑事犯罪的数量,在许多国家都以较快的速度增长。因此,在许多国家较早就开始实行以法律手段来打击网络犯罪。到了20世纪90年代末,这方面的国际合作也迅速发展起来。

为了保障网络安全,着手在刑事领域作出国际间规范的典型是欧盟。欧盟委员会于2000年初及12月底两次颁布了《网络刑事公约》(草案)。这个公约草案对非法进入计算机系统,非法窃取计算机中未公开的数据等针对计算机网络的犯罪活动,以及利用网络造假、侵害他人财产、传播有害信息等使用计算机网络从事犯罪的活动均详细规定了罪名和相应的刑罚。现在,已经有43个国家(包括美国、日本等)表示了对这一公约草案的兴趣,这个草案很有可能成为打击网络犯罪国际合作的第一个公约。

1996年12月,世界知识产权组织在两个版权条约中,作出了禁止擅自破解他人数字化技术保护措施的规定。至今,绝大多数国家都把它作为一种网络安全保护,规定在本国的法律中。

无论发达国家还是发展中国家在规范与管理网络行为方面,都很注重发挥民间组织的作用,尤其是行业的作用。德国、英国、澳大利亚等国家,在学校中使用网络的"行业规范"均十分严格。很多学校会要求师生填写一份保证书,申明不从网上下载违法内容。有些学校如慕尼黑大学、明斯特大学等学校,都定有《关于数据处理与信息技术设备使用管理办法》,要求师生严格遵守。

我国对网络信息安全立法工作一直十分重视,制定了一批相关法律、法规、规章等规范性文件,涉及网络与信息系统安全、信息内容安全、信息安全系统与产品、保密及密码管理、计算机病毒与危害性程序防治等特定领域的信息安全、信息安全犯罪制裁等多个领域。1994年2月,国务院发布《计算机信息系统安全保护条例》,1997年12月公安部发布《计算机信息网络国际联网安全保护管理办法》,同年全国人大常委会修订的《刑法》也增加了计算机犯罪的新内容。2000年12月28日,九届全国人大十九次会议通过《全国人大常委会关于维护互联网安全的决定》,其成为我国针对信息网络安全制定的第一部法律性决定。目前,我国针对信息网络安全的属于国家一级的法律有一个决定,属于行政法规的有《电信条例》等五个,属于部门规章与地方性法规的,则已经有上百件。我国法院也已经受理并审结了一批涉及信息网络安全的民事与刑事案件。虽然网络安全问题至今仍然存在,但目前的技术手段、法律手段、行政手段已初步构成一个综合防范体系。

### 10.6.2 使用计算机网络应遵循的道德规范

计算机与网络在信息社会中充当着越来越重要的角色,但是计算机网络与其他一切科学技术一样是一把双刃剑,它既可以为人类造福,也可以给人类带来危害。关键在于应用它的人采取什么道德态度,遵循什么行为规范。计算机这个"虚拟"世界是在真实世界的基础上建立起来的,是真实世界电子意义上的延续。"虚拟"世界还有可能成为人们活动和交往的一个主要场所。为了保证网上的各成员均能维护自己的利益,保证网络活动和交往的顺利进行,确立一些规范和规则是必不可少的。

1995年11月18日,在美国加利福尼亚大学柏克利分校举行了一次研讨会。会议的主题就是讨论计算机网络带来的道德伦理问题。在会议上美国华盛顿的一个名为"计算机伦理研究所"的组织,推出了"计算机伦理十诫"。具体的内容是:不应用计算机去伤害别人;不应干扰别人的计算机工作;不应窥视别人的文件;不应用计算机进行偷窃;不应用计算机作伪证;不应用或复制没有付钱的软件;不应未经许可而使用别人的计算机资源;不应盗用别人的智力成果;应该考虑所编程序的社会后果;应该以深思熟虑和慎重的方式来使用计算机。

我国也十分关注计算机与网络使用过程中的道德与法律问题,不仅在学术领域发表了大量的论文和著作,并且通过立法,建立了一系列的法律法规,并形成了一些适合计算机网络的规范。因此,在使用计算机

的过程中,我们一定要遵守道德规范。这些道德规范主要体现在以下几个方面:

**1. 有关知识产权**

1990 年 9 月,我国颁布了《中华人民共和国著作权法》,把计算机软件列为享有著作权保护的作品;1991 年 6 月,颁布了《计算机软件保护条例》,规定计算机软件是个人或者团体的智力产品,同专利、著作一样受法律的保护。任何未经授权的使用、复制都是非法的,按规定要受到法律的制裁。人们在使用计算机软件或数据时,应遵照国家有关法律规定,尊重其作品的版权,这是使用计算机的基本道德规范。建议人们养成良好的道德规范,具体是:

① 应该使用正版软件,坚决抵制盗版,尊重软件作者的知识产权。

② 不对软件进行非法复制。

③ 不要为了保护自己的软件资源而制造病毒保护程序。

④ 不要擅自篡改他人计算机内的系统信息资源。

**2. 有关计算机安全**

计算机安全是指计算机信息系统的安全。计算机信息系统是由计算机及其相关的设备、设施(包括网络)构成的,为维护计算机系统的安全,防止病毒的入侵,我们应该注意:

① 不要蓄意破坏和损伤他人的计算机系统设备及资源。

② 不要制造病毒程序,不要使用带病毒的软件,更不要有意传播病毒给其他计算机系统(传播带有病毒的软件)。

③ 要采取预防措施,在计算机内安装防病毒软件;要定期检查计算机系统内文件是否有病毒,如发现病毒,应及时用杀毒软件清除。

④ 维护计算机的正常运行,保护计算机系统数据的安全。

⑤ 被授权者对自己享用的资源负有保护责任,口令密码不得泄露给外人。

**3. 有关网络行为规范**

计算机网络正在改变着人们的行为方式、思维方式乃至社会结构,它对于信息资源的共享起到了巨大的作用,并且蕴藏着无尽的潜能。但是网络的作用不是单一的,在它广泛的积极作用背后,也有使人堕落的陷阱,这些陷阱产生着巨大的反作用,主要表现在:网络文化的误导,传播暴力、色情内容;网络诱发着不道德和犯罪行为;网络的神秘性"培养"了计算机"黑客"等。

各个国家都制定了相应的法律法规,以约束人们使用计算机以及在计算机网络上的行为。例如,我国公安部公布的《计算机信息网络国际联网安全保护管理办法》中规定任何单位和个人不得利用国际互联网制作、复制、查阅和传播下列信息:

① 煽动抗拒、破坏宪法和法律、行政法规实施的。

② 煽动颠覆国家政权,推翻社会主义制度的。

③ 煽动分裂国家、民族歧视、破坏民族团结的。

④ 煽动民族仇恨、民族歧视,破坏民族团结的。

⑤ 捏造或者歪曲事实,散布谣言,扰乱社会秩序的。

⑥ 宣扬封建迷信、淫秽、色情、赌博、暴力、凶杀、恐怖,教唆犯罪的。

⑦ 公然侮辱他人或者捏造事实诽谤他人的。

⑧ 损害国家机关信誉的。

⑨ 其他违反宪法和法律、行政法规的。

但是,仅仅靠制定一项法律来制约人们的所有行为是不可能的,也是不实用的。相反,社会依靠道德来规定人们普遍认可的行为规范。在使用计算机时应该抱着诚实的态度、无恶意的行为,并要求自身在智力和道德意识方面取得进步。

总之,我们必须明确认识到任何借助计算机或计算机网络进行破坏、偷窃、诈骗和人身攻击都是非道德的或违法的,必将承担相应的责任或受到相应的制裁。

# 参 考 文 献

[1]甘勇,尚展垒,张建伟,等．大学计算机基础[M].2 版．北京:人民邮电出版社,2012.

[2]甘勇,尚展垒,梁树军,等．大学计算机基础实践教程[M].2 版．北京:人民邮电出版社,2012.

[3]夏耘,黄小瑜．计算机思维基础[M].北京:电子工业出版社,2012.

[4]陆汉权．计算机科学基础[M].北京:电子工业出版社,2011.

[5]段跃兴．大学计算机基础[M].北京:人民邮电出版社,2011.

[6]段跃兴,王幸民．大学计算机基础进阶与实践[M].北京:人民邮电出版社,2011.

[7]吴宁．大学计算机基础[M].北京:电子工业出版社,2011.

[8]冯博琴,贾应智．大学计算机基础[M].3 版．北京:中国铁道出版社,2010.

[9]李勇帆．大学计算机基础教程[M].2 版．北京:中国铁道出版社,2013.

[10]蒋加伏．计算机应用基础[M].2 版．北京:中国铁道出版社,2012.

[11]贾应智．大学计算机基础经典案例集[M].北京:中国铁道出版社,2012.

[12]詹国华．大学计算机基础教程[M].北京:中国铁道出版社,2012.